Substâncias Húmicas e Matéria Orgânica Natural

S941s   Substâncias húmicas e matéria orgânica natural /
          organizado por Eny Maria Vieira, Deborah Pinheiro
          Dick, Fernanda Benetti, Lívia Botacini Favoretto
          Pigatin. – São Carlos: RiMa, 2017.

          324 p.

          ISBN – 978-85-7656-049-4

          1. Química. 2. Substância húmica 3. Matéria orgânica
          natural. I. Título.

Substâncias Húmicas e Matéria Orgânica Natural

Eny Maria Vieira
Deborah Pinheiro Dick
Fernanda Benetti
Lívia Botacini Favoretto Pigatin

(organizadoras)

RiMa Editora
2017

RiMa Editora
www.rimaeditora.com.br

DIRLENE RIBEIRO MARTINS
PAULO DE TARSO MARTINS
Rua Virgílio Pozzi, 213 – Santa Paula
13564-040 – São Carlos, SP
Fone: (16) 988321948

Sumário

Prefácio

Os congressos do Grupo Brasileiro da International Humic Substances Society (IHSS), conhecidos como Encontro Brasileiro de Substâncias Húmicas (EBSH), constituem um fórum de discussão para pesquisadores, estudantes e profissionais que atuam na área de substâncias húmicas e matéria orgânica no país, em que são abordados os mais variados tópicas relativos a esse tema.

O primeiro EBSH foi realizado na cidade de Belém (PA), em 1996, e a partir de então o evento ocorreu bienalmente em diversas regiões do país:

1997 – II EBSH, em São Carlos, SP

1999 – III EBSH, em Santa Maria, RS

2001 – IV EBSH, em Viçosa, MG

2003 – V EBSH, em Curitiba, PR

2005 – VI EBSH, no Rio de Janeiro, RJ

2007 – VI EBSH, em Florianópolis, SC

2009 – VII EBSH, Pelotas, RS

2011 – IX EBSH, em Aracaju, SE

2013 – X EBSH, Santo Antônio de Goiás, GO

A XIª Edição do Encontro Brasileiro de Substâncias Húmicas foi realizada na cidade de São Carlos, interior de São Paulo, tendo por presidente da Comissão Organizadora a Profa. Dra. Eny Maria Vieira, docente do Instituto de Química de São Carlos da Universidade de São Paulo.

O evento foi realizado de 19 a 23 de outubro de 2015 e contou com a presença de 146 participantes, distribuídos entre alunos de graduação (7,53%), pós-graduação (44,52%), docentes/pesquisadores (31,51%) e profissionais não acadêmicos (16,44%). Entre o público participante estavam representadas quatro regiões brasileiras (Sul, Sudeste, Nordeste e Centro-Oeste), confirmando a relevância do evento em nível nacional.

Os tópicos das sessões, em que foram apresentadas palestras de pesquisadores estrangeiros (seis palestrantes) e nacionais (nove palestrantes) e trabalhos, versaram sobre técnicas de caracterização, interações de substâncias húmicas com contaminantes ambientais e aplicação na remediação ambiental, sequestro de carbono e ciclagem de nutrientes, produtos à base de substâncias húmicas, nanotecnologia e biochar. Quanto aos trabalhos apresentados, foram 28 na forma oral e 81 como painéis, totalizando 109 trabalhos. Adicionalmente, o evento organizou os minicursos *Substâncias húmicas: um novo olhar* e *Equilíbrio nutricional de plantas: aspectos orgânicos e biodinâmicos*, cujo público-alvo foram estudantes de graduação e de pós-graduação.

Foi alto o nível das palestras e trabalhos apresentados, mantendo-se a tendência observada nos EBSH's anteriores e confirmando a excelência da pesquisa brasileira na área de substâncias húmicas e matéria orgânica. Com o intuito de divulgar esses trabalhos e também fortalecer o Grupo Brasileiro da IHSS, a Comissão Organizadora tomou a iniciativa de publicar este livro, com a seleção de alguns dos trabalhos apresentados. Como o leitor perceberá nestas páginas, os trabalhos apresentam diferentes abordagens e perspectivas das substâncias húmicas e matéria orgânica natural, evidenciando o caráter interdisciplinar de nossa área de estudo.

Por fim, fica o agradecimento a todos aqueles que de alguma forma contribuíram para que esse evento fosse possível: GRUPO BRASILEIRO DA IHSS, IQSC/USP, FAPESP, CAPES, CNPq, CRQ-IV REGIÃO, REDI FERTILIZANTES, ALTERNATIVA AGRÍCOLA, ECOAÇÃO TURISMO DE AVENTURA, OMNIA BRASIL, AGROLATINO, SÃO CARLOS QUÍMICA, AGRODUBO e ANALÍTICA.

Desejamos a todos boa leitura!

Deborah Pinheiro Dick
Universidade Federal do Rio Grande do Sul
Coordenadora do Grupo Brasileiro da IHSS

Características Estruturais de Ácidos Húmicos Obtidos Utilizando Dois Extratores Diferentes

Nadia Rosaura Quevedo Pinos, Andrés Calderín García,
Luiz Gilberto Ambrósio de Souza, Ernane Tarcísio Martins Gomes e
Ricardo Luis Louro Berbara

1. Introdução

Na atualidade, as substâncias húmicas (SH) e suas diferentes frações são obtidas utilizando diferentes métodos de extração. Muitos trabalhos são realizados empregando desde extratores brandos, como pirofosfato de sódio ($Na_4P_2O_7$), agentes complexantes, ácido fórmico, misturas ácidas e solventes orgânicos, até álcalis, mesmo havendo risco de mudanças estruturais. Os métodos diferem quanto ao uso de substâncias extratoras, relação massa da amostra/extrator, tempo de agitação, centrifugação e formas de purificação.[1]

Porém, o método de extração de SH mais amplamente empregado e citado como o mais eficiente consiste no tratamento com solução de NaOH 0,1 a 0,5 mol L^{-1}, sendo também recomendado pela Sociedade Internacional de Substâncias Húmicas (IHSS).[2,3] Segundo Senesi et al. (1994), extrações consecutivas e de longa duração podem modificar as SH extraídas,[2] no entanto, estudos sistemáticos mostraram que SH extraídas com NaOH durante 24 h em presença do ar não sofreram oxidação.[4] A extração de SH por meio deste método é verificada primordialmente por dois mecanismos: (a) rompimento de ligações de hidrogênio entre as moléculas orgânicas entre si e com a superfície do mineral; e (b) reação de troca de ligantes entre as hidroxilas do meio e os grupos carboxílicos e fenólicos da molécula da substância húmica, pelos quais a substância húmica está coordenada na superfície hidroxilada do mineral.[3,5]

Alguns trabalhos relatam extração de SH utilizando $Na_4P_2O_{7(aq)}$,[6] um método de extração mais brando e seletivo que emprega solução de $Na_4P_2O_{7(aq)}$ 0,1 mol L^{-1}, podendo, no entanto, ser menos eficiente do que o alcalino.[2,7] O mecanismo principal de extração de SH por esse método consiste no rompimento das pontes catiônicas que unem as moléculas de SH entre si e/ou com a superfície do mineral, decorrente da complexação do ânion pirofosfato com cátions di- e trivalentes participantes desse tipo de interação.[3,5]

Recentemente têm sido atualizadas essas metodologias de obtenção de SH a partir de procedimentos sequenciais de extração.[8] Apesar desses conhecimentos, ainda existem pontos controversos sobre a eficiência dessas metodologias e como elas influenciam a estruturas das SH obtidas. Este trabalho teve por objetivo avaliar a influência de dois extratores diferentes ($Na_4P_2O_{7(aq)}$ e $NaOH_{(aq)}$) nas caraterísticas estruturais de ácidos húmicos (AH) originários de dois solos orgânicos (Equador e Brasil) e de vermicomposto (VC).

2. Metodologia

2.1 Coleta das amostras

As SH foram isoladas de amostras compostas do horizonte A (0 a 20 cm) de dois solos e de um vermicomposto. Uma amostra de solo foi coletada no Brasil, Rio de Janeiro (Santa Cruz, Baixada Fluminense), onde os solos predominantes estão constituídos por altos teores de material orgânico, cor escura e relevo plano; o clima da zona é Tropical Atlântico (Aw), utilizado para a cultura de mandioca (*Manihot esculenta*) e coco (*Cocos nucifera*). A outra amostra foi coletada no Equador, província do Bolívar (zona rural de Guaranda), solo classificado como Andisolo, originário de cinzas vulcânicas, cor preta, rico em matéria orgânica, relevo montanhoso com 20% de declive; o clima da zona é muito frio-frio, favorável ao cultivo de batata (*Solanum tuberosum*) rotada com cultivos de milho (*Zea mays*) e ervilha (*Pisum sativum*), em um sistema de cultivo de curvas de nível, para reduzir a erosão do solo.

O vermicomposto de esterco de bovino foi coletado na área do Sistema Integrado de Produção Agroecológica (SIPA – Fazendinha Agroecológica, km 47), localizada no município de Seropédica (RJ). Após a revisão da humificação do material (70 dias), o vermicomposto foi peneirado para a retirada das minhocas e deixado secar à sombra para posterior extração do ácido húmico.

2.2 Fracionamento das Substâncias Húmicas

No fracionamento das substâncias húmicas para as três fontes de origem foi utilizado o método recomendado pela Sociedade Internacional de Substancias Húmicas (IHSS)[7], adaptado por Benites et al. (2003), o qual consiste na extração das SH do solo na razão solo/extrator 1:10 (m/v) e posterior fracionamento em ácidos húmicos, ácidos fúlvicos e huminas, com base na solubilidade diferencial dessas frações em meio alcalino e ácido, com a alternativa de também usar $Na_4P_2O_{7(aq)}$ no lugar de $NaOH_{(aq)}$ como extrator.[9] Foram utilizados 50 g de amostra de solo e de vermicomposto previamente seca e peneirada em malha de 2 mm.

À amostra seca foi adicionado 1,0 L de solução de HCl 0,1 mol L^{-1} e agitou-se por 1 hora em agitador mecânico a 500 rpm. Então, centrifugou-se a 3500 rpm por 10 minutos, e o sobrenadante foi descartado.

A seguir, para a extração das substâncias húmicas, foi acrescentado 1,0 L da solução de NaOH$_{(aq)}$ 0,1 mol L^{-1} ou Na$_4$P$_2$O$_{7(aq)}$ 0,1 mol L^{-1} ao solo tratado com HCl, seguido de agitação por mais 4 horas em agitador mecânico a 800 rpm, e deixada em repouso por 12 horas em temperatura ambiente.

A mistura foi centrifugada a 7500 rpm por 20 minutos. O sobrenadante foi novamente centrifugado e depois acidificado com uma solução de HCL 6 mol L^{-1} até pH 1 de aproximadamente 500 mL e deixado em repouso por 24 horas para a precipitação dos ácidos húmicos. Após esse período, o precipitado foi separado da fração solúvel, ácido fúlvico (AF), por nova centrifugação a 7500 rpm por 20 minutos.

Após a extração, os ácidos húmicos foram purificados com solução de HF + HCl 0,5% (5 mL de HCl e 5 mL HF por litro) em becker plástico. Deixou-se em agitação por 4 horas e em repouso por 24 horas. A suspensão foi centrifugada (5.000 rpm por 20 minutos) e, em seguida, eliminaram-se o sobrenadante e o resíduo sólido e lavou-se duas vezes com água destilada gelada até ficar livre de cloretos (test de AgNO$_3$). As amostras purificadas foram transferidas para sacolas de celofane de aproximadamente 100 mL. A diálise das amostras foi realizada em água deionizada, sendo a água trocada três vezes ao dia, até não haver aumento maior que 1 μS na medida de condutividade da água de diálise, 1 hora após a troca desta. As amostras foram então congeladas e liofilizadas.

2.3 Espectroscopia de Ressonâncias Magnética ^{13}C-NMR

A espectroscopia de ressonância magnética nuclear com polarização cruzada e rotação em torno do ângulo mágico (CP MAS ^{13}C-RMN) foi realizada no aparelho Bruker AVANCE II RMN a 400 MHz, equipado com probe de 4 mm Narrow Magic Angle Spinning (Narrow MAS) e operando em sequência de ressonância de ^{13}C a 100.163 MHz. As análises de componentes principais (PCA) envolvendo os dados espectrais de ^{13}C-CP/MAS NMR e FTIR foram realizadas utilizando o programa Unscrambler ® X 10.3 package (Camo Software AS Inc., Oslo, Norway).

2.4 Espectroscopia no UV/Visível

Preparou-se uma solução com 50 mg de AH em 1,0 L de NaHCO3 0,05 mol L^{-1}, conforme Chen et al. (1977), Yonebayashi & Hattori (1988) e também testado por Fontana (2009).[10-12]

Extrato alcalino (EA): colocou-se uma amostra de solo com teor de carbono no EA de 2 mg em 100 mL de NaOH 0,1 mol L^{-1} (20 mg C org EA L^{-1}) por um período de 24 horas, separado por filtração, conforme testes realizados por Fontana (2006).[13] O teor de carbono do EA foi obtido por meio do fracionamento quantitativo e refere-se à soma da fração de ácidos fúlvicos e ácidos húmicos. Os espectros dos extratos dos AH e EA foram obtidos em espectrofotômetro digital, ajustado no comprimento de onda de 465 e 665 nm. A relação E4/E6 foi obtida pela divisão da absorbância em 465 nm pela encontrada em 665 nm.

3. Resultados e Discussões

3.1 Espectroscopia de Ressonâncias Magnética ^{13}C-NMR

Os AH obtidos a partir das três fontes de origem mostraram estruturas semelhantes entre eles em termos de presença estrutural, assim, os espectros de cada AH mostraram diferenças nas intensidades dos picos em relação à sua origem.

Os espectros não evidenciaram mudanças visuais importantes nos picos mais caraterísticos em relação ao tipo de extrator utilizado, quando isolados os AH a partir de uma mesma origem (Figura 1).

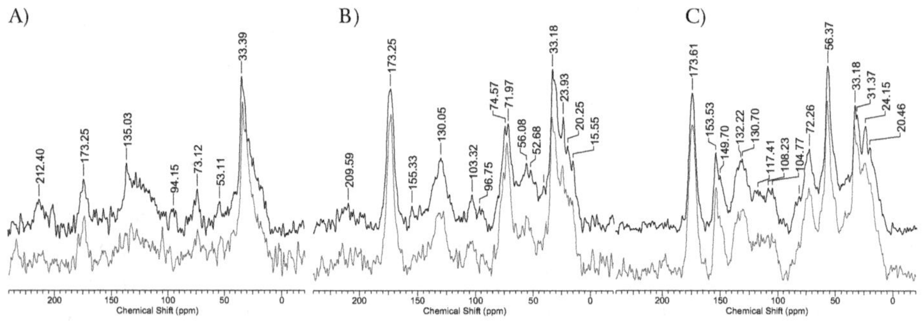

Figura 1   Espectros CP MAS ^{13}C RMN dos AH: A) solo orgânico do Brasil; B) solo do Equador e C) VC. Espectros em preto: AH obtidos com NaOH$_{(aq)}$. Espectros em azul: AH obtidos com Na$_4$P$_2$O$_{7(aq)}$. *Fonte:* Nadia Quevedo Pinos

A Tabela 1 mostra as quantidades de tipos de carbono e algumas propriedades obtidas a partir dos espectros ^{13}C RMN. Os AH obtidos do Brasil apresentaram predomínio de estruturas CAr (H,R), CAr (O,N) e C=O, enquanto os AH do Equador apresentaram predomínio de estruturas CAlq-O e C=O. Os AH de VC apresentaram predomínio de CAlq (H,R), CAlq-O e CAr (O,N).

Não foram registradas mudanças importantes na quantidade de estruturas provocadas pela utilização dos diferentes extratores. Porém, foi observado que a utilização do $Na_4P_2O_{7(aq)}$ como extrator provocou leve aumento da aromaticidade dos AH obtidos a partir das três fontes de origem.

Tabela 1 Quantidades de tipos de carbonos (%) presentes nos AH obtidos a partir da integração por regiões nos espetros ^{13}C RMN e propriedades de aromaticidade, alifaticidade e índice de hidrofobicidade (HB/HL).

SH	CAlk-H,R	CAlk-O,N	CAlk-O	CAlk-di-O	CAr-H,R	CAr-O,N	CCOO-H,R	CC=O	Aro	Alif
AHBr(H)	37,36	4,40	9,89	5,49	17,58	6,59	12,09	6,59	24,17	75,82
AHBr(P)	31,58	4,21	7,37	5,26	22,11	6,32	14,74	8,42	28,42	71,57
AHEq(H)	32,26	6,45	18,28	4,30	11,83	3,23	16,13	7,53	15,05	84,94
AHEq(P)	32,63	8,42	17,89	4,21	13,68	3,16	14,74	5,26	16,84	83,15
AHVc(H)	30,21	13,54	14,58	4,17	13,54	7,29	13,54	3,13	20,83	79,16
AHVc(P)	28,57	13,27	15,31	5,10	15,31	7,14	12,24	3,06	22,44	77,55

Nota: AHBr = ácidos húmicos Brasil; **AHEq =** ácidos húmicos Equador; **AHVc =** ácidos húmicos vermicomposto. **H =** extrator $NaOH_{(aq)}$; **P =** extrator $Na_4P_2O_{7(aq)}$. *Fonte:* Nadia Quevedo Pinos

Para melhor entender a influência dos extratores nas características estruturais dos AH, foi realizada a análise de componentes principais (PCA) utilizando como matriz os espectros de CP MAS ^{13}C RMN (Figura 2). Os resultados mostram separação dos AH na PC1 (57%) em relação à sua fonte de origem. A PCA apresentou agrupamento dos AH em função de sua origem, independentemente do extrator utilizado, comprovando que a utilização dos extratores não provocou mudanças intensas nas características estruturais dos AH.

3.2 Relação E_4/E_6

A relação E_4/E_6 está relacionada com a aromaticidade e o grau de condensação da cadeia de carbonos aromáticos dos ácidos húmicos, podendo, assim, ser usada como índice de humificação.[3,6] Os valores obtidos na relação E_4/E_6 (Tabela 2) não apresentaram mudanças intensas com a utilização dos extratores.

Em geral, os valores médios situaram-se em torno de 2,71 e 3,49 para os ácidos húmicos dos solos do Brasil e Equador e em torno de 5,73 para os ácidos húmicos do vermicomposto. Kononova (1982) relata valores da relação E_4/E_6 menores que 5 para ácidos húmicos e entre 6 e 8 para ácidos fúlvicos.[14]

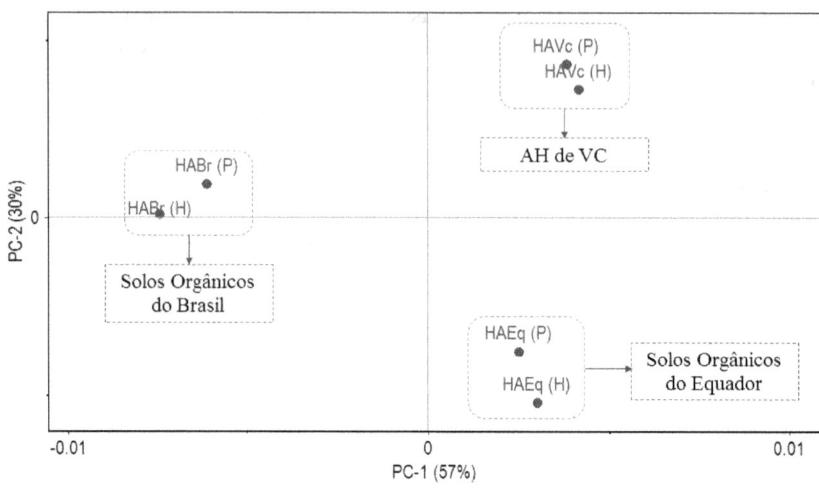

Figura 2   Análise de PCA realizada a partir do carregamento dos espectros puros CP MAS ^{13}C RMN dos AH. *Fonte:* Nadia Quevedo Pinos

Os ácidos húmicos do vermicomposto estão dentro da faixa indicada para ácidos fúlvicos, sugerindo que esses ácidos húmicos são menos evoluídos quimicamente em comparação aos AH dos solos do Brasil e Equador. O que, por sua vez, está relacionado com a maior aromaticidade dos AH extraídos dos solos do Brasil, sendo que, quanto maior a razão E_4/E_6, menor é a quantidade de aromáticos condensados que podem ser associados à humificação da matéria orgânica do solo.[3,15]

Tabela 2   Relações E_4/E_6 das amostras de AH extraídas de dois solos de origens diferentes e um vermicomposto por dois métodos de extração diferentes.

AH	E_4/E_6
AHBr(H)	2,72
AHBr(P)	2,71
AHEq(H)	3,50
AHEq(P)	3,48
AHVc(H)	6,05
AHVc(P)	5,42

Nota: AHBr = ácidos húmicos Brasil; **AHEq** = ácidos húmicos Equador; **AHVc** = ácidos húmicos vermicomposto. **H** = extrator $NaOH_{(aq)}$; **P** = extrator $Na_4P_2O_{7(aq)}$. *Fonte:* Nadia Quevedo Pinos

4. Conclusões

A utilização de solução extratora de $Na_4P_2O_{7(aq)}$ e $NaOH_{(aq)}$ para a obtenção de AH não provoca mudanças importantes nas características estruturais do AH obtido dos solos e VC de esterco bovino para as amostras estudadas. Um leve aumento na aromaticidade foi observado quando utilizado o $Na_4P_2O_{7(aq)}$ na extração dos AH isolados a partir das três diferentes fontes. A PCA mostrou agrupamento dos AH em função da sua fonte, independentemente do extrator utilizado; isto comprova que a utilização dos extratores não provoca mudanças intensas nas características estruturais dos AH. Os valores obtidos na relação E_4/E_6 não apresentaram mudanças intensas com a utilização dos extratores. Porém, os valores da relação E_4/E_6 dos ácidos húmicos do vermicomposto sugere que esses ácidos húmicos são menos evoluídos quimicamente em comparação aos AH dos solos do Brasil e Equador e, portanto, têm menor quantidade de grupos aromáticos.

Agradecimentos – À Secretaria de Educação Superior Ciência, Inovação e Tecnologia (SENESCYT) e ao Instituto de Fomento ao Talento Humano (IFTH) do Equador, pela bolsa concedida à primeira autora (N.R.Q.P.). À FAPERJ e CNPq pelas bolsas de pós-doutorado e mestrado respectivamente outorgadas aos outros autores; ao CPGA-CS, ao Laboratório de Biologia do Solo da UFRRJ e ao professor da Universidade Estadual de Bolívar (UEB), MSc. Darwin Pomagualli Agualongo, pela colaboração na coleta de amostras de solo no Equador.

Referências Bibliográficas

1. PRIMO, D. C.; MENEZES, R. S. C.; SILVA, T. O. D. Substâncias húmicas da matéria orgânica do solo: uma revisão de técnicas analíticas e estudos no nordeste brasileiro. **Scientia Plena**, v. 7, n. 5, p. 1-13, 2011.

2. SENESI, N.; MIANO, T.M.; BRUNETTI, G. Methods and related problems for sampling soil and sediment organic matter. Extraction, fractionation and purification of humic substances. **Química Analítica**, v. 13, p. 26-33, 1994.

3. STEVENSON, J. F. **Humus chemistry:** genesis, composition, reactions. New York: John Wiley, 1994. 496 p.

4. TAN, K. H.; LOBARTINI, J. C.; HIMMELSBACH, D. S.; ASMUSSEN, L. E. Composition of humic acids extracted under air and nitrogen atmosphere. **Communications in Soil Science and Plant Analysis**, v. 22, p. 861-877, 1991.

5. CORNEJO, J.; HERMOSIN, M. C. **Interaction of humic substances and soil clays.** In: PICCOLO, A. (ed). Humic substances in terrestrial ecosystems. Amsterdam: Elsevier, 1996, 595-624 p.

6. KONONOVA, M. M. **Soil organic matter.** Oxford: Pergamon, 1966. 544 p.

7. SPARKS, D. L.; PAGE, A.L.; HELMKE, P.A.; LOEPPERT, R.H.; SOLTANPOUR, P.N.; TABATABAI, M.A.; JOHNSTIN, C.T.; SUMNER, M.E. **Methods of soil analysis:** chemical methods. Madison: Soil Science Society of America/American Society of Agronomy, 1996. v. 100.

8. SONG, G.; NOVOTNY, E. H.; SIMPSON, A. J.; CLAPP, C. E.; HAYES M. H. B. Sequential exhaustive extraction of a Mollisol soil, and characterizations of humic components, including humin, by solid and solution state NMR. **European Journal Soil Sciences**, v. 59, p. 505-516, 2008.

9. BENITES, V. M.; CAIAFA, A. N.; MENDONÇA, E. S.; SCHAEFFER, C. E. G. R.; KER J. C. Solos e vegetação nos Complexos Rupestres de Altitude da Mantiqueira e do Espinhaço. **Floresta e Ambiente**, v. 10, p. 76-85, 2003.

10. CHEN, Y.; SENESI, N.; SCHNITZER, M. Information providen on humic substances by E_4/E_6 ratios. **Soil Sciences Society American Journal**, v. 41, p. 352-358, 1977.

11. YONEBAYASHI, K.; HATTORI, T. Chemical and biological studies on environmental humic acids II. 1H-NMR and IR spectra of humic acids. **Soil Science Plant Nutrition**, v. 35, n. 3, p. 383-392, 1988.

12. FONTANA, Ademir. **Fracionamento da Matéria Orgânica e Caracterização dos Ácidos Húmicos e sua Utilização no Sistema Brasileiro de Classificação de Solos**. 2009. 81 f. Tese (Doutorado em Agronomia) – Instituto de Agronomia, Universidade Federal Rural do Rio de Janeiro, Seropédica, 2009.

13. FONTANA, Ademir. **Caracterização Química e Espectroscópica da Matéria Orgânica em Solos do Brasil**. 2006. 70 f. Dissertação (Mestrado em Agronomia) – Instituto de Agronomia, Universidade Federal Rural do Rio de Janeiro, Seropédica, 2006.

14. KONONOVA, M. M. **Materia orgánica del suelo: su naturaleza, propiedades y métodos de investigación**. Barcelona: Oikos-tau, 1982. 364 p.

15. BAES, A. U.; BLOOM, P. R. Fulvic acid ultraviolet-visible spectra: Influence of Solvent and pH. **Soil Sciences Society American Journal**, v. 54, p. 1248-1254, 1990.

Caracterização de Ácidos Húmicos e Fúlvicos Extraídos de Solos Amazônicos Empregando o MEE-CP/PARAFAC

Amanda Maria Tadini, Gustavo Nicolodelli, Célia Regina Montes,
Stéphane Mounier e Débora Marcondes Bastos Pereira Milori

1. Introdução

Matéria orgânica do solo (MOS) desempenha papel importante na manutenção da produtividade do solo, sendo responsável por promover a diversidade biológica. Assim, qualquer alteração da composição do solo por fontes antropogênicas e/ou naturais pode interferir na natureza química da matéria orgânica do solo presente nesses ecossistemas naturais e, consequentemente, alterar a composição das substâncias húmicas (SH). As SH podem ser fracionadas de acordo com sua solubilidade em ácido húmico (AH), ácido fúlvico (AF) e humina.[1,2] Assim, compreender a dinâmica da matéria orgânica do solo é fundamental na avaliação da qualidade e capacidade do solo de resistir às mudanças em suas propriedades físicas e químicas de acordo com as condições meteorológicas e da natureza do material de origem.[1]

A quantidade de carbono orgânico armazenado na camada superficial (0 a 1,0 m) em solos da Bacia Amazônica representa 3% do estoque global de carbono estimado nos solos do mundo e corresponde a ~ 40 Pg de carbono.[3,4] As matérias orgânicas (MO) presentes nesses solos não são homogêneas, e estudos com o objetivo de avaliar a estrutura desse material são importantes, especialmente nesse ecossistema, que é um dos reservatórios de carbono mais relevantes do mundo.[3]

A espectroscopia de fluorescência no modo Matriz Emissão-Excitação (MEE) é uma técnica sensível, seletiva e capaz de fornecer informação que pode ser empregada para diferenciar e classificar as SH de acordo com sua origem, gênese e natureza.[5,6] Além disso, o espectro de MEE pode ser utilizado na caracterização qualitativa e quantitativa de SH quando combinado com as técnicas estatísticas multivariadas avançadas, tais como Análise de Fator Paralelo (CP/PARAFAC). Diante desse contexto, o principal objetivo deste estudo foi caracterizar os ácidos húmicos e fúlvicos extraídos dos solos da região Amazônica empregando a espectroscopia de fluorescência no modo Matriz Emissão-Excitação combinada com CP/PARAFAC.

2. Metodologia

2.1 Área de estudo

A área de estudo situa-se no Município de Barcelos, na bacia do Rio Demeni, afluente do médio Rio Negro. A geologia regional é representada por sedimentos da Formação Içá, cujos sedimentos mais recentes são encontrados nas várzeas atuais. De acordo com o IBGE (2008),[7] Latossolos, Espodossolos (ou Podzóis) e Gleissolos são os tipos de solo mais comuns nessa área. O clima é tipicamente equatorial, com temperatura média de 25°C e elevada pluviosidade (cerca de 3000 mm) durante todo o ano. O solo estudado foi amostrado em trincheiras alinhadas em transecto E-W, a partir da margem do Rio Demini. Trata-se de um podzol bem drenado sob floresta e vegetação de campinarana cujos perfis foram separados em: horizonte A (0-60 cm de espessura), horizonte de Transição (60-120 cm de espessura), horizonte E eluviado (120-160 cm de espessura) e horizonte Bh espódico (160-580 cm de espessura).

2.2 Preparação das amostras de solo e extração das frações húmicas

Os procedimentos de amostragem, preservação e preparação das amostras seguiram o método proposto por Boulet et al. (1982).[8] Os métodos para a classificação e descrição morfológica dos perfis dos solos seguiram as recomendações propostas por Santos et al. (2005)[9] e Embrapa (2006).[10] A extração dos ácidos húmico e fúlvico seguiu as recomendações descritas pela Sociedade Internacional de Substâncias Húmicas (IHSS) e Swift (1996).[11]

2.3 Caracterização dos ácidos húmicos e fúlvicos

2.3.1   Análise elementar

Para a análise química da composição elementar, foram pesados 3 mg de amostras de ácido húmico (ou ácido fúlvico) em cápsulas de estanho usando a balança analítica e analisados por combustão a 1000°C, empregando um analisador elementar da marca Perkin Elmer modelo 2400, pertencente à Embrapa Instrumentação. Este procedimento foi realizado em duplicata.

2.3.2   Espectroscopia de fluorescência de luz no UV-Visível

As amostras de ácidos húmico e fúlvico foram dissolvidas em uma solução de bicarbonato de sódio ($NaHCO_3$) 0,05 mol L^{-1}, obtendo-se uma solução com concentração de 12,5 mg L^{-1} (pH = 8,0). As medidas foram realizadas empregando espectrômetro de luminescence, modelo LS50B, da Perkin Elmer. O índice de humificação das amostras de ácidos húmico e fúlvico foi determinado seguindo as metodologias propostas por Kalbitz et al. (1999) e Milori et al. (2002).[5,12]

Para as análises da fluorescência na modalidade Matriz Emissão-Excitação foram empregadas soluções diluídas, com concentração final de 3 mg L^{-1} e 2 mg L^{-1} de ácido húmico ou ácido fúlvico, respectivamente. Assim, os espectros de fluorescência MEE foram adquiridos no intervalo de varredura entre 240-700 nm para emissão e 220-510 nm para excitação. Foram obtidos com filtro "cut-off" de 290 nm com um incremento de 10 nm de excitação, totalizando 30 varreduras. Os espectros obtidos usando essa técnica foram tratados por meio de método matemático (CP/PARAFAC) e, depois, eliminação da difusão Rayleigh e Raman.

3. Resultados e Discussões

Os valores obtidos do carbono pela análise elementar para as amostras de ácidos húmico e fúlvico estão apresentados na Tabela 1. O resultado final foi calculado a partir da média aritmética de experimentos feitos em duplicata.

Tabela 1   Valores médios da % de carbono, % hidrogênio e % nitrogênio obtidos pela análise elementar das amostras de ácidos húmico e fúlvico extraídas dos solos da região amazônica.

Trilha	Profundidade (cm)	% C	% H	% N	C/N	H/C
Ácido húmico	0-20	41,3 ± 0,3	3,91 ± 0,04	2,56 ± 0,02	15,60	0,10
	20-30	46,99 ± 0,01	4,24 ± 0,02	3,30 ± 0,04	14,24	0,09
	30-40	40,0 ± 1	3,4 ± 0,1	3,0 ± 0,2	13,50	0,08
	110-120	26,3 ± 0,1	1,64 ± 0,02	1,39 ± 0,06	19,00	0,06
	170-180	50,0 ± 5	3,0 ± 0,2	2,6 ± 0,3	19,11	0,06
	270-280	51 ± 2	3,4 ± 0,2	2,9 ± 0,1	17,94	0,07
	370-380	49,3 ± 0,3	3,14 ± 0,01	2,3 ± 0,1	21,88	0,06
	380-390	50,6 ± 0,5	3,25 ± 0,02	2,21 ± 0,1	22,93	0,06
Ácido fúlvico	0-20	4,0 ± 0,3	4,2 ± 0,9	0,44 ± 0,01	9,09	1,05
	20-30	4,1 ± 0,3	5,5 ± 0,5	0,49 ± 0,05	8,37	1,34
	30-40	2,63 ± 0,02	4,49 ± 0,01	*	*	1,71
	110-120	8,2 ± 0,6	2,5 ± 0,1	0,6 ± 0,1	1,37	0,30
	170-180	0,53 ± 0,04	3,6 ± 0,4	*	*	6,85
	270-280	1,2 ± 0,5	5,9 ± 0,1	*	*	4,92
	370-380	4,0 ± 0,2	5 ± 1	*	*	1,25
	380-390	5,2 ± 0,4	2,2 ± 0,2	*	*	0,42

* Valores abaixo do limite de detecção do equipamento (< 0,3%). *Fonte:* Amanda Maria Tadini.

A análise de CHN permite avaliar o grau de condensação dos anéis aromáticos presentes nas SH por meio das razões H/C. Deste modo, altos valores dessa razão remetem a maior quantidade de grupos alifáticos presentes em sua estrutura e, consequentemente, menor será o estágio de humificação desse composto e maior será a resistência da amostra à termodegradação.[13] Assim, ao verificar os valores das razões H/C na Tabela 1, observa-se que as amostras de ácido fúlvico apresentaram maiores valores quando comparadas às amostras de ácido húmico, demonstrando que os ácidos fúlvicos extraídos desses solos apresentam em sua estrutura compostos mais alifáticos. Segundo Stevenson (1994), quanto maior o estágio de humificação das frações húmicas, menor será a razão H/C.[1]

Os resultados verificados neste trabalho corroboram os estudos realizados por Esteves Da Silva e colaboradores (1998), que determinaram a composição elementar de ácidos fúlvicos extraídos de solos de floresta de carvalhos em Salvatierra de Miño, Espanha. Os valores obtidos por esses autores para a relação H/C variou de 0,06 a 1,27%.[14] Os mesmos autores verificaram diminuição na quantidade de nitrogênio com o aumento da profundidade, que pode ser atribuído ao processo de mineralização da matéria orgânica presente nesses solos.

Os ácidos fúlvicos apresentaram % de carbono significativamente menor quando comparados às frações de ácidos húmicos, o que pode estar relacionado com menor estabilidade no solo, em virtude de processos de polimerização ou mineralização, acarretando diminuição do conteúdo de carbono no solo. Segundo Lima (2001), em solos de florestas naturais, como Amazônia, verifica-se maior polimerização de compostos humificados, acarretando aumento na proporção de ácido húmico.[15] A fração mais estável nesses solos são os ácidos húmicos e humina; com menor contribuição encontram-se os ácidos fúlvicos, podendo isso estar relacionado com uma rápida mineralização e, consequentemente, intensa humificação da matéria orgânica nesses solos.[15]

A razão C/N tem sido empregada como fonte de informações a respeito da quantidade de nitrogênio e carbono incorporada no material húmico, ou seja, em geral, amostras contendo material mais humificado apresentaram maiores valores de C/N.[16,17] Na Tabela 1, verifica-se que as amostras de ácido húmico possuem maiores valores da razão C/N nos perfis mais profundos, o que pode estar associado ao aumento de compostos mais humificados nesses horizontes e, consequentemente, ao aumento de carbonos aromáticos (C=C) presentes na estrutura desses ácidos.[18,19]

A Figura 1 apresenta os valôres do índice de humificação obtidos para as amostras de ácidos húmico e fúlvico extraídas do solo amazônico utilizando as metodologias propostas por Milori et al. (2002)[5] e (b) Kalbitz et al. (1999).[12] Na Figura 1(a), verifica-se que os valores do índice de humificação empregando a metodologia proposta por Milori et al. (2002)[5] foram maiores para os ácidos húmicos e, principalmente, nos perfis mais profundos. O mesmo comportamento foi observado para o índice de humificação seguindo o método proposto por Kalbitz et al. (1999)[12], conforme observado na Figura 1(b).

Correlacionando os dados obtidos do ácido húmico com os do ácido fúlvico nas Figuras 1(a) e 1(b), verifica-se que os valores do índice de humificação não diferem significativamente. No entanto, pode-se observar pequeno aumento dos índices de humificação seguindo o método proposto por Milori et al. (2002)[5] para as amostras de ácido húmico nos perfis mais profundos (370 a 390 cm), tornando-os mais humificados que os ácidos fúlvicos, consequentemente, há maior presença de compostos fluorescentes na estrutura dessas amostras, tais como grupos de anéis aromáticos. Resultados semelhantes foram verificados na análise elementar pela razão C/N, em que os maiores valores obtidos para essa razão foram observados nas amostras de ácido húmico nos perfis mais profundos.

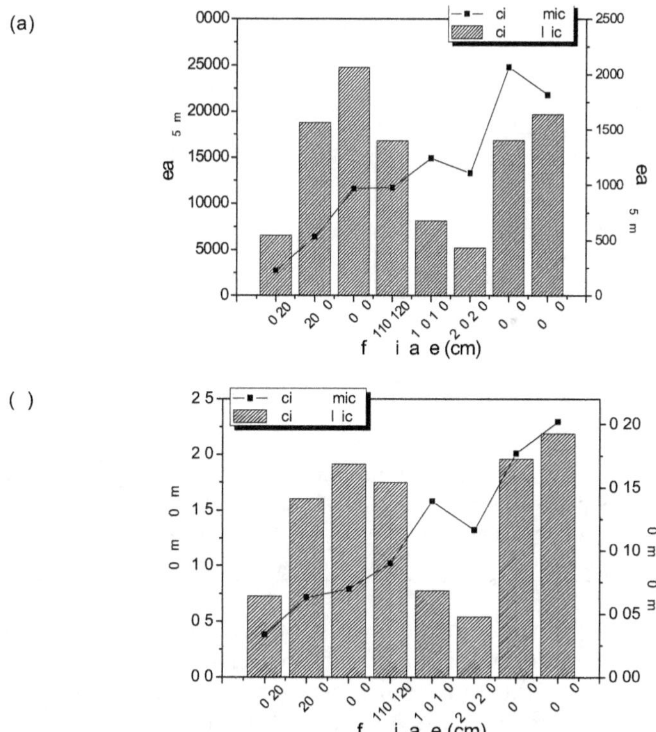

Figura 1. Valores do índice de humificação obtidos para as amostras de ácidos húmico e fúlvico extraídos do solo amazônico, empregando a metodologia de (a) Milori et al. (2002)[5] e (b) Kalbitz et al. (1999).[12] *Fonte:* Amanda Maria Tadini

A Figura 2 apresenta a correlação entre os índices de humificação utilizando as metodologias propostas por Kalbitz et al. (1999)[12] e Milori et al. (2002).[5]

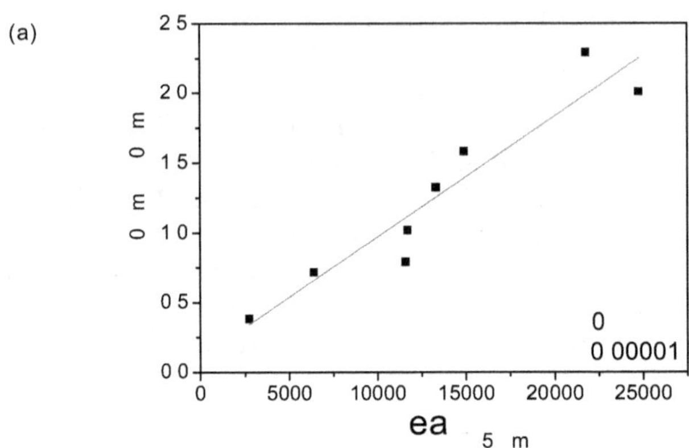

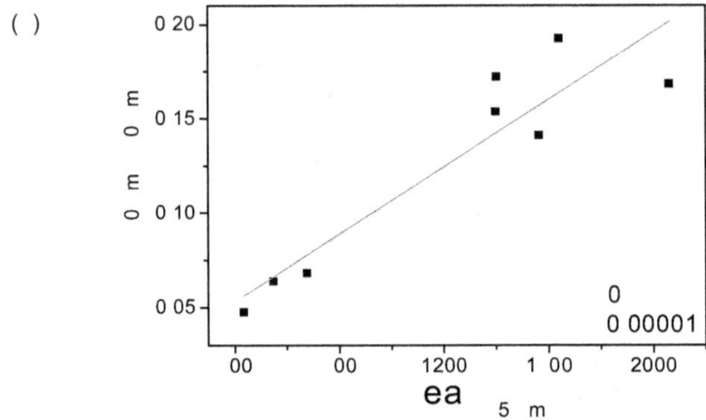

Figura 2 Correlação entre os índices de humificação dos resultados obtidos utilizando as metodologias propostas por Milori et al. (2002)[5] (A_{465nm}) e por Kalbitz et al. (1999)[12] (I_{460nm}/I_{378nm}) para os ácidos húmicos (a) e fúlvicos (b) extraídos do solo amazônico. *Fonte:* Amanda Maria Tadini

Os índices de humificação obtidos utilizando diferentes metodologias de fluorescência apresentaram coeficientes de correlação de Pearson's muito fortes, com R = 0,88 (P < 0,00001) para as amostras de ácido húmico e R = 0,83 (P < 0,00001) para as amostras de ácido fúlvico.

A Figura 3 mostra os espectros de fluorescência tridimensional das amostras de ácido húmico extraídas do solo amazônico de diferentes perfis. A partir desses espectros foi possível observar pico de fluorescência máximo na região de $\lambda_{exc}/\lambda_{em}$ = 250 nm/425 nm, e sua intensidade de fluorescência aumentou com o decorrer da profundidade. Pode-se observar o aparecimento de um segundo pico na região de $\lambda_{exc}/\lambda_{em}$ = 260 nm/500 nm nos dois perfis mais profundos (370 a 390 cm), conforme apresentado na Figura 3(G e H).

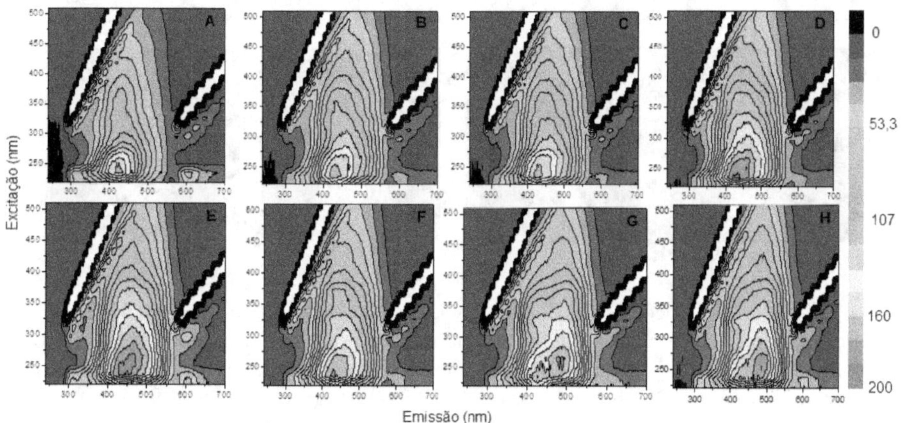

Figura 3 Espectros de fluorescência na modalidade emissão-excitação para as amostras de ácido húmico extraídas do solo amazônico para as diferentes profundidades: (A) 0-20 cm, (B) 20-30 cm, (C) 30-40 cm, (D) 110-120 cm, (E) 170-180 cm, (F) 270-280 cm, (G) 370-380 cm e (H) 380-390 cm.
Fonte: Amanda Maria Tadini.

A Figura 4 mostra os espectros de fluorescência tridimensional das amostras de ácido fúlvico extraídas do solo amazônico de diferentes perfis. A partir desses espectros foi possível observar picos de fluorescência máximos na região de $\lambda_{exc}/\lambda_{em}$ = 250 nm/425 nm e $\lambda_{exc}/\lambda_{em}$ = 360 nm/425 nm, e sua intensidade de fluorescência aumentou com o decorrer da profundidade nos perfis de 20 a 40 cm (Figura 4B e 4C). Nas Figuras 4(E) e 4(F), verifica-se a diminuição da intensidade de fluorescência do pico na região de $\lambda_{exc}/\lambda_{em}$ = 360 nm/425 nm, mas ela volta a aumentar nos próximos perfis (370 a 390 cm), conforme apresentado nas Figuras 4(G) e 4(H).

Para melhor compreensão dos espectros obtidos para a fluorescência tridimensional das amostras de ácidos húmico e fúlvico, os resultados foram tratados usando o método matemático CP/PARAFAC. Os resultados mostraram a contribuição dos dois fluoróforos para as amostras de ácidos húmico e fúlvico, obtendo-se um diagnóstico de consistência (CORCONDIA) de 99,48%.

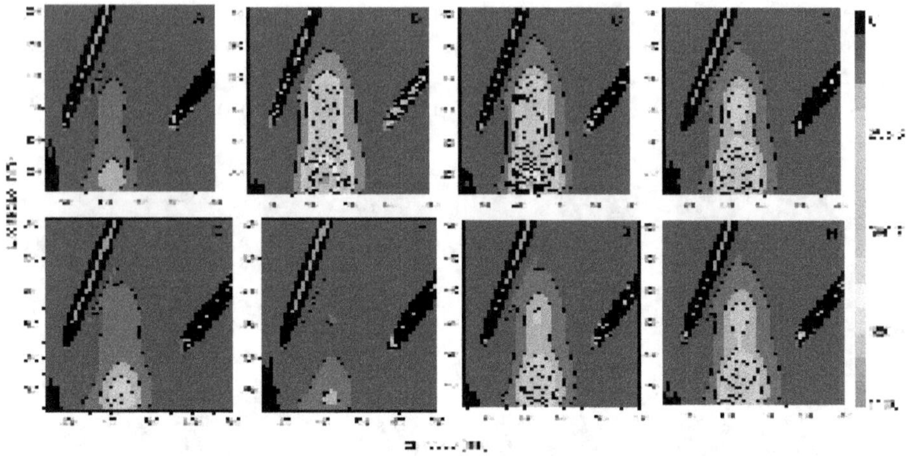

Figura 4   Espectros de fluorescência na modalidade emissão-excitação para as amostras de ácido fúlvico extraídas do solo amazônico para as diferentes profundidades: (A) 0-20 cm, (B) 20-30 cm, (C) 30-40 cm, (D) 110-120 cm, (E) 170-180 cm, (F) 270-280 cm, (G) 370-380 cm e (H) 380-390 cm.
Fonte: Amanda Maria Tadini

A Figura 5 apresenta os dois componentes responsáveis pela fluorescência das amostras de ácidos húmico e fúlvico extraídas de solo amazônico. Uma hipótese é que o Componente 1 ($\lambda_{ex}/\lambda_{em}$: <250/430 nm) refere-se a um componente típico de ácido fúlvico[20], e o Componente 2 ($\lambda_{ex}/\lambda_{em}$: 275/500 nm) refere-se a um componente típico de ácido húmico e derivados de lignina terrestre, os quais estão associados a uma estrutura mais complexa.[20,21]

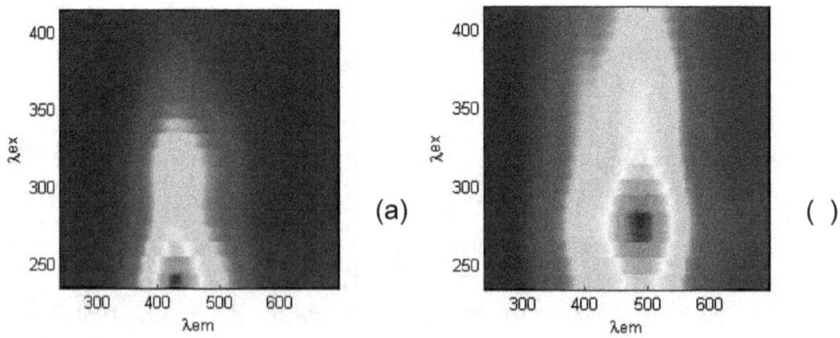

Figura 5   Componentes fluorescentes obtidos empregando o CP/PARAFAC: (a) Componente 1 e (b) Componente 2, que estão presentes nas amostras de ácidos húmico e fúlvico extraídas de solo amazônico. *Fonte:* Amanda Maria Tadini.

A Figura 6 apresenta dois gráficos em que aparece a contribuição dos dois componentes com o aumento da profundidade para as amostras de ácidos húmico e fúlvico.

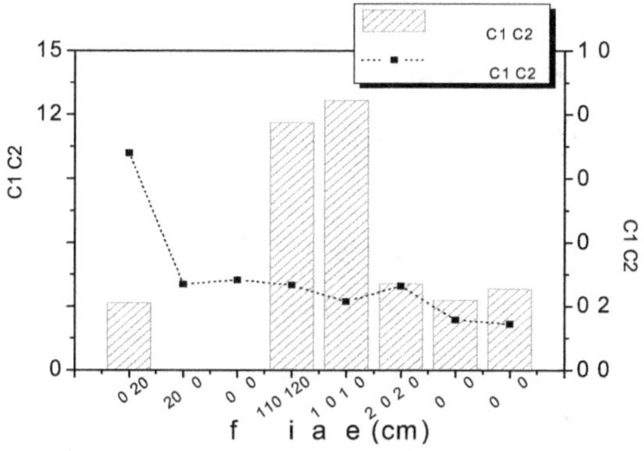

Figura 6 Razão dos Componente 1/Componente 2 (C1/C2) para amostras de ácidos húmico e fúlvico extraídas de solo amazônico com o aumento da profundidade. *Fonte:* Amanda Maria Tadini.

Na Figura 6 pode-se verificar que a relação C1/C2 foi maior na superfície (no horizonte A) para amostra de ácido húmico, enquanto nos horizontes Tr e E foi observado comportamento inverso, sendo maior a relação C1/C2 para as amostras de ácido fúlvico. Na Figura 6 observou-se também que o Componente 1, do tipo de ácido fúlvico, foi o dominante na fluorescência da fração de ácido fúlvico. Enquanto o componente predominante na fração de ácido húmico foi o Componente 2 (típico de AH com estrutura mais complexa), que teve tendência a aumentar com a profundidade. Tais diferenças de composição de componentes fluorescentes das amostras de ácidos húmico e fúlvico estão de acordo com estudos descritos na literatura.[20,22]

4. Conclusões

A espectroscopia de fluorescência bidimensional forneceu resultados coerentes entre as metodologias empregadas na determinação do índice de humificação; há aumento do índice de humificação com o aumento da profundidade. As frações de ácido húmico são mais humificadas que as de ácido fúlvico, e esses resultados corroboraram as razões H/C e C/N obtidas pela análise elementar.

A espectroscopia de fluorescência MEE-CP/PARAFAC trouxe informações interessantes entre as frações húmicas. Dois componentes foram encontrados em ambas as frações: ácido húmico e ácido fúlvico. Os componentes C1 e C2 são representativos para o fluoróforo tipo húmico e atribuído como típico de ácidos fúlvico e húmico, respectivamente.

Agradecimentos – Os autores agradecem à FAPESP (2013/13013-3 e 2012/24349-0) e ao CNPq (232225/2014-1/SWE).

Referências Bibliográficas

1. STEVENSON, J. F. **Humus chemistry:** genesis, composition, reactions. New York: John Wiley, 1994. 496 p.

2. SENESI, N.; PLAZA, C.; BRUNETTI, G.; POLO, A. A comparative survey of recent results on humic-like fractions in organic amendments and effects on native soil humic substances. **Soil and Biology Biochemistry**, v. 39, p. 1244-1262, 2007.

3. CERRI, C. C.; BERNOUX, M.; ARROUAYS, D.; FEIGL, B. J.; PICCOLO M. C. Carbon stocks in soils of the Brazilian Amazon. In: LAH, R.; KIMBLE, J. M., STEWART, B. A. (ed). **Global climate change and tropical ecosystems**. Advances in Soil Science. Boca Raton: CRC Press, 1999. 439 p.

4. TRUMBORE, S.; CAMARGO, P. B. Soil Carbon Dynamics. **Amazon Global Changes**. p. 451-462, 2009.

5. MILORI, D. M. B. P.; MARTIN-NETO, L.; BAYER, C.; MIELNICZUK, J.; BAGNATO, V. S. Humification degree of soil humic acids determined by fluorescence spectroscopy. **Soil Science**, v. 167, n. 11, p. 1-11, 2002.

6. COBLE, P. G. Characterization of marine and terrestrial DOM in seawater using excitation-emission matrix spectroscopy. **Marine Chemistry**, v. 51, p. 325-346, 1996.

7. INSTITUTO BRASILEIRO DE GEOGRAFIA E ESTATÍSTICA - IBGE. Coordenação de Recursos Naturais e Estudos Ambientais (CREN). **Mapas geo-referências de recursos naturais**. Scale 1:250:000, digital format: shp. Rio de Janeiro, 2008.

8. BOULET, R.; CHAUVEL, A.; HUMBEL, F. X.; LUCAS Y. Analyse structurale et cartographie en pédologie: I - Prise en compte de l'organisation bidimensionelle de la couverture pédologique: les études de toposéquences et leurs principaux apports à la connaissance dês sols. **Cah ORSTOM, Séries Pédologie**, v. 19, n. 4, p. 309-321, 1982.

9. SANTOS, R. D.; LEMOS, R. C.; SANTOS, H. G.; KER, J. C.; ANJOS L. H. C. **Manual de descrição e coleta de solo no campo**. Viçosa: Sociedade Brasileira de Ciência do Solo, 2005. 50 p.

10. EMPRESA BRASILEIRA DE PESQUISA AGROPECUÁRIA. Centro Nacional de Pesquisa em Solos. **Sistema brasileiro de classificação de solos**. Brasília: Embrapa, Produção de Informação. Rio de Janeiro: Embrapa Solos, 2006. 306 p.

11. SWIFT, R. S. Organic matter characterization. In: SPARKS, D. L.; PAGE, A.L.; HELMKE, P.A.; LOEPPERT, R.H.; SOLTANPOUR, P.N.; TABATABAI, M.A.; JOHNSTIN, C.T.; SUMNER, M.E. **Methods of soil analysis:** chemical methods. Madison: Soil Science Society of America - American Society of Agronomy, 1996. v. 100.

12. KALBITZ, K.; GEYER, W.; GEYER, S. Spectroscopic properties of dissolved humic substances - a reflection of land use history in a fen area. **Biogeochemistry**, v. 47, p. 219-238, 1999.

13. ABBT-BRAUN, G.; LANKES, U.; FRIMMEL, F. H. Structural characterization of aquatic humic substances - The need for a multiple method approach. **Aquatic Sciences**, v. 66, p. 151-170, 2004.

14. ESTEVES DA SILVA, J. C. G.; MACHADO, A. A. S. C.; FERREIRA M. A., REY, F. Method for the differentiation of leaf litter extracts and study of their interaction with Cu(II) by molecular fluorescence. **Canadian Journal of Chemistry**, v. 76, p. 1197-1209, 1998.

15. LIMA, Hedinaldo Narciso. **Gênese, química, mineralogia e micromorfologia de solos da Amazônia Ocidental**. 2001. 191 f. Tese (Doutorado em Agronomia) – Universidade Federal de Viçosa, Viçosa, 2001.

16. CONTE, P.; SPACCINI, R.; SMEJKALOVA, D.; NEBBIOSO, A.; PICCOLO A. Spectroscopic and conformational properties of size-fractions separated from a lignite humic acid. **Chemosphere**, v. 69, p. 1032-1039, 2007.

17. GIOVANELA, M.; CRESPO, J. S.; ANTUNES, M.; ADAMATTI, D. S.; FERNANDES, A. N.; BARISON, A.; DILVA, C. W. P.; GUÉGAN, R.; MOTELICA-HEINO, M.; SIERRA, M. M. D. Chemical and spectroscopic characterization of humic acids extracted from the bottom sediments of a Brazilian subtropical microbasin. **Journal of Molecular Structure**, v. 981, p. 111-119, 2010.

18. ALLARD, B. A. Comparative study on the chemical composition of humic acids from forest soil, agricultural soil and lignite deposit Bound lipid, carbohydrate and amino acid distributions. **Geoderma**, v. 130, p. 77-96, 2006.

19. ZHANG, Y.; HAN, G.; JIANG, T.; HUANG, Y.; LI, G.; GUO, Y.; YANG, Y. Structure characteristics and adhesive property of humic substances extracted with different methods. **Journal of Central South University of Technology**, v. 18, p. 1041-1046, 2011.

20. SANTÍN, C.; YAMASHITA, Y.; OTERO, X. L.; ÁLVAREZ, M. A.; JAFFÉ, R. Characterizing humic substances from estuarine soils and sediments by excitation-emission matrix spectroscopy and parallel factor analysis. **Biogeochemistry**, v. 96, p. 131-147, 2009.

21. MATTHEWS, B. J. H; JONES, A. C.; THEODOROU, N. K.; TUDHOPE, A. W. Excitation-emission-matrix fluorescence spectroscopy applied to humic acid bands in coral reefs. **Marine Chemistry**, v. 55, p. 317-332, 1996.

22. SANTOS, C. H.; NICOLODELLI, G.; ROMANO, R. A.; TADINI, A. M.; VILLAS-BOAS, P. R.; MONTES, C. R.; MOUNIER, S.; MILORI, D. M. B. P. Structure of Humic Substances from Some Regions of the Amazon Assessed Coupling 3D Fluorescence Spectroscopy and CP/PARAFAC. **Journal of Brazilian Chemical Society**, v. 26, n. 6, p. 1136-1142, 2015.

Carbono Orgânico em Sistemas de Integração Lavoura-Pecuária

Roberta Jeske Kunde, Cristiane Mariliz Stöcker, Adilson Luís Bamberg, Clenio Nailto Pillon e Ana Cláudia Rodrigues de Lima

1. Introdução

Com o aumento da demanda por alimentos e a evolução tecnológica na produção, a atividade agrícola moderna passou a se caracterizar por sistemas padronizados e simplificados de monocultura. Além disso, com a expansão da fronteira agrícola, manejo mecanizado do solo, uso de agroquímicos e irrigação, as atividades agrícolas e pecuárias passaram a ser realizadas de maneira intensificada, independente e dissociada. Esse modelo de produção agropecuária predomina nas propriedades rurais em todo o mundo, porém, tem mostrado sinais de saturação, em virtude da elevada demanda por energia e por recursos naturais que o caracteriza.[1]

Os possíveis riscos ambientais decorrentes da intensificação da agricultura conduzem à busca por sistemas de produção que utilizem bases mais sustentáveis.[2] Nesse sentido, uma das alternativas mais apropriadas é a adoção de sistemas integrados de produção como a Integração Lavoura-Pecuária (ILP), que visam melhorar a qualidade do solo (QS), favorecer a redução do consumo de insumos agrícolas e gerar maior renda per capita por área.[3] ILP é um sistema de produção em que vários fatores biológicos, econômicos e sociais se inter-relacionam e determinam sua sustentabilidade. Nas últimas décadas, as áreas agrícolas utilizadas com ILP vêm se tornando mais expressivas no Brasil, em virtude dos inúmeros benefícios que podem ser obtidos com o uso desse sistema.[1] Nesse sistema, a manutenção dos resíduos vegetais na superfície, somada à ausência de revolvimento do solo, reduz a emissão de CO_2 e aumenta o estoque de carbono no solo.[4,5]

A maioria dos estudos concentra-se na avaliação do carbono orgânico total (COT), porém pequenas alterações nos valores totais deste elemento são dificilmente detectáveis em curto prazo, em parte porque a variabilidade natural do solo é elevada.[6] Desta forma, técnicas de fracionamento físico da matéria orgânica do solo (MOS) têm auxiliado na identificação do acúmulo de carbono em compartimentos do solo.[7]

Portanto, alterações na proporção das frações lábeis da MOS, como o carbono da fração grosseira (CFG), obtidas em curto prazo, podem fornecer informações importantes sobre sistemas de uso, manejo do solo e sustentabilidade ambiental.[8]

A partir do exposto, este estudo teve por objetivo avaliar os teores de COT, CFG e carbono associados aos minerais (CAM) em propriedades agrícolas familiares sob ILP.

2. Metodologia

O estudo foi desenvolvido em duas propriedades agrícolas familiares sob ILP, localizadas no Município de Arroio do Padre (RS). Em cada uma das propriedades avaliaram-se três sistemas de produção: campo nativo pastejado (sistema de referência), pastagem de azevém e milho com sucessão de azevém.

O delineamento experimental adotado foi o inteiramente casualizado (3 tratamentos x 3 camadas x 5 repetições), e o solo das propriedades agrícolas em estudo é um Argissolo Vermelho[9] de classe textural média Franco-Arenosa. Os dados da análise granulométrica média (0,00 a 0,20 m) do solo dos sistemas de produção em estudo são apresentados na Tabela 1.

Tabela 1 Granulometria média (0,00 a 0,20 m) e classe textural do solo nos três sistemas de produção das propriedades agrícolas familiares em estudo. *Fonte:* Roberta Jeske Kunde.

Tratamentos	Argila (%)	Areia (%)	Silte (%)	Classe textural
Campo nativo pastejado	16	22	62	Franco-arenosa
Pastagem azevém	15	21	64	Franco-arenosa
Milho/azevém	10	22	68	Franco-arenosa

Em cada uma das propriedades, foram coletadas amostras deformadas de solo com o auxílio de pá de corte nas camadas de 0,00-0,05 m, de 0,05-0,10 m e de 0,10-0,20 m. Posteriormente à coleta, as amostras foram destorroadas e secas ao ar, sendo peneiradas em malha de 2,00 m.

Parte do solo foi macerada em almofariz de ágata para a determinação de carbono orgânico total (COT); outra parte foi destinada ao fracionamento físico granulométrico. O fracionamento físico granulométrico foi realizado conforme metodologia descrita em Cambardella & Elliott (1992), sendo o material retido na peneira (>0,053 mm) correspondente ao carbono da fração grosseira (CFG), enquanto o carbono associado aos minerais (CAM) foi obtido pela diferença entre o COT e o CFG.[10]

Os teores de COT e CFG presentes na massa de solo foram quantificados por oxidação a seco em um analisador elementar, e os resultados foram submetidos à análise de variância e, quando diferenças significativas foram observadas, as médias foram comparadas pelo teste Tukey, a 5% de probabilidade.

3. Resultados e Discussões

Em todas as camadas avaliadas, os maiores teores de COT foram observados no campo nativo pastejado (Tabela 2), resultado que pode estar possivelmente associado à diversidade e quantidade de vegetação presente nessa área, os quais proporcionam maior aporte de biomassa à superfície do solo[11] e também ausência de revolvimento do solo nesse sistema.

Com relação aos teores de CFG, nas camadas de 0,00-0,05 m e de 0,05-0,10 m, assim como para o COT, os maiores valores foram encontrados no campo nativo pastejado (Tabela 2). É desejável que o solo apresente quantidade adequada de CFG, pois, assim, garantem-se o fluxo de carbono para o solo e a manutenção da atividade biológica. Caso o solo não disponha de matéria orgânica lábil em quantidade suficiente para suprir suas necessidades, os processos de oxidação da MOS resultarão em redução do estoque de carbono, o que dá início ao processo de perda de qualidade e degradação do solo.[12,13]

Tabela 2 Teores (g kg^{-1}) de carbono orgânico total (COT), carbono da fração grosseira (CFG), carbono associado aos minerais (CAM), proporção (%) de CFG/COT e CAM/COT.

Tratamentos	COT	CFG	CAM	CFG/COT	CAM/COT
		g kg^{-1}		%	
		0,00-0,05 m			
Campo nativo	20,69a	10,85a	9,84a	52	48
Pastagem azevém	15,52b	7,28b	8,23b	47	53
Milho x azevém	15,27b	6,24b	9,01ab	41	49
		0,05-0,10 m			
Campo nativo	15,48a	6,48a	9,00a	42	58
Pastagem azevém	13,30b	4,95b	8,35ab	37	63
Milho x azevém	12,58b	5,49b	7,09b	44	56
		0,10-0,20 m			
Campo nativo	15,27a	5,30^{ns}	9,97a	35	65
Pastagem azevém	12,02b	4,76	7,26b	40	60
Milho x azevém	11,79b	5,42	6,37b	46	54

Médias seguidas pela mesma letra minúscula na coluna não diferem entre si pelo teste de Tukey a 5%. *Fonte:* Roberta Jeske Kunde.

Resultados semelhantes ao nosso estudo foram encontrados por Gazolla et al. (2015), que, ao avaliarem as frações físicas da matéria orgânica em um Latossolo Vermelho sob pastagem, sistema de plantio direto, sistema de integração lavoura-pecuária e uma área de vegetação nativa, constataram maiores teores de COT e de CFG em área de vegetação nativa quando comparada às demais. [14]

Neste estudo, os teores de COT e CFG decresceram em profundidade, corroborando os resultados encontrados por Conceição et al. (2005), Balbino et al. (2011), Salton et al. (2011) e Silva et al. (2011), que atribuíram a diminuição dos teores de COT e CFG em profundidade ao acúmulo de resíduos na camada superficial do solo e também pela maior concentração de raízes em superfície.[2,6,13,15]

O CFG é composto principalmente por resíduos culturais em vários estágios de decomposição e, geralmente, se encontra em menor proporção, contribuindo com cerca de 3 a 20% do COT.[16] Neste estudo, o CFG contribui com 35 a 52% do COT.

Neste estudo, a proporção de CAM em relação ao COT apresentou valores que variaram de 48 a 65%. Já Salton et al. (2005) verificaram valores entre 77% e 93% do COT, correspondendo à fração associada aos minerais do solo.[17] Adicionalmente, Batista et al. (2013) também verificaram valores mais elevados de contribuição do CAM em relação ao COT, cerca de 86 a 90%.[18]

4. Conclusões

Os maiores teores de carbono orgânico total em todas as camadas avaliadas foram encontrados no campo nativo pastejado.

Os sistemas de integração lavoura-pecuária influenciaram negativamente os teores de carbono associados aos minerais.

Com exceção do campo nativo na camada de 0,00-0,05 m, as maiores proporções de carbono foram verificadas na fração associada aos minerais.

Agradecimentos – Os autores agradecem à CAPES, pela concessão das bolsas de mestrado e doutorado, à Universidade Federal de Pelotas e à Embrapa Clima Temperado, pelo suporte financeiro e de infraestrutura, e às famílias agricultoras, por disponibilizarem suas propriedades para o desenvolvimento deste estudo.

Referências Bibliográficas

1. MACEDO, M. C. M. Integração lavoura e pecuária: o estado da arte e inovações tecnológicas. **Revista Brasileira de Zootecnia**, v. 38, p. 133-146, 2009.

2. BALBINO, L. C.; CORDEIRO, L. A. M.; SILVA, W. P.; MORAES, A.; MARTÍNEZ, G. B.; ALVARENGA, R. C.; KICHEL, A. N.; FONTANELI, R. S.; SANTOS, H. P.; FRANCHINI, J. C.; GALERANI, P. R. Evolução tecnológica e arranjos produtivos de sistemas de integração lavoura-pecuária-floresta no Brasil. **Pesquisa Agropecuária Brasileira**, v. 46, n. 10, p. i-xii, 2011.

3. BALBINOT JUNIOR, A. A.; MORAES, A.; VEIGA, M.; PELISSARI, A.; DIECKOW, J. Integração lavoura-pecuária: intensificação de uso de áreas agrícolas. **Ciência Rural**, v. 39, n. 6, p. 1925-1933, 2009.

4. LOSS, A.; PEREIRA, M.G.; GIÁCOMO, S.G.; PERIN, A.; ANJOS, L.H.C. Agregação, carbono e nitrogênio em agregados do solo sob plantio direto com integração lavoura pecuária. **Pesquisa Agropecuária Brasileira**, v. 46, n. 10, p. 1269-1276, 2011.

5. GUARESCHI, R. F.; PEREIRA, M. G.; PERIN, A. Deposição de resíduos vegetais, matéria orgânica leve, estoques de carbono e nitrogênio e fósforo remanescente sob diferentes sistemas de manejo no cerrado goiano. **Revista Brasileira de Ciência do Solo**, v. 36, n. 3, p. 1-10, 2012.

6. SILVA, R. F.; GUIMARÃES, M. F.; AQUINO, A. M.; MERCANTE, F. M. Análise conjunta de atributos físicos e biológicos do solo sob sistema de integração lavoura-pecuária. **Pesquisa Agropecuária Brasileira**, v. 46, n. 10, p. 1277-1283, 2011.

7. CONCEIÇÃO, P. C.; BAYER, C.; DIECKOW, J.; SANTOS, D. C. Fracionamento físico da matéria orgânica e índice de manejo de carbono de um Argissolo submetido a sistemas conservacionistas de manejo. **Ciência Rural**, v. 44, n. 5, p. 794-800, 2014.

8. SANTOS, D. C.; PILLON, C. N.; FLORES, C. A.; LIMA, C. L. R.; CARDOSO, E. M. C.; PEREIRA, B. F.; MANGRICH, A. S. Agregação e frações físicas da matéria orgânica de um Argissolo Vermelho sob sistemas de uso no Bioma Pampa Solo. **Revista Brasileira de Ciência do Solo**, v. 35, n. 5, p. 1735-1744, 2011.

9. EMPRESA BRASILEIRA DE PESQUISA AGROPECUÁRIA-EMBRAPA. **Sistema brasileiro de classificação de solos**. 3.ed. Brasília: Embrapa Solos, 2013. 353 p.

10. CAMBARDELLA, C. A.; ELLIOTT, E. T. Particulate soil organic matter changes across a grassland cultivation sequence.**Soil Science Society of America Journal**, v. 56, n. 3, p. 777-783, 1992.

11. SILVA, R. F.; BORGES, C. D.; GARIB, D. M.; MERCANTE, F. M. Atributos físicos e teor de matéria orgânica na camada superficial de um Argissolo Vermelho cultivado com mandioca sob diferentes manejos.**Revista Brasileira de Ciência do Solo**, v. 32, n. 6, p. 2435 2441, 2008.

12. CAUSARANO, H. J.; FRANZLUEBBERS, A. J.; SHAW, J. N.; REEVES, D. W.; RAPER, R. L.; WOOD, C. W. Soil organic carbon fractions and aggregation in the Southern Piedmont and coastal plain. **Soil Science Society of America Journal**, v. 72, n. 1, p. 221 230, 2008.

13. SALTON, J. C.; MIELNICZUK, J.; CIMÉLIO BAYER, C.; FABRÍCIO, A. C.; MACEDO, M. C. M.; BROCH, D. L. Teor e dinâmica do carbono no solo em sistemas de integração lavoura-pecuária. **Pesquisa Agropecuária Brasileira**, v. 46, n. 10, p. 1349-1356, 2011.

14. GAZOLLA, P. R.; GUARESCHI, R. F.; PERIN, A.; PEREIRA, M. G.; ROSSI, C. Q. Frações da matéria orgânica do solo sob pastagem, sistema plantio direto e integração lavoura-pecuária. **Semina: Ciências Agrárias**, v. 36, n. 2, p. 693-704, 2015.

15. CONCEIÇÃO, P. C.; AMADO, T. J. C.; MIELNICZUK, J.; SPAGNOLLO, E. Qualidade do solo em sistemas de manejo avaliada pela dinâmica da matéria orgânica e atributos relacionados. **Revista Brasileira de Ciência do Solo**, v. 29, n. 5, p. 777-788, 2005.

16. SILVA, I. R.; MENDONÇA, E. S. **Matéria orgânica do solo**. In: NOVAIS, R.F.; ALVAREZ V., V.H.; BARROS, N. F.; FONTES, R. L. F.; CANTARUTTI, R. B.; NEVES, J. C. L. (Ed). *Fertilidade do solo*. Viçosa: Sociedade Brasileira de Ciência do Solo, 2007, p. 275--374.

17. SALTON, J. C.; MIELNICZUK, J.; BAYER, C.; FABRICIO, A. C.; MACEDO, M. C. M.; BROCH, D. L.; BOENI, M.; CONCEIÇÃO, P. C. **Matéria orgânica do solo na integração lavoura-pecuária em Mato Grosso do Su**l. Dourados: Embrapa Agropecuária Oeste, 2005.

18. BATISTA, I.; PEREIRA, M. G.; CORREIA, M. E. F.; BIELUCZYK, W.; SCHIAVO, J. A.; ROWS, J.R.C. Teores e estoque de carbono em frações lábeis e recalcitrantes da matéria orgânica do solo sob integração lavoura-pecuária no bioma Cerrado. **Semina: Ciências Agrárias**, v. 34, n. 6, p. 3377-3388, 2013.

Crescimento de Plântulas de Aroeira Utilizando Substâncias Húmicas como Bioestimulante Visando à Recuperação de Restingas Degradadas

Juliétty Angioletti Tesch, Leonardo Barros Dobbss, Ary Gomes da Silva, Carlos Moacir Colodete, Cintia Villa Bullus, Gabriela Chaves Canton, Katherine Fraga Ruas, Lisianny Evelyn Xavier Lourenço e Nágila Teixeira Simoura

1. Introdução

Em virtude da complexidade da restinga e da falta de informações científicas sobre o assunto, diversas áreas destruídas permanecem sem planejamento de recuperação e acabam por sofrer outras interferências, dificultando até mesmo a regeneração natural. Por vezes, a falta de fiscalização e de interesse dos órgãos públicos competentes também prejudica tanto a preservação como a recuperação dessas áreas. A produção de mudas de espécies do ecossistema restinga[1] é fundamental para sua recomposição florística. Mas, apesar da demanda crescente por essas plântulas, tecnologias para sua produção são pouco descritas na literatura científica.

Este trabalho defende a hipótese de que substâncias húmicas isoladas da Floresta de Restinga, independente de sua condição de preservação, irão proporcionar crescimento potencializado em plântulas de aroeira (*Schinus terebinthifolius*). Por isto, realizamos testes morfológicos, fisiológicos e bioquímicos em plântulas de aroeira produzidas a partir de germinação de sementes tratadas com SH isoladas de sedimentos de Florestas de Restinga, localizadas na APA de Setiba e no PEPCV, ambos em Guarapari (ES), em duas condições ambientais diferentes: área preservada e área degradada.

2. Metodologia

Para a extração das SH (AF+AH), os sedimentos foram coletados nos meses de abril de 2013 e março, agosto e outubro de 2014. Foram realizadas coletas de sedimento (0-20 cm de profundidade) nas duas áreas estudadas: degradada (APA de Setiba) e preservada (PEPCV).

As frações (AF+AH) foram extraídas e purificadas, como relatado em outros trabalhos,[2,3] tal como o protocolo descrito pela Sociedade Internacional das SH (IHSS). Resumidamente, 200 g de amostras dos sedimentos das áreas supracitadas foram secas ao ar e peneiradas (peneira de malha de 2 mm). A extração das SH foi realizada com NaOH 0,1 mol L^{-1}, na razão solo:solvente de 1:10 (m:v). Após o procedimento de extração, as SH (AF+AH) foram purificadas por meio de uma diálise contra água deionizada, utilizando-se membranas com poros de 1000 Da (Thomas Scientific, Inc.). Para o ensaio de doses, sementes de aroeira foram coletadas na APA de Setiba. A quebra de dormência das sementes foi realizada da seguinte maneira: primeiro, foi retirada a casca e, depois, o tegumento foi eliminado com o auxílio de um detergente neutro. Após esses procedimentos, as sementes foram devidamente desinfetadas por meio de imersão em uma solução de NaClO 1%, por 5 minutos, e logo após em etanol 70%, por mais 5 minutos. Em seguida, as sementes foram lavadas em água deionizada por um período de 1 minuto.

Após esse processo, papéis de germinação foram acondicionados em placas de Petri (ambos previamente autoclavados), umedecidos com água, e a eles depositadas 15 sementes de aroeira que permaneceram no escuro até a germinação. Depois de germinadas, as placas foram mantidas em uma sala de crescimento com as seguintes condições: fotoperíodo de 16 horas de luz e 8 de escuro e temperatura de 25° ± 2°C.

A cada placa foi adicionado o volume de 5,0 mL das SH (AF+AH), nas seguintes doses: 0,00% (controle); 0,78%; 1,56%; 3,125%; e 6,25%. Para o tratamento com a SH tanto da área degradada quanto da preservada, foram feitas triplicatas, totalizando 27 placas. No tratamento controle, as plantas foram tratadas somente com água destilada. O ensaio experimental durou 24 dias (de 3 a 27 de novembro de 2014). Após esse período, as plântulas de aroeira foram coletadas para avaliação do número de raízes laterais emergidas (NRL). Os resultados foram submetidos à análise de regressão para avaliação das melhores doses de SH (AF+AH).[3-5] Após a seleção da melhor dose, um novo experimento foi montado para o monitoramento do número de folhas (NF); áreas radicular (AR) e foliar (AF), calculadas utilizando-se o programa computacional para análise digital de imagens Delta-T ScanTM®; massa fresca das raízes (MFR) e da parte aérea (MFPA), determinada em balança analítica de precisão imediatamente após a coleta; e massa seca das raízes (MSR) e da parte aérea (MSPA), determinada em balança analítica de precisão após 72h em estufa a 75°C. Foram feitas, também, análises bioquímicas (proteínas e atividade da ATPase) e fisiológica (pigmentos fotossintetizantes). Esta segunda fase do experimento foi conduzida na casa de vegetação da UVV coberta com tela sombrite de 50% de incidência de luz. As plântulas (de 45 dias, contendo 2 pares de folhas, 2 cm a 3 cm) foram mantidas nos vasos de Leonard (1:1 de areia com serragem) por 30 dias, em seus respectivos tratamentos (melhores doses das SH (AF+AH) e controle). Cada tratamento contou com 10 vasos contendo 5 plântulas em cada. A solução nutritiva de Hoagland (com 1/2 da força iônica) foi adicionada uma vez por semana até o final da condução experimental.

Após 30 dias, metade das plantas foi coletada para análises morfológicas e a outra metade, para análises bioquímicas e fisiológica, descritas a seguir: a concentração de proteína das amostras foi determinada pelo método de Bradford (1976), adaptado para microplaca, e a atividade da H^+-ATPase foi determinada pelo método descrito por Gibbs e Somero (1989), com as adaptações propostas por Kultz e Somero (1995).[6-8] Para a extração dos pigmentos foi seguido o método de Arnon (1949) com modificações.[9] Os teores de clorofila a, b e carotenóides foram calculados de acordo com Hendry & Grime (1993). Para todos os experimentos, o delineamento experimental foi inteiramente casualisado.[10] Após a constatação de que os dados eram paramétricos, foi realizada análise de variância ANOVA e as médias foram comparadas pelo teste Tukey (p < 0,05) pelo programa SISVAR da Universidade Federal de Lavras (UFLA).

3. Resultados e Discussões

Há muito tempo sabe-se que a matéria orgânica humificada carrega substâncias fisiologicamente ativas, com capacidade de influenciar positivamente o desenvolvimento das plantas.[11] Geralmente é observado forte estímulo ao desenvolvimento radicular com concentrações relativamente pequenas de SH e inibição do crescimento em doses maiores, como foi o caso deste estudo (Tabela 1).

Tabela 1 Equações de regressão, coeficientes de determinação da regressão (R^2), desvios-padrão da regressão (DP), níveis de significância da regressão (valores-p) e doses ótimas % para o número de raízes laterais emergidas em plântulas de *Schinus terebinthifolius* após tratamento com diferentes doses de SH (AF+AH) da área degradada e da área preservada. *Fonte:* Juliétty Angioletti Tesch.

Áreas	Equação (y = b2x² + b1x + b0)	R^2	DP	Dose ótima % (dx/dy): b1 + 2(b2)x =0
Degradada	y =-1,5469x² + 9,1053x + 6,1143	0,91	5,24	2,94% SH
Preservada	y =-1,5956x² + 9,931x + 7,6848	0,86	7,02	3,11% SH

Níveis de significância da regressão p < 0,0001; N = 30.

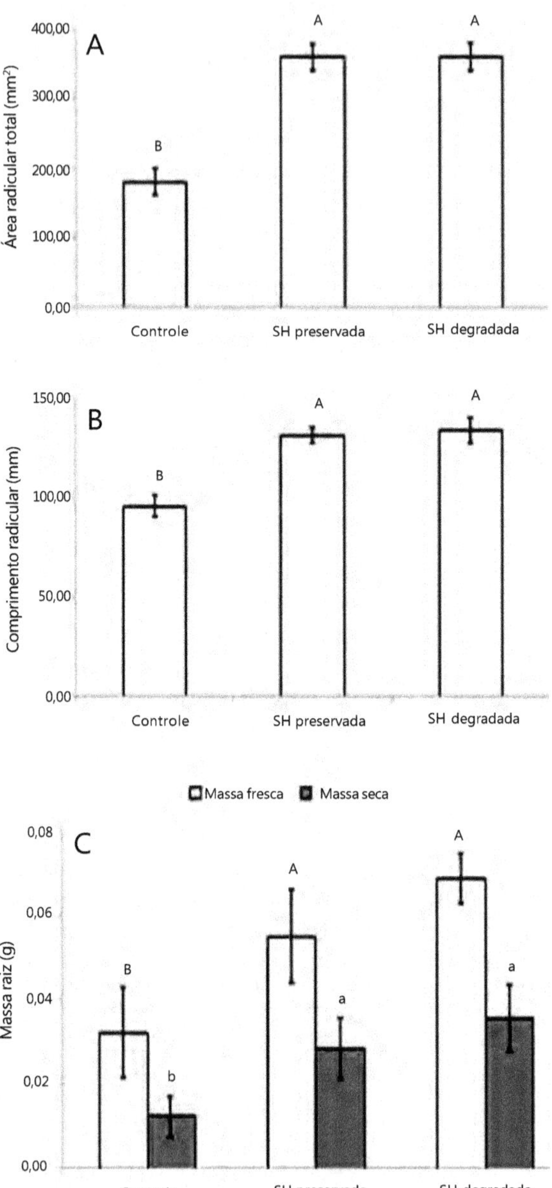

Figura 1 Área radicular (A), comprimento radicular (B), massas frescas e secas (C) de plântulas de Schinus terebinthifolius submetidas às melhores doses de SH (AF+AH). Médias seguidas de letras diferentes são estatisticamente diferentes pelo teste Tukey $p < 0,05$. *Fonte:* Juliétty Angioletti Tesch.

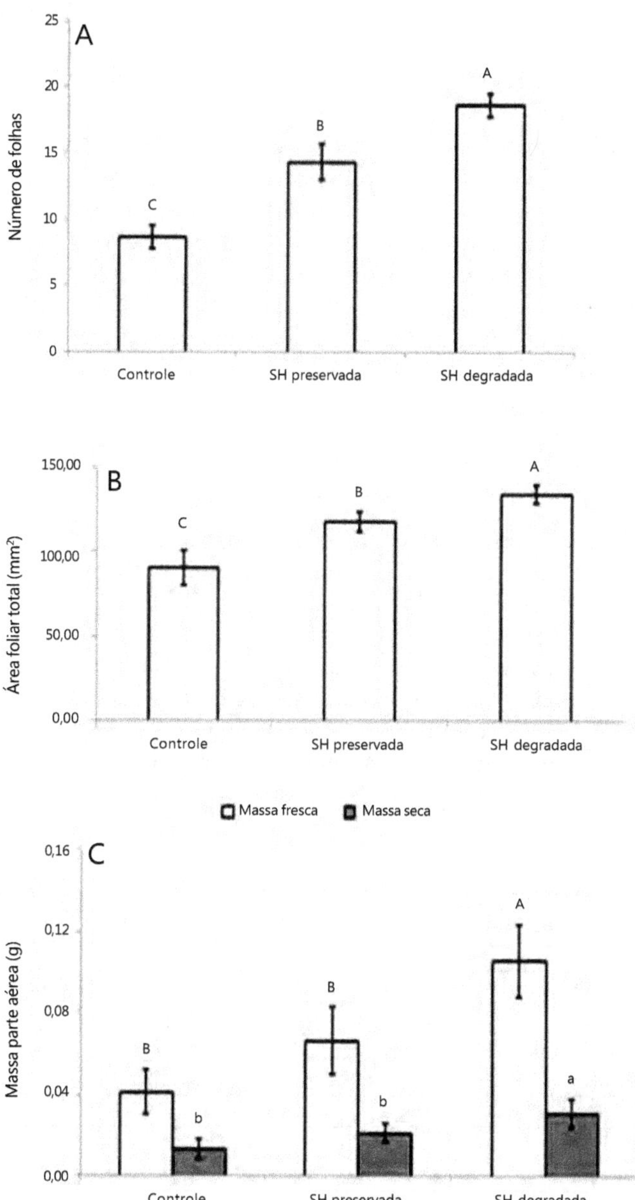

Figura 2 Número de folhas (A), área foliar total (B), massas frescas e secas (C) de plântulas de Schinus terebinthifolius submetidas às melhores doses de SH (AF+AH). Médias seguidas de letras diferentes são estatisticamente diferentes pelo teste Tukey p < 0,05. *Fonte:* Juliétty Angioletti Tesch.

Observa-se que não houve diferença significativa entre a SH (AF+AH) da AD e da AP para as características radiculares avaliadas, mas houve tendência de maior crescimento nas plântulas tratadas com SH (AF+AH) da AD. Já para os testes com a parte aérea houve diferença significativa, sendo que os melhores resultados foram com as plântulas tratadas com SH (AF+AH) da AD. Tal fato provavelmente se deva à composição estrutural das SH. Áreas degradadas em geral possuem grau de humificação mais baixo que áreas preservadas, e isso faz com que estas possuam resíduos orgânicos presentes na camada superficial dos solos e/ou sedimentos que ainda não tiveram tempo de humificar.[12] Independentemente da procedência, as SH (AF+AH), em suas melhores doses, foram capazes de aumentar a área (Figura 1A e 2B), o comprimento (Figura 1B), o número de folhas (Figura 2A) e as massas secas e frescas das raízes e da parte aérea (Figura 1C e 2C) de plântulas de *Schinus terebinthifolius,* em relação ao tratamento controle. Tais resultados podem ser relacionados com os de Canellas et al. (2002), Aguiar et al. (2009), Dobbss et al. (2010) e Ramos et al. (2015).[3-5,13]

Com relação à atividade da ATPase total, tal análise abrange a atividade enzimática de toda a classe das enzimas que catalisam a decomposição do trifosfato de adenosina (ATP), sejam elas H^+-ATPase, Ca^{+2}/Mg^{+2}-ATPase, Na^+/K^+-ATPase, HCO_3^{-2}-ATPase, etc., em sua maioria proteínas integrais de membrana. Já com relação especificamente à atividade da H^+-ATPase, essa enzima possui papel central no balanço energético celular e na promoção do enraizamento, uma vez que fornece energia para os transportadores de íons e gera gradiente eletroquímico, favorecendo termodinamicamente a absorção de nutrientes e o transporte transmembranar dos mesmos.[14]

Tabela 2   Valores da atividade ATPásica e H^+-ATPase, nas melhores doses de SH (AF+AH) da área preservada e degradada das raízes e folhas de plântulas de *Schinus terebinthifolius*. *Fonte:* Juliétty Angioletti Tesch.

Atividade ATPásica	Controle	SH preservada	SH degradada
Total		$(\mu M\ Pi\ mg\ Pt^{-1}\ h^{-1})$	
Raiz	9,24 ± 1,96c	17,38 ± 5,77b	23,22 ± 2,94a
Folha	1,37 ± 0,12c	3,42 ± 0,71b	4,07 ± 0,66a
H^+-ATPase		$(\mu M\ Pi\ mg\ Pt^{-1}\ h^{-1})$	
Raiz	7,63 ± 0,47b	14,32 ± 2,23a	17,91 ± 4,33a
Folha	0,93 ± 0,08c	1,98 ± 1,47b	3,60 ± 0,99a

Os resultados apresentados na Tabela 2 mostram que a ativação da ATPase total e da H^+-ATPase estão, pelo menos em parte, relacionados com o incremento tanto no crescimento da parte aérea quanto das raízes de plântulas de aroeira, uma vez que tais enzimas são um dos principais alvos moleculares envolvidos na ação das SH sobre o crescimento das plantas. Conforme pode ser observado, a atividade de tais enzimas foi maior na raiz (Tabela 2), resultando no estímulo do desenvolvimento radicular.[15] Em um estudo realizado por Cordeiro et al. (2011), os autores relataram que o mecanismo de promoção do crescimento celular é mediado pelas H^+-ATPases, num processo conhecido como "teoria do crescimento ácido".[16,17] Essa enzima é o principal sistema de transporte ativo de H^+ da membrana plasmática e exerce forte efeito sobre a regulação do pH do apoplasto.[18] A acidificação do apoplasto é uma precondição para o aumento da plasticidade da parede celular e, consequentemente, o alongamento da célula vegetal. Portanto, o aumento do desenvolvimento radicular, em resposta ao tratamento com SH (AF+AH), pode estar relacionado com a estimulação da atividade da H^+-ATPase. Observando-se a Tabela 2, ressalta-se que novamente as SH (AF+AH) oriundas da AD se destacaram em relação às SH (AF+AH) oriundas da AP. Confirma-se a ideia de que, mais do que o nível de preservação da vegetação de origem, as características químicas das SH parecem ser as responsáveis pelo estímulo sobre o crescimento das plantas. Neste contexto, pode-se especular que, dentro da estrutura complexa das SH, existam diferentes tipos e concentrações de moléculas bioativas, confirmando a hipótese de Piccolo (2002).[19] Portanto, os efeitos biológicos das SH podem se dever à liberação de tais moléculas de suas estruturas supramoleculares, permitindo seu acesso a receptores fora ou dentro da célula vegetal.[5]

Com relação aos pigmentos fotossintetizantes, incluindo clorofila a, clorofila b e carotenoides (Tabela 3), é possível notar aumentos significativos dos teores de todos os pigmentos avaliados em relação ao tratamento controle. Os valores de clorofila a, por exemplo, aumentaram de 67% a 70% após o tratamento das plântulas de aroeira com as SH (AF+AH) da AD e AP, respectivamente. Com relação à clorofila b, esses aumentos variaram de 18% com SH (AF+AH) da AP a 62% com SH (AF+AH) da AD em relação ao tratamento controle. Já quando se trata dos carotenoides, a variação em relação ao tratamento controle foi de 48% SH (AF+AH) da AP a 59% SH (AF+AH) da AD. Este aumento, muitas vezes significativamente maior, do conteúdo de pigmentos após a aplicação da melhor dose de SH (AF+AH) oriunda da AD pode ser relacionado com os outros parâmetros avaliados, em que o material húmico dessa área também se destacou.

Os aumentos observados no teor de pigmentos fotossintetizantes indicam que a aplicação das doses ótimas das SH (AF+AH) sobre as plântulas de *Schinus terebinthifolius* favorecem o estabelecimento das plântulas para, por exemplo, um posterior replantio em áreas degradadas. Incrementos nos teores de clorofila decorrentes da aplicação de SH, tal como demonstrado neste trabalho, foram observados previamente por Ferrara & Brunetti (2008) em plântulas de videira.[20] Na literatura também é relatado que diferenças nos teores de pigmentos[20,21] são resultados de interações entre as fontes e doses utilizadas dos materiais húmicos, o genótipo das plantas e o ambiente de cultivo. Os aumentos observados de todos os pigmentos fotossintéticos avaliados podem sugerir que a interação entre as SH (AF+AH) oriundas de sedimentos de restinga (em suas doses ótimas) e plântulas de aroeira cultivadas em casa de vegetação é positiva para a produção dessa espécie e sua posterior utilização em nível de campo.

Tabela 3 Teores de pigmentos fotossintetizantes (clorofila A e B e carotenoides), em mg g⁻¹, em plântulas submetidas aos tratamentos com e sem SH (AF+AH). *Fonte:* Juliétty Angioletti Tesch.

Pigmentos fotossintetizantes	Controle	SH preservada	SH degradada
	mg g⁻¹		
Clorofila a	22,3 ± 4,2b	38,1 ± 8,4a	37,4 ± 6,2a
Clorofila b	4,8 ± 0,7c	5,7 ± 1,1b	7,8 ± 1,2a
Carotenoides	21,7 ± 3,3b	32,2 ± 4,1a	34,7 ± 5,7a

4. Conclusões

Apesar de serem resultados iniciais e mais testes serem necessários, a produção de mudas a partir de plântulas de *Schinus terebinthifolius* por germinação, tratadas com SH (AF+AH), mostra-se promissor para uma futura recuperação de áreas degradadas de restingas. Em todos os parâmetros analisados a SH (AF+AH) da AD propiciou, às mudas, melhores resultados que as tratadas com SH (AF+AH) da AP. Ambas as SH (AF+AH) utilizadas neste trabalho puderam proporcionar crescimento potencializado em mudas de aroeira, aceitando, assim, a hipótese desta pesquisa.

Agradecimentos – Quero agradecer especialmente à FAPES (Fundação de Amparo a Pesquisa do Espírito Santo) pela bolsa que me foi concedida durante todo o meu mestrado, o que viabilizou a realização desta pesquisa, e à UVV por toda a estrutura física.

Referências Bibliográficas

1. ZAMITH, L. R.; SCARANO, F. R. Produção de mudas de espécies das restingas do município do Rio de Janeiro. **Acta Botanica Brasilica**, v. 18, p. 161-176, 2004.

2. STEVENSON, J. F. **Humus chemistry:** genesis, composition, reactions. New York: John Wiley, 1994. 496 p.

3. CANELLAS, L.P.; OLIVARES, F.L.; OKOROKOVA-FAÇANHA, A.L.; FAÇANHA, A. R. Humic acids isolated from earthworm compost enhance root elongation, lateral root

emergence, and plasma membrane H$^+$-ATPase activity in maize roots. **Plant Physiology**, v. 130, p. 1951-1957, 2002.

4. AGUIAR, N. O.; CANELLAS, L. P., DOBBSS, L. B., ZANDONADI, D. B. Distribuição de massa molecular e bioatividade de ácidos húmicos. **Revista Brasileira de Ciência do Solo**, v. 33, p. 1613-1623, 2009.

5. DOBBSS, L., CANELLAS, L. P., OLIVARES, F. L., AGUIAR, N. O.; PERES, L. E. P.; SPACCINI, R.; PICCOLO, A. Bioactivity of chemically transformed humic matter from vermicompost on plant root growth. **Journal of Agricultural and Food Chemistry**, v. 58, n. 6, p. 3681-3688, 2010.

6. BRADFORD, M. A rapid and sensitive method for the quantitation of microgram quantities of protein utilizing the principle of protein-dye binding **Anaytical Biochemistry**, v. 72, p. 248-254, 1976.

7. GIBBS, A.; SOMERO, G. N. Pressure adaptation of Na+-Atpase/K+-Atpase in gills of marine teleosts. **Journal of Experimental Biology**, v. 143, p. 475-492, 1989.

8. KULTZ, D.; SOMERO, G. N. Osmotic and thermal effects on in situ ATPase activity in permeabilized gill epithelial cells of the fish Gillichthys mirabilis. **Journal of Experimental Biology**, v. 198, p. 1883-1894, 1995.

9. ARNON, D. I. Copper enzymes in isolated chloroplasts: polyphenoloxydase in Beta vulgaris. **Plant Physiology**, v. 24, p. 1-15, 1949.

10. HENDRY, G. A. F.; GRIME, J. P. **Methods in comparative plant ecology:** A laboratory manual. London: Chapman & Hall, 1993. 252 p.

11. BOTTOMLEY, W. B. Some effects of organic-promotion substances auxinones on the growth of Lema minor in mineral cultural solutions. **Proceedings of the Royal Society of London B: Biological Sciences**, v. 89, p. 481-507, 1917.

12. LABRADOR MORENO, J. **La matéria orgânica em los agrosistemas**. Madrid: Ministéria Agricultura, 1996. 176 p.

13. RAMOS AC., DOBBSS LB., SANTOS, L.A; FERNANDES, M.S.; OLIVARES FL., AGUIAR NO., CANELLAS LP. Humic matter elicits proton and calcium fluxes and signaling dependent on Ca2+-dependent protein kinase (CDPK) at early stages of lateral plant root development. **Chemical and Biological Technologies in Agriculture**, n. 2-3, p. 1-12, 2015.

14. GIANNINI, J. L.; BRISKIN, D. P. Proton transport in plasma membrane and tonoplast vesicles from red beet (Beta vulgaris L.) storage tissues. **Plant Physiology**, v. 84, p. 613-618, 1987.

15. ROSA, C. M.; CASTILHOS, R. M. V.; VAHL, L. C.; CASTILHOS, D. D.; PINTO, L. F. S.; OLIVEIRA, E. S.; LEAL, O. A. Efeito de Substâncias húmicas na cinética de absorção de Potássio, crescimento de plantas e concentração de nutrientes em Phaseolus vulgaris L. **Revista Brasileira de Ciência do Solo**, v. 33, p. 959-967, 2009.

16. RAYLE, D. L.; CLELAND, R. E. The acid growth theory of auxin-induced cell elongation is alive and well. **Plant Physiology**, v. 99, p. 271-289, 1992.

17. CORDEIRO, F. C.; SANTA-CATARINA, C.; SILVEIRA, V.; SOUZA, S. R. D. Humic acid effect on catalase activity and the generation of reactive oxygen species in corn (Zea mays). **Bioscience, Biotechnology and Biochemistry**, v. 1, p. 70-74, 2011.

18. MORSOMME, P.; BOUTRY, M. The plant plasma membrane H+-ATPase: structure, function and regulation. **Biochimica et Biophysica Acta**, v. 1465, p. 1-16, 2000.

19. PICCOLO, A. The supramolecular structure of humic substances: a novel understanding of humus chemistry and implications in soil science. **Advances in Agronomy**, v. 75, p. 57-134, 2002.

20. FERRARA, G.; BRUNETTI ,G. Influence of foliar applications of humic acids on yield and fruit quality of table grape cv. Itália. **Journal International des Sciences de la Vigne et du Vin**. v. 42, p. 79-87, 2008.

21. LIU, C. H.; COOPER, R. J.; BOWMAN, D. C. Humic acid application affects photosynthesis, root development, and nutrient content of creeping bentgrass. **HortScience**, v. 33, p. 1023-1025, 1998.

Frações Granulométricas da Matéria Orgânica em Sistema de Integração Lavoura-Pecuária

Roberta Jeske Kunde, Juliana dos Santos Carvalho, Jamir Luís Silva da Silva, Clenio Nailto Pillon e Ana Cláudia Rodrigues de Lima

1. Introdução

Atualmente, são impostos à agricultura desafios como a produção de alimentos em elevada quantidade e qualidade, garantindo segurança alimentar, produção de energia, fibras, madeira e outros bens. O grande desafio tem sido, portanto, a produção de bens que a humanidade demanda de forma crescente, em virtude do aumento populacional e do aumento de renda per capita, com reduzido impacto ambiental e, ao mesmo tempo, permitindo que as famílias de agricultores familiares consigam viver com dignidade no meio rural.[1]

Para intensificar essa produção de alimentos, fibras e energia, os sistemas de produção são constantemente reformulados para aumentar a eficiência na produção, proteger o meio ambiente e/ou promover a recuperação ambiental. Com a expansão do cultivo da soja, a degradação de largas áreas em virtude da criação de gado e a baixa produtividade da pecuária (especialmente durante o inverno), sistemas como os que integram a produção de grãos e a criação animal podem ser vantajosos tanto para os agricultores quanto para o meio ambiente.[2,3] Nesse contexto, uma das alternativas é a adoção de sistemas de produção como a Integração Lavoura-Pecuária (ILP), que alterna, na mesma área, o cultivo de forrageiras anuais ou perenes destinadas à produção animal e culturas destinadas à produção vegetal, sobretudo grãos. Os sistemas de ILP contribuem para a melhoria da qualidade do solo, favorecem a redução do consumo de insumos e geram maior renda por área.[1]

A ILP é considerada como um sistema de produção em que vários fatores biológicos, econômicos e sociais se inter-relacionam e determinam sua sustentabilidade.[1] Nas últimas décadas, as áreas agrícolas utilizadas em ILP vêm se tornando mais expressivas no Brasil, em virtude dos inúmeros benefícios que podem ser obtidos com o uso desse sistema.[4]

Nos sistemas de ILP, a manutenção de resíduos vegetais na superfície, somada à ausência de revolvimento do solo, reduz a emissão de CO_2, aumenta o estoque de carbono no solo[5,6] e a diversidade microbiana, além de melhorar a fertilidade e os atributos físicos do solo.[7]

Para facilitar o estudo da matéria orgânica do solo (MOS), visto que ela se encontra em compartimentos com diferentes tempos de permanência no solo (matéria orgânica lábil e humificada), as técnicas de fracionamento físico têm auxiliado na identificação do acúmulo de carbono nesses diferentes compartimentos do solo.[8] Desta forma, alterações nas proporções das frações lábeis da MOS podem fornecer informações importantes sobre sistemas de uso, manejo do solo e sustentabilidade ambiental.[9]

Pelo exposto, o objetivo deste estudo foi avaliar os estoques de carbono orgânico total e das frações físicas granulométricas da MOS em propriedades agrícolas familiares sob ILP.

2. Metodologia

O estudo foi desenvolvido em duas propriedades agrícolas familiares sob ILP, localizadas no Município de Rio Grande (RS) (32°56'99" S e 52°53'18" W). Em cada uma das propriedades agrícolas foram avaliados três sistemas de produção: campo nativo pastejado (sistema de referência), pastagem de azevém *(Lolium perene)* e milho com sucessão de azevém.

O tipo de solo em estudo nas propriedades agrícolas é Neossolo Quartzarênico de classe textural média Areia.[10] Os dados da análise granulométrica média (0,00 a 0,20 m) dos solos dos sistemas selecionados de produção encontram-se apresentados na Tabela 1.

O delineamento experimental adotado foi o inteiramente casualizado (3 tratamentos x 3 camadas x 5 repetições), totalizando, desta forma, 90 amostras coletadas e avaliadas nas duas propriedades agrícolas.

Foram coletadas amostras deformadas e indeformadas de solo nas camadas de 0,00-0,05 m, de 0,05-0,10 m e de 0,10-0,20 m. As amostras indeformadas foram coletadas com o auxílio de anéis volumétricos de 0,030 m por 0,048 m para a determinação da densidade do solo (Ds), conforme Embrapa (2011). As amostras deformadas foram coletadas com o auxílio de pá de corte, destorroadas e secas ao ar, sendo posteriormente peneiradas com peneira de 2,00 m.[11]

Parte do solo foi macerada em almofariz de ágata para a determinação de carbono orgânico total (COT), e outra parte foi destinada ao fracionamento físico granulométrico. O fracionamento físico granulométrico foi realizado conforme metodologia descrita em Cambardella & Elliott (1992), sendo o material retido na peneira (>0,053 mm) correspondente ao carbono da fração grosseira (CFG), enquanto o carbono associado aos minerais (CAM) foi obtido pela diferença entre o COT e o CFG.[12]

Tabela 1 Granulometria média (0,00 a 0,20 m) e classe textural do solo nos três sistemas de produção das propriedades agrícolas familiares em estudo. *Fonte:* Roberta Jeske Kunde.

Tratamentos	Argila (%)	Areia (%)	Silte (%)	Classe Textural
Campo nativo pastejado	5	90	5	Areia
Pastagem azevém	3	95	2	Areia
Milho/azevém	2	96	2	Areia

Os teores de COT e CFG presentes na massa de solo foram quantificados por oxidação a seco em analisador elementar (Leco Truspec CHN), sendo os resultados obtidos pela correção da Ds e expressos em estoques ($Mg\ ha^{-1}$).

Os resultados foram submetidos à análise de variância e, quando diferenças significativas foram observadas, as médias foram comparadas pelo teste Tukey, a 5% de probabilidade.

3. Resultados e Discussões

Não foram verificadas diferenças significativas para os estoques de COT e CAM na camada de 0,00-0,05 m; entretanto, com relação aos estoques de CFG, a pastagem de azevém foi superior ao campo nativo pastejado, não diferindo da área de milho/azevém (Tabela 2). Este resultado pode estar associado ao maior aporte de material vegetal encontrado nessa área quando comparado às demais.

Os resultados deste estudo corroboram os obtidos por Loss et al. (2014), que, ao avaliarem as frações granulométricas da MOS em sistemas de lavoura, pastagem e silvipastoril, observaram maiores valores de CFG na pastagem; atribuíram esse resultado à cobertura vegetal, que favorece a deposição de resíduos vegetais no solo, e também à diversificação de plantas (gramíneas e arbustos), que contribui para maior aporte de resíduos nesse sistema.[13]

Assim como neste estudo, a sensibilidade do CFG também foi observada por Conceição et al. (2005) ao avaliarem a qualidade do solo sob diferentes sistemas de manejo em experimentos de longa duração no sul do Brasil.[14] Na profundidade de 0,00-0,05 m, os autores verificaram que, por meio da sensibilidade do CFG, é possível inferir que esse compartimento pode ser utilizado como indicador de qualidade do solo para avaliação de sistemas de manejo, nos quais as alterações no COT do solo ainda não tenham sido de grande magnitude.

Na camada de 0,05-0,10 m, os maiores teores de COT e CAM foram observados no campo nativo pastejado (Tabela 2). Possivelmente, essa superioridade se deva à diversidade e à quantidade de vegetação presente nessa área, que proporcionam maior aporte de biomassa à superfície do solo,[15] e também à ausência de revolvimento do solo nesse sistema.

Nas camadas de 0,05-0,10 m e de 0,10-0,20 m não foram verificadas diferenças para os estoques de CFG (Tabela 2). É desejável que o solo apresente quantidade adequada de CFG, pois, assim, garantem-se o fluxo de carbono para o solo e a manutenção da atividade biológica. Caso o solo não disponha de matéria orgânica lábil em quantidade suficiente para suprir as demandas microbianas, os processos de oxidação da MOS resultarão em redução do estoque de carbono, gerando perda de qualidade e degradação do solo.[16,17]

Tabela 2 Estoques (Mg ha^{-1}) de carbono orgânico total (COT), carbono da fração grosseira (CFG), carbono associado aos minerais (CAM), proporção (%) de CFG/COT e CAM/COT. *Fonte:* Roberta Jeske Kunde.

Tratamentos	COT	CFG	CAM	CFG/COT	CAM/COT
		mg ha^{-1}		%	
0,00-0,05 m					
Campo nativo pastejado	10,32^{ns}	4,48b	5,84^{ns}	43	57
Pastagem azevém	9,35	5,37a	3,98	57	43
Milho/azevém	9,32	5,03ab	4,29	54	46
0,05-0,10 m					
Campo nativo pastejado	9,54a	5,80^{ns}	3,74a	61	39
Pastagem azevém	8,25c	6,75	1,50c	81	19
Milho/azevém	8,65b	6,22	2,43b	72	28
0,10-0,20 m					
Campo nativo pastejado	14,64b	11,92^{ns}	2,72^{ns}	81	19
Pastagem azevém	15,00ab	11,38	3,62	76	24
Milho/azevém	16,52a	12,42	4,10	75	25

Médias seguidas pela mesma letra minúscula na coluna não diferem entre si pelo teste de Tukey a 5%.

Diferentemente do obtido neste estudo, Batista et al. (2013), avaliando os estoques de carbono em frações lábeis e recalcitrantes da MOS sob ILP no bioma Cerrado, constataram que, na camada de 0,00-0,10 m e de 0,10-0,20 m, os maiores valores de CFG foram observados na área de pastagem/milho.[18]

O CFG é composto principalmente por resíduos de culturas em vários estágios de decomposição e, geralmente, se encontra em menor proporção, contribuindo com cerca de 3 a 20% do COT.[19] Neste estudo, o CFG contribuiu de 43 a 81% do COT. O solo selecionado apresentou baixa capacidade de proteção da MOS, pois o teor de argila é baixo e, dessa forma, maiores proporções de CFG são coerentes com a baixa capacidade da fração mineral em manter maior estoque relativo de CAM.[20]

4. Conclusões

Os sistemas de produção influenciaram negativamente os estoques de carbono orgânico total, carbono da fração grosseira e carbono associado aos minerais.

Em virtude da baixa capacidade de proteção da matéria orgânica em Neossolos Quartzarênicos, as maiores proporções do carbono encontram-se na fração grosseira.

Agradecimentos – Os autores agradecem à CAPES, pela concessão das bolsas de mestrado e doutorado, à Universidade Federal de Pelotas e à Embrapa Clima Temperado, pelo suporte financeiro e de infraestrutura, e às famílias agricultoras, por disponibilizarem suas propriedades para o desenvolvimento deste estudo.

Referências Bibliográficas

1. BALBINOT JUNIOR, A. A.; MORAES, A.; VEIGA, M.; PELISSARI, A.; DIECKOW, J. Integração lavoura-pecuária: intensificação de uso de áreas agrícolas. **Ciência Rural**, v. 39, n. 6, p.1925-1933, 2009.

2. SULC, R. M.; TRACY, B. F. Integrated crop-livestock systems in the U.S. corn belt. **Agronomy Journal**, v. 99, p. 335-345, 2007.

3. CARVALHO, P. C. F.; ANGHINONI, I.; MORAES, A.; SOUZA, E. D.; SULC, R. M.; LANG, C. R.; FLORES, J. P. C.; TERRA LOPES, M. L.; SILVA, J. L. S.; CONTE, O.; LIMA WESP, C.; LEVIEN, R.; FONTANELI, R. S.; BAYER, C. Managing grazing animals to achieve nutrient cycling and soil improvement in no-till integrated systems. **Nutrient Cycling in Agroecosystem**, v. 88, p. 259-273, 2010.

4. MACEDO, M. C. M. Integração lavoura e pecuária: o estado da arte e inovações tecnológicas. **Revista Brasileira de Zootecnia**, v. 38, p. 133-146, 2009.

5. LOSS, A.; PEREIRA, M. G.; GIÁCOMO, S. G.; PERIN, A.; ANJOS, L. H. C. Agregação, carbono e nitrogênio em agregados do solo sob plantio direto com integração lavoura pecuária. **Pesquisa Agropecuária Brasileira**, v. 46, n. 10, p. 1269-1276, 2011.

6. GUARESCHI, R. F.; PEREIRA, M. G.; PERIN, A. Deposição de resíduos vegetais, matéria orgânica leve, estoques de carbono e nitrogênio e fósforo remanescente sob diferentes sistemas de manejo no cerrado goiano. **Revista Brasileira de Ciência do Solo**, v. 36, n. 3, p. 1-10, 2012.

7. SILVA, R. F.; GUIMARÃES, M. F.; AQUINO, A. M.; MERCANTE, F. M. Análise conjunta de atributos físicos e biológicos do solo sob sistema de integração lavoura-pecuária. **Pesquisa Agropecuária Brasileira**, v. 46, n. 10, p. 1277-1283, 2011.

8. CONCEIÇÃO, P. C.; BAYER, C.; DIECKOW, J.; SANTOS, D. C. Fracionamento físico da matéria orgânica e índice de manejo de carbono de um Argissolo submetido a sistemas conservacionistas de manejo. **Ciência Rural**, v. 44, n. 5, p. 794-800, 2014.

9. SANTOS, D. C.; PILLON, C. N.; FLORES, C. A.; LIMA, C. L. R.; CARDOSO, E. M. C.; PEREIRA, B. F.; MANGRICH, A. S. Agregação e frações físicas da matéria orgânica de um Argissolo Vermelho sob sistemas de uso no Bioma Pampa. **Revista Brasileira de Ciência do Solo**, v. 35, n. 5, p. 1735-1744, 2011.

10. EMPRESA BRASILEIRA DE PESQUISA AGROPECUÁRIA-EMBRAPA. **Sistema brasileiro de classificação de solos**. 3.ed. Brasília: Embrapa Solos, 2013. 353 p.

11. EMBRAPA. **Manual de métodos de análise de solo**. 2 ed. Rio de Janeiro: Embrapa Solos, 2011. 230 p.

12. CAMBARDELLA, C. A.; ELLIOTT, E. T. Particulate soil organic matter changes across a grassland cultivation sequence. **Soil Science Society of America Journal**, v. 56, n. 3, p. 777-783, 1992.

13. LOSS, A.; RIBEIRO, E. C.; PEREIRA, M. G.; COSTA, E. M. Atributos físicos e químicos do solo em sistemas de consórcio e sucessão de lavoura, pastagem e silvipastoril em Santa Teresa. **Bioscience Journal**, v. 30, n. 5, p. 1347-1357, 2014.

14. CONCEIÇÃO, P. C.; AMADO, T. J. C.; MIELNICZUK, J.; SPAGNOLLO, E. Qualidade do solo em sistemas de manejo avaliada pela dinâmica da matéria orgânica e atributos relacionados. **Revista Brasileira de Ciência do Solo**, v. 29, n. 5, p. 777-788, 2005.

15. SILVA, R. F.; BORGES, C. D.; GARIB, D. M.; MERCANTE, F. M. Atributos físicos e teor de matéria orgânica na camada superficial de um Argissolo Vermelho cultivado com mandioca sob diferentes manejos. **Revista Brasileira de Ciência do Solo**, v. 32, n. 6, p. 2435-2441, 2008.

16. CAUSARANO, H. J.; FRANZLUEBBERS, A. J.; SHAW, J. N.; REEVES, D. W.; RAPER, R. L.; WOOD, C. W. Soil organic carbon fractions and aggregation in the Southern Piedmont and coastal plain. **Soil Science Society of America Journal**, v. 72, n. 1, p. 221 230, 2008.

17. SALTON, J. C.; MIELNICZUK, J.; BAYER, C.; FABRÍCIO, A. C.; MACEDO, M. C. M.; BROCH, D. L. Teor e dinâmica do carbono no solo em sistemas de integração lavoura-pecuária. **Pesquisa Agropecuária Brasileira**, v. 46, n. 10, p. 1349-1356, 2011.

18. BATISTA, I.; PEREIRA, M. G.; CORREIA, M. E. F.; BIELUCZYK, W.; SCHIAVO, J. A.; ROWS, J. R. C. Teores e estoque de carbono em frações lábeis e recalcitrantes da matéria orgânica do solo sob integração lavoura-pecuária no bioma Cerrado. **Semina: Ciências Agrárias**, v. 34, n. 6, p. 3377-3388, 2013.

19. SILVA, I. R.; MENDONÇA, E. S. **Matéria orgânica do solo**. In: NOVAIS, R. F.; ALVAREZ, V. H.; BARROS, N. F.; FONTES, R. L. F.; CANTARUTTI, R.B.; NEVES, J.C.L. (ed). Fertilidade do solo. Viçosa: Sociedade Brasileira de Ciência do Solo, 2007, p. 275-374.

20. SANTOS, D. C.; FARIAS, M. O.; LIMA, C. L. R.; KUNDE, R. J.; PILLON, C. N.; FLORES, C. A. Fracionamento físico e químico da matéria orgânica de um Argissolo Vermelho sob diferentes sistemas de uso. **Ciência Rural**, v.43, n.5, p. 838-844, 2013.

Grau de Humificação em Composto Orgânico Contendo Células de Real Trituradas

Edilcina Monteiro Ferreira, Eduardo Augusto Carlos Conceição e
Carlos Augusto Cordeiro Costa

1. Introdução

A pesquisa, trabalho pioneiro no país, é resultado do projeto realizado pela Universidade Federal da Rural da Amazônia (UFRA) e pelo Banco Central do Brasil (BC). O estudo vem sendo realizado há cerca de oito anos, e nele o adubo orgânico é feito com a intenção de dar finalidade às cédulas que anteriormente eram descartadas.

A agência do Banco Central em Belém (PA) descarta, mensalmente, cerca de 11 toneladas de cédulas de real trituradas no lixão.[1] O BC, parceiro do projeto, fornece as cédulas velhas, rasgadas e rabiscadas. Graças à criação da Politica Nacional de Resíduos Sólidos, essas cédulas passaram a formar compostos orgânicos nutritivos, ajudando na agricultura.

Dessa forma, verificamos a necessidade de analisar como cédulas de real (descartadas) decompostas podem ser reaproveitadas na agricultura e de que modo podem ser recicladas, contribuindo com os agricultores. Busca-se verificar, nesse processo, a viabilidade do material analisado, pois sabemos da carência de pesquisas e referências bibliográficas voltadas à utilização de cédulas de real na agricultura e compreendemos o quanto pode contribuir para atender às necessidades, principalmente, do pequeno produtor.

O composto orgânico é obtido por meio do processo de fracionamento da matéria orgânica (decomposição). É uma das formas de reduzir os custos da produção agrícola, pois a compostagem pode ser feita por meio do reaproveitamento dos próprios recursos orgânicos da área, diminuindo, dessa forma, os gastos com adubos químicos.

O termo *compostagem* está associado ao processo de tratamento dos resíduos orgânicos, sejam eles de origem urbana, industrial, agrícola ou florestal. "Compostagem é definida como um processo aeróbio controlado, desenvolvido por uma população diversificada de microrganismos, efetuada em duas fases distintas: a primeira quando ocorrem as reações bioquímicas mais intensas, predominantemente termofílicas; a segunda, ou fase de maturação, quando ocorre o processo de humificação."[2,3]

A importância de se estudar a compostagem deve-se basicamente à identificação do grau de humificação do composto, que pode ser considerado um índice para medida de sua estabilização, sendo que, quanto mais humificada a matéria orgânica, melhor será sua qualidade para uso na agricultura.[4]

A utilização de composto orgânico nas culturas é bem mais saudável à cadeia alimentar, ao contrário do emprego de adubos químicos, que causam efeito tóxico indiretamente ao homem, quando consumidos em grande quantidade e em curto espaço de tempo. Além disso, o mais importante é o reaproveitamento que pode ser dado às cédulas de real descartadas. Além de ser uma nova fonte de matéria orgânica, é um recurso simples e barato para o pequeno agricultor, diminuindo os gastos com adubos e insumos.

Na agroecologia, a compostagem tem por objetivo transformar a matéria vegetal muito fibrosa, como palhada de cereais, capim velho, sabugo de milho, cascas de café e arroz, em dois tipos de composto: um para ser incorporado nos primeiros centímetros de solo e outro para ser lançado sobre o solo, como cobertura.

O Composto Orgânico de Cédulas (COC) foi testado em culturas diversas na forma de adubo e ainda como substrato para germinação de sementes em outros experimentos.

O presente trabalho tem por objetivo analisar os graus de humificação nos compostos estudados. Averiguar como as cédulas de real decompostas podem ser reaproveitadas na agricultura como adubo orgânico.

2. Metodologia

Para o alcance dos objetivos desta pesquisa foram compreendidos e analisados métodos de um conjunto de procedimentos abaixo descritos.

1.1 Local

As leiras de composto orgânico contendo cédulas de real trituradas foram montadas em um pátio cimentado, localizado nas dependências da CEASA, em Belém.

As análises de substâncias húmicas foram realizadas no Laboratório de Húmus e Ecologia Química e no Laboratório de Análises de Material Vegetal do Departamento de Solos, ambos localizados na Universidade Federal Rural da Amazônia (UFRA), em Belém.

1.2 Delineamento utilizado no campo

Neste experimento foi utilizado o delineamento de Blocos ao Acaso em Esquema Fatorial 3x3 na seguinte disposição: três tipos de hortifrúti (batata, cebola e tomate) + três valores de cédula de real (R$ 10, R$ 20 e R$ 50), sendo que estes foram os valores de cédulas disponibilizados pelo BC na ocasião em que o projeto estava sendo realizado. Foram montados 04 blocos, cada um contendo 09 tratamentos: batata + R$10; batata + R$ 20; batata + R$ 50; tomate + R$ 10; tomate + R$ 20; tomate + R$ 50; cebola + R$ 10; cebola + R$ 20; cebola + R$ 50, totalizando 36 unidades experimentais.

1.3   Preparo de composto – compostagem

O composto foi constituído por uma camada de 25 litros de palhada, uma camada de 25 kg de hortifrúti e uma camada de 25 litros de cédulas velhas trituradas, adicionados nessa sequência. Após este procedimento foi refeito o processo, colocando sobre as cédulas trituradas uma nova camada com 25 kg de hortifrúti e, por ultimo, mais 25 litros de palhada para fechar a leira. Após a leira estar pronta, regou-se por cerca de 7 minutos com um volume de 10 litros de aguá, aproximadamente.

As leiras não foram revolvidas por uma semana e, após esse período, foram molhadas e reviradas de três em três dias. Nas Figuras 1 e 2 podemos observar o preparo das leiras.

Figura 1   Preparo inicial de leiras de composto orgânico.
Fonte: Edilcina Monteiro Ferreira.

Figura 2   Leira finalizada e composto orgânico pronto.

Após setenta dias, o composto pode ser utilizado nos procedimentos agronômicos.

1.4   Coleta de composto e procedimentos de análise

Os compostos analisados foram: COC batata R$10,00; COC batata R$20,00; COC batata R$50,00; COC tomate R$10,00; COC tomate R$20,00; COC tomate R$50,00; COC cebola R$10,00; COC cebola R$20,00; e COC cebola R$50,00.

Foram retiradas dez amostras de cada composto para fazer as análises laboratoriais. Essas amostras foram secas em estufa e peneiradas. Em seguida, foram submetidas ao fracionamento químico para a obtenção de ácido húmico (AH) e ácido fúlvico (AF) e repousadas em provetas.

1.5   Delineamento utilizado no laboratório

Nesta parte do experimento foi utilizado o Delineamento Inteiramente Casualizado, em que as provetas foram dispostas sobre o balcão do laboratório livre de contaminantes externos e da luz solar.

1.6   Análises do grau de humificação

Foi avaliado o grau de humificação de cada amostra, preparando-se uma solução de KOH (0,5 Normal), em que se misturou 33 g KOH para cada 1000 ml de água destilada. Em seguida, adicionou-se 3 g de amostra do COC a 90 ml da solução de KOH (0,5 Normal), agitando-se a mistura por vinte minutos em agitador mecânico. Depois, as amostras descansaram por trinta minutos. Após esse tempo, recolheram-se 50 ml do sobrenadante (solução escurecida) em erlenmeyer de 1000 ml, e sobre essa quantidade foi despejado o ácido sulfúrico até a amostra começar a flocular. Algum tempo depois, foi possível observar a separação de ácido húmico e ácido fúlvico da amostra. Por último, foi feita a leitura da amostra e obteve-se a razão entre ácido húmico e ácido fúlvico, que é o grau de humificação (Figura 3). Para avaliar o grau de humificação foi feita análise estatística em teste de Tukey a 5% de probabilidade.

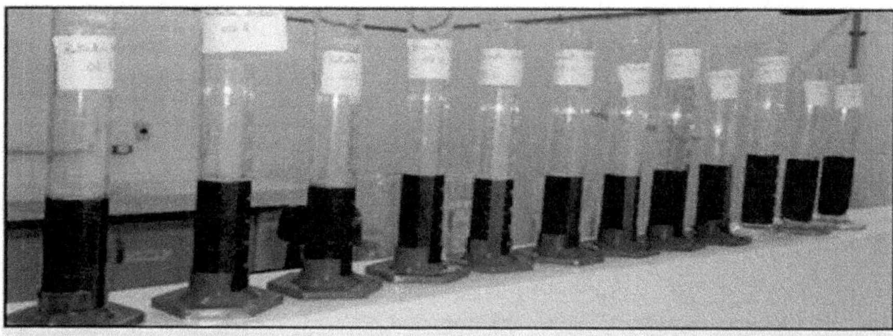
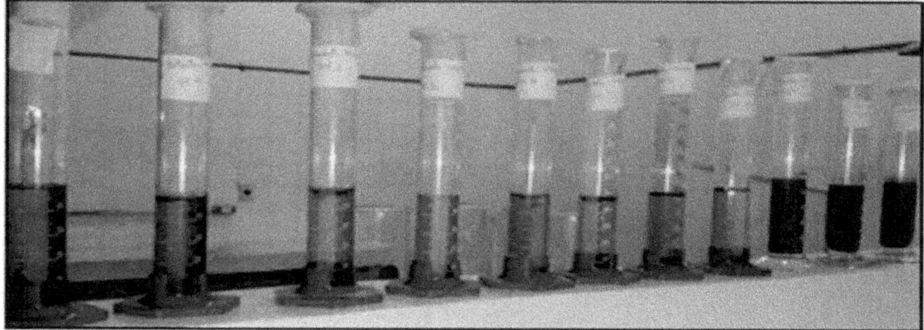

Figura 3   Leitura de ácido húmico e ácido fúlvico.
Fonte: Edilcina Monteiro Ferreira.

3. Resultados e Discussões

O grau de humificação está relacionado com a velocidade de decomposição da matéria orgânica no solo. Tavares et al. (2007) afirmam que estudos sobre substâncias húmicas consideram como excelente grau de humificação a razão AH/AF de até 1/30.[1]

Os compostos formados pelo hortifrúti batata apresentaram as maiores quantidades de AH relacionado ao AF, o que faz com que esses compostos apresentem maior grau de humificação quando comparados aos demais compostos (Figura 4).

A Figura 4 mostra o grau de humificação das amostras de composto orgânico contendo cédulas de real trituradas. Já a Figura 5 representa o desvio-padrão em função dos valores de grau de humificação de cada amostra.

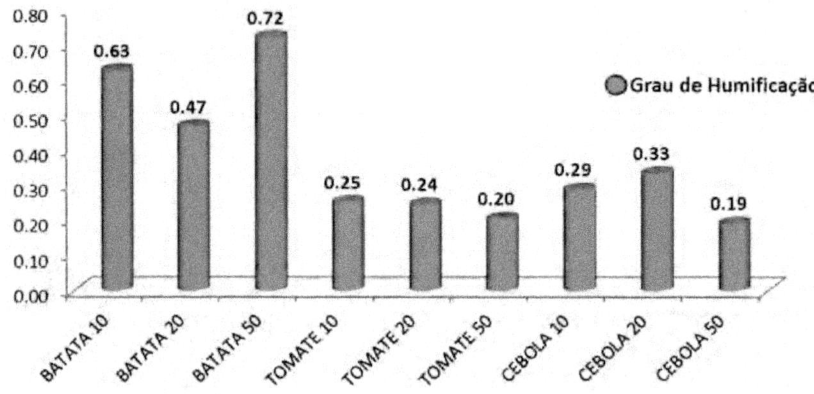

Figura 4 Grau de humificação das amostras de COC. *Fonte:* Edilcina Monteiro Ferreira.

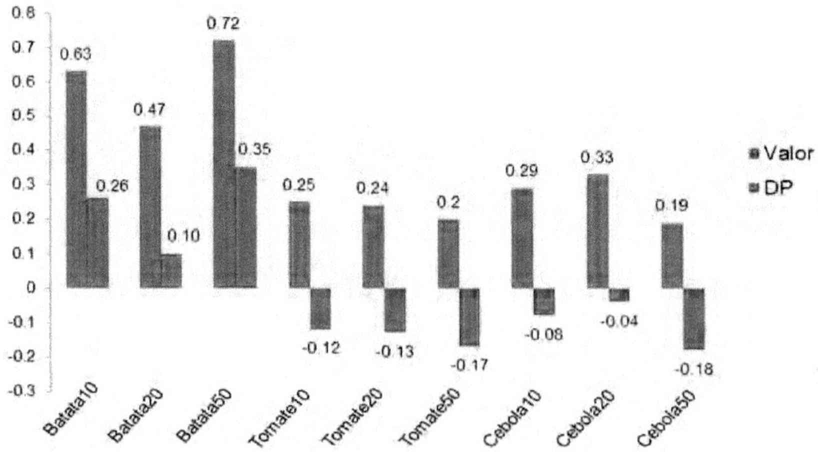

Figura 5 Desvio-padrão das amostras. *Fonte:* Edilcina Monteiro Ferreira.

Vale ressaltar que todos esses compostos estão acima do valor da razão indicada como ótima por Tavares et al. (2007).[1]

A Tabela 1 detalha de maneira estatística o gráfico anterior.

Tabela 1 Diferença das médias para o grau de humificação.[*]

Tratamentos	Médias	Resultados do teste		
Composto de: Cebola + R$ 50,00	0.190000	a1		
Composto de: Tomate + R$ 50,00	0.202500	a1		
Composto de: Tomate + R$ 20,00	0.242500	a1		
Composto de: Tomate + R$ 10,00	0.250000	a1		
Composto de: Cebola + R$ 10,00	0.285000	a1	a2	
Composto de: Cebola + R$ 20,00	0.332500	a1	a2	
Composto de: Batata + R$ 20,00	0.465000		a2	a3
Composto de: Batata + R$ 10,00	0.625000			a3	a4
Composto de: Batata + R$ 50,00	0.720000				a4

[*] Médias seguidas de mesmos códigos dentro dos tratamentos não diferem entre si pelo teste de Tukey a 5% de probabilidade. Fonte: Edilcina Monteiro Ferreira.

De acordo com o teste de Tukey a 5% de probabilidade, os tratamentos contendo o hortifrúti batata apresentaram diferenças significativas quando comparados às médias com os demais compostos. A variável valor das cédulas de real não interferiu nos resultados, pois nenhuma teve significância positiva ao final do processo.

4. Conclusões

O composto orgânico contendo cédulas de real é uma nova forma de adubação natural e de fácil acesso ao produtor. E a parceria entre o BC e a Universidade Federal Rural da Amazônia teve o propósito de incentivar o uso do adubo por parte dos agricultores.

O COC formado pelo hortifrúti batata apresentou a melhor resposta quanto ao grau de humificação; o composto tem ótima taxa de decomposição quando comparado àqueles que usavam tomate e cebola.

Já os valores das cédulas não apresentaram interferência significativa nas respostas dos compostos ao grau de humificação, pois não se teve frequência contínua de apenas um tipo de cédula, ficando a critério do pesquisador usar aquela que a instituição financeira parceira do projeto disponibilizou em maior número.

Agradecimentos – Agradeço, primeiramente, a Deus, autor da minha vida e de todas as minhas conquistas. A meus familiares: pai, Macedônio Ferreira (*in memorian*), mãe, Elcina Monteiro, e irmãos, pela compreensão em todos os momentos. A meu querido esposo e companheiro de profissão, Eduardo Augusto Carlos Conceição, que sempre me apoia e me ajuda a seguir adiante. Ao Banco Central do Brasil, pelo apoio ao projeto. À Universidade Federal Rural da Amzônia, por disponibilizar espaço para sua realização. Ao orientador Carlos Augusto Cordeiro Costa, que sempre se dedicou à pesquisa e se manteve interessado em repassar seus conhecimentos aos orientados.

Referências Bibliográficas

1. TAVARES, R. L. M.; COSTA, C.A.C. Influência de cédulas de real decompostas da dinâmica de solos de várzea. In: **VIII Congresso de Ecologia do Brasil**. Caxambu, 2007.

2. Pereira Neto JT. **On the treatment of municipal refuse and sewage sludge using aerated static pile composting – a low cost technology aproach**. Inglaterra: University of Leeds, 1987. 272 p.

3. OLIVEIRA, E. C. A.; SARTORI, R. H.; GARCEZ, T. B. **Compostagem:** Programa de pós-graduação em solos e nutrição de plantas. 2008. 19 p. Disponível em: https://www.agencia.cnptia.embrapa.br/Repositorio/Compostagem_000fhc8nfqz02wyiv80efhb2adn37yaw.pdf. Acesso em: 2. nov. 2015.

4. SÁNCHEZ-MONEDERO, M. A.; CEGARRA, J.; GARCÍA, D.; ROIG, A. Chemical and structural evolution of humic acids during organic waste composting. **Biodegradation**, v. 13, p. 361-371, 2002.

Influência do Processo de Extração de Substâncias Humicas de Solos com Aplicação de Xisto Retortado por Espectroscopia de Fluorescência Molecular

Mayara Gabriela Gonçalves, Estela M. C. Cardoso, Betânia F. Pereira, Rosane Martinazzo, Carlos A. P. Silveira, Lauro C. Dias Jr. e Iara Messerschmidt

1. Introdução

A grande dependência do Brasil de insumos agrícolas importados, aliada à crescente busca pelo desenvolvimento sustentável, tem aumentado o interesse pelo uso de fontes alternativas de fertilizantes.[1,2]

A utilização de xisto retortado (XR) na agricultura pode ser considerada uma estratégia para aumentar a oferta de produtos com eficiência agronômica e baixo custo ao agricultor. O XR, principal subproduto da industrialização do folhelho pirobetuminoso (xisto), apresenta significativo teor de matéria orgânica, elevada capacidade de troca catiônica (CTC) e elementos benéficos às plantas.[3] Contudo, é fundamental avaliar também a eficiência agronômica e a segurança ambiental e dos alimentos ao utilizar o XR como componente de formulações fertilizantes.

Nesse sentido, tem-se avaliado os possíveis efeitos provocados pela aplicação de subprodutos do xisto nas características químicas (alterações de pH, concentrações de nutrientes, CTC, etc.), físicas (retenção de água, formação de agregados, porosidade) e biológicas (alteração biológica, degradação) do solo.[4-8] Outro ponto relevante é a avaliação da matéria orgânica do solo (MOS), uma vez que se trata de componente essencial e indicador de qualidade de solos agrícolas.

A maior porção da matéria orgânica do solo, cerca de 85 a 90%, é representada pelas substâncias húmicas (SH), as quais podem ser descritas como substâncias amorfas, constituídas por estruturas estáveis, com elevado tempo de residência, que se originam da degradação de resíduos orgânicos seguida de reações de sínteses de compostos de alto peso molecular.[9-11] As SH podem ser separadas em três frações, conforme suas características de solubilidade: (I) Huminas (HU) – fração insolúvel em toda faixa de pH; (II)

Ácidos húmicos (AH) – material de coloração escura solúvel em base (normalmente NaOH e $Na_4P_2O_7$) e insolúvel em meio ácido; e (III) Ácidos fúlvicos (AF) – fração solúvel em meio básico e ácido.[9,12]

As substâncias húmicas são amplamente estudadas em virtude das importantes funções que desempenham no solo, como o controle do pH, a mobilidade e biodisponibilidade de contaminantes, a formação de agregados do solo e a lixiviação de metais tóxicos.[13,14] A compreensão das estruturas químicas das substâncias húmicas auxilia o entendimento da sustentabilidade dos diferentes sistemas agrícolas, o ciclo global do carbono e a lixiviação de espécies químicas.[15] No entanto, a heterogeneidade característica das SH limita a elucidação desses processos,[14] uma vez que, quando oriundas de diferentes fontes e extraídas por diferentes métodos, apresentarão estruturas distintas.

A extração, fracionamento e purificação das SH são procedimentos anteriores à sua caracterização, e deles dependerão as futuras interpretações; portanto, devem ocorrer com mínimas alterações estruturais[16] e fornecer um produto final livre de contaminantes orgânicos e inorgânicos.[17]

Deste modo, vários métodos têm sido aplicados para o isolamento e fracionamento das SH,[18–21] sendo que o mais amplamente utilizado é o método proposto pela Sociedade Internacional de Substâncias húmicas (IHSS). No entanto, dependendo do objetivo da análise, outros métodos podem ser empregados, como, por exemplo, o proposto por Cozzolino et al. (2001), que utilizaram como solução extratora uma mistura de NaOH 1 mol L^{-1} e $Na_4P_2O_7$ 0,1 mol L^{-1}.[22] Neste, a base forte promove a solubilização dos AH e AF, e o pirofosfato de sódio atua como um sal neutro capaz de complexar os metais divalentes e, principalmente, os trivalentes, como Al^{3+} e Fe^{3+}.

Assim, foram realizados estudos, por espectroscopia de fluorescência molecular, de AH e AF de solos que receberam aplicações de xisto retortado extraídos por duas metodologias adaptadas de Cozzolino et al. (2001), a fim de verificar as possíveis alterações estruturais nas SH decorrentes das adições de XR no solo e do processo de extração empregado.[22]

2. Metodologia

2.1 Amostragem

As amostras de solo, classificado como Argissolo Vermelho Distrófico Arênico, foram coletadas na área experimental do Departamento de Solos da Universidade Federal de Santa Maria (RS). O experimento em campo foi iniciado no ano de 2009, e as coletas ocorreram em dezembro de 2011, junho de 2012, janeiro de 2013 e dezembro de 2013. Neste trabalho são discutidos os resultados referentes à coleta de dezembro de 2013. Esses solos receberam, anualmente, aplicações de adubação de base de N (100 kg ha^{-1}), P_2O_5 (120 kg ha^{-1}) e K_2O (90 kg ha^{-1}) e xisto retortado de 3000 kg ha^{-1}, sendo assim, após cinco anos de adições, a dose acumulada de XR foi de 15000 kg ha^{-1}. A título de comparação, foram coletadas também amostras de solo testemunha, o qual recebeu ao longo dos anos a mesma adubação de base, no entanto, sem aplicação de XR.

O experimento constou de quatro parcelas de 25 m^2 cada (5 x 5 m), tanto para os solos com XR quanto para os solos testemunha. Em cada parcela foram realizadas várias coletas, obtendo-se, assim, uma amostra composta para cada tratamento.

As coletas foram realizadas em trincheiras com o uso de uma pá de corte, na profundidade de 0-5 cm, uma vez que se espera maior teor de matéria orgânica nessa região.

2.2 Extração, fracionamento e purificação das SH

As SH foram extraídas utilizando-se duas metodologias adaptadas de Cozzolino et al. (2001), sendo que as modificações na metodologia de referência se deram nas concentrações das soluções extratoras. Os processos foram realizados empregando-se soluções de $Na_4P_2O_7$ (0,25 mol L^{-1}) e NaOH (0,1 mol L^{-1}), denominado "Método A", e mantendo a concentração de $Na_4P_2O_7$ (0,25 mol L^{-1}) e aumentando a de NaOH (1 mol L^{-1}), sendo este o "Método B".[22]

Após extrações sequenciais, o sobrenadante, ácido fúlvico (AF), foi separado do precipitado, ácido húmico (AH), por sifonação e armazenado no freezer. Em seguida, o ácido húmico foi tratado com solução de HF/HCl (40 mL/2,5 mL em 1 L de água destilada) para a remoção dos contaminantes inorgânicos, procedimento sugerido pela International Humic Substances Society (IHSS).[23] Os AH foram dialisados até teste negativo para cloreto, conforme procedimento descrito por Gondar et al. (2005).[24] Ao fim do processo, os AH foram secos em estufa a 60ºC.

2.3 Espectroscopia de fluorescência molecular

As amostras de AH e AF foram colocadas em cela de quartzo multifacetada (Sigma) com 3,5 mL de capacidade e analisadas em espectrofotômetro de luminescência Hitachi modelo F-4500. As concentrações utilizadas nas determinações foram de 20 mg L^{-1} para os AH e 5% (v/v) para os AF, ambas diluídas em solução de bicarbonato de sódio (NaHCO$_3$) 0,05 mol L^{-1} (pH 10 ajustado com NaOH).

Os espectros de fluorescência foram obtidos em dois modos: modalidade emissão, com excitação em 295 nm, e varredura síncrona, com "ë 18 nm para todas as amostras, além de $\Delta\lambda$ 45 nm para os AH e $\Delta\lambda$ 65 nm para os AF. Os parâmetros para aquisição dos espectros foram: velocidade de varredura de 240 nm min^{-1}, resolução espectral de 0,2 nm e incremento no comprimento de onda de excitação e emissão de 10 e 5 nm, respectivamente.

3. Resultados e Discussões

Os espectros bidimensionais de fluorescência molecular foram obtidos por dois diferentes modos de aquisição discutidos a seguir: emissão e sincronizado.

3.1 Modalidade emissão

Na Figura 1 estão representados os espectros de fluorescência bidimensionais no modo emissão com excitação de 295 nm dos AF e AH extraídos pelos métodos A e B de solo testemunha (AF-A, AF-B, AH-A, AH-B) e de solo que recebeu aplicações de xisto retortado (AFXR-A, AFXR-B, AHXR-A e AHXR-B).

Os espectros de AF e AH das amostras de solos testemunha foram bastante semelhantes aos das SH extraídas de solos com XR, indicando que a aplicação deste subproduto no solo não influenciou significativamente as transformações das SH. Isto pode ser observado, de modo geral, nas Figuras 1, 2 e 3.

Como observado na Figura 1-I, quando excitados em comprimento de onda de 295 nm, os AF apresentaram uma banda larga com máximo de intensidade em torno de 415 nm para as amostras extraídas pelo método A (NaOH 0,1 mol L^{-1}), estando deslocados para maior comprimento de onda que os AF do método B (NaOH 1 mol L^{-1}), cujo máximo de intesidade se deu em 405 nm.

Outra característica importante dos espectros dos ácidos fúlvicos AF-A e AFXR-A, em comparação aos espectros de AF-B e AFXR-B, é a maior intensidade do ombro (em torno de 515 nm), característico de ácidos húmicos, na maioria das amostras do método A. De acordo com Rosa et al. (2000), o aumento da concentração de álcali no processo de extração provoca maior rompimento das forças intermoleculares que ligam o AF ao AH, sendo assim, sugere-se que o processo realizado com maior concentração de NaOH (método B) separa as frações de forma mais eficiente e, por isso, a influência de AH nesses espectros é menor.[16]

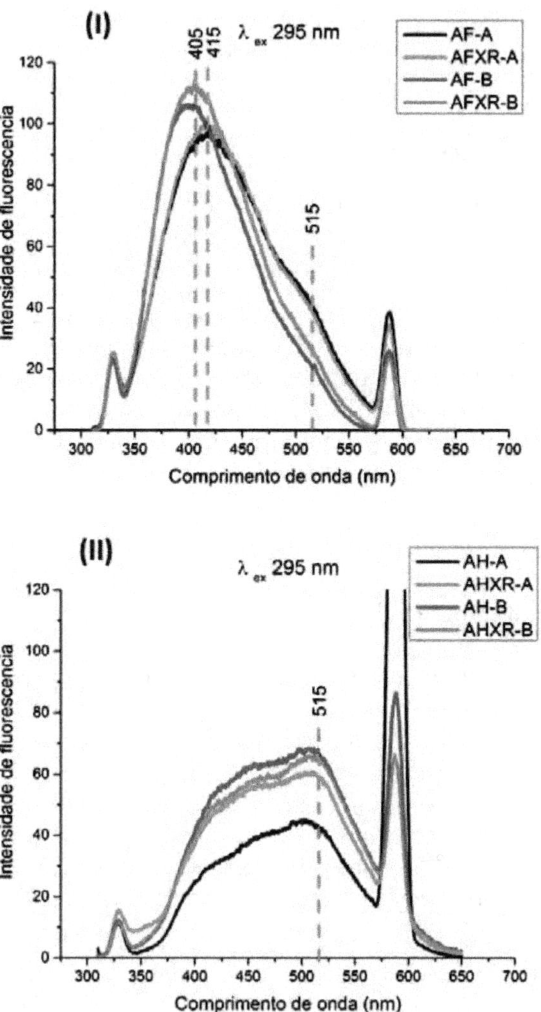

Figura 1 Espectros de fluorescência no modo emissão com excitação de 295 nm das amostras dos (I) AF e (II) AH estudados. *Fonte:* Mayara Gabriela Gonçalves.

Nos espectros dos AH (Figura 1-II), o máximo de emissão se dá em torno de 515 nm. Valores máximos de emissão próximos ao verificado para os AH (entre 500-520 nm) também foram obtidos por outros autores.[25-27] Os AH emitem tipicamente em comprimento de onda maior que os AF, pois possuem estrutura mais complexa, com mais grupos aromáticos conjugados e substituintes retiradores de elétrons.[25,26]

Os espectros exibem, ainda, efeitos de segunda ordem, como os picos referentes à radiação incidente, que aparecem em 590 nm, e o pico atribuído ao espalhamento Raman em 330 nm.

3.2 Modalidade sincronizada

Na modalidade de varredura síncrona, os espectros apresentam maior resolução, com picos mais definidos, em virtude do estreitamento das bandas, possibilitando a obtenção de espectros mais ricos em detalhes.[28,29]

Apesar do deslocamento $\Delta\lambda = 18$ nm ser o mais utilizado em estudos envolvendo substancias húmicas[30-32], diferentes valores de $\Delta\lambda$, tais como 45 nm,[32] 55 nm[33-35] e 65 nm,[32] também têm sido utilizados. Testes preliminares foram realizados variando o "ë em 45, 55 e 65 nm, no entanto, apenas os deslocamentos que geraram espectros com as maiores intensidades foram explorados em detalhes. São estes: 65 nm para os AF e 45 nm para os AH.

Utilizando-se $\Delta\lambda$ de 18 nm, foi possível verificar, nos espectros dos AF (Figura 2-I), a ocorrência de três regiões bem definidas. A 1ª região ($\sim$ 340 nm) foi a mais intensa em todos os AF e indica a predominância de fluorófuros de estrutura mais simples. Nos AF extraídos pelo método B verificou-se que a 2ª região ($\sim$ 375nm), atribuída às estruturas aromáticas de três ou quatro anéis,[36] foi ligeiramente mais intensa que a 3ª região ($\sim$ 480 nm), a qual pode ser associada à presença de policíclicos aromáticos com aproximadamente sete anéis;[28,36] o contrário foi evidenciado nas amostras extraídas pelo método A. Os espectros dos AF obtidos com "ë = 65 nm (Figura 2-II) exibiram um pico em 320 nm, mais intenso nas amostras B, e um ombro em 470 nm, mais evidente nas amostras A. Tais resultados reiteram, portanto, a conclusão de que os AF extraídos na menor concentração de NaOH possuem maior grau de condensação.

Para os ácidos húmicos, os espectros com $\Delta\lambda = 18$ nm apresentaram um ombro em 380 nm seguido de uma banda larga com máximo centrado em torno de 490 nm (Figura 3-I). Os espectros com $\Delta\lambda = 45$ nm (Figura 3-II) possuem forma bastante semelhante àqueles obtidos com $\Delta\lambda = 18$ nm, porém, o primeiro pico aparece em torno de 340 nm e o segundo (mais intenso) em 470 nm. A maior intensidade dos segundos picos perante os primeiros sugere que os AH contêm maiores quantidades de sistemas de elétrons π aromáticos que os AF, portanto, a emissão de fluorescência é maior em comprimentos de onda mais longos.[25]

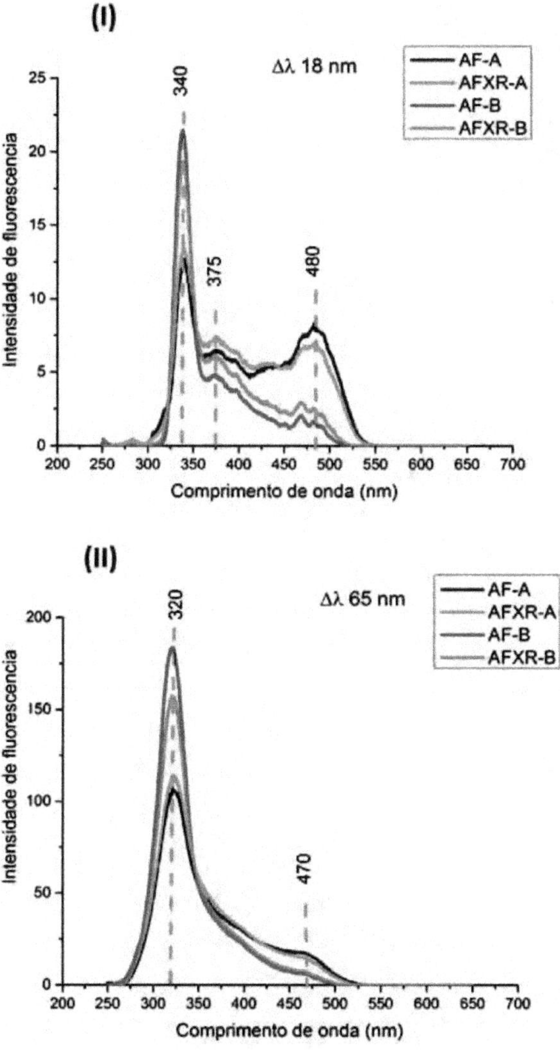

Figura 2 Espectros de fluorescência no modo varredura sincronizada dos AF com (I) Δλ 18 nm e (II) 65 nm. *Fonte:* Mayara Gabriela Gonçalves.

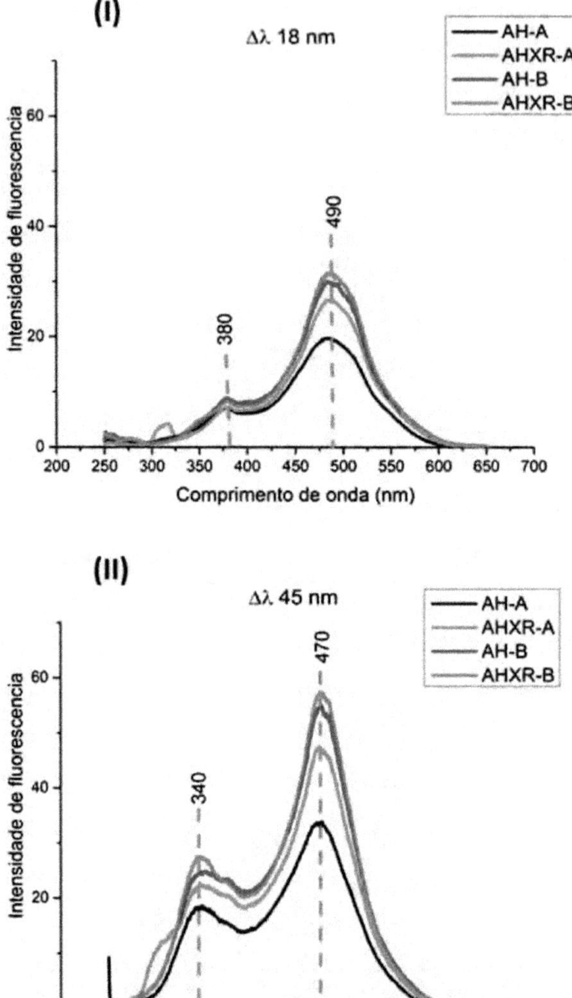

Figura 3   Espectros de fluorescência no modo varredura sincronizada dos AH com (I) Δλ 18 nm e (II) 45 nm. *Fonte:* Mayara Gabriela Gonçalves.

4. Conclusões

Pela técnica de espectroscopia de fluorescência molecular, não se observaram diferenças estruturais nos AH e AF em função da aplicação de XR no solo.

A influência da concentração da solução de NaOH, durante o processo de extração, nas características das SH foi evidenciada, podendo-se concluir que menor concentração de solução extratora favorece a formação de AF com maior quantidade de anéis aromáticos condensados na sua composição.

Este trabalho contribui para melhor entendimento das transformações estruturais das SH durante a etapa de extração e ressalta a importância da sistematização desse processo, aspecto crucial para melhor interpretação dos resultados obtidos a partir de substâncias húmicas extraídas de solo com aplicação de xisto retortado.

Agradecimentos – Ao projeto Xisto Agrícola (Termo de Cooperação entre Petrobras-SIX, Embrapa Clima Temperado e FAPEG, 21400.10/0186-7), pela bolsa de pós-doutorado à autora Betânia F. Pereira e pelo apoio técnico e financeiro, sem os quais este trabalho não seria possível. As autoras Mayara G. Gonçalves e Estela M. C. Cardoso também agradecem às instituições de fomento CNPq (131532/2014-6) e CAPES, respectivamente, pela concessão de suas bolsas de mestrado.

Referências Bibliográficas

1. ASSOCIAÇÃO NACIONAL PARA DIFUSÃO DE ADUBOS - ANDA. **Anuário estatístico do setor de fertilizantes 2003**. São Paulo, 2004.

2. LOPES, A. S. Reserva de minerais potássicos e produção de fertilizantes potássicos no Brasil. In: YAMADA, T.; ROBERTS, T. L. (Ed.). **Potássio na agricultura brasileira**. Piracicaba: Potafos, 2005. p. 21-32.

3. PEREIRA, H. S., VITTI, G. C. Efeito do uso do xisto em características químicas do solo e nutrição do tomateiro. **Horticultura Brasileira**, v. 22, n. 2, 2004.

4. CHAVES, L. H. G.; VASCONCELOS, A. C. F. Alterações de atributos químicos do solo e do crescimento de plantas de milho pela aplicação de xisto. **Revista Brasileira de Engenharia Agrícola e Ambiental**, v.10, n. 1, p. 84-88, 2006.

5. SANTOS, J. V. dos. **Caracterização química e espectroscópica de solos de área recuperada após mineração de xisto**. 2009. 106 f. Dissertação (Mestrado em Química) – Departamento de Química, Universidade Federal do Paraná, Curitiba, 2009.

6. DOUMER, M. E.; GIACOMINI, S. J.; SILVEIRA, C. A. P.; WEILER, D. A.; BASTOS, L. M.; FREITAS, L. L. de. Atividade microbiana e enzimática em solo após a aplicação de xisto retortado. **Pesquisa Agropecuária Brasileira**, v. 46, p. 1538 1546, 2011.

7. CARDOSO, Estela Mari da Cunha. **Caracterização espectroscópica de substâncias húmicas extraídas de solos condicionados com subprodutos do xisto**. 2013. 103 f.

Dissertação (Mestrado em Química) – Departamento de Química, Universidade Federal do Paraná, Curitiba, 2013.

8. LEÃO, R. E; GIACOMINI, S. J.; REDIN, M.; SOUZA, E. L.; SILVEIRA, C. A. P. A adição de xisto retortado aumenta a retenção do carbono de resíduos vegetais no solo. **Pesquisa Agropecuária Brasileira**. v. 49, n. 10, p. 818-822, 2015.

9. SILVA FILHO, A. V.; SILVA, M. I. V. Importância das substâncias húmicas para a agricultura. In: SIMPÓSIO NACIONAL SOBRE AS CULTURAS DO INHAME E DO TARO, 2., 2002, João Pessoa. **Anais...** João Pessoa, 2002.

10. LIMA, A. M. N.; SILVA, I. R.; NEVES, J. C. L.; NOVAIS, R. F.; BARROS, N. F.; MENDONÇA, E. S.; DEMOLINARI, M. S. M.; LEITE, F. P. Mineralogia de um Argissolo Vermelho-Amarelo da zona úmida costeira do Estado de Pernambuco. **Revista Brasileira de Ciência do Solo**, v. 32, n. 2, p. 881-892, 2008.

11. PESSOA, P. M. A.; DUDA, G. P.; BARROS, P. B.; FREIRE, M. B. G. S.; NASCIMENTO, C. W. A.; CORREA, M. M. Frações de carbono orgânico de um latossolo húmico sob diferentes usos no agreste brasileiro. **Revista Brasileira de Ciência do Solo**, v. 36, n. 1, p. 97-104, 2012.

12. EBELING, A. G.; ANJOS, L. H. C.; PEREIRA, M. G.; VALLADARES, G. S.; PÉREZ, D. V. Substâncias húmicas e suas relações com o grau de subsidência em Organossolos de diferentes ambientes de formação no Brasil. **Revista Ciência Agronômica**, v. 44, n. 2, p. 225-233, 2013.

13. BAALOUSHA, M.; MOTELICA-HEINO, M.; LE COUSTUMER, P. Conformation and size of humic substances: Effects of major cation concentration and type, pH, salinity, and residence time. **Colloids and Surfaces A: Physicochemical and Engineering Aspects**, v. 272, p. 48-55, 2006.

14. HALIM, M.; PICCOLO, A.; SPACCINI, R.; PARLANTI, E.; AMEZGHAL, A. Differences in fluorescence properties between humic acid and its size fractions separated by preparative HPSEC. **Journal of Geochemical Exploration**, v. 129, p. 23-27, 2013.

15. MANGRICH, A. S.; SILVA, L.; PEREIRA, B. F.; MESSERCHMIDT, I. Proposal of EPR based method for pollution level monitoring in mangrove sediments. **Journal of the Brazilian Chemical Society**, v. 20, p. 294-298, 2001.

16. ROSA, A. H.; ROCHA, J. C.; FURLAN, M. Substâncias húmicas de turfa: Estudo dos parâmetros que influenciam no processo de extração alcalina. **Química Nova**, v. 23, n. 4, p. 472-476, 2000.

17. PRIMO, D. C.; MENEZES, R. S. C.; DA SILVA, T. O. Substâncias húmicas da matéria orgânica do solo: uma revisão de técnicas analíticas e estudos no nordeste brasileiro. **Scientia Plena**, v. 7, n. 5, 2011.

18. KONONOVA, M.M. **Matéria orgânica del suelo:** su naturaleza, propriedades y métodos de investigación. Barcelona: Oikos-Tou, 1982. 365p.

19. ROCHA, J.C.; ROSA, A.H.; FURLAN, M. An Alternative metodology for extraction on humic substances from soils. **Journal of the Brazilian Chemical Society**, v. 9, n. 1, p. 51-56, 1998.

20. SANTOS, G. A.; CAMARGO, F. A. O. **Fundamentos da matéria orgânica do solo:** ecossistemas tropicais e subtropicais. Porto Alegre: Genesis, 1999.

21. BENITES, V. M.; MADARI, B.; MACHADO PLOA. **Extração e fracionamento quantitativo de substâncias húmicas do solo:** um procedimento simplificado de baixo custo (Boletim de Pesquisa). Rio de Janeiro: Embrapa, 2003.

22. COZZOLINO, A.; CONTE, P.; PICCOLO, A. Conformational changes of humic substances induced by some hydroxy-, keto-, and sulfonic acids. **Soil Biology & Biochemistry**, v. 33, p. 563-571, 2001.

23. DICK, D. P.; MANGRICH, A. S.; MENEZES, S. M. C.; PEREIRA, B. F. Chemical Spectroscopical Characterization of Humic Acids from two South Brazilian Coals of Different Ranks. **Journal of the Brazilian Chemical Society**, v. 13, p. 177-182, 2002.

24. GONDAR, D.; LOPEZ, R. S.; ANTELO, F. A. Characterization and acid–base properties of fulvic and humic acids isolated from two horizons of an ombrotrophic peat bog. **Geoderma**, v. 126, p. 367-374, 2005.

25. CHEN, J., BAOHUA, G., LEBOEUF, E.J., HONGJUN, P., DAI, S. Spectroscopic characterization of the structural and functional properties of natural organic matter fractions. **Chemosphere**, v. 48, p. 59-68, 2002.

26. AZEVEDO, J.C.R.; NOZAKI, J. Análise de fluorescência de substâncias húmicas extraídas da água, solo e sedimento da lagoa dos patos – MS. **Química Nova**, v. 31, n. 6, 1-5, 2008.

27. GOSTEVA, O. Y. U.; IZOSIMOV, A. A.; PATSAEVA, S. V.; YUZHAKOV, V. I.; YAKIMENKO, O. S. Fluorescence of aqueous solutions of commercial humic products. **Journal of Applied Spectroscopy**, v. 78, n. 6, p. 884-891, 2012.

28. CHEN, J.; LEBOEUF, E. J.; DAI, S.; BAOHUA, G. Fluorescence spectroscopic studies of natural organic matter fractions. **Chemosphere**, v. 50, p. 639-647, 2003.

29. SIERRA, M.M.D.; GIOVANELA, M.; PARLANTI, E.; SORIANO-SIERRA, E.J. Fluorescence ûngerprint of fulvic and humic acids from varied origins as viewed by single-scan and excitation/emission matrix techniques. **Chemosphere**, v. 58, p. 715-733, 2005.

30. DROUSSI, Z., D'ORAZIO, V., HAFIDI, M., OUATMANE, A. Elemental and spectroscopic characterization of humic-acid-like compounds during composting of olive mill by-products. **Journal of Hazardous Materials**, v. 163, p. 1289-1297, 2009.

31. SANTIN, C.; GONZALEZ-PEREZ, M.; OTERO, X. L.; ALVAREZ, M. A.; MACIAS, F. Humic substances in estuarine soils colonized by Spartina maritima. **Estuarine Coastal and Shelf Science**, v. 81, n. 4, p. 481-490, 2009.

32. RODRIGUEZ, F.J., SCHLENGER, P., GARCÍA-VALVERDE, M. A comprehensive structural evaluation of humic substances using several fluorescence techniques before and after ozonation. Part I: Structural characterization of humic substances. **Science of the Total Environment**, p. 718-730, 2014.

33. SANTOS, L. M. Dinâmica da matéria orgânica e destino de metais pesados em dois solos submetidos à adiçao de lodo de esgoto. 2006. 142 f. Dissertação (Mestrado em Ciências: Química analítica) - Instituto de Química de São Carlos, Universidade de São Paulo, São Carlos, 2006.

34. KALBITZ, K.; GEYER, S.; GEYER, W. A comparative characterization of dissolverd organic matter by means of original aqueous samples and isolated humic substances. **Chemosphere**, v. 40, n. 12, p.1305-1312, 2000.

35. VAZ Jr., Silvio. **Estudo da Sorção do antibiótico oxitetreciclina a solos e ácidos húmicos e avaliaçao dos mecanismos de interaçao envolvidos.** 2010. 183 f. Tese (Doutorado em Ciências: Química Analítica) – Instituto de Química de São Carlos, Universidade de São Paulo: São Carlos, 2010.

36. PEURAVUORI, J.; KOIVIKKO, R.; PHLAJA, K. Characterization, differentiation and classification of aquatic humic matter separated with different sorbents: synchronous scanning fluorescence spectroscopy. **Water Research**, v. 36, p. 4552-4562, 2002.

Utilização da Espectroscopia de Fluorescência na Avaliação da Estabilidade da Matéria Orgânica do Solo sob o Efeito de Diferentes Tipos de Manejo Pecuário

Nayrê Ohana de Souza Thiago, Aline Segnini, Alfredo Augusto Pereira Xavier, Mariana Gobato, Patrícia Perondi Anchão Oliveira e Débora Marcondes Bastos Pereira Milori

1. Introdução

Cerca de 850 milhões de hectares da extensa área territorial do Brasil são destinados a práticas agrícolas, e aproximadamente 160 milhões de hectares são destinados à pecuária bovina, de acordo com o último Censo Agropecuário.[1] Há preocupação com o aumento da pecuária, uma vez que esse tipo de prática agropecuária pode liberar gases de efeito estufa (GEE) para a atmosfera.

Diversas práticas agrícolas são capazes de compensar as emissões de GEE para a atmosfera ao sequestrar o carbono presente na atmosfera para o solo, como a integração entre pecuária e lavoura, incentivo ao plantio direto e a adoção do manejo das pastagens.[2] Uma forma de avaliar o sequestro de carbono pelo solo é pela quantificação do estoque e pela caracterização da matéria orgânica do solo (MOS). A MOS constitui o maior reservatório de carbono da superfície terrestre, reservatório que é dinâmico e pode variar com as práticas de manejo. O estudo das substâncias húmicas (SHs), que é a MOS altamente decomposta, pode fornecer informações sobre a estabilidade do carbono presente nesse solo.[3]

Técnicas espectroscópicas são geralmente utilizadas para estudar e avaliar a estrutura química das SHs.[4] O uso da espectroscopia de fluorescência tem demostrado bom potencial para avaliar o grau de humificação das SHs. Essa técnica possui vantagens perante outras, como a ressonância magnética nuclear, por ser mais sensível, mais rápida, com custo de análise mais baixo e pelo fato de o preparo de amostras ser mais simplificado.[5]

Este trabalho teve por objetivo verificar o grau de humificação das SHs por meio da espectroscopia de fluorescência, com o intuito de relacionar o grau de humificação das SHs com os diferentes tipos de manejo pecuário.

2. Metodologia

2.1 Área experimental

A área experimental está localizada na Embrapa Pecuária Sudeste, em São Carlos (SP). Foram utilizadas quatro áreas experimentais, as quais possuíam diferenças quanto ao tipo de manejo, textura do solo e quantidade de animal. Uma quinta área foi utilizada como área de referência. As descrições das cinco áreas estão na Tabela 1.

Tabela 1 Descritivo das amostras utilizadas no experimento, quanto a manejo, textura e lotação animal. *Fonte:* Nayrê Ohana de Souza Thiago.

Área experimental	Manejo	Textura	Lotação animal
Área 1	irrigado	média arenosa	alta lotação
Área 2	sequeiro	argilosa	alta lotação
Área 3	em recuperação	argilosa	média lotação
Área 4	degradada	média arenosa	baixa lotação
Área 5	mata nativa	média	sem animal

2.2 Amostragem

As amostras foram coletadas em diferentes profundidades (0-5, 5-10, 10-20, 20-40, 40-60, 60-80 e 80-100 cm) em todos os sistemas de pastagem avaliados e na área de referência. A cada profundidade foram retiradas seis replicatas, totalizando 240 amostras de solo. Foram retirados os materiais grosseiros das amostras, como galhos, folhas, pedras, e, posteriormente, as amostras de solo foram secas em estufa a 30°C e passadas em peneira de 2 mm.

2.3 Extração de substâncias húmicas do solo

Por ser inviável extrair as substâncias húmicas das 240 amostras de solo, realizou-se uma amostragem composta utilizando as seis replicatas obtidas para cada profundidade, resultando em 40 amostras de solo. A extração das substâncias húmicas do solo seguiu as recomendações descritas por Swift (1996) e pela Sociedade Internacional de Substâncias Húmicas (IHSS).[6] A fração das substâncias húmicas utilizada para as análises foi o ácido húmico (AH), o qual foi previamente purificado com o processo de diálise.

2.4 Preparo de amostras para análises de fluorescência

As soluções de ácidos húmicos foram preparadas utilizando 2 mg de AH e dissolvendo em 10 mL de $NaHCO_3$ (0,005 mol L^{-1}). A partir dessa solução de 200 mg L^{-1} foram realizadas diluições de 100 mg L^{-1}, 50 mg L^{-1}, 25 mg L^{-1}, 12 mg L^{-1}, 6 mg L^{-1} e 3 mg L^{-1}. Foram obtidos espectros de fluorescência utilizando o espectrômetro de luminescência Perkin Elmer modelo LS-50B.

Para avaliação do grau de humificação das SHs, utilizaram-se as soluções de 3 mg L^{-1}. O cálculo dos índices de humificação seguiu o método proposto por Milori et al. (2002) e Kalbitz et al. (1999).[4,7]

3. Resultados e Discussões

3.1 Estudo da concentração das amostras

Foram realizados dois estudos, o primeiro com os espectros obtidos no modo de emissão, com excitação em 240 nm, em que foram avaliados sete espectros extraídos das amostras com as respectivas concentrações de 200, 100, 50, 25, 12, 6 e 3 mg L^{-1}. Nesse primeiro estudo observou-se maior intensidade de fluorescência no comprimento de onda de emissão de 500 nm. O segundo estudo utilizou espectros obtidos também no modo de emissão, só que excitados em 465 nm, também foram avaliados sete espectros extraídos das sete amostras, com as mesmas concentrações utilizadas no primeiro estudo. Os maiores valores da intensidade de fluorescência foram observados em 512 nm. Os resultados obtidos da relação com as concentrações das amostras de ácido húmico *versus* os valores da intensidade de fluorescência em 500 nm e 512 nm estão demonstrados na Figura 1. A parte (a) da figura ilustra o primeiro estudo realizado, e a parte (b), o segundo estudo.

Pode-se observar que, com o aumento da concentração, ocorreu o aumento da intensidade de fluorescência, mas logo depois houve o decréscimo da intensidade. Isso demonstra o efeito de filtro interno (EFI) que ocorre no ácido húmico.[8] Com o intuito de trabalhar em regiões de concentração onde o EFI seja minimizado, a concentração escolhida para esse estudo foi de 3 mg L^{-1}.

3.2 Índices de humificação

A partir da concentração escolhida foram calculados os índices de humificação dos AH. As Figuras 2 e 3 mostram os valores dos índices de humificação obtidos segundo Milori et al. (2002) e Kalbitz et al. (1999), respectivamente.[4,7]

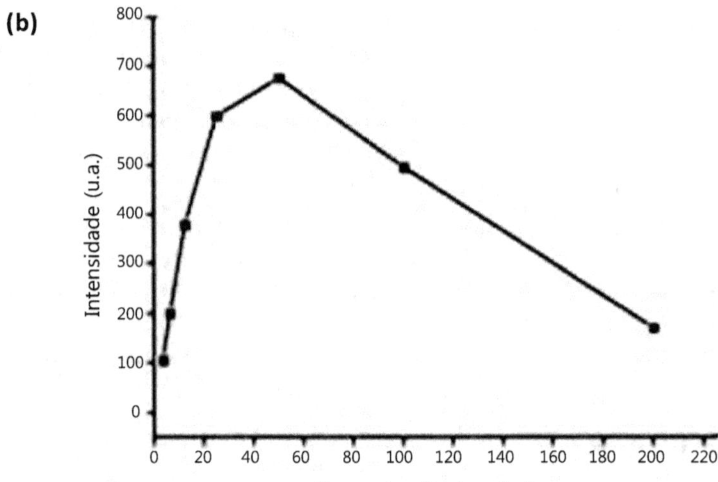

Figura 1   Gráficos obtidos com as concentrações das soluções de AH e a intensidade de fluorescência obtida pelo modo emissão: (a) espectro de emissão com excitação em 240 nm e intensidade máxima de fluorescência em 500 nm, (b) espectro de emissão com excitação em 465 nm e intensidade máxima de fluorescência em 512 nm. *Fonte:* Nayrê Ohana de Souza Thiago.

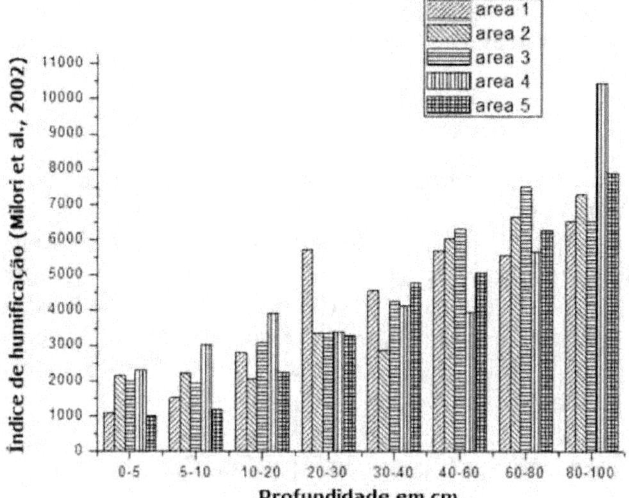

Figura 2 Índices de humificação obtidos segundo Milori et al. (2002).[4]
Os valores dos índices de humificação são dados em unidades arbitrárias.
Fonte: Nayrê Ohana de Souza Thiago.

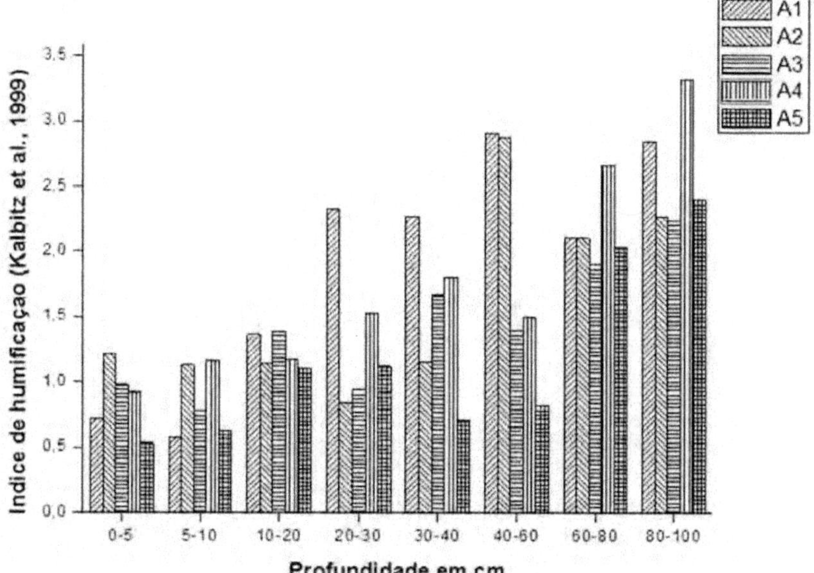

Figura 3 Índices de humificação obtidos segundo Kalbitz et al. (1999).[7]
Os valores dos índices de humificação são dados em unidades arbitrárias.
Fonte: Nayrê Ohana de Souza Thiago.

Avaliando os valores dos índices de humificação, verifica-se que para os dois métodos propostos, de modo geral, o grau de humificação aumenta com o aumento da profundidade. Isso sugere que a matéria orgânica superficial está mais fresca, enquanto a matéria em profundidade está mais recalcitrante.

Comparando a humificação entre as cinco áreas, percebe-se que a área degradada (área 4) possui os maiores valores de humificação, já a área que apresenta os menores valores de humificação é a área 5 (mata nativa). A área 1 possui valores maiores do índice de humificação nos horizontes intermediários do perfil do solo, entre 20 e 40 cm. As áreas 2 e 3, que apresentam manejo de sequeiro e em recuperação, respectivamente, exibem comportamento semelhante, ambas aumentam os valores do índice de humificação nos horizontes mais profundos.

3.3 Correlação entre os índices de humificação

Foi feita correlação entre os dois métodos para o cálculo do índice de humificação (Figura 4).

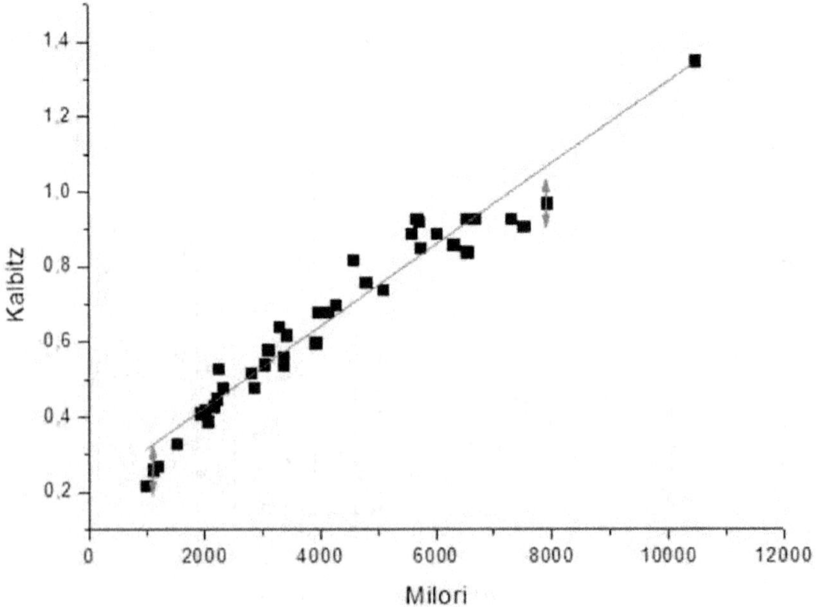

Figura 4 Gráfico de correlação entre os dois métodos de índice de humificação.[4,7] O valor obtido para R foi de 0,946. *Fonte:* Nayrê Ohana de Souza Thiago.

O valor obtido de R = 0,946 mostra que houve boa correlação entre os dois métodos de obtenção dos índices de humificação. Pode-se afirmar, ainda, que o modo de obtenção dos espectros propostos pelos autores fornece informações importantes sobre a humificação da matéria orgânica do solo, e essas informações podem ajudar muito na caracterização da matéria orgânica presente no solo.

4. Conclusões

A área degradada possui os maiores valores dos índices de humificação, sugerindo, assim, a presença de uma MOS mais recalcitrante, que, por sua vez, não interagirá facilmente com o solo, deixando este mais empobrecido e menos fértil. Já a mata nativa apresentou valores menores dos índices de humificação; nessa área existe material orgânico mais lábil, ou seja, a MOS está sujeita a maiores interações com os compartimentos do solo, acarretando um solo mais fértil.

Analisando os quatro manejos, o manejo irrigado apresenta os índices de humificação baixos, enquanto para o manejo de sequeiro e o manejo em recuperação não se observa muita diferença quanto aos valores dos índices. Embora este estudo seja bastante preliminar para efetiva análise de manejo de pastagens, os resultados mostraram coerência entre os resultados de fluorescência. O próximo passo é juntar essas análises à quantificação de carbono, ao grau de humificação da MOS, a outros parâmetros do manejo e aos atributos físicos do solo para fazer avaliação mais precisa a respeito da ciclagem de carbono e efetiva recomendação sobre o manejo de pastagens.

Agradecimentos – Os autores agradecem à Capes/Embrapa pela bolsa de fomento concedida e à Rede Pecus pelo fornecimento das amostras de solo.

Referências Bibliográficas

1. Instituto Brasileiro de Geografia e Estatística - IBGE. **Censo Agropecuário 2006**. Disponível em: http://www.ibge.gov.br/home/estatistica/economia/agropecuaria/censoagro/. Acesso em: ago. 2016.

2. OLIVEIRA, P. P. A.; PENATTI, M. A.; CORSI M. **Correção do solo e fertilização de pastagens em sistemas intensivos de produção de leite**. São Carlos: Embrapa Pecuária Sudeste, 2008. 56 p.

3. SEGNINI, Aline. **Estrutura e estabilidade da matéria orgânica em áreas com potencial de sequestro de carbono no solo**. 2007. 131 f. Tese (Doutorado em Química Analítica) – Instituto de Química de São Carlos, Universidade de São Paulo, São Carlos, 2007.

4. MILORI, D.M.B.P.; MARTIN-NETO, L.; BAYER, C.; MIELNICZUK, J.; BAGNATO, V.S.Humification degree of soil humic acids determined by fluorescence spectroscopy. **Soil Science**, v. 167, n. 11, p. 1-11, 2002.

5. ZSOLNAY, A.; BAIGAR, E.; JIMENEZ, M.; STEINWEG, B.; SACCOMANDI, F. Differentiating with fluorescence spectroscopy the sources of dissolved organic matter in soils subjected to drying. **Chemosphere**, v. 38, n. 1, p. 45-50, 1999.

6. SWIFT, R. S. Organic matter characterization. In: SPARKS, D. L.; PAGE, A.L.; HELMKE, P.A.; LOEPPERT, R.H.; SOLTANPOUR, P.N.; TABATABAI, M.A.; JOHNSTIN, C.T.; SUMNER, M.E. (Eds). **Methods of soil analysis**: chemical methods. Madison: Soil Science Society of America - American Society of Agronomy, v. 100, 1996.

7. KALBITZ, K.; GEYER, W.; GEYER, S. Spectroscopic properties of dissolved humic substances - a reflection of land use history in a fen area. **Biogeochemistry**, v. 47, p. 219-238, 1999.

8. LUCIANI, X.; MOUNIER, S.; PARAQUETTI, H. H. M.; REDON, R.; LUCAS, Y.; BOIS, A.; LACERDA, L. D.; RAYNAUD, A.; RIPERT A. Tracing of dissolved organic matter from the SEPETIBA Bay (Brasil) by PARAFAC analysis of total luminescence matrices. **Marine Environmental Research**, v. 2, p. 148-157, 2008.

Utilização da Técnica LIBS para Classificação de Amostras de Solo Via Análise de Componentes Principais

Alfredo Augusto Pereira Xavier, Renan Arnon Romano, Aline Segnini, Paulino Ribeiro Villas-Boas e Débora Marcondes Bastos Pereira Milori

1. Introdução

No atual cenário agrícola brasileiro, o grande desafio é aumentar a produção e, para isso, uma das alternativas dos produtores é aderir ao conceito da agricultura de precisão. Este conceito visa ao gerenciamento do sistema de produção agrícola como um todo, desde os mapeamentos mais diversos até as aplicações de insumos. Neste contexto, a criação de tecnologias para mapear características dos solos tem ganhado grande destaque.[1]

O desenvolvimento de alguns métodos analíticos tem conseguido unir precisão, exatidão, rapidez, pequena geração de resíduos, reduzido preparo de amostra e custo acessível para a análise de solos, além da possibilidade de se trabalhar com equipamentos portáteis no campo.[2]

Diante de tal situação, a técnica espectroscópica LIBS (acrônimo do inglês *Laser Induced Breakdown Spectrocopy*) tem se destacado nas últimas décadas por apresentar potencial de suprir esses itens em virtude das inúmeras vantagens sobre métodos tradicionais, tais como o baixo custo de análise, baixa necessidade de preparo de amostra e disponibilidade de aplicação *in situ*.

A técnica LIBS é um tipo de espectroscopia de emissão atômica que utiliza um pulso de laser de alta energia para, simultaneamente, preparar a amostra e excitar os átomos. Uma análise qualitativa do espectro de emissão fornece uma "impressão digital" da amostra com relação à sua composição elementar, independente de seu estado físico: sólido, líquido ou gasoso.[3]

A ablação na superfície da amostra causada pelo pulso do laser de alta energia ocorre de modo a gerar um plasma onde são encontradas espécies iônicas excitadas e/ou atômicas, as quais retornam ao estado fundamental emitindo radiações características que são medidas pelo sistema de aquisição de dados.

As principais etapas do processo de ablação geradas pelo pulso de laser são mostradas na Figura 1.

Primeiramente, um pulso de laser atinge a superfície da amostra, removendo uma pequena quantidade de amostra e iniciando o processo de formação do plasma (Figura 1a). Essa energia rapidamente é convertida em aquecimento (cerca de 50.000 K) (Figura 1b), fornecendo energia suficiente para a excitação para um estado de maior energia dos elementos presentes na amostra (Figura 1c).

Durante as fases iniciais do plasma, a densidade de espécies é elevada, assim, em um primeiro momento, as emissões são dominadas por uma luz branca, com pouca ou nenhuma variação com o comprimento de onda. É a chamada etapa de emissão contínua de luz, a qual ocorre entre 200 e 300 nanossegundos seguida do começo do esfriamento do plasma.

A diminuição da temperatura do plasma começa a ocorrer por volta de 1 microssegundo, e as emissões atômicas tornam-se visualizáveis (Figura 1d), momento em que há a abertura dos espectrômetros para a aquisição do espectro. Portanto, a aquisição dos espectrômetros é feita depois de certo intervalo de tempo, o *Delay Time*, que consiste no tempo entre o pulso do laser e o início da aquisição dos espectrômetros.

A luz emitida é coletada por um conjunto de lentes e enviada pelas fibras óticas aos espectrômetros, onde os dados são convertidos em espectro e interpretados pelo computador (Figura 1e).

As intensidades das linhas de emissão atômica presentes no espectro (Figura 1f) estão intimamente relacionadas à matriz, pois a formação do plasma ocorre na superfície da amostra, onde é possível haver flutuação na temperatura e densidade eletrônica do plasma.[5]

O número de trabalhos encontrados na literatura relacionados à técnica LIBS tem crescido bastante nos últimos anos. Utilizando apenas a composição elementar, essa técnica tem sido aplicada com sucesso na determinação de diversas propriedades dos solos, tais como determinação do teor de carbono,[6] avaliação de nutrientes,[7] contaminantes[8] e até mesmo propriedades físicas e químicas dos solos, tais como textura[9] e grau de humificação,[10] respectivamente. Tais trabalhos mostraram que a composição elementar está intimamente ligada com as características do solo.

Deste modo, este trabalho teve por objetivo diferenciar diversos manejos de solos tropicais pelo seu espectro de emissão atômica. Para atingir esses objetivos e identificar quais picos de emissão atômica apresentaram maior variância e diferenciaram melhor um manejo de outro, foi realizado um teste de Tukey entre as amostras para cada ponto do espectro.

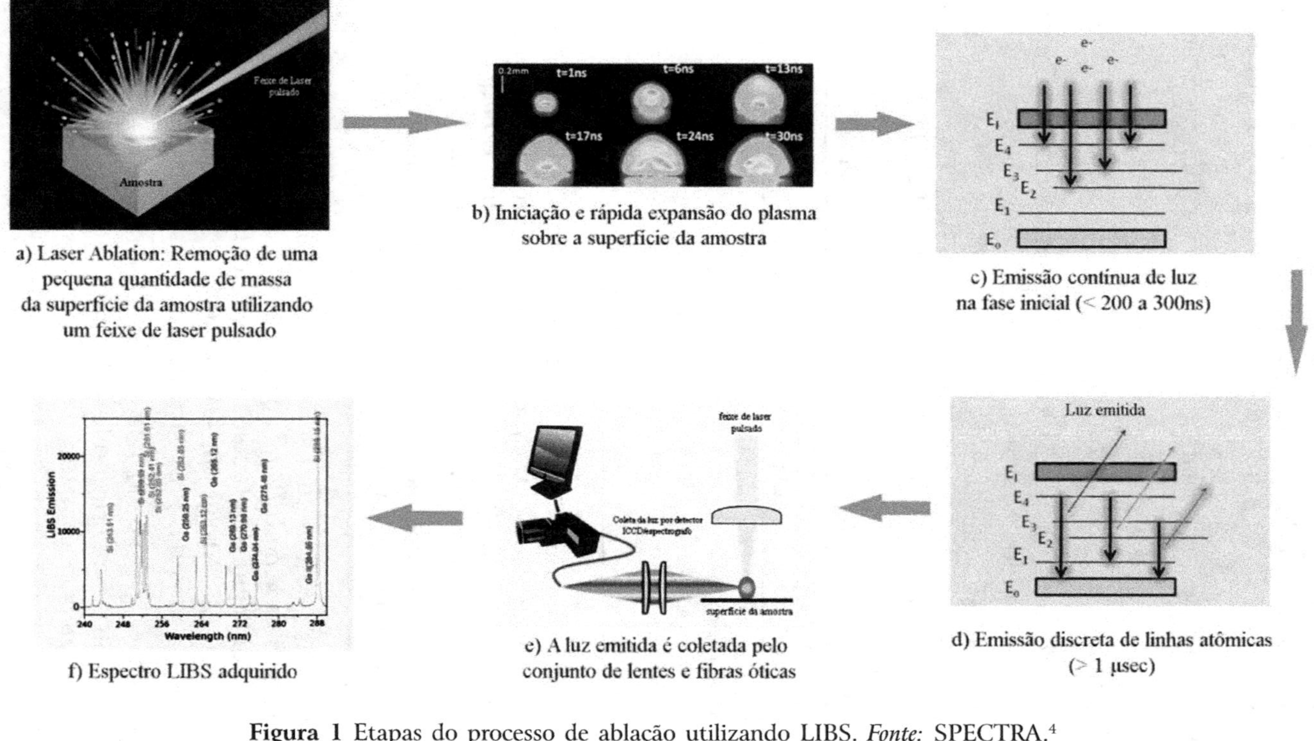

Figura 1 Etapas do processo de ablação utilizando LIBS. *Fonte:* SPECTRA.[4]

Nos pontos escolhidos pelo teste estatístico, a ferramenta quimiométrica de Análise de Componentes Principais (PCA)[11] foi utilizada; tal método reduz as dimensões originais de determinado conjunto de dados numéricos e enfatiza suas variâncias. Com isso, é possível trabalhar apenas com um conjunto de informações que sejam relevantes para a diferenciação das amostras.

2. Metodologia

As amostras de solo utilizadas neste trabalho foram coletadas na Embrapa Pecuária Sudeste – Fazenda Canchim, em São Carlos (SP), à Rodovia Washington Luiz, Km 234 (altitude de aproximadamente 850 m). Trata-se de um experimento de campo que consiste em quatro diferentes sistemas de pastagem mais a mata nativa como área de referência (Tabela 1).

Tabela 1 Áreas experimentais e suas características. *Fonte:* Alfredo Augusto Pereira Xavier.

Área	Manejo	Lotação animal	Textura	Vegetação
A1	Irrigado	Alta	Média arenosa	*Panicummaximum*
A2	Intensivo sequeiro	Alta	Argilosa	*Panicummaximum*
A3	Em recuperação	Média	Argilosa	*Brachiariadecumbens*
A4	Degradado	Média	Média arenosa	*Brachiariadecumbens*
M	Mata nativa	-	Média arenosa	-

O clima local é considerado como tropical de altitude, que, segundo a classificação de Köppen, é o Cwa, clima quente com inverno seco. A área compreende um total de 22,5 hectares (ha), sendo 10,5 ha de *Brachiariadecumbens* e 12 ha de *Panicummaximum cv. Mombaça*.

A mata nativa (Mata Atlântica) localizada próxima ao experimento foi utilizada como referência positiva. Foram coletadas amostras em seis trincheiras para cada uma das áreas em questão.

Para a coleta das amostras do solo foram abertas trincheiras com largura de 100 cm e profundidade de 120 cm, aproximadamente. As amostras foram coletadas em oito diferentes profundidades, de 0 a 100 cm, nos intervalos de 0-5, 5-10, 10-20, 20-30, 30-40, 40-60, 60-80 e 80-100 cm, em seis trincheiras para cada uma das áreas, totalizando 48 amostras por área.

Foram coletados cerca de 200 g de solo para cada amostra, e o material coletado foi levado ao laboratório, onde se deu início ao preparo de amostras (200 a 300 g). O preparo consistiu na secagem dos solos à temperatura ambiente e na limpeza das amostras, tais como remoção de raízes e restos vegetais por catação, seguido por homogeneização.

O solo foi triturado com a utilizaçô de almofariz e pistilo e, posteriormente, peneirado a 2 mm. Uma porção, de aproximadamente 5 g, dessas amostras foi remoída e passada em peneira de 0,150 mm (100 mesh) para as análises espectroscópicas.

As amostras de solos, previamente moídas, foram prensadas em pastilhas, a aproximadamente 8 toneladas, com dimensões de 1 cm de diâmetro, 2 mm de espessura e 0,5 g de massa, a fim de facilitar a colocação das mesmas no sistema utilizado para a análise, padronizando a forma física das amostras.

Na Figura 2 é apresentado um comparativo entre uma pastilha de solo e uma moeda de R$ 1,00.

Figura 2   Comparação entre uma moeda de R$ 1,00 e uma pastilha utilizada para as medidas LIBS. *Fonte:* Alfredo Augusto Pereira Xavier.

Foi utilizado um sistema LIBS comercial da Ocean Optics, modelo Libs 2500 plus, equipado com um laser de Nd:YAG pulsado (Q-switched) de 50 mJ com duração de pulso de 8 ns, diâmetro do feixe do laser (*laser spot*) de 0,5 mm aproximadamente, taxa de repetição de até 500 Hz, detector CCD (Charge-Coupled Device) de 14336 pixels, cobertura da faixa espectral de 188-980 nm e resolução óptica próxima de 0,1 nm, com tempo de atraso (*delay time*) de 2 μs entre o pulso do laser e a aquisição do espectro. A aquisição é feita por um conjunto de sete espectrômetros (Figura 3).

A formação do plasma em LIBS está intimamente ligada à matriz da amostra. Com o intuito de minimizar os efeitos inerentes à formação de cada plasma distinto por meio do pulso do laser, trabalha-se com números significativos de pulsos efetuados em cada amostra.

Neste contexto, a fim de se contornar essa flutuação, foram adquiridos 60 espectros por amostra, utilizando três faces de duas pastilhas (20 tiros por face, reservando uma face), e, de modo a minimizar o ruído, foi calculado o espectro médio de cada amostra.

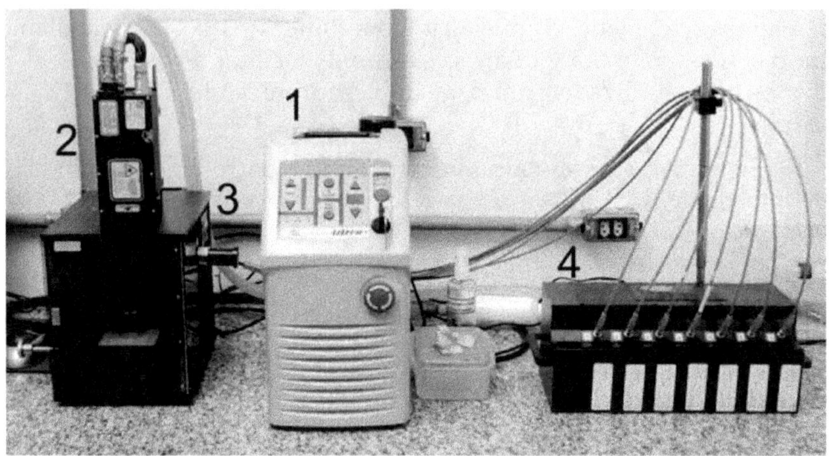

Figura 3 Sistema LIBS de bancada da Ocean Optics, modelo LIBS 2500 plus: (1) fonte de energia; (2) laser; (3) câmara de ablação; (4) conjunto de espectrômetros.
Fonte: Alfredo Augusto Pereira Xavier.

Foram feitos dois testes: o primeiro sem a normalização dos espectros (Figura 4a), e o segundo com os espectros normalizados pela área da curva calculada para cada intervalo dos sete espectrômetros (Figura 4b). Nota-se na Figura 4 que a normalização se torna necessária, pois os espectros LIBS tendem a apresentar variação significativa do sinal de fundo.

Cada espectro LIBS nesse espectrômetro possui 13745 pontos. Com o intuito de reduzir as variáveis e identificar quais linhas de emissão são mais importantes para a classificação e diferenciação das áreas, foi realizado um teste estatístico de análise de variância (ANOVA), sendo calculados os p-valores pelo teste Tukey em cada um dos 13745 pontos por meio de uma rotina computacional.

Os pontos espectrais que apresentavam diferença estatística significativa passaram ainda por um PCA de modo a tentar classificar os manejos. Todo esse tratamento foi realizado em ambas as condições da Figura 4, ou seja, normalizado e sem normalizar.

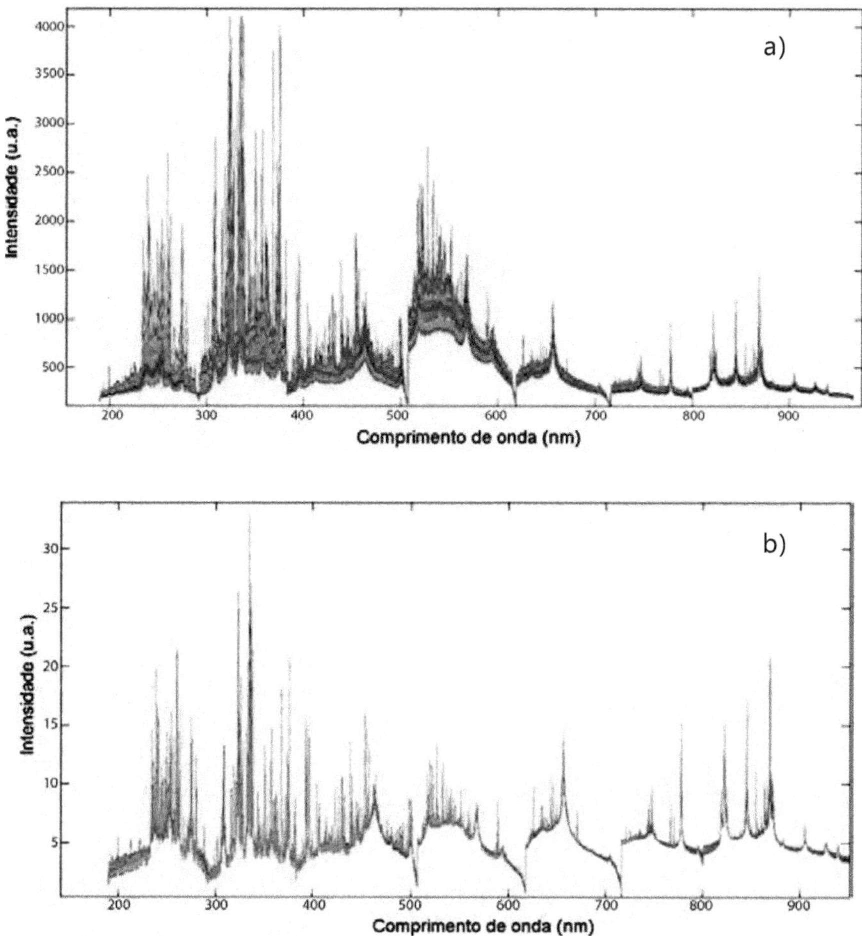

Figura 4. a) 240 Espectros médios sem normalização; b) 240 espectros médios com normalização. *Fonte:* Alfredo Augusto Pereira Xavier.

3. Resultados e Discussões

No primeiro caso, trabalhando com os espectros LIBS médios não normalizados e com os picos que deram diferença no teste de Tukey, a PCA não apresentou bons resultados de *clusterização* (Figura 5), ou seja, não foi possível observar agrupamento de nenhum manejo. O que torna mais evidente a necessidade de normalização dos espectros LIBS.

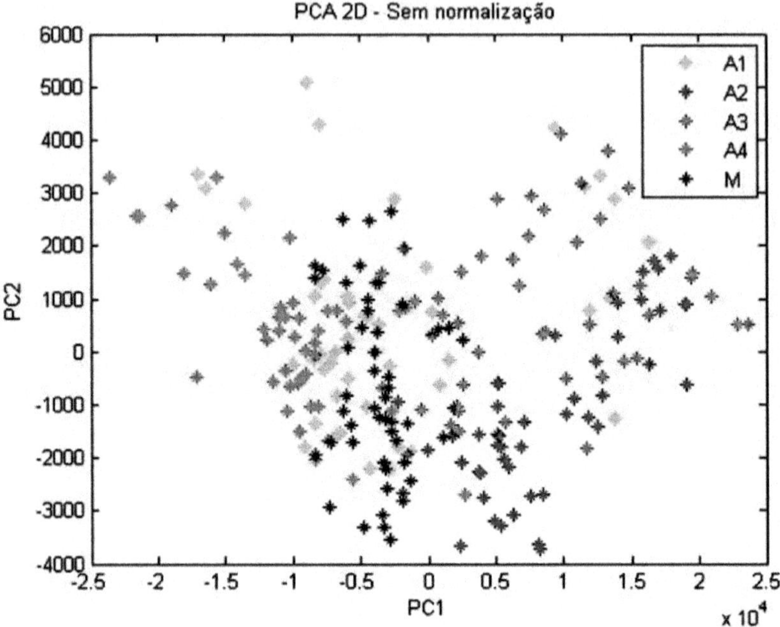

Figura 5 Análise de componentes principais (PCA) dos espectros LIBS médios sem normalização. *Fonte:* Alfredo Augusto Pereira Xavier.

Na segunda etapa, após a correção, cada ponto espectral foi submetido à análise de variância (ANOVA), sendo calculados os p-valores pelo teste Tukey de comparação de médias. O resultado do teste indica se há diferença estatística significativa entre um grupo de amostras e os demais. Essa etapa foi importante para a identificação dos pontos mais importantes dos espectros médios e onde há diferença significativa.

Um exemplo dos picos estudados foi o pico de silício (Si I) em 212,41 nm, elemento este que está ligado à textura arenosa. A partir desse pico foi possível constatar que há diferença significativa entre os grupos amostrados, em que A1 apresenta diferença estatística significativa das A2, A3 e A4, mas não de M (Figura 6).

Após essa pré-seleção e identificação dos principais pontos espectrais para a diferenciação das amostras, foi gerada a PCA (Figura 7).

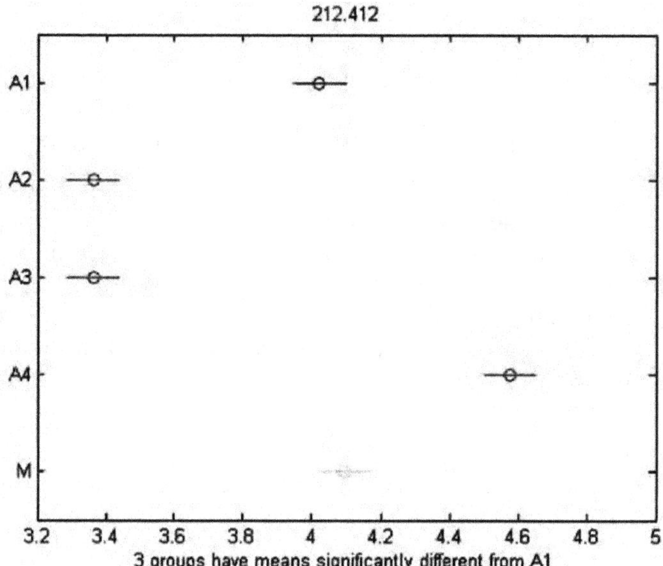

Figura 6 Teste Tukey para o pico de 212,41 nm (Si I).
Fonte: Alfredo Augusto Pereira Xavier.

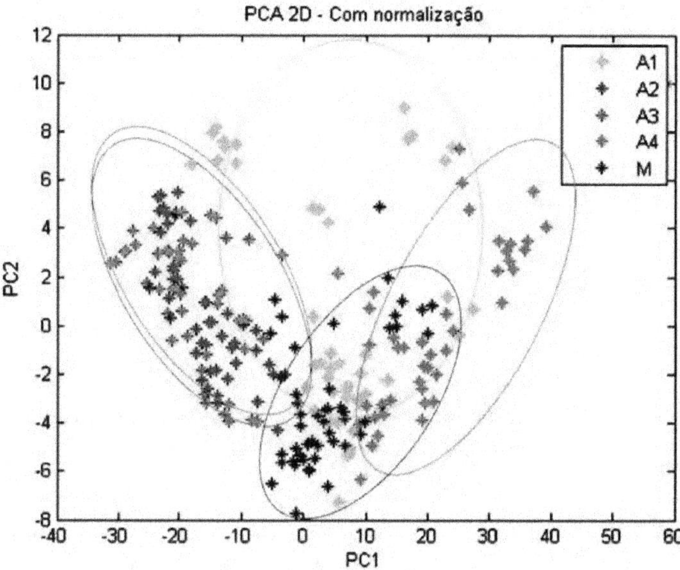

Figura 7 Análise de componentes principais (PCA) dos espectros médios normalizados. *Fonte:* Alfredo Augusto Pereira Xavier.

Por meio da nova PCA com os espectros LIBS normalizados, observou-se a *clusterização* entre as amostras das A2 e A3, as quais são áreas próximas no campo e possuem grande semelhança textural, separadas da A4 e M. As amostras da A1 ficaram dispersas em todo o gráfico, não apresentando bom agrupamento. As variâncias acumuladas foram de PC1 0,9 e PC2 0,93.

Apesar de a textura contribuir grandemente para a separação das áreas na PCA da Figura 7, podemos inferir que a lotação animal e o manejo também estão contribuindo ao agrupamento das áreas. Ao compararmos as texturas das amostras da A2, A3 e Mata (Figura 8), podemos notar que as texturas são bastante semelhantes, enquanto, na PCA, M não se agrupa com as áreas A2 e A3. As mesmas conclusões são observáveis ao analisarmos as áreas A1 e A4 na PCA e na Figura 8.

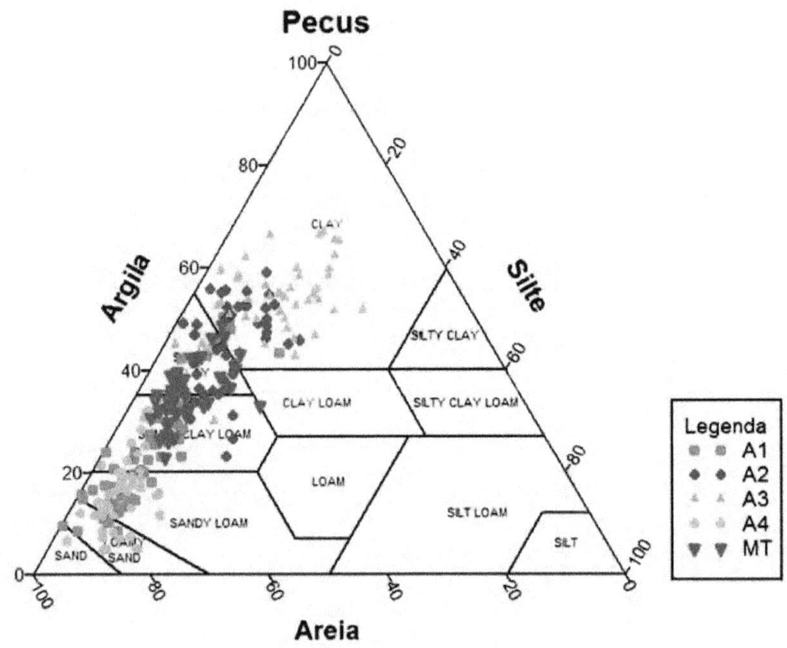

Figura 8   Textura das 240 amostras separadas por área.
Fonte: Alfredo Augusto Pereira Xavier.

4. Conclusões

No geral, foi possível observar boa *clusterização* das amostras das áreas em estudo utilizando LIBS e PCA, apesar de ainda haver certa confusão entre as áreas.

Vale ressaltar, também, que a diferença entre os grupos texturais das amostras mostrou ser o principal indicativo da distribuição das áreas na PCA, ou seja, a técnica LIBS e o plasma gerado possuem relação íntima com a natureza da matriz, como já comprovado.

Este trabalho mostra que textura, manejo e lotação estão, de certa forma, correlacionados com a composição elementar dos solos, indicando que se pode recuperar ou degradar uma área apenas modificando a forma pela qual é feita a manutenção daquela área, alterando, assim, sua composição elementar.

Além disso, ficou evidente que podemos utilizar picos de emissão específicos do espectro (no caso exemplificado, do silício) para extrair informações importantes; novamente, neste caso, esse elemento está intimamente relacionado com a textura arenosa.

Visando melhorar os resultados, picos de outros elementos poderão ser estudados para o desenvolvimento de um ajuste fino dos principais elementos influentes nessa pré-seleção, os quais contribuem para a separação dos grupos amostrais. Para isso pretende-se realizar uma varredura completa no espectro, buscando quais elementos contribuem significativamente em cada uma das áreas, de modo a criar um perfil elementar para cada tipo de manejo.

Os resultados também poderão ser aprimorados com a melhoria instrumental, ou seja, a utilização de espectrômetros de maior resolução. Com isso será possível fazer a discriminação entre picos de emissão e ruído espectral, a fim de melhorar a pré-seleção dos pontos espectrais selecionados pelo teste Tukey.

Agradecimentos – Os autores agradecem ao financiamento da FAPESP, CNPq, CAPES e Embrapa.

Referências Bibliográficas

1. INAMASU, R. Y.; BERNARDI, A. C. D. C.; NAIME, J. D. M.; QUEIROS, L. R.; RESENDE, Á. V. D.; VILELA, M. D. F.; BASSOI, L. H.; PEREZ, N. B.; FRAGALLI, E. P. Estratégia de implantação, gestão e funcionamento da Rede Agricultura de Precisão. In: (Ed.). **Agricultura de precisão:** um novo olhar. 1. ed. São Carlos: Embrapa Instrumentação, 2011.

2. SEGNINI, A.; XAVIER, A. A. P.; OTAVIANI-JUNIOR, P. L.; FERREIRA, E. C.; WATANABE, A. M.; SPERANÇA, M. A.; NICOLODELLI, G.; VILLAS-BOAS, P. R.; OLIVEIRA, P. P. A.; MILORI, D. M. B. P. Physical and chemical matrix effects in soil carbon quantification using laser-Induced Breakdown Spectroscopy. **American Journal of Analytical Chemistry,** v. 5, p. 722-729, 2014.

3. MILORI, D. M. P. B.; SEGNINI, A.; DA SILVA , W. T. L.; POSADAS, A.; MARES, V.; QUIROZ, R.; MARTIN-NETO, L. Emerging techniques for soil carbon measurements. In: WOLLENBERG, E.;NIHART, A., *et al* (Ed.). **Climate change mitigation and agriculture.** London: Earthscan, v.2, 2011. p.1-30.

4. SPECTRA, A. **What is LIBS? Laser Induced Breakdown Spectroscopy**. Disponível em: < http://appliedspectra.com/technology/LIBS.html >. Acesso em: 16 ago. 2016.

5. MIZIOLEK, A. W.; PALLESCHI, V.; SCHECHTER, I. **Laser induced breakdown spectroscopy:** fundamentals and applications. 1. ed. Cambridge, New York: Cambridge University Press, 2006. 489 p.

6. NICOLODELLI, G.; MARANGONI, B. S.; CABRAL, J. S.; VILLAS-BOAS, P. R.; SENESI, G. S.; DOS SANTOS, C. H.; ROMANO, R. A.; SEGNINI, A.; LUCAS, Y.; MONTES, C. R.; MILORI, D. Quantification of total carbon in soil using Laser-Induced Breakdown Spectroscopy: a method to correct interference lines. **Applied Optics**, v. 53, n. 10, p. 2170-2176, 2014.

7. HUSSAIN, T.; GONDAL, M. A.; YAMANI, Z. H.; BAIG, M. A. Measurement of nutrients n green house soil with Laser Induced Breakdown Spectroscopy. **Environmental Monitoring and Assessment**, v. 124, n. 1, p. 131-139, 2007.

8. SENESI, G. S.; DELL'AGLIO, M.; GAUDIUSO, R.; DE GIACOMO, A.; ZACCONE, C.; DE PASCALE, O.; MIANO, T. M.; CAPITELLI, M. Heavy metal concentrations in soils as determined by Laser-Induced Breakdown Spectroscopy (LIBS), with special emphasis on chromium. **Environmental Research**, v. 109, n. 4, p. 413-420, 2009.

9. VILLAS-BOAS, P. R.; ROMANO, R. A.; DE MENEZES FRANCO, M. A.; FERREIRA, E. C.; FERREIRA, E. J.; CRESTANA, S.; MILORI, D. M. B. P. Laser-Induced Breakdown Spectroscopy to determine soil texture: A fast analytical technique. **Geoderma**, v. 263, p. 195-202, 2016.

10. FERREIRA, E. C.; FERREIRA, E. J.; VILLAS-BOAS, P. R.; SENESI, G. S.; CARVALHO, C. M.; ROMANO, R. A.; MARTIN-NETO, L.; MILORI, D. M. B. P. Novel estimation of the humification degree of soil organic matter by Laser-Induced Breakdown Spectroscopy. **Spectrochimica Acta Part B: Atomic Spectroscopy**, v. 99, p. 76-81, 2014.

11. JOLLIFFE, I. T. **Principal component analysis**. 2. ed. New York: Springer-Verlag New York, 2002. 405 p.

Amenização do Estresse Hídrico em *Carica Papaya* L., 1753 (Brassicales: Caricaceae Dumort., 1829) Tratadas com Substâncias Húmicas de Solos Com Diferentes Níveis de Preservação

Barbara Duarte Barcellos, Carlos Moacir Colodete, Juliano de Oliveira Barbirato, Katherine Fraga Ruas, Izabella Salles, Marco Pittarello e Leonardo Barros Dobbss

1. Introdução

O município de Linhares, localizado ao norte do Espírito Santo (ES), é reconhecido por ser um dos principais produtores de mamoeiro *C. papaya* L.[1,2] Porém, depara-se com um dos maiores problemas ambientais, que é o desmatamento de áreas para inserção de pastagens seguido do manejo incorreto.[3] Tais problemas podem levar à degradação de solos.[4]

Solos degradados apresentam baixos níveis nutricionais e quantidades consideráveis de sais (Na^+/Cl^-) e podem acarretar danos fisiológicos significativos, tais como redução da condutividade hidráulica nas raízes das plantas e o estresse hídrico (EH).[5,6,7] De fato, o EH é comum à produção de muitas culturas, podendo apresentar impactos negativos à expansão celular, regulação estomática, fotossíntese, respiração, translocação de substância, redução do crescimento e inativação enzimática ligados ao estresse oxidativo.[8]

Dos impactos aqui expostos, o estresse oxidativo tem grande relevância, pois é considerado um dos eventos iniciais de resposta ao estresse. Tal evento leva à produção de espécies reativas de oxigênio (ERO), que são compostos químicos resultantes da ativação ou redução do oxigênio molecular (O_2) ou derivados dos produtos da redução. As principais ERO são peróxido de hidrogênio (H_2O_2), íons superóxido ($O_2{}^-$) e radicais hidroxilas ($-OH$). Tais compostos funcionam como ação tóxica direta. Quando em excesso, podem levar à oxidação de proteínas, ácidos graxos insaturados e ácidos nucleicos. Para evitar tais danos, as plantas ativam eficientes sistemas antioxidantes como as enzimas catalase e os ascorbato peroxidase.[8]

A fim de solucionar tais problemas, recomenda-se a utilização de substâncias húmicas (SH), pois contribuem direta ou indiretamente para a manutenção do regime hídrico,[9] regulação da biomassa[10] e aumento da atividade antioxidante.[11]

SH são produtos da degradação de resíduos de plantas e animais por meio da atividade microbiológica. Sua composição química inclui diversos anéis aromáticos, que interagem uns com os outros e com cadeias alifáticas, dando origem a macromoléculas.[12] Essas moléculas formam supra-agregados que são mantidos unidos por ligações de hidrogênio.[13] Graças a essas características, as SH apresentam grande eficiência na absorção de nutrientes, conferindo capacidade de produção de biomassa às plantas, bem como maior tolerância ao estresse hídrico (EH).[9,14]

Sendo assim, faz-se necessário compreender melhor as respostas à deficiência hídrica das plantas de mamoeiro, a fim de melhorar as estratégias de manejo dessa cultura quando em condições de estresse. A hipótese metodológica deste trabalho é que haverá crescimento e redução do estresse oxidativo das enzimas catalase e ascorbato peroxidase em plântulas de mamoeiro tratadas com SH sob EH induzido pelo potencial osmótico (-0,25) MPa de manitol. A fim de testar tal hipótese, o objetivo deste trabalho foi examinar a biomassa seca, a área foliar e radicular e a atividade das enzimas antioxidantes catalase e ascorbato peroxidase em plântulas de mamoeiro tratadas com SH sob EH induzido pelo potencial osmótico (-0,25) MPa de manitol.

2. Metodologia

2.1 Área de estudo e obtenção das plântulas

O experimento de cultivo hidropônico foi conduzido em casa-de-vegetação da Universidade Vila Velha (UVV). As áreas de estudo de referência "preservada" (Reserva Natural Vale) (Figura 1) e degradada (Fazenda São Marcos – Projeto Biomas, Subprojeto 21) (Figura 2) estão localizadas no município de Linhares (ES), Bioma Mata Atlântica.

Utilizaram-se para testes biológicos plântulas de mamoeiro *C. papaya* L.,[15,16] apresentando dois pares de folhas formadas, fornecidas pela empresa Caliman, cuja matriz está localizada na Fazenda Santa Terezinha, Km 111, a 45 km da sede do município de Linhares.

2.2 Amostragem de solos

Na escolha dos pontos de coleta dos solos, levou-se em consideração a existência de levantamentos fitossociológicos e características visuais do terreno. Os solos foram coletados percorrendo as áreas "preservada" (Figura 1) e "degradada" (Figura 2) em zigue-zague com auxílio de um trado tipo holandês (SONDATERRA®-TP-3). Nos percursos coletaram-se, superficialmente (camada de 0-20 cm), nove amostras simples que posteriormente foram misturadas, formando uma amostra composta que foi utilizada para extração das SH.

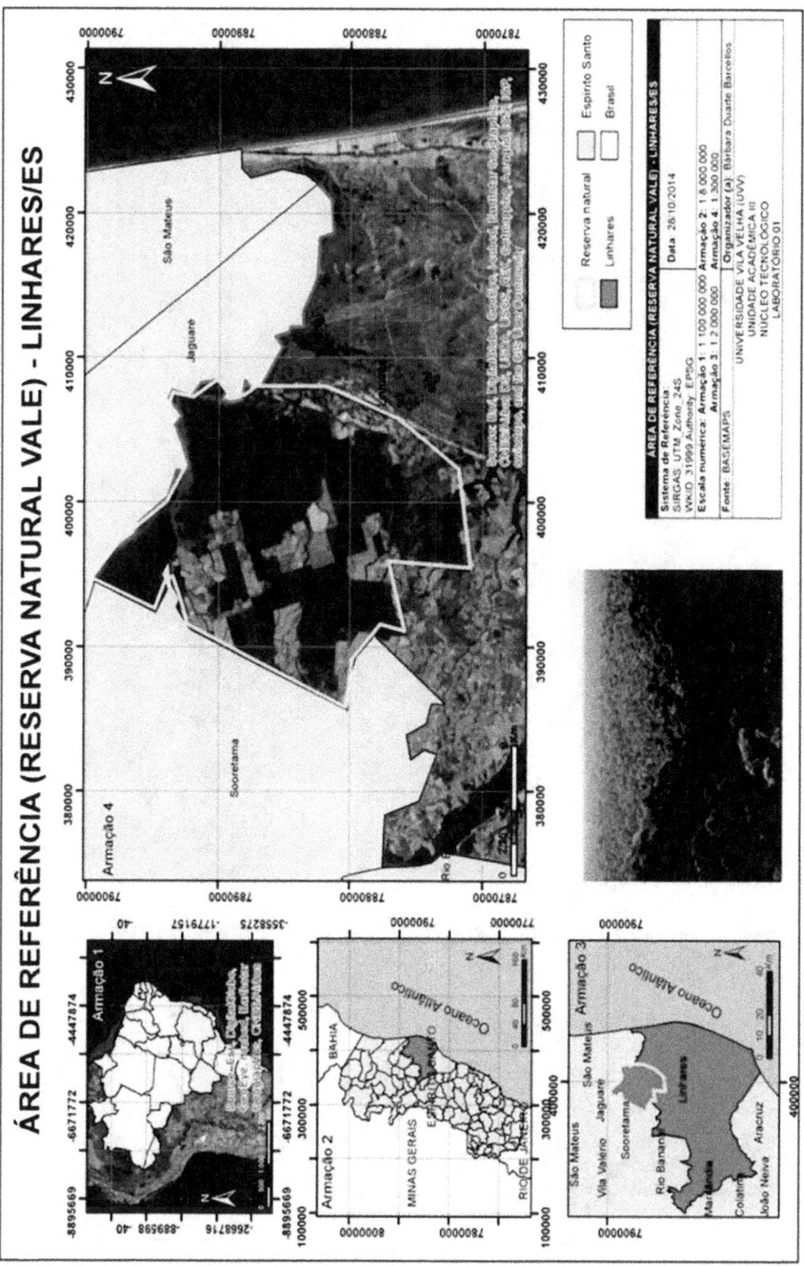

Figura 1   Mapa de localização da área de referência – Reserva Natural Vale, Linhares (ES). *Fonte:* Programa BASEMAPS/ SIRGAS/UTM/ZONE24S-ArCGis-UVV2015.

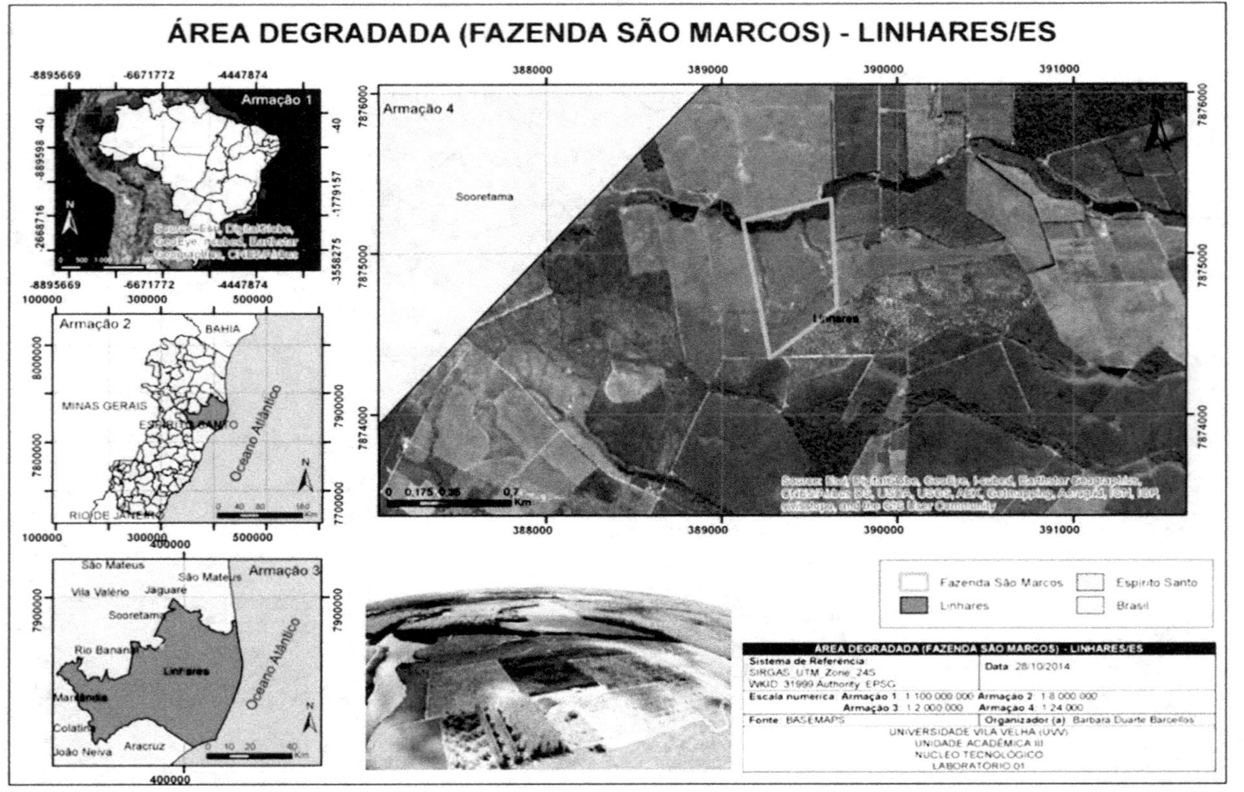

Figura 2 Mapa de localização da área degradada – Fazenda São Marcos, Linhares (ES). *Fonte:* Programa BASEMAPS/SIRGAS/UTM/ZONE24S-ArCGis-UVV2015.

2.3 Extração das SH

A extração das SH foi realizada na proporção 1:10 (solo:solução).[26] Pesaram-se 200 g de cada amostra de solo (área preservada/degradada) e adicionou-se ao volume de 2000 mL uma solução de NaOH 0,5 mol L^{-1}. Esse reagente foi utilizado em função do maior rendimento de extração e por ser recomendado pela Sociedade Internacional de Substâncias Húmicas (IHSS). Após agitação horizontal branda por 4 horas em temperatura ambiente, aguardou-se durante 48 horas a precipitação da fração da matéria orgânica que está intimamente relacionada com a porção mineral do solo (humina). Após esse período, sifonou-se o sobrenadante (SH) e, imediatamente, ajustou-se o pH para 5,8-6,0 pela adição de uma solução aquosa de HCl 6,0 mol L^{-1}. Após esse procedimento, o material (100% SH) foi diluído para a concentração de 6,25%, dose ótima desse material húmico utilizada em outros trabalhos de bioatividade pelo grupo de pesquisa da UVV.[17,18]

2.4 Detalhamento do experimento em casa de vegetação

As plântulas de mamoeiro foram transferidas para vasos de plástico com capacidade de 1,6 L. Os vasos foram preenchidos com solução nutritiva de Hoagland ½ força iônica,[19] composta pelos seguintes nutrientes: NaH$_2$PO$_4$ (0,56 mM L^{-1}); MgSO$_4$ (0,6 mM L^{-1}); NH$_4$NO$_3$ (0,9 mM L^{-1}); KCl (0,5 mM L^{-1}); KNO$_3$ (1,3 mM L^{-1}); Ca(NO$_3$) (2,53 mM L^{-1}) (Figura 3). Os seis tratamentos estão detalhados na Tabela 1, em que "SH_AR" representa a SH extraída do solo da área de referência (preservada) (Figura 1), "SH_AD" representa a SH extraída do solo da área "degradada" (Figura 2) e "(-0,25) MPa", o potencial osmótico da solução de manitol. Tal potencial foi utilizado com base nos estudos que consideraram (-0,25) MPa como uma deficiência hídrica branda, mantendo-se as plântulas vivas e viáveis ao experimento.[40] Realizaram-se triplicatas dos tratamentos (Tabela 1), totalizando 18 vasos, cada um com 7 plântulas de *C. papaya* L. (Figura 3B), que permaneceram durante 15 dias sob constante aeração com o auxílio de minicompressores (A-300 VigoAr®) (Figura 3A).

Tabela 1 Detalhamento do conteúdo dos vasos de 1,6 L em cada tratamento, com plântulas de *C. papaya* L. *Fonte:* Carlos Moacir Colodete.

Tratamento	Detalhamento
CONT	SN^2 Hoagland ½ FI^1
SH_AD	SN^2 Hoagland ½ FI^1 + 6,25% SH_AD
SH_AR	SN^2 Hoagland ½ FI^1 + 6,25% SH_AR
EH	SN^2 Hoagland ½ FI^1 + (-0,25) MPa Manitol
SH_AD_EH	SN^2 Hoagland ½ FI^1 + 6,25% SH_AD+(-0,25) MPa Manitol
SH_AR_EH	SN^2 Hoagland ½ FI^1 + 6,25% SH_AR + (-0,25) MPa Manitol

1. FI = força iônica; ^{2}SN = solução nutritiva.[19]

Figura 3   Imagens A e B de plântulas de *C. papaya* L. em vasos com capacidade para 1,6 L, durante e após os tratamentos, respectivamente. (A): vasos com diferentes tratamentos em constante aeração (A-300 VigoAr®); (B): triplicatas coletadas para análises laboratoriais. Fonte: Barbara Duarte Barcellos.

2.5   Avaliações dos aspectos morfológicos

2.5.1 Determinação da massa seca da parte aérea (MSPA) e das raízes (MSR)

Após os 15 dias de permanência nos tratamentos, as plântulas foram coletadas e separadas em parte aérea e raízes e, logo após, mantidas em estufa de secagem com circulação de ar forçado a 60°C até peso constante. Após esse procedimento, realizou-se a pesagem em balança analítica para obtenção da massa seca dos diferentes órgãos vegetais.

2.5.2 Análise de área foliar total (AFT) e radicular (ART)

As análises da AFT e ART foram realizadas por meio do processamento eletrônico de imagens. Para isso, foram tomadas amostras de imagens das raízes e partes aéreas das plântulas (com resolução de 300 dpi), convertidas em preto e branco, 1 bit. Para posterior determinação das áreas foliar e radicular, utilizou-se o programa digital de análise de imagens Delta T Scan (Delta-T Devices, Cambridge, UK).[6]

2.6 Avaliações dos aspectos enzimáticos

2.6.1 Atividades de enzimas relacionadas ao estresse oxidativo

A possível amenização do EH proporcionada pelas SH foi avaliada pela análise da atividade de enzimas relacionadas ao estresse oxidativo: CAT e APX. As amostras de plantas, para essas análises, foram coletadas e mantidas em nitrogênio líquido até o momento de uso.

2.6.2 Ensaio da atividade da catalase (CAT, EC 1.11.1.6)

A CAT foi determinada conforme método descrito.[20] O meio de reação (1 mL) foi composto por tampão Tris-HCl 1 mol L^{-1}, contendo EDTA 50 mM, pH 8,0, H_2O_2 10 mM e água deionizada. O meio de reação foi mantido em banho-maria a 37°C durante 10 minutos. A reação foi iniciada pela adição de 50 µL do extrato, imediatamente acompanhada de 240 nm em espectrofotômetro [UV Ultrospec 2100 *pro* (127V) (Amersham) Biosciences]. Uma unidade de enzima (U) foi definida como a quantidade capaz de decompor o H_2O_2 por minuto. A atividade da CAT foi expressa em unidade de enzima por miligrama de proteína (U mg ptn^{-1}).

2.6.3 Ensaio da atividade do ascorbato peroxidase (APX, EC 1.11.1.11)

A atividade da APX foi determinada.[21] Para isso, o meio de reação (1 mL) foi preparado com 0,5 mM de ácido ascórbico, 1 mM de EDTA e 1 mM de H_2O_2 em 50 mM de tampão fosfato de potássio pH 7,0. A reação foi iniciada com a adição de 50 µL do extrato enzimático, e as leituras de decréscimo de absorbância foram realizadas em espectrofotômetro [UV Ultrospec 2100 *pro* (127V) (Amersham) Biosciences], a 290 nm ($\varepsilon=$ 2,8 mM cm^{-1}), por acompanhamento da oxidação do ascorbato. Uma unidade de enzima foi definida como a quantidade capaz de transformar 1 µmol de substrato em monodehidroascorbato. A atividade da APX foi expressa em U mg ptn^{-1}.

2.7 Delineamento experimental e análises estatísticas

Neste trabalho foi utilizado o delineamento experimental inteiramente casualisado com seis tratamentos, três repetições e sete plântulas de *C. papaya* L. por repetição. Após a constatação de que os dados eram paramétricos, foi realizada uma análise de variância ANOVA, e as médias foram comparadas pelo teste de Tukey (p < 0,05) pelo programa SISVAR da Universidade Federal de Viçosa (UFV).

3. Resultados e Discussões

Para a variável MSPA (Figura 4A), não foi observada diferença significativa entre o tratamento CONT e os demais tratamentos SH_AD, SH_AR, EH, SH_AD_EH e SH_AR_EH, contrariando outros autores que verificaram efeitos de SH nas características MSPA, quando testadas em outras espécies vegetais. Avaliando-se o efeito das SH extraídas de vermicomposto comercial no crescimento de cebola, foi observado um aumento de 22% na MSPA.[10] Em plantas de milho (*Zea mays*) na presença de SH de carvão, observou-se maior crescimento da parte aérea.[22] Esses autores relataram que tais efeitos variam conforme a origem da SH e a espécie vegetal cultivada. Houve decréscimo significativo esperado de EH e SH_AD_EH em comparação com SH_AD (Figura 4A). Essa redução se deve ao fato de que plantas induzidas ao EH aumentam a senescência das folhas, minimizando as perdas de água por transpiração, tal como a eliminação das folhas.[23]

Na MSR (Figura 4B) pode-se observar diferença significativa para a SH oriunda da área de referência SH_AR em relação aos demais tratamentos: CONT, SH_AD, EH, SH_AD_EH e SH_AR_EH. Possivelmente, este efeito positivo se deva à maior cobertura vegetal no local AR, fornecendo maior quantidade e qualidade de compostos orgânicos estáveis e humificados. Além disso, deve-se considerar o poder auxínico dessas SH sobre as plantas, consequentemente ativando as H^+-ATPase de membrana plasmática.[24] Essa ativação promove aumento do gradiente eletroquímico de H^+, provocando a acidificação do apoplasma, que leva ao rompimento de ligações da parede celular, promovendo sua elasticidade e favorecendo o crescimento celular e radicular. Esses resultados (Figura 4B) estão de acordo com outros autores.[25,26]

Para variável AFT (Figura 5A), houve estímulo significativo nos tratamentos SH_AD e SH_AR em comparação com CONT. Similarmente, para SH_AD_EH e SH_AR_EH, em comparação com EH, houve aumentos da AFT (Figura 5A) em relação a EH. Esses resultados corroboram os benefícios das SH, não só com relação à sua bioatividade, mas na amenização do estresse fisiológico, possibilitando incrementos significativos de AF tanto sem quanto com EH (Figura 5A). Esses resultados estão de acordo com outro estudo sobre a ação de composto orgânico em alface (*Lactuca sativa*), em que se concluiu que SH promoveu aumento significativo na área foliar do vegetal.[27]

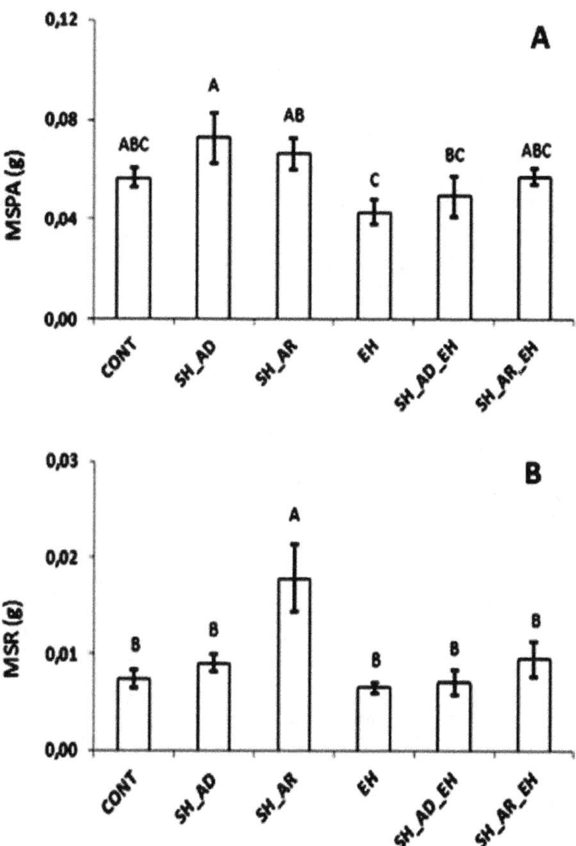

Figura 4. (A) MSPA e (B) MSR de plântulas de *C. papaya* L. Letras maiúsculas correspondem às diferenças significativas entre as médias pelo teste de Tukey (p < 0,05). Os valores são representados pelas médias ± erro-padrão. *Fonte:* Leonardo Barros Dobbss.

Houve estímulo significativo para ART (Figura 5B), sem e com EH tratadas com SH. Resultados similares verificaram que o sistema radicular do abacaxizeiro (*Ananas comosus* L. Merril) foi significativamente alterado com a aplicação das SH, proporcionando incrementos na massa fresca, massa seca e, principalmente, área radicular.[28]

Vale ressaltar a redução significativa entre os tratamentos SH_AR em relação a SH_AR_EH para AFT (Figura 5A). Esse resultado (Figura 5A) corrobora a premissa de que a redução da AF pode ser considerada a primeira linha de defesa contra o EH.[29] Resultado similar foi observado com SH_AD e SH_AR em relação a SH_AD_EH e SH_AR_EH, respectivamente, para

ART (Figura 5B). Essa tendência ao decréscimo (Figura 5A e 5B) pode estar relacionada com a resposta da planta ao déficit hídrico. À medida que decresce o conteúdo de água da planta, suas células contraem-se e afrouxa a pressão de turgidez contra as paredes celulares. Esse fenômeno faz concentrar mais solutos nas células, reduzindo processos bioquímicos e moleculares, além da expansão celular. Como resultado, ocorre a limitação da expansão foliar e o alongamento de raízes. Outra forte evidência é que as plantas alteram suas taxas de crescimento em resposta ao estresse, por meio de controle coordenado de muitos outros processos importantes, tais como a síntese da parede celular e de membranas, divisão celular e síntese proteica.[30]

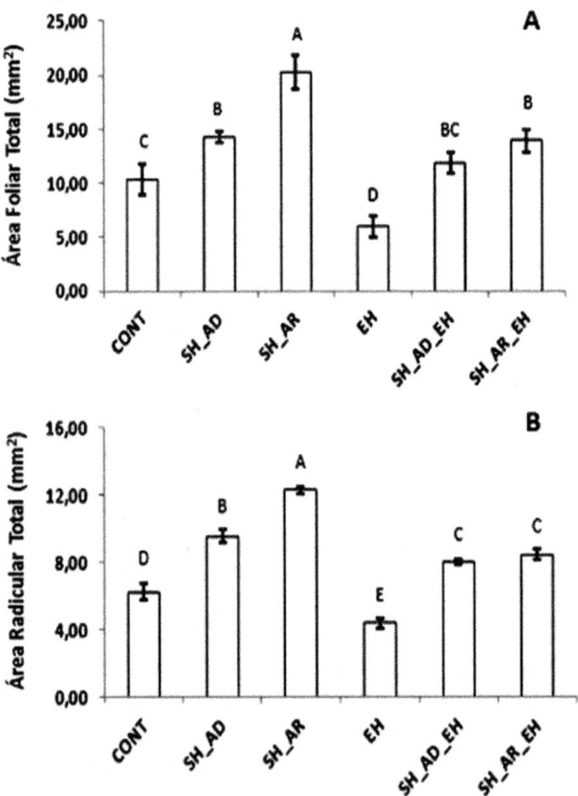

Figura 5 AFT e ART em plântulas de *C. papaya* L. Em (A): comparativo da AFT em milímetros quadrados (mm²); (B): comparativo da ART em mm². Letras maiúsculas correspondem às diferenças significativas entre as médias pelo teste de Tukey (p < 0,05). Os valores são representados pelas médias ± erro-padrão. *Fonte:* Leonardo Barros Dobbss.

Para atividade da enzima CAT (Figura 6A e 6B), não se observou diferença significativa entre SH_AD e SH_AR em comparação com CONT. Alguns autores avaliaram a atividade da enzima CAT em plântulas de arroz (*Oryza sativa*) em condições de EH e verificaram que não houve aumento significativo dessa enzima.[41] Similarmente, em outros estudos, não foi verificado aumento significativo da CAT em plantas de tomate (*Lycopersicon esculentum* Mill. cv. Nikita) submetidas a três diferentes níveis de EH.[31] Já outros autores afirmaram que a CAT apresenta pouca afinidade pelo H_2O_2 e, por essa razão, é comum não ocorrer incremento significativo em sua atividade quando avaliada em plantas sob EH.[32,33] Por outro lado, revelou-se aumento significativo da atividade CAT (Figura 6A e 6B) nos tratamentos SH_AD_EH e SH_AR_EH em relação ao EH isoladamente. A influência das SH nos mecanismos de defesa antioxidante em plantas já foi relatada, por meio da estimulação da atividade da CAT.[4] Esses autores afirmaram que as SH atuam como aliviadoras do estresse oxidativo em plantas. A ativação dos sistemas antioxidantes por SH provavelmente ocorreu em virtude de sua influência sobre os mecanismos secundários das plantas, promovendo aperfeiçoamentos nos mecanismos de defesa para as próximas condições de EH.[34,35]

Para atividade da enzima APX (Figura 7A), SH_AR apresentou aumento significativo dessa enzima em relação ao CONT e SH_AD. Resultados similares ocorreram nos tratamentos SH_AD_EH e SH_AR_EH em comparação ao EH isoladamente (Figura 7A). Estudos com plantas de milho (*Zea mays*) e de soja (*Glycine max*) também verificaram aumentos nas atividades de APX.[36] Outros autores, estudando atividade antioxidante em plantas de *Bacopa monnieri* L. induzidas ao estresse, observaram significativa estimulação nas atividades de APX.[37] Os mesmos autores relataram evidentes alterações fenotípicas nas plantas, como escurecimento das raízes e ligeiro amarelecimento das folhas.

Na atividade da enzima APX (Figura 7B), o tratamento SH_AD não apresentou diferença significativa em comparação ao CONT. Por outro lado, SH_AR, em relação ao CONT, obteve redução da atividade dessa enzima (Figura 7B). Curiosamente, esses resultados (Figura 7B) podem estar relacionados com a evolução limitada da matéria orgânica (MO) na SH_AR, reflexo de razões edáficas, de manejo ou aportes recentes de MO.[38] Obteve-se aumento da atividade da enzima nos tratamentos SH_AD_EH e SH_AR_EH em relação ao EH isoladamente (Figura 7B). Outros trabalhos revelam resultados semelhantes.[39]

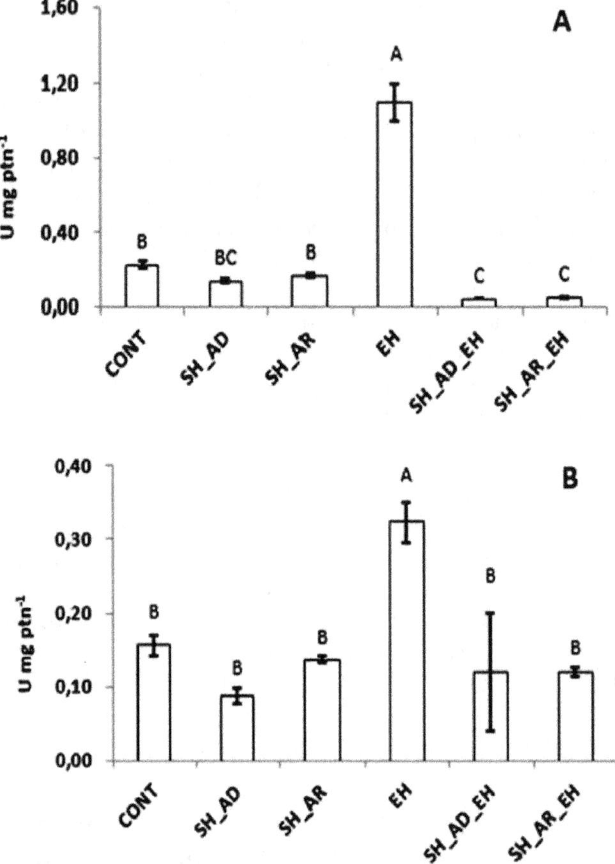

Figura 6. Atividade da enzima CAT em plântulas de mamoeiro *C. papaya* L. Em (A): comparativo da atividade da CAT na parte aérea em U mg ptn^{-1}; (B): comparativo da atividade da CAT na raiz em U mg ptn^{-1}.
Fonte: Leonardo Barros Dobbss.

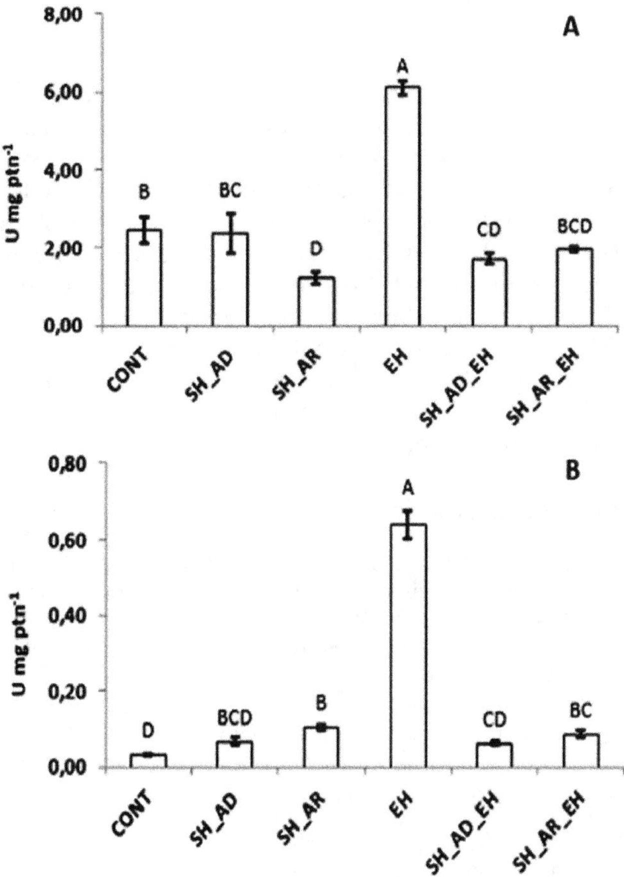

Figura 7 Atividade da enzima APX em plântulas de mamoeiro *C. papaya* L. Em (A): comparativo da atividade da APX na parte aérea em unidade de enzima em U mg ptn⁻¹; (B): comparativo da atividade da APX na raiz em U mg ptn⁻¹.
Fonte: Leonardo Barros Dobbss.

4. Conclusões

Com os resultados obtidos neste trabalho, foi possível aceitar a hipótese formulada. O desempenho do crescimento nas plântulas de mamoeiro *C. papaya* L. (biomassa seca e área radicular e foliar), submetidas a EH induzidos pelo potencial osmótico (-0,25) MPa de manitol e tratadas com SH, é dependente do material húmico extraído do local. A utilização das SH nas plântulas de mamoeiros *C. papaya* L., induzidas pelo potencial osmótico (-0,25) MPa de manitol e tratadas com SH, amenizou os sintomas do estresse oxidativo (CAT/APX).

Agradecimentos – À Fundação de Amparo à Pesquisa do Espírito Santo (FAPES), pela bolsa de Iniciação Científica a Barbara Duarte Barcellos, de Doutorado a Carlos Moacir Colodete (Edital#01/2014/Processo#66242622/ 2014) e Juliano de Oliveira Barbirato (Edital#20/2012/Processo# 59430311/2012) e de Pós-Doutorando a Marco Pittarello (Profix#009/2014/ Processo#69729913/2015). À Coordenação de Aperfeiçoamento de Pessoal de Nível Superior (CAPES), pela bolsa de Doutorado a Katherine Fragas Ruas (Edital#01/2015). Este trabalho teve suporte da FAPES (Processo# 546879852011), Conselho Nacional de Desenvolvimento Científico e Tecnológico (CNPq) (Processo#475436/2010/ Processo#312399/2013/ Processo#483518/2013) e Confederação da Agricultura e Pecuária do Brasil (CNA) (Projeto Biomas, Subprojeto 21).

Referências Bibliográficas

1. TATAGIBA, J. S.; LIBERATO, J. R.; ZAMBOLIM, L.; VENTURA, J. A.; COSTA, H. Controle e condições climáticas favoráveis à antracnose (*Colletotrichum gloeosporioides*) do mamoeiro. **Fitopatologia Brasileira**,v. 27, p. 186-192, 2002.

2. SERRANO, L. A. L.; CATTANEO L.F. O cultivo do mamoeiro no Brasil. **Revista Brasileira de Fruticultura**, v. 32, p. 2-8, 2010.

3. LINHARES, I. **Planejamento e programação de ações**. 2011. Disponível em: <http://www.incaper.es.gov.br/proater/municipios/Linhares.pdf>. Acesso em: 01 jan. 2016.

4. FONTES, R. V.; VIANA, A. P.; PEREIRA, M. G.; OLIVEIRA, J. G.; VIEIRA, H. D. Manejo da cultura do híbrido de mamoeiro (*Carica papaya* L.) do grupo "formosa" UENF/CALIMAN - para melhoria na qualidade do fruto com menor aplicação de adubação NPK. **Revista Brasileira de Fruticultura**, v. 34, p. 143-151, 2012.

5. LECHINOSKI, A. L.; FREITAS, J. M. N.; CASTRO, D. S.; LOBATO, A. K. CUNHA, R. L. M.; COSTA RCL. Influência do estresse hídrico nos teores de proteínas e aminoácidos solúveis totais em folhas de Teca (*Tectona grandis* L. f.). **Revista Brasileira de Biociências**, v. 5, p. 927-929, 2007.

6. PIMENTEL,C. A relação da planta com a água. Seropédica, RJ: Edur, 48-70 p. 2004 PIMENTEL, C. Respostas fisiológicas à falta d água: limitação difusiva ou metabólica. XII Congresso Brasileiro de Fisiologia vegetal. SBFV 2009 In: NOGUEIRA, R. M. C.; ARAÚJO.

7. NASR, N.; ELBESHBISHY, E.; HAFEZ, H.; NAKHLA, G.; NAGGAR, M. H. Bio-hydrogen production from thin stillage using conventional and acclimatized anaerobic digester sludge. **International Journal of Hydrogen Energy**, v. 36, n. 20, p. 12761-12769, 2011.

8. COLODETE, C. M.; RUAS, K. F.; BARBIRATO, J. O.; BARROSO, A. L. O.; DOBBS, L. B. Biochemistry characterization of proteins defense against oxidative stress in plants and their biosynthetic pathways of secondary metabolites. **Nature Online**, v. 13, n. 4, p. 195-204, 2015.

9. JAMIESON, P. D.; FRANCIS, G. S; WILSON, D. R.; MARTIN, R. J. Effects of water deficits on evapotranspiration from barley. **Agricutural and Forest Meteorology**, v. 76, p. 41-58, 1995.

10. COSTA, Cláudia das Neves. **Efeito das substâncias húmicas no desenvolvimento radicular da cebola, *Allium cepa* L., e na cinética de absorção de fósforo e potássio.** 2001. 51 f. Dissertação (Mestrado em Agronomia) – Universidade Federal de Pelotas, Pelotas, 2001.

11. CORDEIRO, F. C; SANTA-CATARINA, C.; SILVEIRA, V.; DE SOUZA, S. R. Humic acids Effects on catalase activity and the generation of reactive oxygen species in corn (*Zea mays*). **Biosciences Biotechnology and Biochemistry**, v. 75, n. 4, p. 70-74, 2011.

12. NARDI, S.; PIZZEGHELLO, D.; MUSCOLO, A.; VIANELLO, A. Physiological effects of humic substances on higher plants. **Soil Biology and Biochemistry**, v. 34, p. 1527-15336, 2002.

13. BALDOTTO, M. A., MUNIZ, R. C., BALDOTTO, L. E. B.; DOBBSS, L. B. Root growth of *Arabidopsis thaliana* (L.) Heynh. treated with humic acids isolated from typical soils of Rio de Janeiro state, Brazil. **Revista Ceres**, v. 58, p. 504-511, 2011.

14. ALTIERI, M. A. The ecological role of biodiversity in agroecosystems. **Agriculture, Ecossystems and Enrivonment**, v. 74, n. 1-3, p. 19-31, 1999.

15. LINNAEUS, C. Exhibentes plantas rite cognitas, ad genera relatas, cum differentiis specificis, nominibus trivialibus, synonymis selectis, locis natalibus, secundum systema sexuale digestas. **Species Plantarum**, n. 2, p. 1036, 1753.

16. LLERAS, E. **Caricaceae in Lista de Espécies da Flora do Brasil.** Jardim Botânico Rio Janeiro. Disponível em: <http://floradobrasil.jbrj.gov.br/jabot/floradobrasil/FB22405>. Acesso em: 6 jan. 2016.

17. GOULART, Jéssica Nogueira. **Incremento ao crescimento inicial de plântulas de milho (*Zea mays* L.) tratadas com substâncias húmicas de diferentes origens.** 2013. 58 f. Monografia (Bacharelado em Ciências Biológicas) – Universidade Vila Velha, Vila Velha, 2013.

18. BULLUS, Cintia Villa. **Características químicas e bioatividade de substâncias húmicas isoladas de diferentes sistemas de cultivo em plantio direto.** 2014. 57 f. Monografia (Bacharelado em Engenharia Química) – Universidade Vila Velha, Vila Velha, 2014.

19. HOAGLAND, D. R.; ARNON, D. I. **The water culture method for growing plants without soil.** Berkeley: Agricultural Experiment Station, 1951. 32 p.

20. BEUTLER, E. Red cell metabolism. In: GRUNE; STRATTON (Eds.). **A manual of biochemical methods.** 1975. p. 245-267.

21. JIANG, M.; ZHANG, J. Effect of abscisic acid on active oxygen species, antioxidative defence system and oxidative damage in leaves of maize seedlings. **Plant and Cell Physiology**, v. 42, n. 2, p. 1265-1273, 2001.

22. SILVA, R. M.; JABLONSKI, A.; SIEWERDT, L.; SILVEIRA JÚNIOR, P. Crescimento da parte aérea e do sistema radicular do milho cultivado em solução nutritiva adicionada de substâncias húmicas. **Revista Brasileira de Agrociência**, v. 5, p. 101-110, 1999.

23. WRIGHT, G. C.; SMITH, R. C. G.; MORGAN, J. Differences between two grain sorghum genotypes in adaptation to drought stress. **Australian Journal of Agricultural Research**, v. 34, p. 637-651, 1983.

24. CANELLAS, L.P.; OLIVARES, F.L.; OKOROKOVA-FAÇANHA, A.L.; FAÇANHA, A. R. Humic acids isolated from earthworm compost enhance root elongation, lateral root emergence, and plasma membrane H^+-ATPase activity in maize roots. **Plant Physiology**, v. 130, p. 1951-1957, 2002.

25. RAYLE, D. L.; CLELAND, R.E. The Acid Growth Theory of auxin-induced cell elongation is alive and well. **Plant Physiology**, v. 99, p. 271-289, 1992.

26. CANELLAS, L.P.; SANTOS, G. A. **Humosfera:** tratado preliminar sobre a química das substâncias húmicas. 2005. 309 p.

27. COSTA, Cândido Alves. **Crescimento e teores de sódio e de metais pesados da alface e da cenoura adubadas com composto orgânico de lixo urbano.**1994. 89 f. Dissertação (Mestrado em Fitotecnia) – Universidade Federal de Viçosa, Viçosa, 1994.

28. BALDOTTO, L.E.B.; BALDOTTO, M.A.; CANELLAS, L.P; BRESSAN-SMITH, R.; OLIVARES F.L. Growth promotion of pineapple "Vitória" by humic acids and Burkholderia spp. during acclimatization. **Revista Brasileira de Ciência do Solo**, v. 34, p. 1593-1600, 2010.

29. TAIZ, L.; ZEIGER, E. **Fisiologia Vegetal**. Porto Alegre: Artmed, 2010. 954 p.

30. BURSSENS, S.; HIMANEM, K.; van de COTTE, B.; BEECKMAN, T.; MONTAGU, M. V.; VERBRUGGEM, N. Expression of cell cycle regulatory genes and morphological alterations in response to salt stress in Arabidopis thaliana. **Planta**, v. 211, n. 5, p. 632-640, 2000.

31. ZGALLAI, H. K.; STEPPE, R. Effects of different levels of water stress on leaf water potential, stomatal resistance, protein and chlorophyll content and certain antioxidant enzymes in tomato plants. **Journal of Integrative Plant Biology**, v. 48, p. 679-685, 2006.

32. HARTWIG, S.; NEUMANN, M.; HERTER, J.; DROSTE, B.O. Compressive behaviour of axially loaded spruce wood under large deformations at different strain rates. **European Journal of Wood and Wood Products**, v. 69, p. 345-357, 2011.

33. RADOTIC, K.; MUTAVEDZIC, D. Changes in peroxidase activity and isoenzymes in spruce needles after exposure to different concentrations of cadmium. **Environmental and Experimental Botany**, v. 44, p. 105-113, 2000.

34. GARCÍA, A. C.; SANTOS, L. A.; IZQUIERDO, F. G.; RUMIJANEK, V. M.; CASTRO, R.; SANTOS, F. S. SOUZA, L. G. A; BERBARA, R. L. L. Potentialities of vermicompost humic acids to alleviate water stress in rice plants (*Oryza sativa* L.). **Journal of Geochemical Exploration**, v. 136, p. 48-54, 2014.

35. SCHIAVON, M.; PIZZEGHELLO, D.; MUSCULO, A.; VACCARO, S.; NARDI, S. High molecular size humic substaces enhance phenylpropanoid metabolism in maize (*Zea mays* L.). **Journal of Chemical Ecology**, v. 36, n. 6, p. 662-669, 2010.

36. VASCONCELOS, A. C. F.; ZHANG, X.; ERVIN, E. H.; KIEHL, J. C. Enzymatic antioxidant responses to biostimulants in maize and soybean subjected to drought. **Scientia Agricola**, v. 66, p. 395-402, 2009.

37. MISHRA, S. S.; SRIVASTAVA, R. D.; TRIPATHI, R.; GOVINDARAJAN, S. V.; KURIAKOSE, M. N. V. Prasad: Phytochelatin synthesis and response of antioxidants during cadmium stress in Bacopa monniera. **Plant Physiology and Biochemistry**, v. 44, p. 25-37, 2006.

38. LABRADOR MORENO, J. **La matéria orgânica em los agrosistemas**. Madrid: Ministéria Agricultura, 1996. 176 p.

39. ZHANG, X.; ERVIN E.H. Cytokinim-contaning seaweed and humic acid extracts associated with creeping bentgrass leaf cytokinins and drought resistance. **Crop Science**, v. 44, p. 1737-1745, 2004.

40. ÁVILA, M. R.; BRACCINI, A. L.; SANTOS, J. L. Influência do estresse hídrico simulado com manitol na germinação de sementes e crescimento de plântulas de canola. **Revista Brasileira de Sementes**, v. 29, n. 1, p. 98-106, 2007.

41. SHARMA, P.; DUBEY, R. S. Modulation of nitrate reductase activity in rice seedlings under aluminium toxicity and water stress: role of osmolytes as enzyme protectant. **Journal of Plant Physiology**, v. 162, n. 8, p. 854-862, 2005.

Aplicações Foliares e Radiculares de Ácidos Húmicos de Vermicomposto em Plantas de Arroz: Crescimento e Regulação Redox

Andrés Calderín García, Luiz Gilberto Ambrosio de Souza, Leandro Azevedo Santos, Ernane Tarcísio Martins Gómes, Orlando Huertas Tavares, Nelson M. B de Amaral Sobrinho e Ricardo Luis Louro Berbara

1. Introdução

Os efeitos que os ácidos húmicos (AH) exercem nas plantas são diversos, porém, os relacionados aos sistemas de defensa merecem hoje especial atenção. AH de alta massa molecular apresenta potencialidades em exercer efeitos no metabolismo secundário associado à síntese de fenóis.[1] Da mesma forma, aplicações de AH em plantas de milho causam efeitos na geração de espécies reativas de oxigênio (EROs) e aumentos na atividade das enzimas catalases.[2] Tem-se comprovado ainda o efeito protetor dos AH quando aplicados em plantas de feijão em condições de estresse salino.[3]

As EROs exercem funções de sinalização diante de mudanças ambientais em plantas.[4,5] Elas podem regular a atividade de componentes essenciais aos mecanismos celulares de sinalização, como as MAP kinases,[6] as quais dependem de fatores-chave como a localização celular dessas espécies e o tempo de formação de antioxidantes.[7] O H_2O_2 é uma das EROs que possuem funções como sinalização, crescimento e desenvolvimento das plantas, resposta de defesa e regulação no crescimento radicular. Alguns relatos mostram que, em termos de resistência, o H_2O_2 pode atuar mais como moléculas sinalizadoras do que como indutoras de danos oxidativos, porém, estas funções dependem dos níveis de antioxidantes, hormônios e localização do H_2O_2 nas células.[4]

Na literatura, são escassos os estudos que comparam alternativas de aplicação em plantas dos AH com sua influência nos mecanismos de adaptação ao estresse e sua relação com o crescimento radicular. Neste trabalho discutem-se os efeitos exercidos por AH, obtidos a partir do vermicomposto de esterco bovino, no desenvolvimento do sistema radicular e no crescimento de plantas de arroz, assim como no metabolismo de defesa, quando os AH são aplicados tanto por via foliar como por via radicular.

2. Metodologia

2.1 Isolamento e purificação dos AH

Os AH foram obtidos a partir de um vermicomposto de esterco bovino processado com minhocas vermelhas africanas (*Eudrilus eugeneae* spp.) em pilhas sobre solo durante três meses (90 dias). O estercou bovino usado como matéria-prima é proveniente das vacarias da Finca "El Guayaval", localizada em San José de Las Lajas, Província de Mayabaque, Cuba: Latitude: 22°59'55.95"N e Longitude: 82°10'10.27"O.

A extração e a purificação dos ácidos húmicos (AH) foram realizadas seguindo a metodologia da Sociedade Internacional de Substâncias Húmicas (IHSS) e de acordo com o protocolo descrito por Swift (1996), com pequenas modificações.[8]

Resumidamente, uma dissolução de NaOH 0,1 mol L^{-1} foi adicionada a uma massa de VC em proporções de 10:1 (v:m) sob atmosfera de N_2 e em agitação por 24 h. Em seguida, o material foi centrifugado a 10.000 g durante 30 minutos e recolhido o sobrenadante. Para a separação por precipitação dos AH, a um volume de sobrenadante lhe foi ajustado o pH até 2,0, mediante gotejamento de uma dissolução de HCl (6 mol L^{-1}), e mantido em repouso durante 16 horas. Após esse período, o material foi centrifugado a 5.000 g por 10 min, e o sobrenadante foi sifonado e descartado; este processo foi repetido por três vezes. Para remover os sólidos solúveis em suspensão, os AH foram redissolvidos em uma dissolução de KOH (0,1 mol L^{-1}) e adicionado KCl até atingir-se uma concentração de 0,3 mol L^{-1} de K^+; então, foi centrifugado a 4.000 g durante 15 min. Posteriormente, a purificação foi realizada mediante adição aos AH de uma dissolução de HF (0,3 mol L^{-1}) + HCl (0,1 mol L^{-1}) e agitação por 24 horas a 5.000 g. Este processo foi repetido até um conteúdo de cinzas menor que 1%. Posteriormente, os AH foram dialisados contra água deionizada usando membrana SPECTRA/POR® 7 dialysis tubing, 1 kD, até a condutividade elétrica da água deionizada não apresentar valores superiores a 1µS. Após este processo, os AH foram congelados em frezer a –80°C e posteriormente liofilizados.

2.2 Caraterização dos AH mediante espectroscopia CP MAS ^{13}C-RMN

A espectroscopia CP MAS ^{13}C-RMN foi realizada no aparelho Bruker AVANCE II RMN a 400 MHz, equipado com probe de 4 mm Narrow MAS e operando em sequência de ressonância de ^{13}C a 100.163 MHz. Para a obtenção dos espectros, as amostras dos materiais humificados foram colocadas em um rotor (porta-amostra) de dióxido de zircónio (ZrO_2) com tampas de Kel-F, sendo a frequência de giro de 8 ± 1 kHz. Os espectros foram obtidos pela coleta de 2048 *data points* para igual número de *scans* a um tempo de aquisição de 34 ms e com *recycle delay* de 5 s. O tempo de contato para a sequência em rampa de ^{1}H ramp foi de 2 ms. A coleta e elaboração espectral foi realizada com o Software Bruker Topspin 2.1. Os decaimentos livres de indução (FID) foram transformados aplicando-se um *zero filling* igual a 4 k e, posteriormente, um ajuste por função exponencial (*line broadening*) de 70 Hz.

2.3 Experimento de bioatividade dos AH em plantas

Os experimentos de bioatividade dos AH em plantas de arroz (*Oryza sativa* L.) foram conduzidos utilizando a variedade de arroz Piauí. As plantas foram cultivadas em câmera de crescimento com as seguintes condições: ciclo de luminosidade: 12/12 h (luz/escuro); fluxo fotossintético de fótons: 250 μmol m^{-2} s^{-1}; umidade relativa: 70%; e temperatura: 28 °C/24°C (dia/noite). As sementes de arroz foram desinfetadas previamente com hipoclorito de sódio (2%) por 10 minutos e posteriormente lavadas com água destilada. Em seguida, para sua germinação, as sementes foram transferidas para potes com gaze que continham somente água destilada. Quatro dias após a germinação das sementes, as plântulas receberam uma solução de Hoagland[9] modificada a ¼ da força iônica total. Depois de três dias foi trocada a solução de Hoagland para ½ da força iônica total; esta mesma solução foi reposta durante todo o experimento. O delineamento empregado em todos os experimentos foi inteiramente casualizado, utilizando um total de cinco plantas por pote com cinco repetições por tratamento.

Com o objetivo de determinar as concentrações de respostas mais promissoras no estímulo do sistema radicular nas plantas de arroz, foram desenvolvidos experimentos testando uma faixa de concentrações de 40, 80, 100, 120, 180 mg (C-AH) L^{-1}. As aplicações radiculares foram realizadas colocando as plantas de arroz em contato com as soluções nutritivas contendo os AH dissolvidos, e as aplicações foliares foram relizadas mediante aspersão em folhas até o ponto de gotejamento. Ao completar os dez dias de crescimento das plantas após transplante (dias após transplante – DAT), as plantas foram retiradas para avaliação dos parâmetros radiculares. Novos experimentos foram desenvolvidos para avaliar a resposta do metabolismo redox a partir dos resultados do experimento anterior, em que foram aplicadas as concentrações de AH que apresentaram maior estímulo do número de raízes.

2.4 Determinação dos parâmetros radiculares

Utilizou-se um sistema de digitalização Epson Expression 10000XL com uma unidade de luz adicional (TPU). Foi analisado e quantificado o número de raízes mediante utilização do software WinRhizo Arabidopsis, 2012b

(Régent Instruments, Quebec, Canadá Inc.). A massa seca foi determinada mediante secagem em estufa a 105°C das raízes e parte aérea.

2.5 Avaliação de componentes do sistema de regulação redox

A atividade das peroxidases POX foi avaliada de acordo com a metodologia de Li (2000).[10] Para a obtenção do extrato enzimático, as raízes foram homogeneizadas em buffer de 0,05 M de PBS, pH de 5,8, que continha 5% (w/v) de PVP. A reação foi feita a partir de uma mescla de 2,9 mL (0,05 M), PBS (pH 5,3; 1,0 mL; 0,05 M guaiacol, 1 mL 2% H_2O_2 (v/v) e 0,1 mL do extrato enzimático. A absorbância foi medida a 470 nm durante 4 minutos em intervalos de 20 s. Os resultados foram expressos como D_{470} min^{-1}. mg^{-1} proteína.

O conteúdo de H_2O_2 foi estimado segundo a metodologia de Rao (1997).[11] E seguida, 1 g de tecido vegetal foi macerado em N_2 e acrescentado 10 mL de acetona (10 °C). A solução foi filtrada e acrescentada 4 mL do reagente de titânio e 5 mL de uma solução amoniacal para a precipitação do complexo de hidrotitânio. A mescla foi centrifugada a 10.000 g durante 10 minutos e o sólido dissolvido em 10 mL de ácido sulfúrico (2 M). A absorbância foi medida a 415 nm e o conteúdo obtido a partir de uma curva usando H_2O_2 como padrão.

O conteúdo de MDA foi obtido pelo método de Dhindsa et al. (1981).[12] Uma massa de 0,5 g de tecido vegetal foi homogeneizada em 6 mL (10%) de ácido tricloroacético e centrifugado a 10.000 g durante 15 minutos. Então, 2 mL de ácido tiobarbitúrico foi acrescentado ao sobrenadante e a mescla foi aquecida (100°C, 20 minutos); a seguir foi rapidamente esfriada e centrifugada a 10.000 g durante 10 minutos. A absorbância foi lida a 450, 532 e 600 nm e calculada segundo a fórmula: MDA = 6.45 × $(A_{532} - A_{600})$ − 0.56 × A_{450}.

3. Resultados e Discussões

3.1 Características estruturais dos AH de VC

O espectro ^{13}C MNR (Figura 1) mostra uma distribuição do C estrutural nos AH como se indica a seguir: 34,83% de alquil-C, 10,11% de metoxilas e N-alquil-C, 11,23% de O-alquil-C, 4,49% de di-O-alquill-C e algumas estruturas aromáticas, 13,48% de C-aromatico, 3,37% de O-aromatico-C, 12,35% de C-carboxilas, amidas e C-ester, 8,98% de C-carbonilas. A porcentagem de estruturas aromáticas presentes nos AH foi de 16,8%, enquanto a alifaticidade foi de 83,14%.[13]

Os padrões espectrais obtidos nos AH utilizados aqui têm sido também observados em outros trabalhos. Essas características estruturais fornecem propriedades que propiciam efeitos benéficos no crescimento e desenvolvimento radicular.[14-16]

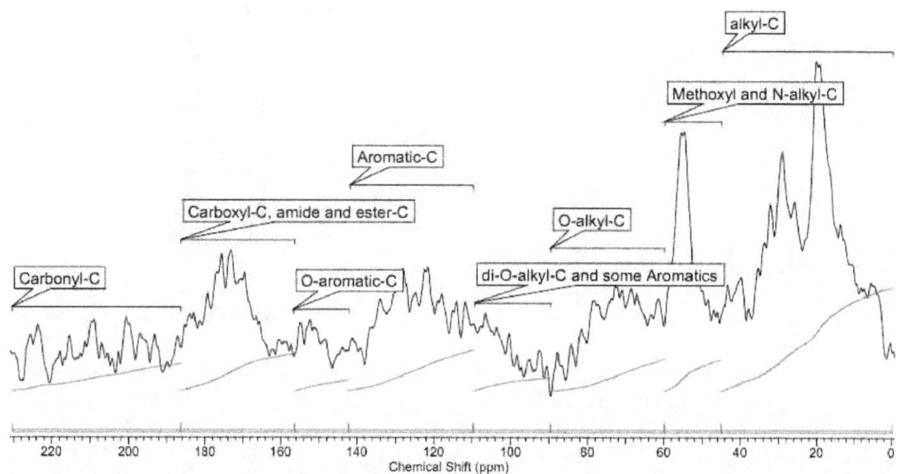

Figura 1 Espectro ^{13}C CPMAS NMR dos AH isolados do vermicomposto.
Fonte: Andrés Calderín García.

3.2 Parâmetros de crescimento e desenvolvimento nas plantas

A resposta do número de raízes desenvolvidas pelas plantas dependeu da dose de AH em ambas as formas de aplicação. A aplicação radicular de AH em concentrações de 100 mg (C-AH).L^{-1} estimulou a emissão de raízes em quantidades superiores ao controle e ao resto dos tratamentos. A aplicação foliar também aumentou o número de raízes a concentrações de 40 mg (C-AH).L^{-1}. A aplicação radicular estimulou maior quantidade de raízes quando comparada com a aplicação foliar, no entanto, esses efeitos foram produzidos em concentrações via radicular 2,5 vezes maiores que a concentração de melhores efeitos na aplicação foliar (Figura 2A).

A massa seca nas plantas foi estimulada de acordo com a forma de aplicação dos AH. A aplicação radicular dos AH estimulou significativamente ($p < 0,05$) a produção de massa tanto das raízes quanto da parte aérea, enquanto a aplicação foliar estimulou somente e significativamente ($p < 0,05$) a massa seca das raízes. Ambas as formas de aplicação estimularam a produção de biomassa nas raízes das plantas, porém, o estímulo foi maior quando a aplicação foi realizada via radicular (Figura 1B).

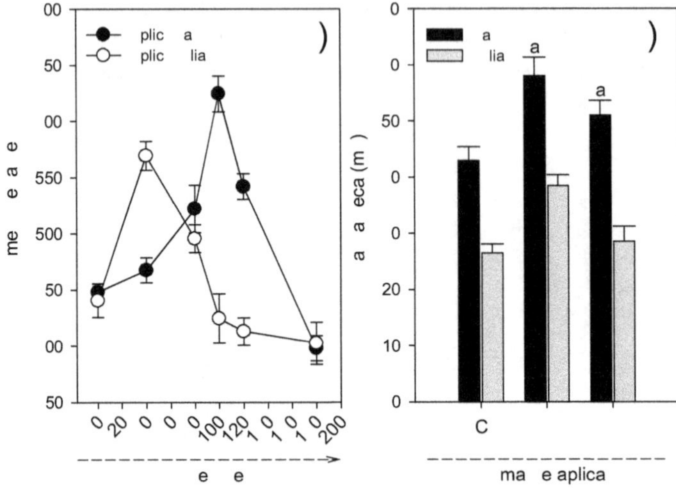

Figura 2 Comportamento de parâmetros de crescimento e desenvolvimento nas plantas de arroz pela aplicação radicular e foliar dos AH (10 DAT). A) Comportamento do número de raízes obtidas mediante experimentos dose vs. resposta dos AH. B) Massa seca determinada nas raízes e da parte aérea (foliar) das plantas de arroz utilizando as melhores doses de aplicação segundo o estímulo do número de raízes (AR: aplicação radicular, AF: aplicação foliar). Letras diferentes indicam diferenças significativas segundo teste de Tukey (p < 0,05). Fonte: Andrés Calderín García.

3.3 Componentes do sistema de regulação redox

Tanto as aplicações foliares como as radiculares dos AH às plantas de arroz estimularam a atividade das enzimas POX nas raízes, em maior medida na aplicação radicular. Porém, somente quando aplicadas via foliar foi registrado aumento significativo (p < 0,05) no conteúdo de H_2O_2 nas raízes. Ao mesmo tempo, a peroxidação de lipídeos medida por meio do conteúdo de MDA não mostrou diferenças significativas (p < 0,05) quando comparada com o controle.

Os resultados indicam que as aplicações foliares e radiculares das doses mais promissoras de AH em plantas de arroz exercem efeitos diferenciados no metabolismo redox. O estímulo das atividades das enzimas POX ocasionado por ambas as formas de aplicação indica o funcionamento do metabolismo antioxidativo, em que espécies tóxicas de H_2O_2 em elevadas concentrações não produzem danos por peroxidação nos tecidos vegetais. Neste sentido, é provável que a utilização nas plantas do sistema oxidativo como parte das vias de ação dos AH possua finalidades de sinalização e não como condição fisiológica de estresse. Isto porque as concentrações mais promissoras de AH que estimulam o metabolismo redox também estimulam o crescimento e o desenvolvimento das plantas.

Os efeitos de estímulo exercidos no crescimento e desenvolvimento das raízes por parte dos AH são conhecidos,[17-19] porém, a participação do metabolismo redox nas vias de ação do AH em plantas são ainda objeto de estudo. Já tem sido relatado na literatura que as EROs podem estar envolvidas nos mecanismos de sinalização que se estimulam pela ação dos AH em plantas.[20,21] Vários trabalhos relatam a participação direta e necessária dos mecanismos de regulação redox, especificamente as EROs, no crescimento e emissão das raízes em plantas.[22,23]

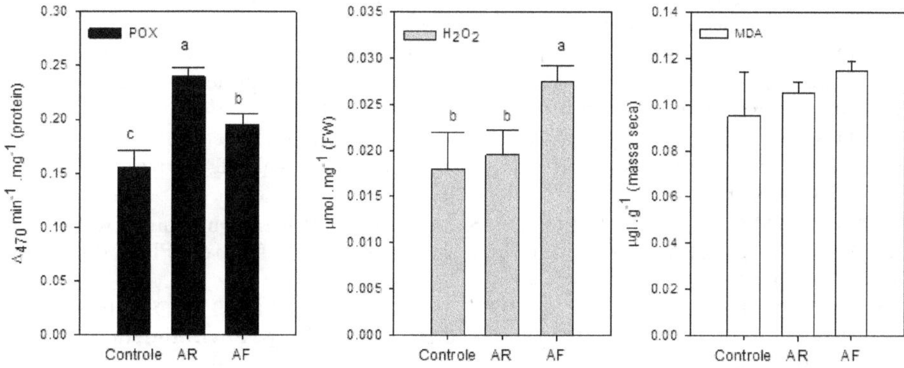

Figura 3 Avaliação de componentes do sistema de regulação redox nas raízes das plantas de arroz segundo a forma de aplicação dos AH (10 DAT). POX: atividade relativa das enzimas peroxidases, H_2O_2: conteúdo de peróxido de hidrogênio, MDA: peroxidação lipídica mediante a quantificação de malondialdeído. AR: aplicação radicular e AF: aplicação foliar. Letras diferentes indicam diferenças significativas segundo teste de Tukey ($p < 0,05$).

4. Conclusões

A forma de aplicar os AH determina a resposta das plantas de arroz. As aplicações foliares e radiculares exercem efeitos benéficos para o crescimento das raízes, porém, estes efeitos são exercidos com diferentes doses de AH. As aplicações foliares estimulam o crescimento radicular em doses menores, enquanto as aplicações radiculares estimulam o crescimento radicular a maiores concentrações. Ambas as formas de aplicação estimulam o funcionamento do sistema redox nas raízes, porém, nenhuma das formas de aplicação nas doses ótimas provoca danos celulares por peroxidação. Os resultados mostram a relação existente entre as vias de ação do sistema antioxidativo e os modos de ação dos AH no crescimento e desenvolvimento das plantas.

Agradecimentos – A.C.G. (sisFaperj: 2012028010) agradece à FAPERJ (Edital Pós-doutorado Nota 10 e APQ1) e à CAPES/CNPq pelo financiamento e bolsa de pós-doutorado no projeto PVE – Ciência sem Fronteiras (A060/2013). Os autores agradecem à CAPES-MES (projeto No. 46/2013 e 215/13), Universal/CNPq e CARBIOMA/CNPq.

Referências Bibliográficas

1. SCHIAVON, M.; PIZZEGHELLO, D.; MUSCULO, A.; VACCARO, S.; NARDI, S. High molecular size humic substaces enhance phenylpropanoid metabolism in maize (Zea mays L.). **Journal of Chemical Ecology**, v. 36, p. 662-669, 2010.

2. CORDEIRO, F. C.; SANTA-CATARINA, C.; SILVEIRA, V.; SOUZA S. R. D. Humic acid effect on catalase activity and the generation of reactive oxygen species in corn (Zea mays). **Bioscience, Biotechnology and Biochemistry**, v. 1, p. 70-74, 2011.

3. AYDIN, A.; KANT, C.; TURAN, M. Humic acid application alleviates salinity stress of bean (Phaseolus vulgaris L.) plants decreasing membrane leakage. **African Journal of Agricultural Research**, v. 7, p. 1073-1086, 2012.

4. JUBANY-MARÍ, T.; MUNNÉ-BOSCH, S.; ALEGRE L. Redox regulation of water stress responses in field-grown plants. Role of hydrogen peroxide and ascorbate. **Plant Physiology and Biochemistry**, v. 5, p. 351-358, 2010.

5. SUZUKI, N.; KOUSSEVITZKY, S.; MITTLER, R. O. N.; MILLER G. A. D. ROS and redox signalling in the response of plants to abiotic stress. **Plant, Cell & Environment**, v. 35, n. 2, p. 259-270, 2012.

6. RENTEL, M. C.; LECOURIEUX, D.; OUAKED, F.; USHER, S. L.; PETERSEN, L.; OKAMOTO, H.; KNIGHT M. R. OXI1 kinase is necessary for oxidative burst-mediated signalling in Arabidopsis. **Nature**, v. 427, n. 6977, p. 858-861, 2004.

7. FOYER, C. H.; NOCTOR G. Redox regulation in photosynthetic organisms: signaling, acclimation, and practical implications. **Antioxidants & Redox Signaling**, v. 4, p. 861-905, 2009.

8. SPARKS, D. L.; PAGE, A.L.; HELMKE, P.A.; LOEPPERT, R.H.; SOLTANPOUR, P.N.; TABATABAI, M.A.; JOHNSTIN, C.T.; SUMNER, M.E. **Methods of soil analysis:** chemical methods. Madison: Soil Science Society of America/American Society of Agronomy, 1996. v. 100.

9. HOAGLAND, D.R.; ARNON DI. **The water culture method for growing plants without soil**. Berkeley: California: Agricultural Experiment Station, 1951. 34 p.

10. LI, H. **Principles and techniques of plants physiological biochemical experimental**. Higher Education Press. Beijing. 2000. 791 p.

11. RAO, M. V.; PALIYATH, G.; ORMROD, D. P.; MURR, D. P.; WATKINS C. B. Influence of salicylic acid on H2O2 production, oxidative stress and H2O2-metabolizing enzymes. **Plant Physiology**, v. 115, p. 137-149, 1997.

12. DHINDSA, R. S.; MATOWE W. Drought tolerance in two mosses: correlation with enzymatic defense against lipid peroxidation. **Journal of Experimental Botany**, v. 32, p. 79-91, 1981.

13. SONG, G.; NOVOTNY, E. H.; SIMPSON, A. J.; CLAPP, C. E.; HAYES M. H. B. Sequential exhaustive extraction of a Mollisol soil, and characterizations of humic components, including

humin, by solid and solution state NMR. **European Journal of Soil Science**, v. 59, p. 505-516, 2008.

14. CANELLAS, L. P.; PICCOLO, A.; DOBBSS, L. B.; SPACCINI, R.; OLIVARES, F. L.; ZANDONADI, D. B.; FAÇANHA, A. R. Chemical composition and bioactivity properties of size-fractions separated from a vermicompost humic acid. **Chemosphere**, v. 4, p. 457-466, 2010.

15. DOBBSS, L., CANELLAS, L. P., OLIVARES, F. L., AGUIAR, N. O.; PERES, L. E. P.; SPACCINI, R.; PICCOLO, A. Bioactivity of chemically transformed humic matter from vermicompost on plant root growth. **Journal of Agricultural and Food Chemistry**, v. 58, n. 6, p. 3681-3688, 2010.

16. AGUIAR, N.O.; NOVOTNY, E. H.; OLIVEIRA, A. L.; RUMJANEK, V. M.; OLIVARES, F. L.; CANELLAS L. P. Prediction of humic acids bioactivity using spectroscopy and multivariate analysis. **Journal of Geochemical Exploration**, v. 129, p. 95-102, 2013.

17. MORA, V.; BACAICOA, E.; ZAMARREÑO, A. M.; AGUIRRE, E.; GARNICA, M.; FUENTES, M.; GARCÍA-MINA J. M. Action of humic acid on promotion of cucumber shoot growth involves nitrate-related changes associated with the root-to-shoot distribution of cytokinins, polyamines and mineral nutrients. **Journal of Plant Physiology**, v. 8, p. 633-642, 2010.

18. MUSCOLO, A.; SIDARI, M.; ATTINÀ, E.; FRANCIOSO, O.; TUGNOLI, V.; NARDI S. Biological activity of humic substances is related to their chemical structure. **Soil Science Society of America Journal**, v. 1, p. 75-85, 2007.

19. TREVISAN, S.; PIZZEGHELLO, D.; RUPERTI, B.; FRANCIOSO, O.; SASSI, A.; PALME, K.; NARDI S. Humic substances induce lateral root formation and expression of the early auxin responsive IAA19 gene and DR5 synthetic element in Arabidopsis. **Plant Biology**, v. 12, n. 4, p. 604-614, 2010.

20. GARCÍA, A. C.; SANTOS, L. A.; IZQUIERDO, F. G.; RUMIJANEK, V. M.; CASTRO, R.; SANTOS, F. S. SOUZA, L. G. A; BERBARA R. L. L. Potentialities of vermicompost humic acids to alleviate water stress in rice plants (Oryza sativa L.). **Journal of Geochemical Exploration**, v. 136, p. 48-54, 2014.

21. GARCÍA, A.C.; SANTOS, L. A.; IZQUIERDO, F.G.; SPERANDIO, M.V.L.; CASTRO, R.N.; BERBARA R. L. L. Vermicompost humic acids as an ecological pathway to protect rice plant against oxidative stress. **Ecological Engineering**, v. 47, p. 203-208, 2012.

22. FOREMAN, J.; DEMIDCHIK, V.; BOTHWELL, J. H.; MYLONA, P.; MIEDEMA, H.; TORRES, M. A.; DOLAN L. Reactive oxygen species produced by NADPH oxidase regulate plant cell growth. **Nature**, v. 6930, p. 442-446, 2003.

23. DEMIDCHIK, V.; SHABALA, S. N.; DAVIES J. M. Spatial variation in H_2O_2 response of Arabidopsis thaliana root epidermal Ca^{2+} flux and plasma membrane Ca^{2+} channels. **The Plant Journal**, v. 3, p. 377-386, 2007.

Influência da Matéria Orgânica na Sorção de Glifosato e de Seu Metabólito AMPA

Fernanda Benetti, Paulo Roberto Dores-Silva, Lívia Botacini Favoretto Pigatin, Maria Diva Landgraf e Maria Olímpia Oliveira Rezende

1. Introdução

O solo é constituído de quatro fases: particulada, líquida, gasosa e orgânica (referente à matéria viva), sendo que a fração particulada do solo – a mais importante nos processos de sorção – contém argilas minerais e matéria orgânica.[1]

A mobilidade de poluentes orgânicos no solo é bastante complexa e é resultante de vários fatores, tais como a estrutura química do poluente em questão e a interação com os constituintes das diferentes frações contidas no solo (argilas e matéria orgânica). Esse comportamento pode ser influenciado por alguns fatores, tais como: adsorção, dessorção, volatilização, lixiviação, transporte e decomposição. Destes, a adsorção/dessorção é um dos processos principais que regulam a concentração de um contaminante no solo e, consequentemente, sua biodisponibilidade.[2-5]

Adsorção é um termo utilizado, em geral, para identificar o fenômeno físico ou químico que ocorre quando há diferença de concentração entre os componentes presentes no seio da fase fluida (pesticidas, metais, etc.) e os compostos em um sólido poroso (carvão ativo, solo, sedimento, etc.).[6] É um processo determinante para se entender o comportamento de herbicidas, pois está intimamente relacionado aos processos de transporte e bioatividade dos microrganismos no solo, influenciando diretamente a disponibilidade dos compostos para as plantas e na ação seletiva dos herbicidas pela interferência no seu deslocamento. A dessorção refere-se ao processo inverso.[3,4,7]

Saber se a adsorção diminui ou a dessorção aumenta a biodisponibilidade de um contaminante é de grande importância para melhor previsão de sua mobilidade nos diferentes compartimentos ambientais, antevendo, assim, seu possível destino e efeitos ecológicos. De maneira geral, acredita-se que a sorção de contaminantes para o solo/sedimento reduz sua biodisponibilidade.[5]

A matéria orgânica tem influência em todas as características físicas e químicas do solo e pode ser dividida em dois grandes grupos: as substâncias não húmicas e as húmicas. O primeiro grupo é formado por produtos de decomposição orgânica (proteínas, aminoácidos, carboidratos, resinas, ligninas, etc.) e possuem propriedades químicas e físicas definidas. Já o segundo grupo é representado pelas substâncias húmicas propriamente ditas e são conhecidas como a fração mais importante da matéria orgânica do solo.[8,9]

As substâncias húmicas (SH) são definidas pela combinação de todos os aspectos conhecidos de suas propriedades, incluindo seu processo de isolamento. São formadas por meio de um processo de humificação, como resultado da decomposição e transformação de biomoléculas e como resultado da ação de microrganismos,[10] e podem ser separadas, de acordo com sua solubilidade, em meios ácido ou básico. São elas: humina – fração insolúvel em meio aquoso, independente da acidez, fortemente ligada à fração mineral do solo; ácidos húmicos – insolúveis em meio ácido diluído; e ácidos fúlvicos – solúveis em meio básico e ácido.[8,11]

Os ácidos húmicos têm por principal habilidade interagir com argilas minerais e compostos orgânicos e inorgânicos. São os principais constituintes do húmus natural, por se apresentarem em maior quantidade. Podem interagir com os pesticidas em geral de diferentes modos, tais como adsorção via ligação iônica, ligação de hidrogênio, transferência de carga, ligação covalente, adsorção hidrofóbica.[12]

Pesticidas são substâncias usadas na prevenção, destruição ou combate de pragas (organismos que impactam negativamente seres humanos ou seus bens). São classificados de acordo com sua função: inseticidas, fungicidas, herbicidas, etc.[13,14]

O glifosato é o herbicida mais usado no Brasil e no mundo, e no país responde por quase metade do volume de todos os ingredientes ativos comercializados.[15] Sua rota de degradação envolve a conversão de glifosato em ácido aminometilfosfônico (AMPA) como principal metabólito, mais persistente no ambiente, pela ação de enzimas oxidorredutases e transaminases.[16] Esses dois xenobióticos podem contaminar águas subterrâneas e solos, provocando sério impacto à cadeia trófica, logo, o estudo da interação destes com o solo é de fundamental importância para se determinar a mobilidade desses compostos no ambiente, a fim de prevenir futuras contaminações. Assim, os objetivos deste trabalho foram estudar a sorção de glifosato e AMPA em latossolo vermelho, o mais comum na região de São Carlos (SP), onde o estudo foi desenvolvido.

2. Metodologia

O latossolo vermelho utilizado durante o estudo foi coletado em propriedade rural (21° 56' 6" S, 47° 54' 16" O) no município de São Carlos, estado de São Paulo, caracterizando um solo não cultivado e sem histórico de contaminação por herbicidas.

O documento base utilizado para a elaboração do procedimento de amostragem foi o *Guia nacional de coleta e preservação de amostras – água, sedimento, comunidades aquáticas e efluentes líquidos*, publicado pela Companhia Ambiental do Estado de São Paulo (CETESB) e pela Agência Nacional de Águas (ANA) em 2011.[17] O solo foi coletado aleatoriamente com amostras compostas com auxílio de pá, em profundidade de 15 cm. As amostras foram armazenadas em frasco âmbar com tampa plástica de boa vedação.

O solo foi seco à temperatura ambiente e posteriormente macerado, sendo, em seguida, armazenado em frasco de vidro limpo, seco, com tampa plástica e devidamente etiquetado. Para os estudos com solo calcinado, levaram-se 300 g do solo seco à mufla a 550°C por 4 h.[18]

Os ensaios de sorção foram realizados colocando-se 1,00 g de cada matriz (latossolo vermelho e solo calcinado) em erlenmeyers de 150 mL, e em cada frasco adicionaram-se 10,0 mL de soluções em diferentes concentrações de glifosato e AMPA (0,1; 0,25; 0,5; 0,75; 1,0; 2,0; 4,0; 6,0; 8,0; 10,0; 15,0; 20,0; 25,0; e 50,0 mg L^{-1}), tendo a solução aquosa de $CaCl_2$ 0,01 mol L^{-1} como eletrólito-suporte. As amostras contendo as misturas dos xenobióticos e solo foram submetidas à agitação orbital em uma mesa agitadora (300 rpm) por 12 horas, à temperatura ambiente. Em seguida, as amostras foram centrifugadas por 15 min a 3000 rpm. Os sobrenadantes foram retirados cuidadosamente, filtrados em filtro de 0,45 μm e posteriormente determinados por cromatografia líquida de alta eficiência com detector ultravioleta-visível (CLAE/UV-Vis). A metodologia seguiu o que foi proposto por Tavares e colaboradores (1996).[19]

Para os experimentos de dessorção, nos frascos contendo o solo pós-filtração foram adicionados 10 mL de solução aquosa de $CaCl_2$ 0,01 mol L^{-1}. O experimento foi submetido à agitação orbital por 12 h, seguido de centrifugação, filtração e análise por CLAE/UV-Vis, como descrito no parágrafo anterior.

Os resultados experimentais obtidos foram submetidos à análise matemática e ajustados segundo as curvas de sorção propostas por Freundlich, pois ela leva em consideração a não uniformidade das superfícies reais, ou seja, bastante aplicável a solos.[20]

A interação do glifosato com a matéria orgânica foi visualizada por meio da análise de amostras de ácidos húmicos de solo por infravermelho com transformada de Fourier (FTIR), que foram feitas com base na metodologia sugerida por Stevenson, (1994).[21]

As amostras de solo foram submetidas a um processo de extração e purificação por diferença de solubilidade, segundo a metodologia recomendada para solos pela Sociedade Internacional de Substâncias Húmicas (IHSS).[22] As pastilhas foram preparadas na proporção de 1 mg de amostra de ácido húmico: solo referência (ausência de glifosato) e solo contaminado (composição de 500 g de solo + 10 mL de solução de 10000 mg kg^{-1} de formulação comercial de glifosato) para cada 100 mg de KBr (seco em estufa a 105^{P}C). A formulação comercial é composta pelo herbicida glifosato e outras substâncias, como propelentes e surfactantes que conferem maior solubilidade e estabilidade ao produto.

As pastilhas foram prensadas por 2 minutos com uma carga equivalente a aproximadamente 10 toneladas. Os espectros foram obtidos a partir de 32 varreduras no intervalo de 4.000 a 400 cm^{-1}, com resolução espectral de 4 cm^{-1}. O equipamento utilizado foi o espectrômetro de FTIR da Bomem MB-102, pertencente à Central de Análises Químicas Instrumentais do Instituto de Química de São Carlos, USP.

3. Resultados e Discussões

Considerando-se que as isotermas de sorção no solo variam fortemente, dependendo da estrutura química e composição dos solos, são necessários estudos do comportamento desses compostos orgânicos em solos brasileiros, para melhor adequação dos modelos às nossas condições climáticas e ambientais.

O glifosato é altamente adsorvido nas partículas sólidas do solo, pois apresenta alta solubilidade em água (10,5 g L^{-1}, 25°C a pH 2 e 1050 g L^{-1} a pH 5-9) e baixo coeficiente de partição octanol/água (log Kow = -3,2). Seu tempo de meia-vida pode variar de 3 a 60 dias dependendo do tipo de solo.[4,23]

O ácido aminometilfosfônico tem propriedades semelhantes às do glifosato, em virtude de sua estrutura química semelhante. Tem alta solubilidade em água (58 g L^{-1}, 20°C, pH 2) e baixo coeficiente de partição octanol/água (log Kow = -2,36). Seu tempo de meia-vida é mais longo; pode variar de 119 a 958 dias dependendo do tipo de solo.[24-26]

A isoterma de adsorção representa a relação entre a quantidade de um pesticida adsorvido a partir de soluções a várias concentrações e a quantidade remanescente nestas soluções, após determinado período de equilíbrio com um dado solo, à temperatura constante.[19] As isotermas de adsorção/dessorção para glifosato e AMPA são apresentadas nas Figuras 1 a 4.

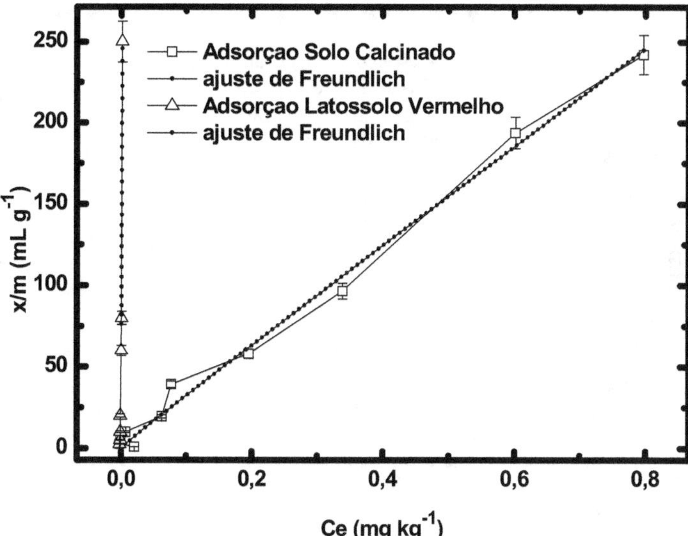

Figura 1   Isotermas de Freundlich para adsorção de glifosato em solo calcinado e latossolo vermelho. *Fonte:* Fernanda Benetti.,

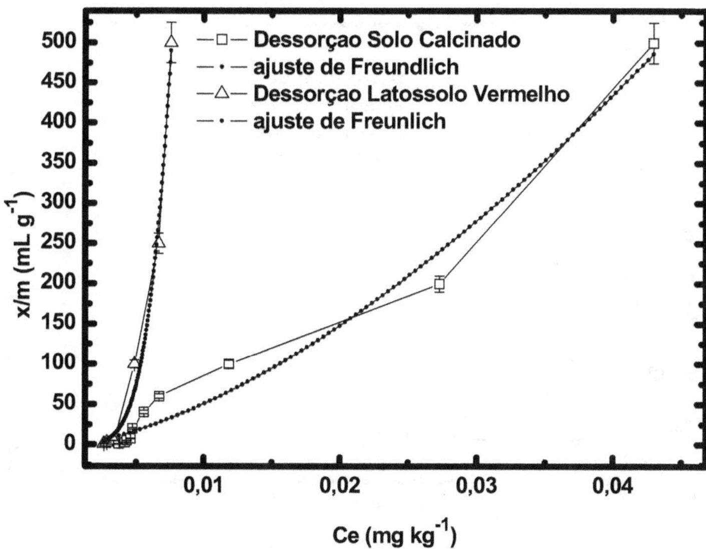

Figura 2   Isotermas de Freundlich para dessorção de glifosato em solo calcinado e latossolo vermelho. *Fonte:* Fernanda Benetti.

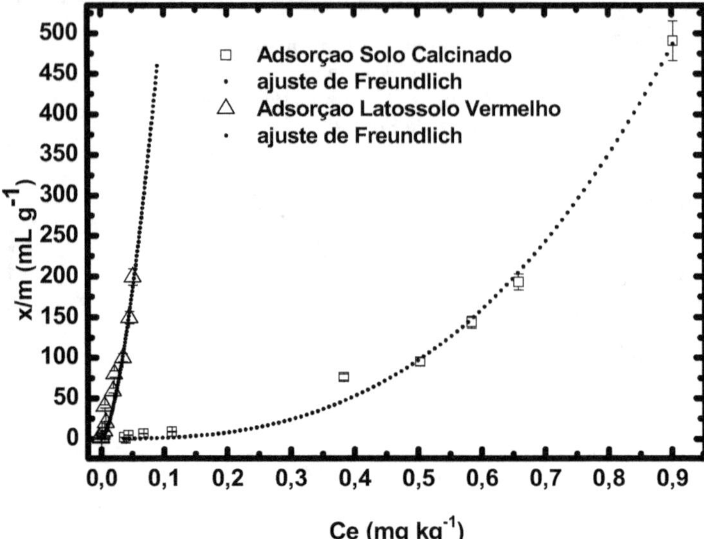

Figura 3   Isotermas de Freundlich para adsorção de AMPA em solo calcinado e latossolo vermelho. *Fonte:* Fernanda Benetti.

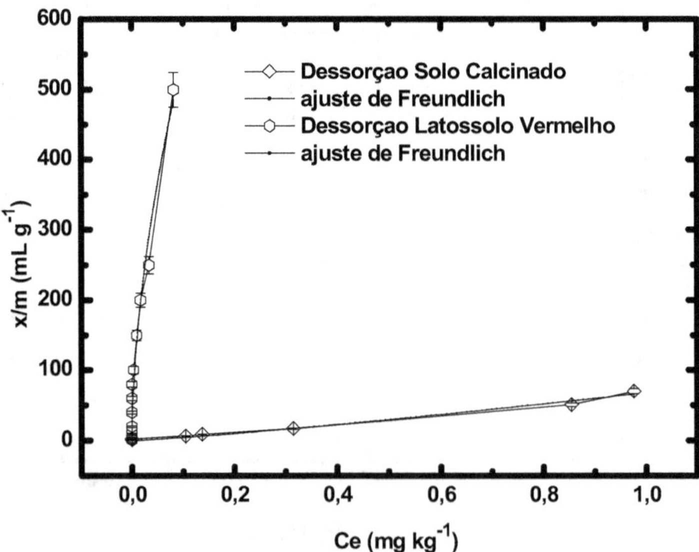

Figura 4. Isotermas de Freundlich para dessorção de AMPA em solo calcinado e latossolo vermelho. *Fonte:* Fernanda Benetti.

Na Tabela 1 apresentam-se os valores de K_f, $1/n$ e R obtidos para as curvas de adsorção/dessorção de glifosato e AMPA nas duas matrizes (solo calcinado – isento de matéria orgânica – e latossolo vermelho).

Tabela 1 Resultados de K_f e $1/n$ da adsorção/dessorção de glifosato e ácido aminometilfosfônico (AMPA) em solo calcinado (matriz 1) e em latossolo vermelho (matriz 2). *Fonte:* Fernanda Benetti.

	Matriz	Adsorção			Dessorção		
		K_f	$1/n$	R	K_f	$1/n$	R
Glifosato	1	305,37	0,9797	0,9903	301,68	0,409	0,9705
	2	$2,344 \times 10^6$	1,46	0,8998	$1,072 \times 10^6$	1,457	0,9687
AMPA	1	645,60	2,740	0,9937	67,83	1,18	0,9768
	2	$2,036 \times 10^4$	1,581	0,9571	2064,24	0,580	0,9664

Para as condições estudadas, K_f e $1/n$ são conhecidos como fatores de capacidade e intensidade de adsorção, respectivamente. K_f é a quantidade de pesticida adsorvida quando a concentração no equilíbrio é igual à unidade. O parâmetro $1/n$ indica o grau em que a isoterma de adsorção ou dessorção do pesticida no solo é função da concentração da solução em equilíbrio.[3,19]

Na presença da matéria orgânica, contaminantes orgânicos podem promover uma variedade de interações sortivas via equilíbrio reversível. Esses processos também podem afetar a intensidade de bioatividade e lixiviação por parte desses compostos no ambiente.[3]

A adsorção nos coloides do solo, especificamente na fração mineral, para a maioria dos pesticidas, envolve diferentes mecanismos, tais como: fixação física, força de Van der Waals, ligação de hidrogênio, ligação iônica, complexação por meio de íons metálicos, ligação hidrofóbica, complexo de transferência de carga, interações eletrostáticas e ligações covalentes também são possíveis.[3]

Pelas informações das Figuras de 1 a 4 e da Tabela 1, pode-se perceber que a matéria orgânica promoveu aumento na capacidade de adsorção para ambos os xenobióticos estudados. A influência dela perante o glifosato e o AMPA, que são moléculas de baixa massa molecular e alta polaridade, ficou muito evidente. Quanto à dessorção, também se percebe o efeito da matéria orgânica nos xenobióticos estudados, quando comparada às argilas. Isso aconteceu pelo fato de o solo utilizado apresentar 12,5% de argila e 60% de areia, logo, a presença da matéria orgânica passa a ter grande relevância nos processos de sorção dos xenobióticos.

Toni e colaboradores (2006) afirmaram que glifosato e AMPA adsorvem muito na fração mineral do solo, em virtude da presença de óxidos e hidróxidos das argilas, e que a matéria orgânica tem papel secundário, dependendo da quantidade de óxidos de ferro e alumínio. O latossolo vermelho estudado apresenta alto teor de areia e silte, logo, como também evidenciado pelos valores de K_f encontrados, a matéria orgânica teve grande influência na adsorção do glifosato e do AMPA, os quais se ligam às substâncias húmicas via ligações de hidrogênio formadas entre o grupo fosfato destes e o polímero das substâncias húmicas.[4,27]

Vale ressaltar que outras propriedades estruturais e estereoquímicas de substâncias húmicas devem também desempenhar um papel na adsorção de glifosato e AMPA. Quanto maior o tamanho molecular das substâncias húmicas, maior é o número de ligações que ocorrem entre o pesticida e a molécula húmica, provocando, assim, sua adsorção.[28,29]

A isoterma de dessorção representa a relação entre a quantidade de um pesticida ainda remanescente no solo e em outros substratos, após o processo de dessorção, e a quantidade liberada para a solução aquosa, originalmente sem o composto após o equilíbrio a dada temperatura.[3,19]

É de suma importância estudar a dessorção de pesticidas para que se possa quantificar o transporte de decompostos orgânicos no solo.[5] Analisando os valores de K_f de dessorção, o glifosato e AMPA dessorvem menos em solo com presença de matéria orgânica, o que comprova que a matéria orgânica do solo causa grande efeito na interação desses xenobióticos com o material adsorvente, promovendo menor liberação do composto durante a dessorção.

Para evidenciar o grau de sorção do glifosato e do AMPA na matéria orgânica, foi utilizada a técnica de FTIR, capaz de fornecer informações que identificam possíveis alterações na estrutura da matéria orgânica. Para isso, os ácidos húmicos extraídos do latossolo vermelho passaram pela análise apresentada na Figura 5. As bandas foram atribuídas segundo Stevenson (1994), Silverstein e colaboradores (2008), Amalfitano e colaboradores (2002), Fialho e colaboradores (2010), Castaldi e colaboradores (2005) e Mangrich e colaboradores (2000) e são características de substâncias húmicas de solos.[21,30–33]

As bandas em 3525 e 3444 são características de estiramentos de grupos fenólicos. As bandas em 2930-2850 cm^{-1} referem-se a estiramentos C-H de estruturas alifáticas (assimétrica e simétrica, respectivamente). Na região de 1720 cm^{-1} observa-se a banda correspondente a estiramentos de grupos carbonílicos (C=O) não conjugados e, em 1625 cm^{-1}, a banda correspondente a amidas primárias, C-O conjugado e C=C em estruturas aromáticas.

As bandas na região de 1450 cm^{-1} referem-se a estiramentos C-H de grupos CH$_3$ e CH$_2$; em 1265 cm^{-1}, a estiramentos C-O de grupos fenólicos; e a região em 1090-1040 cm^{-1}, a estiramentos de polissacarídeos.

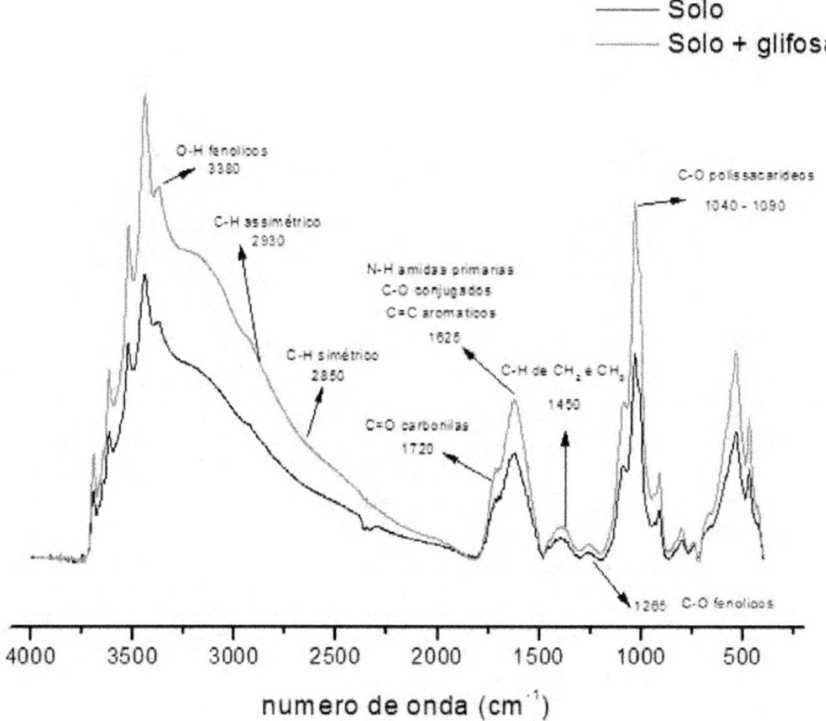

Figura 5 Espectros de FTIR dos ácidos húmicos extraídos de latossolo vermelho e de latossolo vermelho acrescido de formulação comercial de glifosato. *Fonte:* Fernanda Benetti.

Em 1089 cm^{-1}, há uma banda correspondente ao estiramento Si-O-Si (material inorgânico) e, em 1033 cm^{-1}, uma banda correspondente ao estiramento C-O de polissacarídeos.

Forato e colaboradores (1997), Filho e colaboradores (1998), Huang e colaboradores (2011) e Guerra-López e colaboradores (2010)[34-37] recomendam que, para melhor interpretação dos espectros de FTIR, se calcule a segunda derivada, a fim de melhorar a resolução do espectro e facilitar a visualização de bandas que possam ter ficado escondidas. A Figura 6 apresenta os espectros de FTIR (segunda derivada) dos ácidos húmicos dos experimentos de toxicidade envolvendo a formulação comercial de glifosato.

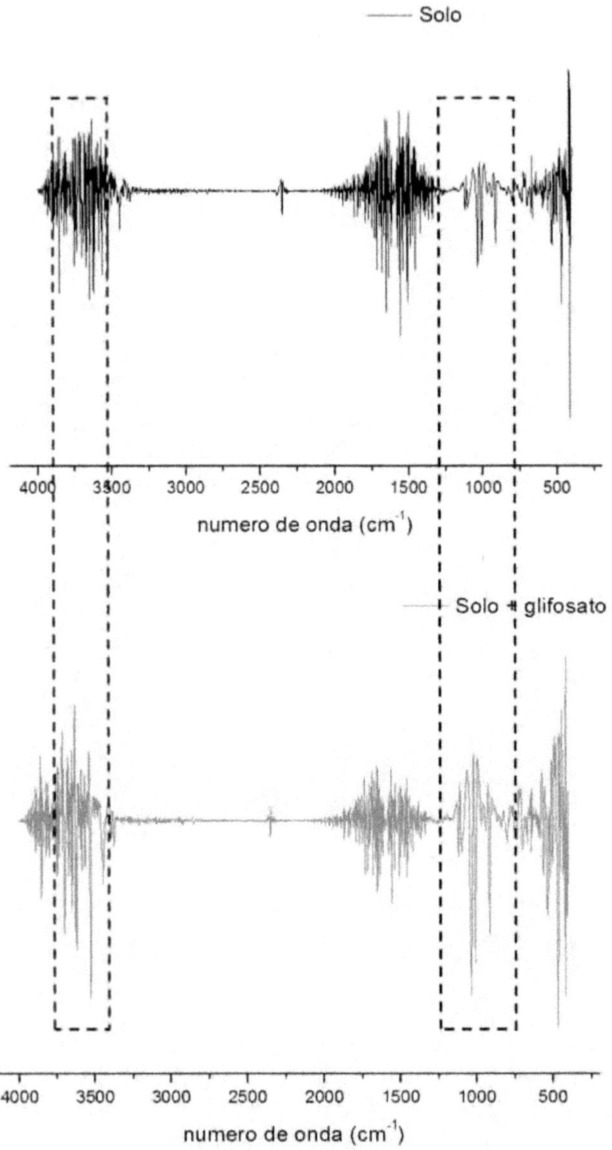

Figura 6 Segunda derivada dos espectros de FTIR dos ácidos húmicos extraídos de latossolo vermelho. *Fonte:* Fernanda Benetti.

Com essa nova forma de apresentação, pode-se perceber que, apesar da presença de material inorgânico, quando se comparam as amostras de ácido húmico extraído de latossolo vermelho e as de latossolo vermelho acrescido de (ou contaminado com) glifosato, há aumento significativo do número de bandas na região entre 800 e 1070 cm^{-1}. Essa região apresenta as vibrações características do glifosato, tais como em: 916 cm^{-1}, características de deformações CH$_2$; 980 cm^{-1}, características de vibrações CH$_2$; 1000 cm^{-1}, características de vibrações P–OH; 1031 e 1081 cm^{-1}, características de vibrações da cadeia C–C–N–C; 1094 cm^{-1}, características de vibrações P–O$^-$; e 1168 cm^{-1}, também características de vibrações P–OH. Vale ressaltar que, como as estruturas químicas do glifosato e AMPA são muito semelhantes, as bandas de ambos acabam se superpondo. Os resultados obtidos por Miano[38] também apresentam características semelhantes.

4. Conclusões

Glifosato e AMPA têm forte interação com a matéria orgânica presente no solo, visto o maior valor de K$_f$ para latossolo vermelho em comparação ao mesmo solo calcinado para todas as curvas de adsorção.

Para a dessorção, os valores de K$_f$ em latossolo vermelho dos dois xenobióticos avaliados é muito maior que o K$_f$ obtido em solo calcinado, logo, quando estes são adsorvidos na superfície de solos que contêm matéria orgânica, dificilmente serão lixiviados para corpos d'água ou para camadas inferiores do solo.

Para solos predominantemente arenosos, a matéria orgânica passa a ter papel fundamental na retenção desses xenobióticos no solo; com essa informação, é possível preparar/usar métodos de remediação de modo mais eficaz ou até mesmo contribuir de modo mais assertivo para a prevenção da contaminação de corpos d'água.

Vale ressaltar que esses mesmos resultados são válidos apenas para o solo estudado. É sabido que, no Brasil, em virtude de sua vasta extensão territorial e, consequentemente, diversos tipos de clima, há diferentes tipos de solo, logo, para que se tenham condições de generalizar esse comportamento, é preciso executá-lo em solos de diferente composição.

Agradecimentos – Fernanda Benetti agradece ao Instituto de Química de São Carlos e à FAPESP (2011/22651-8) pela bolsa concedida.

Referências Bibliográficas

1. LUCHESE, E. B.; FAVERO, L. O. B.; LENZI, E. **Fundamentos da química do solo: teoria e prática**. 2a. ed. Rio de Janeiro: Freitas Bastos, 2002. 159 p.

2. TAVARES, R. L. M.; NAHAS, E. Humic fractions of forest, pasture and maize crop soils resulting from microbial activity. **Brazilian Journal of Microbiology**, v. 45, n. 3, p. 963-969, 2014.

3. VIEIRA, E. M.; PRADO, A. G. S.; LANDGRAF, M. D.; REZENDE, M. O. O. Estudo da adsorção/dessorção do ácido 2,4 diclorofenoxiacético (2,4D) em solo na ausência e presença de matéria orgânica. **Química Nova**, v. 22, n. 3, p. 305-308, 1999.

4. TONI, L. R. M.; SANTANA, H. S.; ZAIA, A. M. Adsorção de glifosato sobre solos e minerais. **Química Nova**, v. 29, n. 4, p. 829-833, 2006.

5. YU, Y. L.; WU, X. M.; LI, S. N.; FANG, H.; ZHAN, H. Y.; YU, J. Q. An exploration of the relationship between adsorption and bioavailability of pesticides in soil to earthworm. **Environmental Pollution**, v. 141, n. 3, p. 428- 33, 2006.

6. MACHADO, C. R. A.; SAGGIORO, E. M.; LEITE E SILVA, Y. G.; PEREIRA, L. P. S.; CAMPOS, J. C. Avaliação da adsorção de fenol e bisfenol A em carvões ativados comerciais de diferentes matrizes carbonáceas. **Revista Ambiente & Água – An Interdisciplinary Journal of Applied Science**, v. 10, n. 4, p. 915-927, 2015.

7. RAMPAZZO, N.; RAMPAZZO TODOROVIC, G.; MENTLER, A.; BLUM, E. H. Adsorption of glyphosate and aminomethylphosphonic acid in soils. **International Agrophysics**, v. 27, n. 2, p. 203-209, 2013.

8. LANDGRAF, M. D.; MESSIAS, R. A.; REZENDE, M. O. O. **A importância ambiental da vermicompostagem: vantagens e aplicações**. São Carlos: RiMa Editora, 2005. 106 p.

9. VERGNOUX, A.; GUILIANO, M.; DI ROCCO, R.; DOMEIZEL, M.; THÉRAULAZ, F.; DOUMENQ, P. Quantitative and mid-infrared changes of humic substances from burned soils. **Environmental Research**, v. 111, n. 2, p. 205-214, 2011

10. BURLAKOVS, J.; KLAVINS, M.; OSINSKA, L.; PURMALIS, O. The impact of humic substances as remediation agents to the speciation forms of metals in soil. **APCBEE Procedia**, v. 5, p. 192-196, 2013.

11. VAN TRUMP, J. I.; RIVERA VEGA, F. J.; COATES, J. D. Natural organic matter as global antennae for primary production. **Astrobiology**, v. 13, n. 5, p. 476-82, 2013.

12. KAH, M.; BROWN, C. D. Adsorption of ionisable pesticides in soils. **Reviews of Environmental Contamination and Toxicology**, v. 188, p. 149-217, 2006.

13. BRAIBANTE, M. E. F.; ZAPPE, J. A. A Química dos agrotóxicos. **Química Nova na Escola**, v. 34, p. 10-15, 2012.

14. BARRETT, K.; JAWARD, F. M. A review of endosulfan, dichlorvos, diazinon, and diuron - pesticides used in Jamaica. **International Journal of Environmental Health Research**, v. 22, p. 481-499, 2012.

15. BELO, M. S. S. P.; PIGNATI, W.; DORES, E. F. G. C.; MOREIRA, J. C.; PERES, F. Uso de agrotóxicos na produção de soja do estado do Mato Grosso: um estudo preliminar de riscos ocupacionais e ambientais. **Revista Brasileira de Saúde Ocupacional**, v. 37, n. 125, p. 78-88, 2012.

16. ANDRIGHETTI, M. S.; NACHTIGALL, G. R.; QUEIROZ, S. C. N.; FERRACINI, V. L.; AYUB, M. A. Z. Biodegradação de glifosato pela microbiota de solos cultivados com macieira. **Revista Brasileira de Ciência do Solo**, v. 38, p. 1643-1653, 2014.

17. BRANDÃO, C. J.; BOTELHO, M. J. C.; SATO, M. I. Z.; LAMPARELLI, M. C. **Guia nacional de coleta e preservação de amostras - água, sedimento, comunidades aquáticas e efluentes líquidos.** Brasília: Athalaia, 2011. 326 p.

18. MINISTÉRIO DA AGRICULTURA, PECUÁRIA E ABASTECIMENTO. **Manual de métodos analíticos oficiais para fertilizantes minerais, orgânicos, organominerais e corretivos.** MAPA, 2007. 141 p.

19. TAVARES, M. C. H., LANDGRAF, M. D.; VIEIRA, E. M.; REZENDE, M. O. O. Estudo da adsorção-dessorção da trifluralina em solo e em ácido húmico. **Química Nova**, v. 19, n. 6, p. 605-608, 1996.

20. CORRÊA, R. M.; NASCIMENTO, C. W. A.; ROCHA, A. T. Adsorção de fósforo em dez solos do Estado de Pernambuco e suas relações com parâmetros físicos e químicos. **Acta Scientiarum – Agronomy**, v. 33, p. 153-159, 2011.

21. STEVENSON, J. F. **Humus chemistry**: genesis, composition, reactions. New York: John Wiley, 1994. 496 p.

22. SPARKS, D. L.; PAGE, A. L.; HELMKE, P. A.; LOEPPERT, R. H.; SOLTANPOUR, P. N.; TABATABAI, M. A.; JOHNSTIN, C. T.; SUMNER, M. E. **Methods of soil analysis**: chemical methods. Madison: Soil Science Society of America/American Society of Agronomy, 1996. v. 100.

23. EUROPEAN COMISSION. HEALTH & CONSUMER PROTECTION DIRECTORATE-GENERAL. **Glyphosate**. 2012. Disponível em: http://ec.europa.eu/food/fs/ph_ps/pro/eva/existing/list1_glyphosate_en.pdf Acesso em: 29 maio 2015.

24. SOUZA, T. A.; MATTA, M. H. R.; MONTAGNER, E.; ABREU, A. B. G. Estudo de recuperação de glifosato e AMPA derivados em solo utilizando-se resinas nacionais. **Química Nova**, v. 29, n. 6, p. 1372-1376, 2006

25. THIER, H. -P.; KIRCHHOFF, J. (Ed.). **Manual of pesticide residue analysis**. New York: Wiley, 1987. 433 p.

26. TRAAS, T. P.; SMIT, C. E. **Environmental risk limits for aminmethylphosphonic acid (AMPA)**. Bilthoven: National Institute of Public Health and the Environmental, 2003. 23 p.

27. PICCOLO, A.; CELANO, G.; CONTE, P. Adsorption of glyphosate by humic substances. **Journal of Agricultural and Food Chemistry**, v. 44, p. 2442- 2446, 1996.

28. PICCOLO, A.; CELANO, G.; PIETRAMELLARA, G. Adsorption of the herbicide glyphosate on a metal-humic acid complex. **Science of The Total Environment**, v. 123-124, p. 77-82, 1992.

29. BENETOLLI, L. O. B.; SANTANA, H.; CARNEIRO, C. E. A.; ZAIA, D. A. M.; FERREIRA, A. S.; PAESANO JÚNIOR, A.; ZAIA, C. T. B. V. Adsorption of gliphosate in a forest soil: a study using Mossbauer and FTIR spectroscopy. **Química Nova**, v. 33, n. 4, p. 855-859, 2010

30. AMALFITANO, C.; PIGNALOSA, V.; AURIEMMA, L.; RAMUNNI, A. The contribution of lignin to the composition of humic acids from a wheat-straw amended soil during 3 years of incubation in pots. **Journal of the Soil Science**, v. 43, n. 3, p. 495-504, 1992.

31. FIALHO, L. L.; SILVA, W. T. L.; MILORI, D. M. B. P.; SIMÕES, M. L.; MARTIN-NETO, L. Characterization of organic matter from composting of different residues by physicochemical and spectroscopic methods. **Bioresource Technology**, v. 101, p. 1927-1934, 2010.

32. CASTALDI, P.; ALBERTI, G.; MERELLA, R.; MELIS, P. Study of the organic matter during municipal solid waste composting aimed at identifying suitable parameters for the evaluation of compost maturity. **Waste Management & Research**, v. 25, p. 209-213, 2005.

33. MANGRICH, A. S.; LOBO, M. A.; TANCK, C. B.; WYPYCH, F.; TOLEDO, E. B. S.; GUIMARÃES, E. Criterious preparation and characterization of earthworm-composts in

view of animal waste recycling. Part I. correlation between chemical, thermal and FTIR spectroscopic analyses of four humic acids from earthworm-composted animal manure. **Journal of the Brazilian Chemical Society**, v. 11, n. 2, p. 164-169, 2000.

34. FORATO, L. A.; BERNARDES FILHO, R.; COLNAGO, L. Estudo de métodos de aumento de resolução de espectros de FTIR para análise de estruturas secundárias de proteínas. **Química Nova**, v. 20, n. 5, p. 146-150, 1997.

35. FILHO, R. B.; FORATO, L. A.; COLNAGO, L. A. **Recomendações sobre a utilização da técnica de derivação para aumento de resolução em espectros de FTIR de proteínas.** São Carlos: Embrapa Instrumentação, 1998. 4 p.

36. HUANG, H.; GUO, W.; CHEN, H. In situ FTIR and generalized 2D IR correlation spectroscopic studies on the crystallization behavior of solution-cast PHB film. **Analytical and Bioanalytical Chemistry**, v. 400, n. 1, p. 279-288, 2011.

37. GUERRA-LÓPEZ, J. R.; GÜIDA, J. A.; DELLA VÉDOVA, C. O. Infrared and Raman studies on renal stones: The use of second derivative infrared spectra. **Urological Research**, v. 38, n. 5, p. 383-390, 2010

38. MIANO, T. M.; PICCOLO, A.; CELANO, G.; SENESI, N. Infrared and fluorescence spectroscopy of glyphosate-humic acid complexes. **The Science of the Total Environment**, v. 124, p. 83-92, 1992.

Níquel nas Frações da Matéria Orgânica em Experimento de Longa Duração com Lodo de Esgoto

Suelen Cristina Nunes Alves, Iolanda Maria Soares Reis, Riviane M. Albuquerque Donha, Roberta Souto Carlos, Wanderley José de Melo e Gabriel Maurício P. Melo

1. Introdução

Um dos resíduos urbanos mais estudados para uso na agricultura atualmente é o LE, que vem cada vez mais sendo disposto no solo como fertilizante orgânico. Esse resíduo contém considerável percentual de matéria orgânica, nitrogênio, fósforo e micronutrientes, podendo substituir, ainda que parcialmente, os fertilizantes minerais e desempenhar importante papel na produção agrícola e na manutenção da fertilidade do solo.[1,2]

A decomposição e as neossínteses do material orgânico adicionado ao solo em condições tropicais e subtropicais levam à formação das substâncias húmicas (SH), que, por sua vez, apresentam propriedades importantes na biodisponibilidade de metais às plantas, pois são capazes de formar complexos e quelatos com íons metálicos presentes no solo, agindo como uma barreira geoquímica. Essas propriedades são influenciadas pela quantidade e qualidade das substâncias húmicas, dependendo do material que a originou e das condições ambientais nas quais foram formadas.[3] As SH apresentam três frações: ácidos húmicos (AH), que são solúveis em meio alcalino; ácidos fúlvicos (AF), que são solúveis em meio ácido ou alcalino; e huminas (H), que permanecem ligadas à fase mineral do solo.[4]

Uma das limitações ao uso de LE como fertilizante é a presença de metais pesados, que podem contaminar solos e recursos hídricos superficiais ou subterrâneos; também pode ocorrer a transferência ao homem por meio da absorção e translocação desses elementos nas plantas.[5]

É constante a preocupação com a disponibilidade de metais no solo em decorrência de sucessivas aplicações de LE e da transferência às plantas, por isso a importância de estudos com a adição de LE, principalmente na cultura do milho[6,7], considerando que essa cultura apresenta grande flexibilidade, adaptando-se a diferentes sistemas de plantios.[8] Um desses metais é o níquel, cuja concentração na crosta terrestre é de 0,008%, a maior fração ocorrendo em minerais de rochas metamórficas e ígneas, cujas fontes naturais incluem atividade vulcânica e intemperismo de rochas.[9]

No LE, sua presença se deve aos esgotos de indústrias, que o utilizam em ligas metálicas, em baterias e compostos eletrônicos, cosméticos e catalisadores,[10,11] em tintas, hidrogenação de óleos, recobrimento de superfícies metálicas por eletrólise e substâncias orgânicas.[12] Na solução do solo, o Ni é encontrado principalmente na forma do aquacomplexo $Ni(H_2O)_6^{2+}$.[13] Sua fitodisponibilidade é influenciada por diversos fatores, entre eles pH e teor de C-orgânico.[13,14]

Segundo DUMAT et al. (2006), pela presença de grupamentos funcionais na MOS, pode haver complexação de metais-traço presentes na solução do solo e, desta forma, diminuir sua toxicidade. Então, o C-orgânico dissolvido interage com os metais, formando compostos de baixo peso molecular e também de alto peso molecular.[15]

O objetivo deste trabalho é quantificar o metal pesado níquel nas frações da matéria orgânica de um Latossolo Vermelho eutroférrico (LVef) que foi tratado com LE por 15 anos consecutivos.

2. Metodologia

Experimento de longa duração (15 anos), foi instalado em condições de campo na área experimental da Faculdade de Ciências Agrárias e Veterinárias, Universidade Estadual Paulista "Júlio de Mesquita Filho" (FCAV/UNESP), Campus de Jaboticabal (SP), em um Latossolo Vermelho eutroférrico típico (LVef), textura argilosa a moderado caulinítico-oxídico, em blocos casualizados com quatro tratamentos e cinco repetições, totalizando 20 unidades experimentais com 60 m² (6 m x 10 m) cada, com área útil de 32 m². No 5º ano do experimento foi realizada a análise granulométrica do solo por Melo et al. (2004), cujos resultados são especificados na Tabela 1.[16]

Tabela 1 Valores médios da composição granulométrica (g kg⁻¹) em diferentes camadas de Latossolo Vermelho eutroférrico, textura argilosa (LVef).

Fração	0,0-0,10 m	0,10-0,20 m
Argila	485	508
Silte	297	281
Areia total	219	212
Areia grossa	90	86
Areia fina	129	126

Os tratamentos foram de T0 – sem LE, T5 – 5 t ha^{-1} de LE, T10 – 10 t ha^{-1} de LE e T20 – 20 t ha^{-1} de LE (base seca). Esses tratamentos foram estabelecidos de modo que o LE fornecesse 0% (T0), 100% (T5), 200% (T10) e 400% (T20) do nitrogênio exigido pela cultura do milho, admitindo-se que 1/3 do nitrogênio contido no LE se encontra disponível para as plantas. O LE que foi utilizado no experimento foi obtido na estação de tratamento de esgotos (ETE) da Companhia de Saneamento Básico do Estado de São Paulo (SABESP), localizada em Monte Alto (SP). O resíduo foi submetido à caracterização química em amostras compostas formadas por seis amostras simples, coletadas em diferentes pontos da massa do resíduo.[17] Foram determinados nitrogênio pelo método de Kjeldahl,[18] fósforo pelo método espectrofotométrico do fosfomolibdato[19] e potássio por fotometria de chama no extrato de digestão nítrico-perclórica.[19] O lodo foi aplicado super-ficialmente, sendo distribuído uniformemente na área total do experimento e incorporado por meio de gradagem leve (0,0-0,10 m de profundidade). Após esse procedimento, as parcelas foram sulcadas e então foi aplicada a fertilização mineral, de acordo com a análise química do solo (BOLETIM 100), e caracterização química do LE. Aos 60 dias após a emergência das plantas, foi realizada a amostragem do solo nas profundidades 0,0-0,05; 0,05-0,10 e 0,10-0,20 m para análise química. Foram coletadas 10 amostras simples por parcela, as quais foram unidas e homogeneizadas, formando uma amostra composta. As amostras foram secas ao ar e à sombra, destorroadas, passadas em peneira com 2 mm de abertura de malha e armazenadas em câmara seca.

A extração e o fracionamento da matéria orgânica do solo foram realizados por uma modificação do método de DABIN (1971), adaptado por Duarte (1994), que consiste na extração com água deionizada da fração solúvel e extração das substâncias húmicas (ácidos fúlvicos, ácidos húmicos e humina) das amostras do solo com uma solução alcalina (0,1 mol L^{-1} de NaOH), seguindo-se o fracionamento do extrato obtido em ácidos fúlvicos e húmicos e acidificando o extrato alcalino com H$_2$SO$_4$ concentrado até pH 1. Considerando que a solubilidade das frações são: básico, ácido/básico e insolúvel para ácido húmico, ácido fúlvico e humina, respectivamente.[20,21] Obtidas as frações húmicas da matéria orgânica do solo, para determinação do C-orgânico, tomou-se uma alíquota de cada fração, adicionou-se dicromato de potássio a 2% e sulfato de prata e aqueceu-se em chapa a 200°C. Após esse processo, adicionaram-se 75 mL de água deionizada, 2,5 mL de ácido ortofosfórico, 1 mL de difenilamina e titulou-se com solução de sulfato ferroso amoniacal.

Para a determinação de níquel em cada fração da matéria orgânica, foi empregada a metodologia 3050b proposta pela USEPA (1996), que consiste na digestão em HNO$_3$ + H$_2$O$_2$ + HCl de 10 mL de cada fração, sendo a leitura das concentrações do metal realizada em espectrofotômetro de absorção atômica.[22]

3. Resultados e Discussões

Na fração AH, a camada superficial foi a que mostrou os maiores teores de níquel, diminuindo à medida que foi aumentando a dose de LE (Figura 1). Em virtude de a dinâmica dos metais pesados no solo ser governada por uma série reações químicas, a disponibilidade para as raízes das plantas é controlada por várias reações, como: equilíbrio entre ácidos e bases, complexação iônica, precipitação e dissolução de sólidos, oxirredução, trocas iônicas e adsorção.[23] A diminuição do teor de Ni na fração AH pode ter sido causada por diminuição no próprio teor de AH, pela mobilidade vertical do metal ou por sua concentração na fração humina.

Há ainda de se considerar que os solos do Estado de São Paulo são caracterizados pelo intenso processo de intemperismo e dessilicatização, resultando no acúmulo de óxidos de Fe e Al, fazendo com que nesses solos predominem cargas variáveis, e os sítios de carga superficial negativa dos óxidos de Fe e Al, podendo atrair eletrostaticamente cátions metálicos, imobilizando esses metais.[24]

Segundo Pires et al. (2006), os metais pesados Cd, Cr, Cu, Ni, Pb e Zn, comumente encontrados em LE, são ácidos moles ou de transição, no caso do Cr e do Pb.[23] Assim, os metais Cd, Cu, Ni e Zn, na forma livre na solução, tendem a ser complexados (ligações covalentes) pelos ligantes orgânicos que possuem grupos funcionais com N e/ou S. A reação desses metais com os grupos carboxílicos e fenólicos das moléculas orgânicas deve ser predominantemente de origem eletrostática.

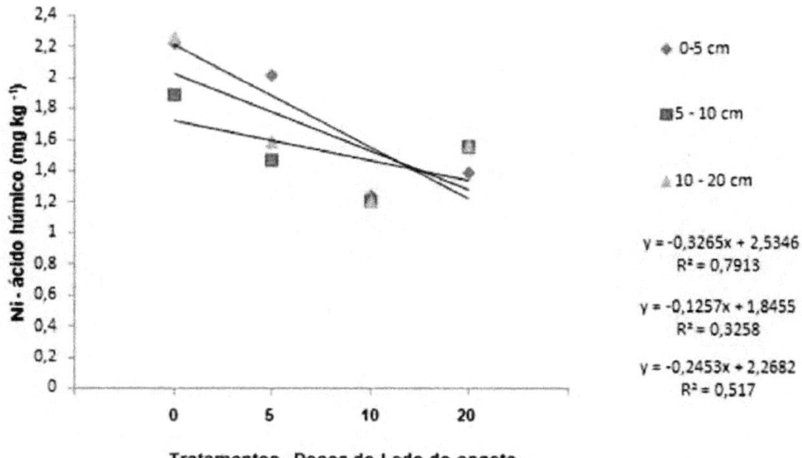

Figura 1 Níquel na fração ácidos húmicos em LVef tratado com LE por 15 anos. Doses de LE em t ha⁻¹. *Fonte:* Suelen Cristina Nunes Alves.

Comportamento similar foi observado para o Ni na fração ácido fúlvico (Figura 2) nas amostras obtidas na profundidade de 0,0-0,05 m. Contudo, as camadas de 0,05-0,10 m e 0,10-0,20 m apresentaram menor variabilidade entre as doses. Tal comportamento sugere mobilização do Ni da camada 0,00-0,05 m para as camadas inferiores e aumento proporcional entre o teor de Ni adicionado pelo LE e a formação de AF.

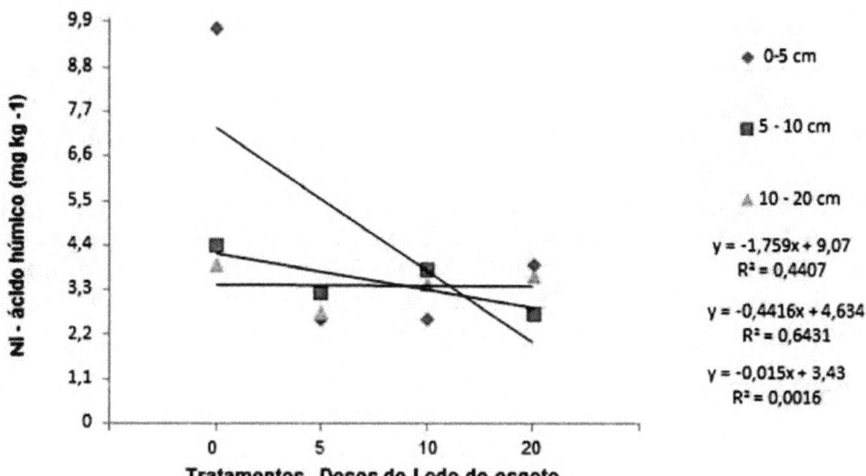

Figura 2 Teor de níquel na fração ácido fúlvico em LVef tratado com LE por 15 anos. Doses de LE em t ha⁻¹. *Fonte:* Suelen Cristina Nunes Alves.

O níquel apresenta grande afinidade por materiais orgânicos.[25,26] Dentre os produtos formados, os mais encontrados são: $NiSO_4$, $NiOH^+$, organocomplexos com ácidos fúlvicos e com ácido cítrico, complexos com óxidos de Fe e Al.[27]

O tratamento T10 apresentou os maiores teores de C-orgânico, sugerindo que doses mais elevadas de LE conduzem a uma perda de C-orgânico do solo, que pode se dever a um aumento na atividade de micro-organismos (Tabela 2).

A aplicação de LE no solo pode estimular a atividade microbiana em virtude do aumento da fonte de energia e de nutrientes, fazendo com os micro-organismos mineralizem a matéria orgânica e disponibilizem nutrientes como N, P e S. O comportamento da população microbiana do solo depende da qualidade e da quantidade dos resíduos que estão sendo adicionados ao solo.[28]

Tabela 2 Teor de C-orgânico em LVef tratado com LE por 15 anos. *Fonte:* Suelen Cristina Nunes Alves.

Prof. (m)	0 – 0,05	0,05 – 0,10	0,10 – 0,20
	mg kg⁻¹		
T0	1,88 b	1,73 b	1,62 b
T5	2,83 ab	2,79 ab	2,91 ab
T10	3,80 a	3,42 a	3,16 a
T20	2,11 b	2,32 ab	1,65 b
CV %	19,86	34,74	38,63

Oliveira et al. (2002), em experimento envolvendo sucessivas aplicações de LE em Latossolo Amarelo distrófico cultivado com cana-de-açúcar, obtiveram aumentos lineares nos teores de C-orgânico do solo com as aplicações de doses crescentes de LE, o que sugere que a qualidade do LE é fator importante no comportamento da matéria orgânica do solo.[29]

4. Conclusões

Os teores de níquel nas frações ácidos húmicos apresentaram diminuição em todas as profundidades com o aumento da dose de lodo de esgoto, enquanto a concentração na fração ácidos fúlvicos permaneceu constante.

Doses de lodo de esgoto de até 10 t ha^{-1}, base seca, promoveram aumento no teor de C-orgânico do solo, enquanto a dose mais elevada de 20 t ha^{-1} promoveu diminuição.

Agradecimentos – À CAPES, pelo fornecimento da bolsa para implementação do projeto de pesquisa de dissertação de mestrado, por meio do programa de pós-graduação em Agronomia com ênfase em ciência do solo, ofertado pela Universidade Estadual Paulista "Júlio de Mesquita Filho", campus de Jaboticabal.

Referências Bibliográficas

1. BARBOSA, G. M. C.; TAVARES FILHO, J. Uso agrícola do lodo de esgoto: influência nas propriedades químicas e físicas do solo, produtividade e recuperação de áreas degradadas. **Semina Ciências Agrárias**, v. 27, n. 4, p. 565-580, 2006.

2. NASCIMENTO, C. W. A.; BARROS, D. A. S.; MELO, E. E. C.; OLIVEIRA, A. B. Alterações químicas em solos e crescimento De milho e feijoeiro após aplicação de lodo de esgoto. **Revista Brasileira de Ciência do Solo**, v. 28, p. 385-392, 2004.

3. KABATA-PENDIAS, A. **Trace Elements in Soils and Plants**. Boca Raton: CRC Press, 2011. 432 p.

4. BENITES, V. M.; MADARI, B.; MACHADO, P. L. O. A. **Extração e fracionamento quantitativo de substâncias húmicas do solo: um procedimento simplificado de baixo custo (Boletim de Pesquisa)**. Rio de Janeiro: Embrapa Solos, 2003. 7 p.

5. GOMES, S. B. V.; NASCIMENTO, C. W. A.; BIONDI, C. M.; ACCIOLY A. M. A. Distribuição de metais pesados em plantas de milho cultivadas em Argissolo tratado com lodo de esgoto. **Ciência Rural**, v. 36, n. 6, p. 1689-1695, 2006.

6. RANGEL, O. J. P.; SILVA, C. A.; BETTIOL, W.; DYNIA, J. F. Efeito de aplicações de lodos de esgoto sobre os teores de metais pesados em folhas e grãos de milho. **Revista Brasileira de Ciência do Solo**, v. 30, p. 583-594, 2006.

7. NOGUEIRA, T. A. R.; SAMPAIO, R. A.; FERREIRA, C. S.; FONSECA, I. M. Produtividade de milho e de feijao consorciados adubados com diferentes formas de lodo de esgoto. **Revista Biologia e Ciências da Terra**, v. 6, n. 1, p. 122-131, 2006.

8. CRUZ, J. C.; PEREIRA FILHO, I. A.; ALVARENGA, R. C.; GONTIJO NETO, M. M.; VIANA, J. H. M.; OLIVEIRA, M. F.; SANTANA, D. P. **Manejo da cultura do milho (Circular Técnica 87)**. Sete Lagoas: Embrapa Milho e Sorgo, 2006. 12 p.

9. Worid Health Organization. **Nickel in drinking Water.Background document for development of WHO Guidelines for Drinking-water Quality**. 2005. Disponível em: http://www.who.int/water_sanitation_health/gdwqrevision/nickel2005.pdf. Acesso em: 11 set. 2016.

10. McGRATH, S. P. Chromium and nickel. In: ALLOWAY, B. J. (Ed). **Heavy metals in soils**. London: Blackie Academic and Professional Publishers, 1995. p. 152-178.

11. BERTOCINI, Edna Ivani. **Comportamento de Cd, Cr, Cu, Ni, e Zn em latossolos sucessivamente tratados com biossólido: extração seqüencial, fitodisponibilidade e caracterição de substâncias húmicas**. 2002. 195 f. Tese (Doutorado em Solos e Nutrição de Plantas) – Escola Superior de Agricultura "Luiz de Queiroz", Universidade de São Paulo, Piracicaba, 2002.

12. Agency for Toxic Substances and Disease Control - ATSDR. **Toxicological Profile Information Sheet**. Disponível em: <http://www.astdr.cdc.gov/toxpro2.html>. Acesso em: 05 set. 2015.

13. MELLIS, Estevão Vicari. **Adsorção e dessorção de Cd, Cu, Ni e Zn, em solo tratado com lodo de esgoto**. 2006. 174 f. Tese (Doutorado em Solos e Nutrição de Plantas) – Escola Superior de Agricultura "Luiz de Queiroz", Universidade de São Paulo, Piracicaba, 2006.

14. MATTIAZZO-PREZOTTO, Maria Emília. **Comportamento de cobre, cádmio, crômio, níquel e zinco adicionado a solos de clima tropical em diferentes valores de pH**. 1994. 197 f. Tese (Livre Docência) – Escola Superior de Agricultura "Luiz de Queiroz", Universidade de São Paulo, Piracicaba, 1994.

15. DUMAT, C.; QUENEA, K.; BERMOND, A. Study of the trace metal ion influence on the turnover of soil organic matter in cultivated contaminated soils. **Environmental Pollution**, v. 142, p. 521-529, 2006.

16. MELO, V. P.; BEUTLER, A. N.; SOUZA, Z. M.; CENTURION, J. F.; MELO, W. J. Atributos físicos de Latossolos adubados durante cinco anos com biossólido. **Pesquisa Agropecuária Brasileira**, v. 39, n. 1, p. 67-72, 2004.

17. ASSOCIAÇÃO BRASILEIRA DE NORMAS TÉCNICAS - ABNT. NBR 10.007: **Resíduos sólidos**: amostragem de resíduos sólidos. Rio de Janeiro, 2004. 21p.

18. MELO, Wanderley José. **Variação do N-amoniacal e N-nítrico em um Latossolo Roxo cultivado com milho (Zea mays L.) e com lablab (Dolichos lablab L.)**. 1974. 104 f. Tese (Doutorado em Solos e Nutrição de Plantas) – Escola Superior de Agricultura "Luiz de Queiroz", Universidade de São Paulo, Piracicaba, 1974.

19. MALAVOLTA, E.; VITTI, G. C.; OLIVEIRA, S. A. **Avaliação do estado nutricional das plantas**: princípios e aplicações. Piracicaba: POTAFOS, 1997. 319 p.

20. DUARTE, Adilson Pereira. **Calagem e sistemas de rotação de culturas. Efeitos nas características e propriedades da matéria orgânica do solo**. 1994. 165 f. Dissertação (Mestrado em Agronomia) – Faculdade de Ciências Agrárias e Veterinárias, Universidade Estadual Paulista, Jaboticabal 1994.

21. DABIN B. Étude d'une méthode d'extraction de la matière humique du sol. **Scientia du Sol**, v. 1, p. 47-63, 1971.

22. USEPA - UNITED STATES ENVIRONMENTAL PROTECTION AGENCY. **Acid digestion of sediments,sludges and soils**. Method 3050b. Washington, EPA, 1996. 12p. Disponível em: <http://www.epa.gov/sw-846/pdfs/3050b.pdf>. Acesso em: 15 maio 2015.

23. PIRES, A. M. M.; ANDRADE, C. A.; COSCIONE, A. R. Metais pesados em solos tratados com lodo de esgoto. In: SPADOTTO, C. A.; RIBEIRO, W. C. (Eds.). **Gestão de resíduos na agricultura e agroindustria**. Botucatu: FEPAF, 2006. Cap IX, p. 205-232.

24. ALLEONI, L. R. F.;CAMARGO, O. A. Óxidos de ferro e de alumínio, e mineralogia da fração argila deferrificada de latossolos ácricos. **Scientia Agricola**, v. 53, p. 416-421, 1995.

25. SENESI, N.; SPOSITO, G.; HOLTZCLAW, K. M.; BRADFORD, G. R. Chemical properties of metal-humic fractions of a sewage slude-amended aridisol. **Journal of Environmental Quality**, v. 18, p. 186-194, 1989.

26. EGREJA FILHO, F. B. **Extração seqüencial de metais pesados em solos altamente intemperizados: utilização de componentes-modelo e planejamento com misturas ternárias na otimização do modelo**. 2000. 287 f. Tese (Doutorado em Solos e Nutrição de Plantas) – Universidade Federal de Viçosa, Viçosa, 2000.

27. UREN, N. Forms, reactions, and availability of Ni in soils. **Advances in Agronomy**, v. 48, p. 141-195, 1992.

28. BETTIOL, W.; FERNANDES, S. A. P.; CERRI, C. C. Efeito do LE na atividade microbiana do solo. In: **Lodo de esgoto: impactos ambientais na agricultura**. Jaguariúna: Embrapa Meio Ambiente, 2006. 347 p.

Potencial de Lixiviação de Deltametrina, Glifosato e AMPA em Latossolo Vermelho

Fernanda Benetti, Paulo Roberto Dores-Silva, Maria Diva Landgraf e Maria Olímpia Oliveira Rezende

1. Introdução

O sistema de produção agrícola adotado nos últimos 20 anos tem sido altamente dependente do uso de agroquímicos (agrotóxicos, fertilizantes e outros insumos) para assegurar produtividade, expondo os recursos hídricos ao aporte de agrotóxicos aplicados nas culturas para áreas não alvo e, assim, expondo o ambiente como um todo a risco de contaminações.[1] Em virtude do crescente uso, é cada vez maior a pressão para que o Brasil estabeleça valores máximos permitidos para o emprego de agrotóxicos no solo.

O comportamento de agrotóxicos no ambiente é orientado basicamente pelos processos de retenção, transformação e transporte. Os principais processos que favorecem o transporte de agrotóxicos são volatilização, lixiviação, escoamento superficial (ou *run-off*) e evaporação.[1]

No que se refere à aplicação de pesticidas e o meio ambiente, com especial atenção à qualidade das águas superficial e subterrânea, é interessante avaliar se existe risco potencial de esse agrotóxico vir a ser lixiviado pelo solo e contaminar algum corpo d'água.[1]

Muitos pesquisadores têm proposto vários métodos para verificar se há chance de determinado pesticida lixiviar.[2,3] Alguns modelos propõem limites para uma propriedade física ou conjunto de propriedades que, quando excedidos, indicariam que o pesticida apresenta potencial de lixiviação, ou então modelos analíticos ou numéricos muito simples, no sentido de prever a possibilidade de lixiviação.[4]

Por muitos anos, a mobilidade dos pesticidas foi identificada como característica-chave na avaliação do potencial de lixiviação, exigindo o uso de mecanismos como o coeficiente de sorção para ordenar o potencial de mobilidade de pesticidas no solo. Entretanto, a mobilidade por si só não constitui bom indicador de lixiviação e de potencial de contaminação de água subterrânea. A combinação mobilidade/persistência é que determina se o composto será degradado durante seu tempo de permanência no solo.[4]

Como alternativa para simplificar índices de mobilidade, é recomendado o uso de modelo que inclua a influência de mobilidade e a meia-vida na avaliação do potencial de lixiviação. Um índice bastante utilizado para elucidar esse potencial é um modelo matemático conhecido como índice de GUS (Groundwater Ubiquity Score ou índice de vulnerabilidade de águas subterrâneas).[1]

Deltametrina, glifosato e seu principal metabólito, ácido aminometilfosfônico (AMPA), podem contaminar águas subterrâneas e solos, provocando sério impacto à cadeia trófica.

A deltametrina (usada no combate a vetores de doenças em plantas e animais) promove despolarização persistente na membrana dos nervos pelo influxo contínuo de íons Na^+, com redução na amplitude do potencial de ação e colapso na condução axonal, prejudicando, assim, a transmissão do impulso nervoso, trazendo prejuízo ao desenvolvimento de animais e de humanos.[5,6]

O glifosato (usado no combate a plantas invasoras na agricultura) apresenta custo relativamente baixo e boa eficiência agronômica, o que se reflete em sua grande aplicação.[7] Há estudos na literatura relacionando o glifosato a distúrbios gastrointestinais, má-formação e como agente de contribuição para o Mal de Parkinson.[8-10] Seu principal metabótito, o AMPA, apresenta maior persistência no ambiente (a meia-vida do glifosato pode ser inferior a 3 dias, enquanto a meia-vida do AMPA varia entre 119 e 958 dias) e também pode contribuir para esses malefícios.[11]

Portanto, o estudo da interação desses xenobióticos com o solo é de fundamental importância para se determinar a mobilidade desses compostos no ambiente, a fim de prevenir futuras contaminações. O objetivo deste trabalho foi prever empiricamente o potencial de lixiviação dos três xenobióticos em latossolo vermelho, o tipo mais comum na região central do estado de São Paulo, por meio de ensaios de adsorção.

2. Metodologia

Os ensaios de sorção para deltametrina, glifosato e AMPA foram divididos em duas partes. A primeira foi realizada avaliando diferentes concentrações de soluções-padrão de deltametrina, e na segunda usaram-se diferentes concentrações de solução-padrão mix de glifosato e AMPA. O procedimento de ensaio foi o mesmo para os dois casos.

O ensaio partiu da pesagem de 14 massas de 1,00 g de latossolo vermelho cada, seguida de transferência do material para 14 erlenmeyers de 150 mL: em cada frasco, adicionaram-se 10,0 mL de soluções de diferentes concentrações do xenobiótico estudado (0,1; 0,25; 0,5; 0;75; 1,0; 2,0; 4,0; 6,0;

8,0; 10,0; 15,0; 20,0; 25,0 e 50,0 mg L^{-1}), tendo a solução aquosa de CaCl$_2$ 0,01 mol L^{-1} como eletrólito-suporte. As amostras contendo as misturas dos xenobióticos e solo foram submetidas à agitação orbital em uma mesa agitadora por 12 horas, à temperatura ambiente. Em seguida, as amostras foram centrifugadas por 15 min a 3000 rpm.

Os sobrenadantes foram retirados cuidadosamente, filtrados em filtro de 0,45 μm e posteriormente determinados por cromatografia líquida de alta eficiência (CLAE) com detector ultravioleta visível (UV-Vis), com as seguintes condições cromatográficas: comprimento de onda: 225 nm; coluna Zorbax Eclipse XDB-C18 (250 x 4,6 x 5 ìm); fluxo da fase móvel: 1,0 mL min^{-1} em modo isocrático; solvente de arraste: acetonitrila; composição da fase móvel: acetonitrla (90%) e água (10%); e volume de amostra injetado: 20 ìL.

O procedimento foi realizado em triplicata, e os resultados experimentais obtidos foram ajustados segundo as curvas de sorção propostas por Freundlich.

Foram calculados os valores de Kd (constante de distribuição em dada concentração), também conhecida como coeficiente de distribuição, para a determinação da capacidade adsortiva do latossolo vermelho, conforme a Equação 1.

$$K_d = \frac{x/m}{Ce} \tag{1}$$

em que: Kd = coeficiente de distribuição (L kg^{-1}); x/m = quantidade do xenobiótico sorvido por massa de solo (mg kg^{-1}); Ce = concentração do xenobiótico na solução em equilíbrio com o solo (mg L^{-1}).

Em virtude da importância do carbono orgânico presente no solo no processo de sorção e distribuição de compostos orgânicos, o coeficiente de distribuição (Kd) é geralmente expresso por coeficiente de distribuição do contaminante na fração orgânica do solo (Koc), apresentado na Equação 2.

$$K_{oc} = \left(K_d / C \right) \times 1000 \tag{2}$$

em que: Koc = coeficiente de distribuição normalizado pelo teor de carbono orgânico (L kg^{-1}); C = teor de carbono orgânico (g kg^{-1}).

Para a avalição do potencial de lixiviação da deltametrina e do glifosato, foi utilizado o índice de GUS, que indica o potencial de lixiviação, a partir dos dados de Koc (coeficiente de adsorção à matéria orgânica) e o tempo de meia-vida do xenobiótico contaminante no solo. O cálculo obedece à Equação 3:[1]

$$GUS = \log(t\,^1/_2) \; x \; (4 - \log(Koc))$$ (3)

em que: $t_{1/2}$ = tempo de meia-vida do pesticida no solo; Koc = coeficiente de adsorção na fração orgânica do solo.

Uma vez identificado esse índice, eles obedecem a uma tendência de lixiviação de acordo com o intervalo:[1]

GUS < 1,8: não sofre lixiviação (NL)

1,8 < GUS < 2,8: faixa de transição

GUS > 2,8: provável lixiviação (PL)

3. Resultados e Discussões

A sorção de compostos orgânicos varia de acordo com o tipo de solo. Logo, determinar os coeficientes de distribuição (Kd e Koc) em solo natural representa melhor a realidade.

As Tabelas de 1 a 3 apresentam os valores de Kd, Koc e índice de GUS para a deltametrina, AMPA e glifosato em latossolo vermelho.

Tabela 1 Potencial de lixiviação da deltametrina em latossolo vermelho de acordo com o índice de GUS. *Fonte:* Fernanda Benetti.

Concentração mg L⁻¹	Kd L kg⁻¹	Koc L kg⁻¹	GUS
0,1	$4,79 \times 10^2$	$1,57 \times 10^4$	– 0,2900
0,25	$6,65 \times 10^2$	$2,18 \times 10^4$	– 0,5000
0,5	$1,23 \times 10^3$	$4,04 \times 10^4$	– 0,8956
0,75	$2,71 \times 10^3$	$8,89 \times 10^4$	– 1,402
1,0	$1,08 \times 10^3$	$3,54 \times 10^4$	– 0,8111
2,0	$4,64 \times 10^3$	$1,52 \times 10^5$	– 1,747
4,0	$1,69 \times 10^3$	$5,53 \times 10^4$	– 1,097
6,0	$4,65 \times 10^3$	$1,52 \times 10^5$	– 1,747
8,0	$2,44 \times 10^3$	$8,00 \times 10^4$	– 1,335
10,0	$1,38 \times 10^4$	$4,53 \times 10^5$	– 2,446
15,0	$3,59 \times 10^4$	$1,18 \times 10^6$	– 3,059
20,0	$3,93 \times 10^3$	$1,29 \times 10^5$	– 1,640
25,0	$6,01 \times 10^3$	$1,97 \times 10^5$	– 1,912
50,0	$6,00 \times 10^4$	$1,96 \times 10^6$	– 3,388

Tabela 2 Potencial de lixiviação do AMPA em latossolo vermelho de acordo com o índice de GUS. *Fonte:* Fernanda Benetti.

Concentração mg L^{-1}	Kd $L\ kg^{-1}$	Koc $L\ kg^{-1}$	GUS
0,1	$1,34x10^4$	$4,40x10^6$	–2,429
0,25	$3,61x10^4$	$1,18x10^6$	–3,062
0,5	$7,28x10^3$	$2,39x10^5$	–2,036
0,75	$6,72x10^3$	$2,20x10^5$	–1,984
1,0	$2,00x10^3$	$6,56x10^5$	–1,207
2,0	$1,72x10^3$	$5,64x10^5$	–1,110
4,0	$7,23x10^3$	$2,37x10^5$	–2,031
6,0	$1,29x10^3$	$4,22x10^4$	–0,923
8,0	$7,32x10^3$	$2,40x10^5$	–2,039
10,0	$1,05x10^4$	$3,44x10^5$	–2,270
15,0	$4,30x10^3$	$1,41x10^5$	–1,697
20,0	$7,16x10^3$	$2,36 x10^5$	–2,024
25,0	$3,46x10^3$	$1,13x10^5$	–1,558
50,0	$5,49x10^3$	$1,80x10^5$	–1,854

O coeficiente de distribuição Kd é uma importante ferramenta na estimativa do potencial de sorção do contaminante dissolvido em contato com o solo. Kd é definido como a razão entre a concentração de uma espécie na fase sólida e a que está em equilíbrio na solução, depois de determinado tempo de reação. É um parâmetro útil para comparar as capacidades absorventes de diferentes solos ou materiais, quando medidos de acordo com as mesmas condições experimentais. Quanto maior o Kd, maior a tendência de o contaminante ficar adsorvido no solo.[12]

Já Koc é o coeficiente de distribuição do contaminante entre solo-água corrigido pelo conteúdo da matéria orgânica do solo. A força de sorção entre a deltametrina, glifosato, AMPA e o solo é medida pelo coeficiente de distribuição Koc, que depende das propriedades físico-químicas desses contaminantes e da porcentagem de carbono orgânico do solo.

O solo estudado apresentou 3,05% de carbono orgânico. Sendo assim, é possível observar, para todas as concentrações avaliadas, que o índice de GUS é inferior a 1,8, logo, a deltametrina, o glifosato e o AMPA não lixiviam no solo estudado e a probabilidade de existir uma contaminação de um corpo d'água por lixiviação é baixa.

Tabela 3 Potencial de lixiviação do glifosato em latossolo vermelho de acordo com o índice de GUS. *Fonte:* Fernanda Benetti.

Concentração mg L^{-1}	Kd L kg^{-1}	Koc L kg^{-1}	GUS
0,1	$2,67x10^3$	$8,77x10^4$	–1,393
0,25	$3,29x10^3$	$1,08x10^5$	–1,526
0,5	$2,90x10^4$	$9,50x10^5$	–2,921
0,75	$1,56x10^4$	$5,11x10^5$	–2,524
1,0	$6,12x10^4$	$2,01x10^6$	–3,401
2,0	$1,83x10^4$	$6,01x10^5$	–2,628
4,0	$5,28x10^4$	$1,73x10^6$	–3,307
6,0	$3,73x10^4$	$1,22x10^6$	–3,083
8,0	$7,92x10^4$	$2,60x10^6$	–3,567
10,0	$8,00x10^4$	$2,62x10^6$	–3,573
15,0	$7,98x10^4$	$2,62x10^6$	–3,571
20,0	$9,71x10^4$	$3,18x10^6$	–3,697
25,0	$1,06x10^5$	$3,47x10^6$	–3,753
50,0	$1,71x10^5$	$5,59x10^6$	–4,059

O estudo de Jabeen e colaboradores, avaliando deltametrina em corpos d'água, confirmou esse resultado. Resíduos do piretroide foram encontrados em sedimento e peixes, mas não em água superficial. A deltametrina apresenta baixo potencial tóxico para seres humanos, porém, é extremamente tóxica para peixes e invertebrados aquáticos, em virtude de seu metabolismo mais lento. Os piretroides apresentam a seguinte ordem de toxicidade: peixes > anfíbios > mamíferos > aves. É interessante notar que, apesar do baixo risco de toxicidade direta, a contaminação dos sistemas aquáticos pode trazer consequências desastrosas para toda a cadeia trófica, incluindo os seres humanos.[13,14]

No que diz respeito ao glifosato (e, consequentemente, ao AMPA), a literatura apresenta exemplos de resíduos encontrados em águas superficiais e de abastecimento, evidenciando que a lixiviação (ou transporte por arraste) pode ocorrer mesmo o glifosato apresentando baixo potencial de lixiviação. Albers e colaboradores afirmam que a lixiviação pode ocorrer em condições específicas. A mobilidade do glifosato no solo pode ser diminuída por meio da formação de complexos entre glifosato e substâncias húmicas solúveis em água.[15]

Pelos experimentos realizados, é possível observar que o glifosato apresenta alta adsorção no solo e baixo risco de lixiviação, porém, no Brasil, Delmonico e colaboradores encontraram 2,1-2,9 ìg L⁻¹ de AMPA e 2,3-3,3 ìg L⁻¹ de glifosato em águas de abastecimento público na cidade de Maringá (PR). Freire e colaboradores monitoraram o rio Maringá e lá também encontraram resíduos de glifosato.[16,17]

Na Argentina, o trabalho de Aparício e colaboradores encontrou resíduos de glifosato e AMPA em água superficial em 15 e 12% das amostras, respectivamente, de 44 córregos amostrados no país.[18]

4. Conclusões

Deltametrina, glifosato e AMPA têm forte interação com a matéria orgânica, e isso pode ser evidenciado pelo índice de GUS, todos com valores menores que 1,8. Isso mostra que esses xenobióticos dificilmente serão lixiviados para corpos d'água ou para camadas inferiores do solo.

Os resultados obtidos neste trabalho podem esclarecer questões a respeito da retenção desses xenobióticos no solo, contribuindo para a remediação eficaz ou até mesmo a prevenção da contaminação de corpos d'água.

Agradecimentos – Fernanda Benetti agradece ao Instituto de Química de São Carlos e à FAPESP (2011/22651-8) pela bolsa concedida.

Referências Bibliográficas

1. PESSOA, M. C. P. Y.; SCRAMIN, S.; CHAIM, A.; FERRACINI, V. L. **Transporte de agrotóxicos usados no Brasil por modelos screening e planilha eletrônica**. Jaguariúna: Embrapa Meio Ambiente, 2007. 24 p.

2. CAMINO-SÁNCHEZ, F. J.; ZAFRA-GÓMEZ, A.; DORIVAL-GARCÍA, N.; JUÁREZ-JIMÉNEZ, B.; VÍLCHEZ, J. L. Determination of selected parabens, benzophenones, triclosan and triclocarban in agricultural soils after and before treatment with compost from sewage sludge: A lixiviation study. **Talanta**, v. 150, p. 415-424, 2016.

3. DI GUARDO, A.; FINIZIO, A. A moni-modelling approach to manage groundwater risk to pesticide leaching at regional scale. **Science Total Environmental**, v. 545-546, p. 200-209, 2016

4. SPADOTTO, C. A.; FILIZOLA, H. F.; GOMES, M. A. F. Avaliação do potencial de lixiviação de pesticidas em latossolo da região de Guaíra, SP. Pesticidas: **Revista de Ecotoxicologia e Meio Ambiente**, v. 11, p. 127-136, 2001.

5. SANTOS, M. A. T.; RODRIGUES, M. V. N.; ÁREAS, M. A.; REYES, F. G. Deltamethrin and permethrin in the liver and heart os wistar rats submitted to oral subchronic exposure. **Journal of the Brazilian Chemical Society**, v. 22, n. 5, p. 891-896, 2011.

6. VELKI, M.; HACKENBERGER, B. K. Biomarker responses in earthworm Eisenia andrei exposed to pirimiphos-methyl and deltamethrin using different toxicity tests. **Chemosphere**, v. 90, n. 3, p. 1216-26, jan. 2013.

7. SOUZA, T. A.; MATTA, M. H. R.; MONTAGNER, E.; ABREU, A. B. G. Estudo de recuperação de glifosato e AMPA derivados em solo utilizando-se resinas nacionais. **Química Nova**, v. 29, n. 6, p. 1372-1376, 2006

8. BARCELLOS, C.; MATHIS, M. B.; FARIA, S.; KAMEL, A. **Profissão Repórter – Agrotóxicos.** 2015. Disponível em: http://globoplay.globo.com/v/4584384/. Acesso em: 03/02/2016.

9. ANADÓN, A.; MARTÍNEZ-LARRANAGA, M. R.; MARTINÉZ, M. A.; CASTELLANO, V. J.; MARTÍNEZ, M.; MARTIN, M. T.; NOZAL, M. J.; BERNAL, J. L. Toxicokinetics of glyphosate and its metabolite aminomethyl phosphonic acid in rats. **Toxicology Letters**, v. 190, n. 1, p. 91-5, 8 out. 2009

10. BATES, N.; EDWARDS, N. Glyphosate toxicity in animals. **Clinical Toxicology**, v. 51, n. 10, p. 1243, 2013.

11. TONI, L. R. M.; SANTANA, H. S.; ZAIA, A. M. Adsorção de glifosato sobre solos e minerais. **Química Nova**, v. 29, n. 4, p. 829-833, 2006.

12. SHAHEEN, S. M.; TSADILAS, C. D.; RINKLEBE, J. A review of the distribution coefficients of trace elements in soils: Influence of sorption system, element characteristics, and soil colloidal properties. **Advances in Colloid and Interface Science**, v. 201-202, p. 43-56, 2013

13. JABEEN, F.; CHAUDHRY, A. S.; MANZOOR, S.; SHAHEEN, T. Examining pyrethroids, carbamates and neonicotenoids in fish, water and sediments from the Indus River for potential health risks. **Environmental Monitoring and Assessment**, v. 187, n. 2, 2015.

14. MONTANHA, F. P.; PIMPÃO, C. T. Efeitos toxicológicos de piretróides (cipermetrina e deltametrina) em peixes. **Revista Científica Eletrônica de Medicina Veterinária**, v. 9, n. 18, p. 58, 2012.

15. ALBERS, C. N.; BANTA, G. T.; HANSEN, P. E.; JACOBSEN, O. S. The influence of organic matter on sorption and fate of glyphosate in soil - Comparing different soils and humic substances. **Environmental Pollution**, v. 157, n. 10, p. 2865-70, 2009.

16. DELMONICO, E. L.; BERTOZZI, J.; SOUZA, N. E.; OLIVEIRA, C. C. Determination of glyphosate and aminomethylphosphonic acid for assessing the quality tap water using SPE and HPLC. **Acta Scientiarum. Technology**, v. 36, n. 3, p. 513, 2014.

17. FREIRE, R.; SCHNEIDER, R. M.; FREITAS, F. H.; BONIFÁCIO, C. M.; TAVARES, C. R. G. Monitoring of toxic chemical in the basin of Maringá stream. **Acta Scientiarum Technology**, v. 34, n. 3, p. 295-302, 2012.

18. APARÍCIO, V. C.; GERÓNIMO, E. D.; MARINO, D.; PRIMOST, J.; CARRIQUIRIBORDE, P.; COSTA, J. Environmental fate of glyphosate and aminometrhylphosphonic acid in surface waters and soil of agricultural basins. **Chemosphere**, v. 93, p. 1866-1873, 2013.

Sorção de Carbofuran e Diuron em Ácidos Húmicos de Turfa

Tiago da Silva Pinto, Lia Gracy Rocha Diniz e Eny Maria Vieira

1. Introdução

As substâncias húmicas (SH) interagem com inúmeros compostos presentes no solo, incluindo contaminantes orgânicos e inorgânicos. As substâncias húmicas são divididas em três principais frações – os ácidos húmicos (AH), os ácidos fúlvicos (AF) e a humina (HUM) –, cada uma com diferentes características físico-químicas. Segundo Vieira et al.,[1] o comportamento dos herbicidas no solo, por exemplo, é bastante complexo e é resultante de vários fatores, sendo um deles a interação com os constituintes das diferentes frações contidas no solo (ácido húmico, ácido fúlvico, humina, argila, óxidos, etc.). Neste contexto, a avaliação do impacto do uso de agrotóxicos em sistemas de produção é relevante em dois sentidos: agronômico, por propiciar ação defensiva às culturas; e ambiental, como contaminante que pode afetar os ecossistemas.

É importante conhecer os processos de retenção de pesticidas no solo, pois, além de determinar sua eficiência no controle de pragas-alvo, pode auxiliar na avaliação dos riscos ambientais envolvidos. Segundo Khan,[2] a adsorção pela matéria orgânica pode controlar a quantidade de um pesticida na solução do solo e, assim, determinar sua persistência, mobilidade, lixiviação e biodisponibilidade.

Stevenson[3] aponta que a informação sobre a natureza das interações entre matéria orgânica e os pesticidas pode proporcionar uma base mais racional para sua eficaz utilização, reduzindo, assim, os efeitos secundários indesejáveis em virtude da lixiviação e da contaminação do ambiente.

Em 2010, o Brasil tornou-se líder mundial no consumo de pesticidas, integrando cerca de 19% da produção mundial desses compostos em sua cadeia produtiva, ultrapassando os Estados Unidos, que movimentaram 17% do mercado naquele ano.[4]

O carbofuran ($C_{12}H_{15}NO_3$) é um inseticida e nematicida, de ação sistêmica, do grupo dos carbamatos. Possui classificação toxicológica I (extremamente tóxico) pela ANVISA (Agência Nacional de Vigilância Sanitária) e classe ambiental II (muito perigoso ao meio ambiente) pelo IBAMA (Instituto Brasileiro do Meio Ambiente e dos Recursos Naturais Renováveis).[5]

O diuron ($C_9H_{10}C_{12}N_2O$) é um herbicida seletivo, de ação sistêmica de pré e pós-emergência do grupo das ureias substituídas. Possui classificação toxicológica III (medianamente tóxico) pela ANVISA e classificação ambiental II (muito perigoso ao meio ambiente) pelo IBAMA.[6] A fórmula estrutural do carbofuran e do diuron está representada na Figura 1. O objetivo deste estudo foi avaliar a sorção (adsorção e dessorção) dos pesticidas carbofuran e diuron em ácidos húmicos extraídos de turfa.

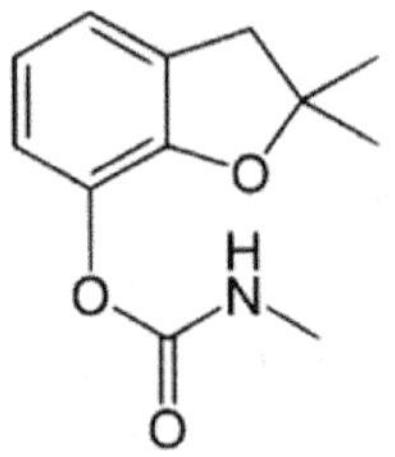

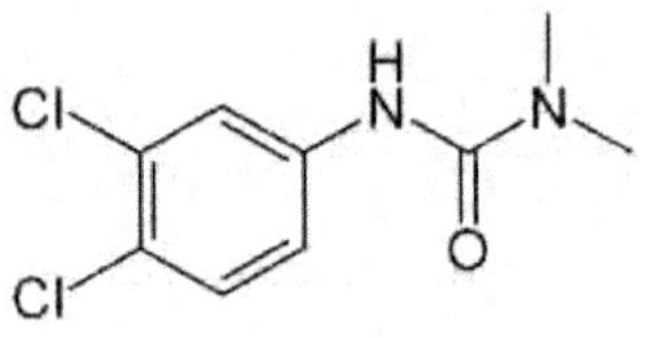

Figura 1 Fórmulas estruturais do carbofuran (a) e diuron (b), respectivamente. *Fonte:* CAS.[7,8]

2. Metodologia

O experimento foi conduzido no Laboratório de Química Analítica, Ambiental e Ecotoxicologia (LaQuAAE) do Instituto de Química de São Carlos (IQSC), SP. As amostras foram coletadas em uma turfeira localizada na cidade de Luis Antônio, SP, em área de influência do Rio Mogi-Guaçu, sob as seguintes coordenadas geográficas: 21°33'19"S 47°55'08"W, e *datum horizontal* WGS84. Na área da turfeira existe um curso d'água que deságua no Rio Mogi-Guaçu. Em virtude da topografia desfavorável ao fluxo e da intermitência desse curso d'água, formou-se a zona úmida que estabeleceu a turfeira em questão. O uso do solo no entorno é basicamente agrícola, havendo a presença de pequenas propriedades rurais, uma indústria de papel e celulose e uma área de reflorestamento. Além disso, a turfeira está situada há aproximadamente 5 km dos limites da Reserva Ecológica do Jataí (Figura 2).

Após a coleta do organossolo (turfa), foi feita a extração, fracionamento das SH e purificação dos AH por uma adaptação do método de Swift[9], conforme sugerido pela IHSS (International Humic Substances Society).

O método foi reproduzido até a etapa de diálise. Após essa etapa, utilizou-se o processo de eluição em resinas de troca iônica. Para melhor remoção de ânions e cátions metálicos, utilizaram-se resinas de poliestireno reticulado com ligações cruzadas de divinilbenzeno (DVB), Amberlite IRA-400 (troca aniônica fortemente básica) e IR-120 (troca catiônica fortemente ácida). O material obtido foi submetido à liofilização.

Figura 2 Mapa com coordenadas geográficas da turfeira e uso do solo na região de entorno. *Fonte:* Tiago da Silva Pinto.

A determinação dos pesticidas foi feita utilizando um cromatógrafo a líquido (HPLC) Agilent 1200 Series equipado com detector de arranjo de diodos (DAD). Utilizou-se também uma coluna cromatográfica Agilent Eclipse C18 Rapid Resolution (100 x 4,6 mm; 3,5 μm). O modo de eluição foi o isocrático, com a proporção de fase móvel 45:55 (ACN:H$_2$O). A vazão de fase móvel utilizada foi de 1,0 mL min^{-1}. O volume da alça de injeção foi de 20 μL. O comprimento de onda definido para a análise foi de 250 nm para o diuron e 280 nm para o carbofuran; os tempos de retenção foram de 3,8 min e 3,18 min, respectivamente.

A água ultrapura foi obtida por meio do Sistema Milli-Q da Millipore (Billerica, EUA). A acetonitrila (ACN) grau HPLC foi produzida pela empresa Pancreac (Barcelona, Espanha). Foram preparadas soluções estoque na concentração de 2000 mg L^{-1} de carbofuran (99% de pureza) e 2010 mg L^{-1} de diuron (98% de pureza), por meio da dissolução do analito em acetonitrila. Os padrões foram obtidos de Sigma-Aldrich (Seelze, Alemanha). A partir desta solução, prepararam-se outras soluções por diluições sucessivas em solução aquosa de cloreto de cálcio (CaCl$_2$ 0,01 M). As concentrações obtidas para as soluções de trabalho foram 0,005; 0,01; 0,025; 0,25; 0,5; 1,0; 1,5; 3,0; 6,5; e 12 mg L^{-1}. A proporção máxima de ACN nas soluções de trabalho foi de 0,6%.

A metodologia para estudo de sorção dos pesticidas em ácidos húmicos foi adaptada de Ferreira et al.[10]. Assim, foram utilizadas soluções dos pesticidas estudados nas concentrações: 0; 0,5; 1; 1,5; 3; 6; e 12 mg L^{-1}, mantidas em contato por 24 h sob agitação orbital e temperatura controlada (22 °C ± 1°), com 20 mg de AH em pH 3,5 e 6,5. O procedimento foi feito em duplicata. Após esse período, a mistura foi centrifugada por 15 minutos sob a velocidade de 10000 RPM. O sobrenadante foi filtrado em membrana de náilon de 25 mm de diâmetro e 0,20 µm de abertura de poro, sendo posteriormente analisado por HPLC. Os ensaios de dessorção foram realizados adicionando-se o mesmo volume de solução de CaCl$_2$ 0,01 mol L^{-1}, isenta dos pesticidas, aos tubos utilizados para os ensaios de adsorção. Esses tubos foram submetidos à nova agitação pelo mesmo tempo e temperatura em que foram feitos os ensaios de adsorção. Após agitação, as amostras foram centrifugadas a 10000 RPM, por 15 minutos. O sobrenadante foi retirado, sendo parte filtrada em membrana de náilon de 0,20 µm x 25 mm, e analisado em HPLC. As áreas dos picos cromatográficos observados para os pesticidas no HPLC foram comparadas às curvas previamente obtidas na curva de calibração dos pesticidas. O balanço entre a concentração de pesticida que ficou retido no AH e a concentração que ficou na solução em equilíbrio (sobrenadante) pode ser avaliado por isotermas de sorção, utilizando-se modelos matemáticos para descrevê-las.

Para o presente estudo, utilizou-se o modelo de Freundlich, que é descrito da seguinte forma:

$$\frac{x}{m} = K_f C_e^{1/n}$$

em que $\frac{x}{m}$ é a razão entre pesticida (soluto – 'x') adsorvido por massa de matéria orgânica (adsorvente – 'm'), C_e é a concentração de pesticida em solução no equilíbrio e K_f e n são constantes que dependem da solução, do soluto e do adsorvente.

3. Resultados e Discussões

Após a quantificação dos cromatogramas, realizou-se a interpolação em gráficos de dispersão. As isotermas de Freundlich obtidas nos ensaios de sorção estão representadas na Figura 3. As equações obtidas nos ensaios de sorção são mostradas na Tabela 1, e os parâmetros de sorção são mostrados na Tabela 2.

Giles et al. (1960)[11] desenvolveram um sistema empírico de classificação das isotermas de adsorção, das quais se destacam quatro tipos: curvas S (Spherical), com inclinação linear e convexa, indicando adsorção inicial baixa e aumentada à medida que o número de moléculas adsorvidas aumenta;

L (Langmuir), com diminuição da disponibilidade dos sítios de adsorção quando a concentração da solução aumenta; H (High affinity), com alta afinidade pelo soluto adsorvido; e C (Constant partition), com partição constante do soluto entre a solução e o adsorvente.

Com base nessa classificação, e analisando-se a Figura 3 e a Tabela 1, pode-se atribuir ao presente estudo dois tipos de comportamentos diferentes para a adsorção/dessorção dos pesticidas analisados: os dados do carbofuran tiveram melhor ajuste (maior valor de R^2) na curva de formato "C", ou seja, possui partição constante, indicando baixa interação com os AH (adsorvente). Já os dados do diuron tiveram melhor ajuste na curva de formato "L", o que é forte indicativo da afinidade entre o diuron e os AH.

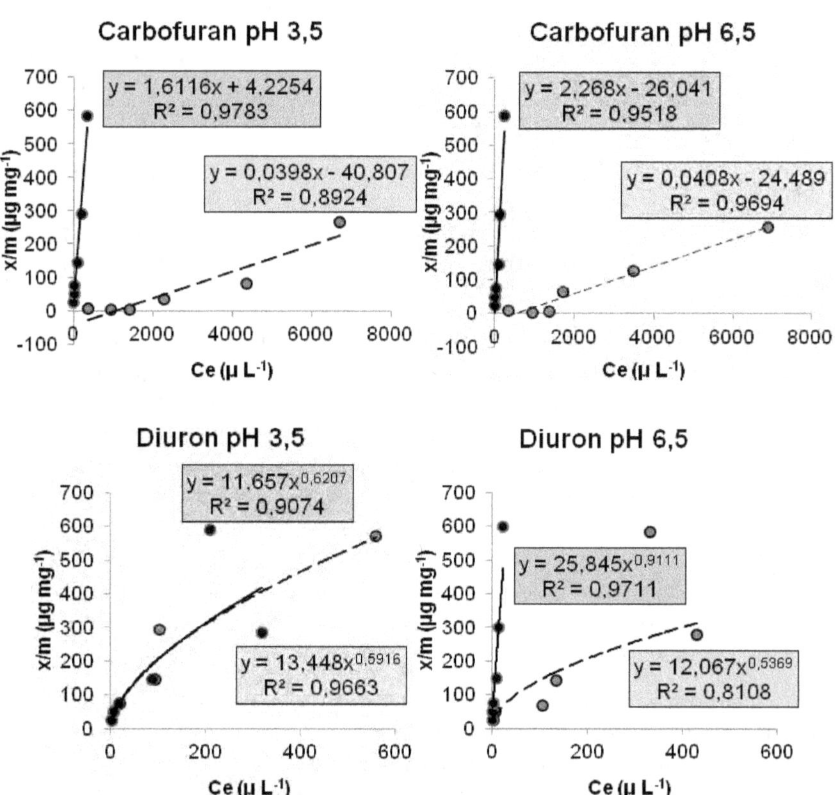

Figura 3. Isotermas de Freundlich para os pesticidas estudados em AH. Adsorção e dessorção de carbofuran e diuron em pH 3,5 e 6,5. Ajuste de adsorção ——— ; ajuste de dessorção - - -. *Fonte:* Tiago da Silva Pinto.

Tabela 1 Equações das isotermas de sorção do carbofuran e do diuron nos ácidos húmicos. *Fonte:* Tiago da Silva Pinto.

Amostra	Adsorção		Dessorção	
	Equação	R^2	Equação	R^2
Diuron pH 3,5	$y= 11{,}657x^{0{,}6207}$	0,91	$y = 13{,}448x^{0{,}5916}$	0,97
Diuron pH 6,5	$y = 25{,}845x^{0{,}9111}$	0,97	$y = 12{,}067x^{0{,}5369}$	0,81
Carbofuran pH 3,5	$y= 1{,}6116x+4{,}2254$	0,98	$y= 0{,}0398x-40{,}807$	0,89
Carbofuran pH 6,5	$y = 2{,}268x-26{,}041$	0,95	$y= 0{,}0408x-24{,}489$	0,97

Tabela 2 Parâmetros das isotermas de sorção do carbofuran e do diuron nos ácidos húmicos. *Fonte:* Tiago da Silva Pinto.

Amostra	Adsorção			Dessorção		
	K_f	$1/n$	Faixa K_{oc}	K_f	$1/n$	Faixa K_{oc}
Diuron pH 3,5	13,45	0,59	1054 a 119	11,66	0,62	703 a 328
Diuron pH 6,5	12,07	0,54	703 a 205	25,52	0,92	3013 a 2841
Carbofuran pH 3,5	0,0004	1,45	2,2 a 4,5	4,40	0,80	365 a 203
Carbofuran pH 6,5	0,0003	1,54	2,4 a 4,4	2,17	0,97	233 a 276

A faixa de K_{oc} encontrada para o diuron, considerando os pH 3,5 e 6,5, corroboram os valores para solos encontrados na literatura ($K_{oc} = 813$). Entretanto, para o carbofuran, esses valores não se relacionam ($K_{oc} = 41{,}65$).[12,13] Em estudos encontrados na literatura, utilizaram-se solos íntegros, enquanto no presente estudo foram utilizados ácidos húmicos isolados, o que pode justificar essa diferença de correlações. Neste caso, a alta correlação para o K_{oc} do diuron encontrada na literatura indica grande afinidade do mesmo pela matéria orgânica. Opostamente, os valores do carbofuran sugerem que este possui baixa afinidade pela matéria orgânica. Assim, a sorção do carbofuran poderia ser influenciada mais intensamente por outros fatores como a fração mineral do solo, por exemplo.

O valor de K_f é um importante parâmetro utilizado em programas computacionais para a previsão da lixiviação de pesticidas em solos e análise de risco da contaminação da água subterrânea com resíduos de pesticidas.[14] Os valores obtidos na Tabela 2 mostram que o diuron apresentou maiores taxas de adsorção/dessorção nos AH que o carbofuran. Isso pode estar relacionado ao tipo de interação de cada pesticida com o AH. Houve equilíbrio entre a adsorção e a dessorção do diuron em pH 3,5 e aumento no K_f de dessorção no pH 6,5; isso indica aumento da taxa de dessorção em função do aumento do pH. Com o carbofuran, verificou-se um valor baixo do K_f de adsorção para ambos os pH: 3,5 e 6,5, além de diminuição do K_f de dessorção, indicando redução da taxa de dessorção em função do aumento do pH. Os valores obtidos para ambos os pesticidas indicam que são moderadamente móveis. Isso pode ser evidenciado fazendo-se comparação com o herbicida glifosato, por exemplo, que é considerado "não-móvel" e possui $K_{oc} = 1424$ e $K_f = 226,3$.[15]

4. Conclusões

O diuron apresentou maiores taxas de adsorção/dessorção nos AH que o carbofuran.

Os valores de K_f de adsorção e dessorção do diuron em AH permitiram inferir que há um balanço entre eles, e isso pode se refletir em sua mobilidade no solo.

A variação do pH influenciou as interações dos pesticidas com os AH, sendo que o efeito mais perceptível foi correlação positiva do K_f de dessorção do diuron e negativa do K_f de dessorção do carbofuran.

Assim, pode-se inferir que há risco ambiental da migração desses contaminantes para corpos d'água superficiais e águas subterrâneas, mesmo considerando que o teor de matéria orgânica existente em um solo hipotético seja alto, pois os valores obtidos para a sorção desses contaminantes não foram suficientemente altos para descartar tal risco.

Agradecimentos – À FAPESP pela bolsa concedida (Processo nº: 2012/22153-0) e à Agrolatino pelo auxílio financeiro.

Referências Bibliográficas

1. VIEIRA, E. M.; PRADO, A. D.; LANDGRAF, M. D.; REZENDE, M. D. O. Estudo da adsorção/dessorção do ácido 2,4 diclorofenoxiacético (2,4-D) em solo na ausência e presença de matéria orgânica. **Química Nova**, v. 22, n. 3, p. 305-308, 1999.

2. KHAN, S. U. The interaction of organic matter with pesticides. In: SCHNITZER, M.; KHAN, S. U. (eds.). **Soil organic matter**, p. 1; 38-39. Elsevier. Amsterdam, 1978.

3. STEVENSON, F. J.; KAUFMAN, D.; STILL, G.; PAULSON, G.; BANDAL, S. Bound and conjugated pesticide residues. In: **ACS Symposium Series**. 1976. p. 180.

4. PELAEZ, V. **Agrotóxicos, agricultura e mercado**. CONSEA. 2012.

5. ANVISA (AGÊNCIA NACIONAL DE VIGILÂNCIA SANITÁRIA). **Índice monográfico C06: carbofurano**. 2015a. Disponível em: </http://portal.anvisa.gov.br/wps/wcm/connect/778da6004745759c839bd73fbc4c6735/C06++Carbofurano.pdf?MOD=AJPERES/>. Acesso em: 14 out 2015.

6. ______. **Índice monográfico D25: diuron**. 2015b. Disponível em: </http://portal.anvisa.gov.br/wps/wcm/connect/1145da0047458fc598e0dc3fbc4c6735/d25.pdf?MOD=AJPERES/>. Acesso em: 14 out 2015.

7. CAS (CHEMICAL ABSTRACTS SERVICE). **Common chemistry – substance details: carbofuran**. 2016a. Disponível em: </http://www.commonchemistry.org/ChemicalDetail.aspx?ref=1563-66-2/>. Acesso em: 20 jan 2016.

8. ______. **Common chemistry – substance details: diuron**. 2016b. Disponível em: </http://www.commonchemistry.org/ChemicalDetail.aspx?ref=330-54-1/>. Acesso em: 20 jan 2016.

9. SWIFT, R. S. et al. Organic matter characterization. **Methods of soil analysis**. Part 3-chemical methods., p. 1011-1069, 1996.

10. FERREIRA, J. A.; Martin-Neto, L.; Vaz, C. M.; Regitano, J. B. Sorption interactions between imazaquin and a humic acid extracted from a typical Brazilian oxisol. **Journal of environmental quality**, v. 31, n. 5, p. 1665-1670, 2002.

11. GILES, C.; MACEWAN T.H; NAKHWA, S.N.; SMITH, D. Studies in adsorption. Part XI. A system of classification of solution adsorption isotherms, and its use in diagnosis of adsorption mechanisms and in measurement of specific surface areas of solids. **Journal of the Chemical Society**, p. 3973-3993, 1960.

12. PESTICIDE PROPERTIES DATA BASE (PPDB). **General information for diuron**. University of Hertfordshire. 2015a. Disponível em: </http://sitem.herts.ac.uk/aeru/ppdb/en/Reports/260.htm/>. Acesso em: 10 out 2015.

13. LIGANAGE, J. A.; WATAWALA, R. C.; PIYAL ARAINNA, A. G.; SMITH, LESTER H.; KOOKANA, RAI S. Sorption of Carbofuran and Diuron Pesticides in 43 Tropical Soils of Sri Lanka. **Journal of Agricultural and Food Chemistry**. V. 54., 5 ed., p1784-1791, Glen Osmond, 2006.

14. PIASAROLO, L.; OLIVEIRA, R. R. L.; GUERREIRO, M. C. Influência da polaridade de pesticidas não-iônicos sobre sua sorção em um latossolo. **Ciência Agrotécnica**, v. 32, p. 1802-1809, 2008.

15. PESTICIDE PROPERTIES DATA BASE (PPDB). **General information for glyphosate**. University of Hertfordshire. 2015b. Disponível em: </http://sitem.herts.ac.uk/aeru/ppdb/en/Reports/373.htm/>. Acesso em: 20 jan 2016.

Turfa e Sua Aplicação para Remoção de Metais Potencialmente Tóxicos

Miyuki Elsa Kunisawa Carvalho, Paulo Sergio Tonello, Danielle Goveia,
André Henrique Rosa e Cláudia Hitomi Watanabe

1. Introdução

1.1 Turfa

A turfa é uma substância fóssil, mineral e orgânica, formada a partir da decomposição lenta biológica e química de restos vegetais, por meio da oxidação por fungos e bactérias anaeróbias. Encontra-se em lugares alagadiços, como planícies costeiras, lagos e lagoas, pântanos e várzeas de rios, e pode ser encontrada entre 2 e 5 m de profundidade das camadas superficiais da terra. Estima-se que uma camada de 30 centímetros de turfa demore entre 100 e 500 anos para ser formada. Fatores como oxigenação, acidez da água, tipo de vegetação, clima local, dentre outros, influenciam a composição da turfa. O grau de decomposição da turfa varia conforme o microrganismo, a parte da planta e a substância a ser decomposta, demonstrando que cada constituinte é mais ou menos propenso a se transformar na própria turfa.[1-5]

A composição da turfa é de 80 a 90% de água, 1 a 3% de nitrogênio e 1,5 a 3% de cinzas, além de conter um poder calorífico de 2.500 a 4.000 kcal kg^{-1}. Os principais constituintes são substâncias húmicas (SH), lignina e celulose, sendo que a porcentagem de SH é variável, uma vez que ela é subproduto da decomposição da matéria orgânica.[6]

De toda área alagadiça existente no planeta, as turfeiras representam entre 50 e 70%, com uma área de mais de 4 milhões de metros quadrados, podendo ser encontradas em áreas tropicais, boreais, árticas, zonas alpinas.[5] Da totalidade de turfeiras, 88% a 90% localizam-se nos cinturões frios e temperados do hemisfério norte, e as demais situam-se majoritariamente em florestas densas ou pantanosas de regiões tropicais e subtropicais. No Brasil, acredita-se haver pelo menos 15.000 km^2 de turfeiras, com 25 bilhões de toneladas estimadas de turfa, tornando-o o maior local da América do Sul com esse tipo de solo. Grande parte encontra-se no meio da Amazônia e no Pantanal.[7]

1.2 Turfa e metais

A turfa é conhecida pela sua alta eficiência em reter diversos metais. Isso se deve ao fato de ser altamente polar e por possuir grupos funcionais de carga negativa, os quais funcionam como sítios de adsorção, como ácidos carboxílicos, hidroxilas fenólicas e alcoólicas.[8,9]

A turfa naturalmente tem habilidade para reter cátions, dependendo da faixa de pH da solução. Se o valor do pH é maior que 8,5, a turfa se torna instável. Se o valor é menor que 3, os metais são lixiviados dela. Se a faixa do pH encontra-se entre esses valores, os metais podem ser adsorvidos com maior.[10]

Diversos estudos têm mostrado a capacidade da turfa em reter metais. Robalds, Klavins e Dreijalte (2013) utilizaram a turfa para remover tálio de soluções aquosas. A capacidade máxima de sorção foi de 24,14 mg g^{-1} a 20 °C, com concentração inicial de 500 mg L^{-1}. A sorção variou conforme mudou-se o valor do pH, com maior eficiência para pH = 10. Por meio de dados cinéticos, verificou-se que 82,8% dos íons foram adsorvidos nos primeiros 10 minutos.[11]

Um estudo feito por Lee et al. (2013) verificou a eficiência da turfa para remover Pb de solos.[12] Estes foram melhorados com 1%, 5% e 10% de turfa, e foram realizados ensaios com colunas de lixiviação, teste de microcosmo e teste de incubação em batelada. Os resultados mostraram, respectivamente, remoção de: 37,9%, 87,1% e 95,4% para as colunas de lixiviação; 18,5%, 90,9% e 96,4% para o teste de microcosmo; e 2,0%, 36,9% e 57,9% para o teste de incubação em batelada.

A utilização de turfa para tratamento de água contaminada por metais foi feita por Lourie e Gjengedal (2011). Turfa pura e tratada foram utilizadas para remoção de Pb, Ni, Zn, Cd, Cu e Co. O uso da turfa tratada com alga adsorveu mais rapidamente os metais em relação à turfa pura (24 h vs. 72 h). A afinidade da turfa pelos metais foi: Pb > Cu > Ni > Cd > Zn > Co; para a turfa tratada com microalga: Pb > Cu > Ni ≈ Cd ≈ Co ≈ Zn.[13]

Bulgariu, Robu e Macoveanu (2009) utilizaram turfas de diferentes profundidades (0,05; 1,00; e 3,00 m) para adsorver Pb em soluções aquosas. Os resultados mostraram a seguinte ordem decrescente de capacidade máxima de adsorção do chumbo pela turfa para as profundidades: 1,00 m (92,77 mg g^{-1}) > 0,05 m (87,22 mg g^{-1}) > 3,00 m (80,61 mg g^{-1}). Para aumentar a capacidade de adsorção, a turfa foi tratada com HNO$_3$ e NaOH, tendo aumento de 10-15% e 20-25%, respectivamente.[14]

Dikici (2009) avaliou as características adsortivas de uma turfa herbácea para os íons Cu, Zn, Mn e Ni. A capacidade de adsorção para cada metal foi de, respectivamente: 38,5 mg g^{-1}, 28,0 mg g^{-1}, 26,4 mg g^{-1} e 24,1 mg g^{-1}.[15]

A turfa foi utilizada na construção de camadas de barreira hidráulica para aterro de resíduos industriais. Testes em batelada e em coluna com As, Cr, Cu e Pb mostraram adsorção de 60 mg kg^{-1} de As, 13 g kg^{-1} para Cr, 8,4 g kg^{-1} para Cu e 40 g kg^{-1} para Pb. Resultados para ensaio em coluna foram melhores do que em batelada, sendo que a adsorção de metais ocorreu no primeiro centímetro da amostra na coluna.[16]

Gupta et al. (2009) utilizaram uma turfa irlandesa para adsorver Ni e Cu. Variou-se a concentração inicial das soluções entre 5 e 100 mg L^{-1} e o valor do pH, de 2 a 8. A capacidade máxima de adsorção para Ni foi de 14,5 mg g^{-1}, com concentração inicial de 100 mg L^{-1} e pH 4,5, e, para o Cu, a capacidade máxima foi de 17,6 mg g^{-1}, com concentração inicial de 100 mg L^{-1} e pH 4,0.[17]

Kalmykova, Strömvall e Steenari (2008) prepararam soluções com baixa concentração de Cd, Cu, Ni, Pb e Zn, a fim de verificar a eficiência de adsorção utilizando-se turfa. Os resultados mostraram que a adsorção é dependente do pH, com melhor resultado obtido para pH = 5,6, com porcentagem de adsorção variando de 99,3% a 99,6%.[18]

Ulmanu et al. (2008) utilizaram uma turfa de origem romena para remover Cd, Cr e Pb de uma solução aquosa. A concentração das soluções foi de 300 mg L^{-1}, e o resultado para a capacidade de sorção para cada metal foi: 20 mg Cd g^{-1} de turfa, 15 mg de Cr g^{-1} de turfa e 30 mg Pb g^{-1} de turfa. A eficiência de remoção foi maior que 90% para os metais.[19]

Aldrich e Feng (2000) estudaram a remoção de metais potencialmente tóxicos de efluentes líquidos com utilização da turfa. Os resultados mostraram que o processo de adsorção foi dependente do pH e, conforme o valor deste aumentava, o mesmo ocorria com a adsorção, até um valor de pH = 10. Para os metais estudados, obteve-se a seguinte seletividade para a adsorção: Pb > Ni > Cu > Cd, sendo que o Pb obteve remoção de 100% após o tempo de equilíbrio.[20]

Petroni e Munita (1999) utilizaram colunas de turfa para o estudo de adsorção de Cd e Zn. A adsorção foi maior que 99% para ambos os metais em faixa de pH de 3,7 a 6,5.[21]

2. Metodologia

A turfa utilizada neste trabalho foi coletada próxima ao município de Santo Amaro das Brotas (SE) – 36°58'52.93"W, 10°49'3.63"S –, na profundidade de 0-40 cm. Em laboratório, foram secas naturalmente e depois separada a fração de interesse com peneira ABNT malha de 100 mesh.

Para a caracterização da turfa foram realizadas análise elementar e ressonância magnética nuclear ^{13}C, no Departamento de Química da Universidade Federal de São Carlos, *campus* de São Carlos, e microscopia eletrônica de varredura, difração de raios X e espectroscopia de infravermelho com transformada de Fourier, no Laboratório de Plasmas Tecnológicos da Universidade Estadual Paulista "Júlio de Mesquita Filho", *campus* de Sorocaba.

Para determinar os tempos de equilíbrio e cinética de adsorção, foram preparadas soluções de 100 mL multielementares dos metais Al, Cd, Cu, Ni, Pb e Zn, com concentrações dos metais de 1,0; 2,0; 5,0; 10,0; e 20,0 mg L^{-1}, acrescidas de 0,5 g de turfa para cada solução e pH ajustado para 4,5 ± 0,1. Utilizou-se sistema de ultrafiltração com fluxo tangencial para as soluções, equipado com membrana polietersulfona de 1 kDa, e em tempos predeterminados (0, 15, 30, 60, 180, 360, 720, 1440 e 1800 minutos) foram colhidas alíquotas de 2 mL do filtrado, em que as concentrações dos metais em solução foram determinadas por meio de espectrometria de emissão atômica com plasma indutivamente acoplado (ICP-OES). Durante todo o experimento, a temperatura das soluções foi mantida em 21°C.

As isotermas de adsorção foram obtidas por meio de experimento em mesa agitadora, utilizando soluções de 100 mL monoelementares (Al, Cd, Cu, Ni, Pb e Zn) com concentrações dos metais de 1,0; 2,0; 5,0; 10,0; 20,0; 50,0; e 70,0 mg L^{-1}, contendo 0,1 g de turfa, pH ajustado para 4,5 ± 0,1 e temperatura controlada de 21°C. As soluções foram mantidas sob agitação orbital durante 12 horas. Alíquotas de 10 mL foram retiradas para separação do adsorvente por meio de centrifugação a 3600 rpm. Após a centrifugação, 5 mL do sobrenadante foram coletados e acidificados a HNO$_3$ 2,0% e quantificados por meio de espectrometria de absorção atômica com atomização por chama (FAAS).

Para o ensaio de competição multielementar, foram feitas soluções mutielementares de 100 mL com todos os metais de interesse, contendo 0,5 g de turfa. Foram utilizadas concentrações dos metais de 0,5; 1,0; e 5,0 mg L^{-1}. Retiraram-se alíquotas de 5 mL em tempos predeterminados (0, 15, 30, 60, 180, 360, 720, 1440 e 1800 minutos) e, em seguida, as mesmas foram centrifugadas para leitura do sobrenadante em ICP-OES.

Para o ensaio, em batelada, de adsorção de metais de um efluente industrial pela turfa estudada, filtrou-se o efluente para remoção de sólidos grosseiros. Em seguida, foram preparadas soluções de 100 mL, cada uma contendo massas de turfa de 0,1; 0,3; e 0,5 g e pH ajustado para 5,4 ± 0,1 (pH do efluente), a fim de verificar o efeito de massa pela turfa na adsorção. Foi utilizado agitador com rotação de 130 rpm e temperatura de 24°C durante 24 h, a fim de garantir a adsorção dos elementos de interesse – Al, Cd, Cu, Ni, Pb e Zn.

Para o ensaio, em coluna, de adsorção dos metais do mesmo efluente industrial pela turfa, foi montada uma coluna contendo 4,0 g de turfa, com algodão e tela de *silk* na parte inferior para evitar a perda de material. O sistema foi acoplado a uma bomba peristáltica (Figura 1), a qual trabalhou a uma vazão de 0,8 mL min⁻¹. Foram passadas soluções do efluente puro e do efluente com adição dos metais de interesse com concentrações de 0,5, 1,0 e 5,0 mg L⁻¹, escolhidas em função dos limites máximos admitidos para efluentes industriais. A turfa utilizada na coluna foi a mesma durante todo o experimento.

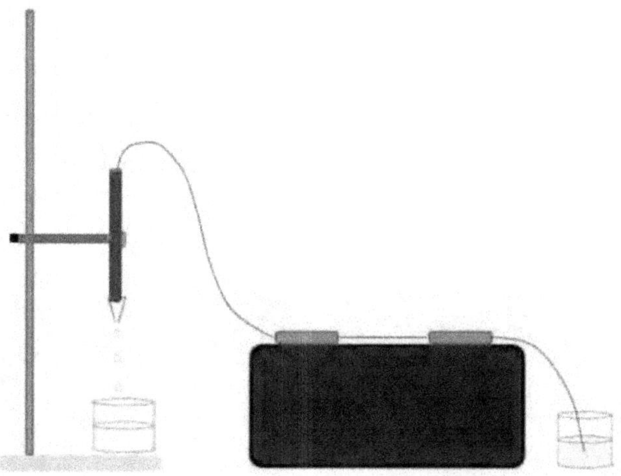

Figura 1   Esquema da coluna de turfa acoplada à bomba persiltática. *Fonte:* Miyuki Elsa Kunisawa Carvalho.

3. Resultados e Discussões

3.1 Caracterização da turfa e ensaios de adsorção

Para análise elementar, obtiveram-se: C = 56,74%, H = 5,62%, N = 0,48%, S = 0,48%, razão atômica H/C = 1,18 e C/N = 137,74. O material pode ser caracterizado como turfa, segundo Fernandes (2007) e Cocozza, (2003), e as razões H/C e C/N indicam maior concentração de grupos alifáticos com alto grau de humificação e origem lignocelulósica.[9,22-24]

A técnica de RMN ¹³C confirmou a presença dos grupos químicos (Becker, 2000): alifático (49%), éter e hidroxila (15%), aromático (13%), fenólico (8%), carboxílico e éster (5%) (Figura 2).

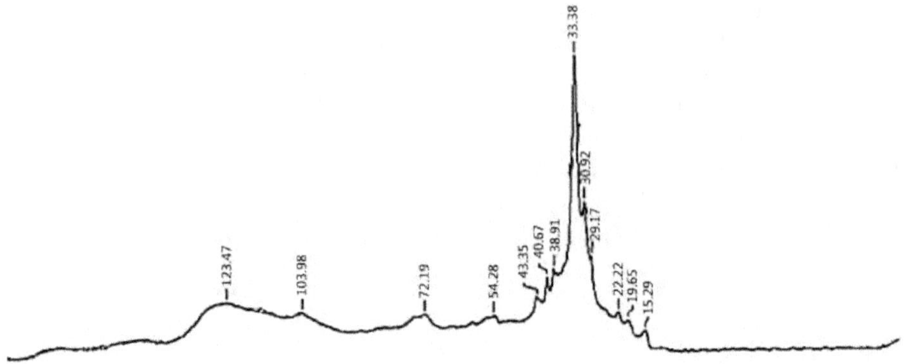

Figura 2 Espectrograma de RMN ^{13}C para amostra de turfa.
Fonte: Miyuki Elsa Kunisawa Carvalho.

Os resultados obtidos pela microscopia eletrônica de varredura (Figura 3) demonstram estrutura altamente porosa, aspecto esperado para esse tipo de material estudado.[25,26]

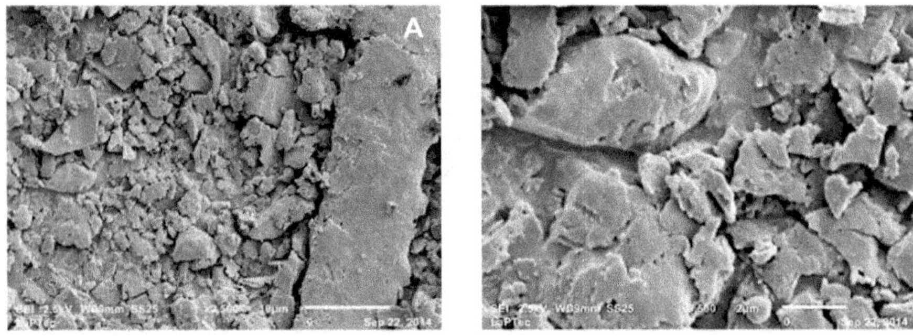

Figura 3 (A) micrografia 10 μm – magnificação de 2.500x; (B) micrografia 2 μm – magnificação de 9.500x. Fonte: Miyuki Elsa Kunisawa Carvalho.

Na difração de raios X, os picos encontrados (Figura 4) são atribuídos aos seguintes elementos: cobre, carbono, dióxido de carbono e aluminossilicato de sódio hidratado ($Na_2Al_2Si_{26}O_{56} \cdot 12H_2O$).

A técnica de infravermelho encontrou os grupos químicos: 3400 cm^{-1} – ligações de hidrogênio a grupos hidroxilas; 2900 cm^{-1} – estiramento C-H alifático, CH_2, CH_3; 2300 cm^{-1} – íons carboxilatos; 1700 cm^{-1} – estiramento C=O de ácidos carboxílicos; e 1250 cm^{-1} – estiramento de C-O de éter e fenóis (Figura 5).[27]

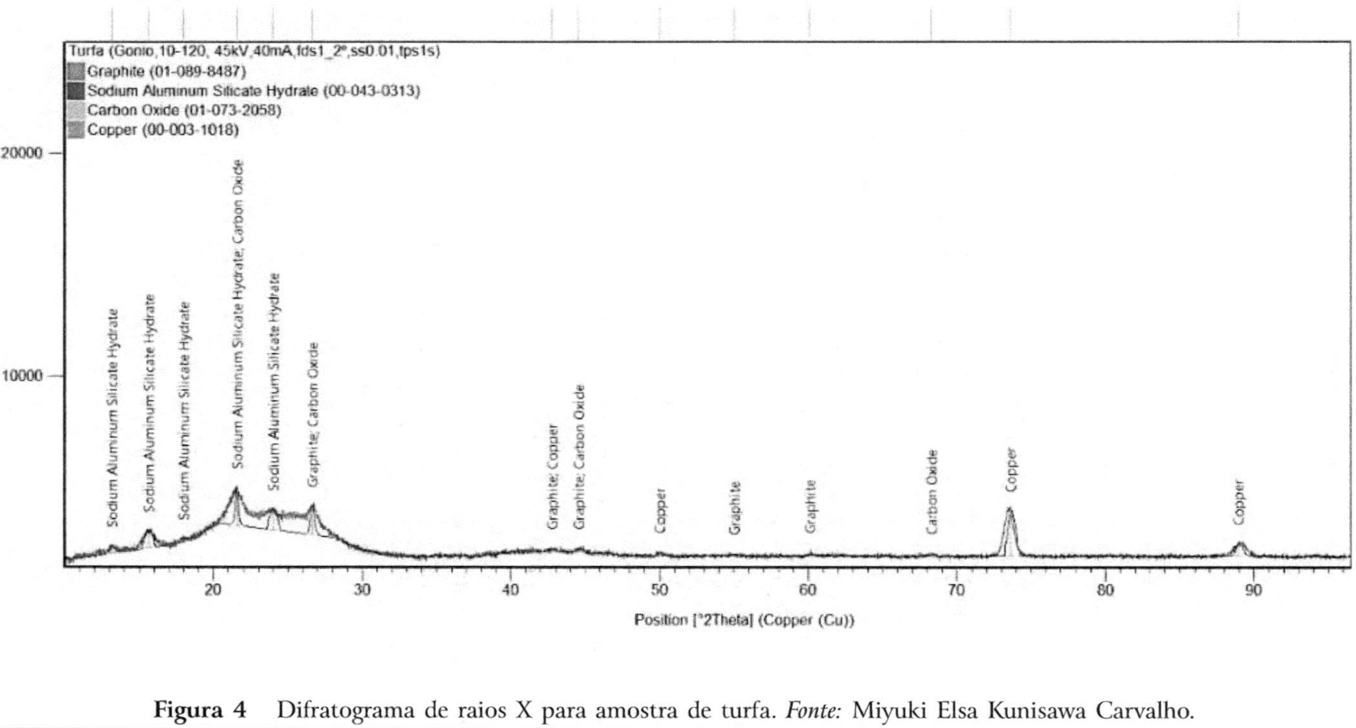

Figura 4   Difratograma de raios X para amostra de turfa. *Fonte:* Miyuki Elsa Kunisawa Carvalho.

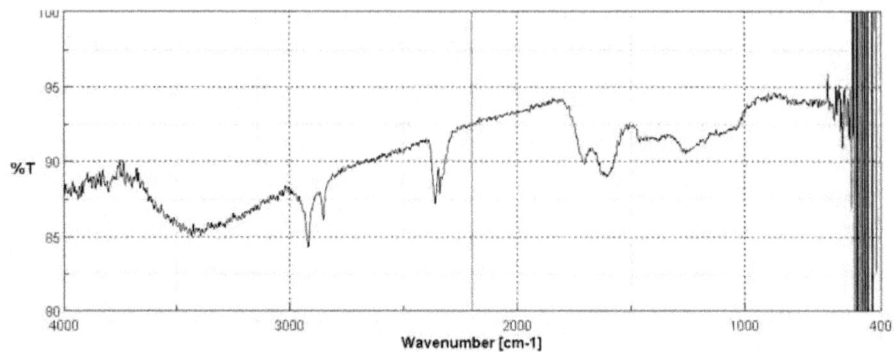

Figura 5 Espectros na região do infravermelho.
Fonte: Miyuki Elsa Kunisawa Carvalho

Os tempos de equilíbrio variaram de um valor mínimo de 15 minutos para o Pb até um valor máximo de 360 minutos para o Al e o Cd. Para quantificação da capacidade de adsorção, houve 100% de adsorção para todos os metais, com exceção de Al e Cd, que obtiveram valor de 90% em concentração de 1 mg L^{-1}. Em uma concentração de 10 mg L^{-1}, os elementos Al, Cu e Pb mantiveram adsorção de 90%.

Para as cinéticas de adsorção, foram testados os modelos matemáticos de pseudo-primeira ordem e de pseudo-segunda ordem, tendo por resultado o modelo cinético de pseudo-segunda ordem (Figura 6), o que indica um processo químico de adsorção (quimissorção), resultado que é concordante com outros autores para turfas de diferentes origens.[28–31]

Para as isotermas de adsorção, foram testados três diferentes modelos matemáticos: Langmuir, Freundlich e Temkin, observando-se que o melhor ajuste foi obtido para isoterma de Langmuir (Figura 7), com formação de monocamada homogênea, confirmando novamente resultados observados na literatura para turfas de outras origens.[28,30–33]

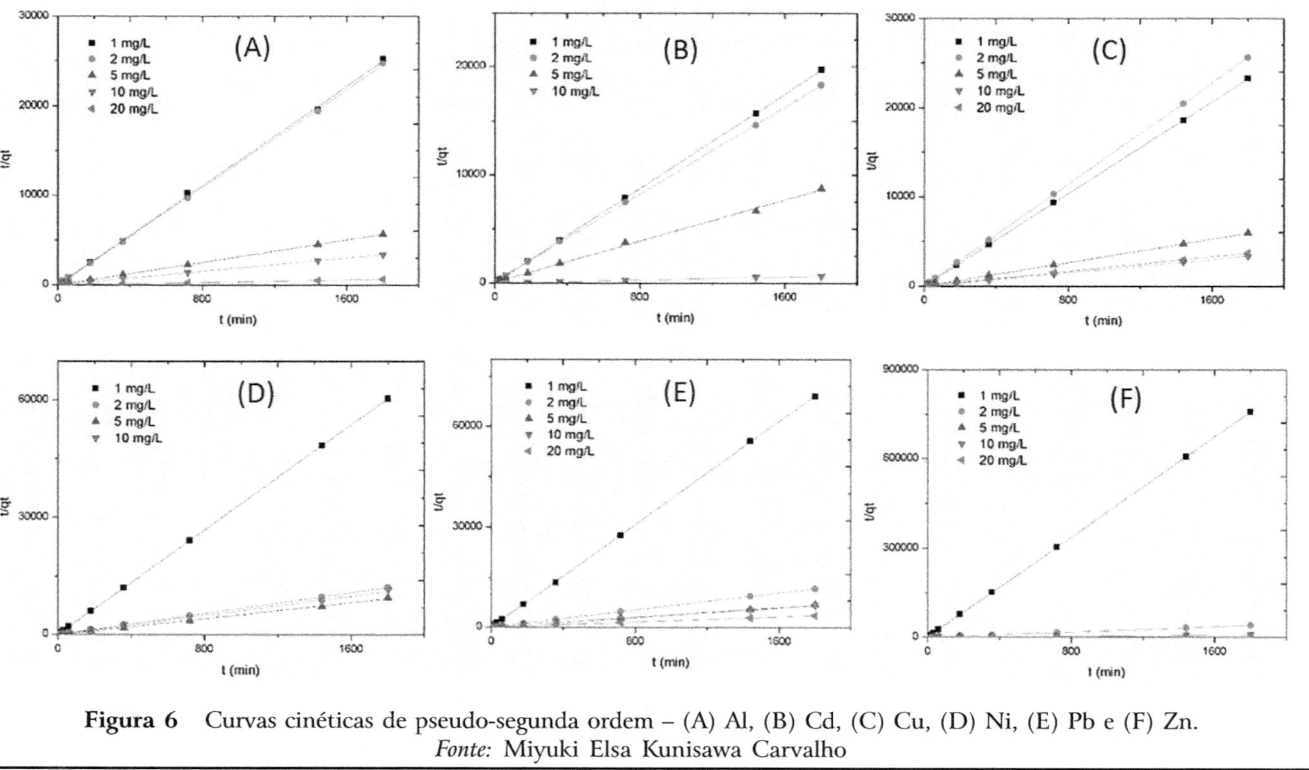

Figura 6   Curvas cinéticas de pseudo-segunda ordem – (A) Al, (B) Cd, (C) Cu, (D) Ni, (E) Pb e (F) Zn.
Fonte: Miyuki Elsa Kunisawa Carvalho

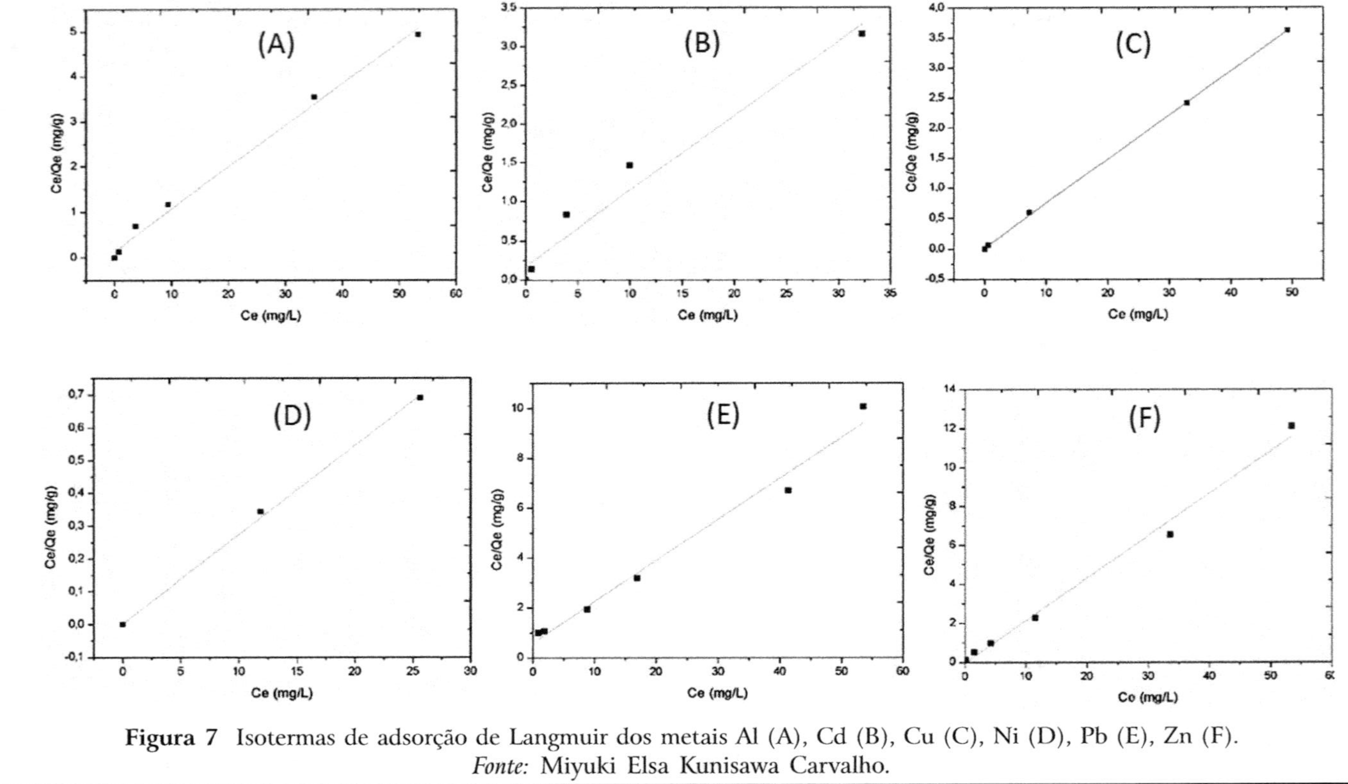

Figura 7 Isotermas de adsorção de Langmuir dos metais Al (A), Cd (B), Cu (C), Ni (D), Pb (E), Zn (F).
Fonte: Miyuki Elsa Kunisawa Carvalho.

O ensaio de adsorção de competição multielementar foi realizado a fim de determinar a afinidade de adsorção dos metais de estudo pela turfa em três diferentes concentrações: 0,5; 1,0; e 5,0 mg L^{-1}. A preferência de adsorção para cada concentração encontra-se na Tabela 1. Observa-se que há preferência por Pb e Cu nas concentrações estudadas.

Tabela 1   Afinidade de adsorção dos metais em estudo pela turfa em diferentes concentrações. *Fonte:* Miyuki Elsa Kunisawa Carvalho.

Concentração (mg L^{-1})	Preferência de adsorção
0,5	Pb ~ Cu ~ Ni > Zn > Al > Cd
1,0	Pb ~ Cu ~ Ni > Zn ~ Cd ~ Al
5,0	Pb > Cu > Cd ~ Al >> Ni > Zn

3.2 Aplicação da turfa para extração de metais em efluente de empresa recicladora de plástico

3.2.1 Ensaio em batelada

As porcentagens de retenção pela turfa do efluente com *adição* dos metais de interesse são apresentadas na Tabela 2.

Tabela 2   Porcentagem de retenção dos metais pela turfa do efluente com adição dos metais de interesse. *Fonte:* Miyuki Elsa Kunisawa Carvalho.

Concentração (mg L^{-1})	Porcentagem de retenção (%)					
	Al	Cd	Cu	Ni	Pb	Zn
Adição 0,5	55,98	78,85	98,35	81,55	99,09	59,59
Adição 1,0	78,78	73,81	98,99	76,77	98,15	57,86
Adição 5,0	93,08	51,67	98,23	56,31	97,69	45,47

3.2.2 Ensaio em coluna

Para o ensaio de adsorção em coluna de metais de efluente sobre a turfa, foram obtidas as porcentagens de retenção dos metais apresentadas na Tabela 3.

Tabela 3 Porcentagem de retenção de metais do efluente puro e do efluente com adição de metais. *Fonte:* Miyuki Elsa Kunisawa Carvalho.

Concentração (mg L^{-1})	Porcentagem de retenção (%)					
	Al	Cd	Cu	Ni	Pb	Zn
Efluente puro	100	100	100	100	100	98,82
Adição 0,5	100	100	99,89	99,52	100	97,69
Adição 1,0	100	100	99,84	99,96	100	95,93
Adição 5,0	96,04	100	99,96	99,94	100	81,13

A turfa foi eficiente na remoção dos metais em concentração de até 5,0 mg L^{-1}, considerando-se a acumulação na coluna. Para concentração superior, a adsorção foi boa, entretanto, não atende à legislação, apesar de a coluna já estar saturada com mais de 6,5 mg L^{-1} de metais que foram percolados anteriormente.

4. Conclusões

A turfa apresentou elevada afinidade de adsorção dos metais estudados, principalmente por Al, Cu e Pb. As características físico-químicas da turfa, de acordo com a literatura e verificadas por meio das análises realizadas, demonstraram alta porosidade e confirmaram presença de grupos químicos esperados para o tipo de material utilizado, como alifático, aromático, éter e hidroxila, fenólico, carboxílico e éter e íons carboxalatos, com predominância de grupos alifáticos.

De forma geral, os tempos para se atingir o equilíbrio na adsorção dos metais foram pequenos, e a cinética de adsorção obedeceu, para todos os metais, ao modelo de pseudo-segunda ordem, indicando forte interação entre o adsorvente e o adsorvato, quimissorção. O modelo que melhor representou o processo de adsorção foi o de Langmuir, confirmando a interação observada na cinética, por meio da formação de monocamada.

Para a aplicação da turfa como agente removedor de metais de efluente de uma indústria recicladora de plástico, sua eficiência *in natura* foi de 100%. A adsorção prevaleceu quando aplicada em sistemas em fluxo, na forma de coluna, ainda com a possibilidade de reaproveitamento da coluna por diversas vezes antes de atingir sua saturação.

A turfa como adsorvente de metais mostrou-se mais eficiente com a utilização da coluna preenchida com turfa em relação ao uso em batelada, evidenciando ser uma ótima ferramenta alternativa para o tratamento de metais potencialmente tóxicos de efluentes que contenham esse tipo de elemento.

Agracedimentos – Os autores agradecem à Pró-Reitoria de Pós-Graduação (Propg) pelo financiamento da bolsa; à Fapesp pelo financiamento da pesquisa (2013/07777-0); ao Programa de Pós-Graduação em Ciências Ambientais; e ao Laboratório de Plasmas Tecnológicos pelas análises de MEV, FT-IR e DRX (Unesp Sorocaba – Instituto de Ciências e Tecnologia).

Referências Bibliográficas

1. ABREU, S. F. **Recursos Minerais do Brasil**. São Paulo: Edgar Blucher; 1973. 432 p.

2. FUCHSMAN, C. H. **Peat:** industrial chemistry and technology. New York: Academic Press; 1980. 298 p.

3. MCKAY, G. **Use of adsorbents for the removal of pollutants from wastewaters**. New York: Boca Raton, 1996. 208 p.

4. BROWN, P. A.; GILL, S. A.; ALLEN, S. J. Metal removal from wastewater using peat. **Water Research**, v. 34, n. 16, p. 3907-3916, 2000.

5. JOOSTEN, H.; CLARKE, D. **Wise use of mires and peatlands:** background and principles including a framework for decision-making. Saarijärvi: International Mire Conservation Group And International Peat Society, 2002. 304 p.

6. FRANCHI, J. G.; SÍGOLO, J. B.; LIMA, J. R. B. Turfa utilizada na recuperação ambiental de áreas mineradas: metodologia para avaliação laboratorial. **Revista Brasileira de Geociências**, p. 255-262, 2003.

7. INTERNATIONAL PEATLAND SOCIETY. **Global Peat Resources by Country**. Disponível em: <http://www.peatsociety.org/peatlands-and-peat/global-peat-resources-country>. Acesso em: 27 set. 2014.

8. VAN GEEL, P. J; PARKER, W. J. Estimating the water budget effluent for a peat filter treating septic tank in the field. **Journal of Hidrology**, v. 271, n. 1-4, p. 52-64, 2003.

9. FERNANDES, A. N.; ALMEIDA, C. A. P.; MENEZES, C. T. B.; DEBACHER, N. A.; SIERRA, M. M. D. Removal of methylene blue from aqueous solution by peat. **Journal of Hazard Materials**, v. 144, p. 412-419, 2007.

10. COUPAL, B.; LALANCETTE, J. M. The treatment of waste waters with peat moss. **Water Reasearch**, v. 10, p. 1071-1076, 1976.

11. ROBALDS, A.; KLAVINS, M.; DREIJALTE L. Sorption of thallium(I) ions by peat. **Water Science and Technology**, v. 68, n. 10, p. 2208-2213, 2013.

12. LEE, S. J.; LEE, M. E.; CHUNG, J. W.; PARK, J. H.; HUH, K. Y.; JUN, G. I. Immobilization of lead from Pb-contaminated soil amended with peat moss. **Journal of Chemistry**, v. 2013, p. 1-6, 2013.

13. LOURIE, E.; GJENGEDAL, E. Metal sorption by peat and algae treated peat: Kinetics and factors affecting the process. **Chemosphere**, v. 85, n. 5, p. 759-764, 2011.

14. BULGARIU, L.; ROBU, B.; MACOVEANU, M. The Pb(II) sorption from aqueous solutions by sphagnum moss peat. **Revista de Chimie**, v. 60, n. 2, p. 171-175, 2009.

15. DIKICI H. Adsorption of divalent metal ions on a herbaceous peat. **Asian Journal of Chemistry**, v. 21, n. 5, p. 3334-3342, 2009.

16. KOIVULA, M. P.; KUJALA, K.;RÖNKKÖMÄKI, H.; MÄKELÄ, M. Sorption of Pb(II), Cr(III), Cu(II), As(III) to peat, and utilization of the sorption properties in industrial waste landfill hydraulic barrier layers. **Journal of Hazard Materials**, v. 164, n. 1, p. 345-352, 2009.

17. GUPTA, B. S.; CURRAN, M.; HASAN, S.; GHOSH, T. K. Adsorption characteristics of Cu and Ni on Irish peat moss. **Journal of Environmental Management**, v. 90, n. 2, p. 954-960, 2009.

18. KALMYKOVA, Y.; STRÖMVALL, A. M.; STEENARI, B. M. Adsorption of Cd, Cu, Ni, Pb and Zn on Sphagnum peat from solutions with low metal concentrations. **Journal of Hazard Materials**, v. 152, n. 1, p. 885-891, 2008.

19. ULMANU, M.; ANGER, I.; FERNÁNDEZ, Y.; CASTRILLÓN, L.; MARAÑÓN, E. Batch chromium(VI), cadmium(II) and lead(II) removal from aqueous solutions by horticultural peat. **Water, Air and Soil Pollution**, v. 194, n. 1-4, p. 209-216, 2008.

20. ALDRICH, C.; FENG, D. Removal of Heavy Metals from Wastewater Effluents by Biosorptive Flotation. **Minerals Engineering**, v. 13, n. 10-11, p. 1129-1138, 2000.

21. PETRONI, S. L. G.; MUNITA, C. S. Adsorção de zinco e cádmio em colunas de turfa. **Química Nova**, v. 23, n. 4, p. 477-481, 1999.

22. ARAÚJO, G. C. L.; GONZALEZA, M. H.; FERREIRA, A. G.; NOGUEIRA, A. R. A.; NÓBREGA, J. A. Effect of acid concentration on closed-vessel microwaveassisted digestion of plant materials. **Spectrochimica Acta Part B: Atomic Spectroscopy**, v. 57, n. 12, p. 2121-2132, 2002.

23. GOVEIA, D. Caracterização estrutural das substâncias húmicas aquáticas extraídas dos rios Itapanhaú e Ribeira de Iguape. **Química Nova**, v. 34, n. 5, p. 753-758, 2011.

24. COCOZZA, C.; D'ORAZIO, V.; MIANO, T. M.; SHOTYK, W. Characterization of solid and aqueous phases of a peat bog profile using molecular fluorescence spectroscopy, ESR and FT-IR, and comparison with physical properties. **Organic Geochemistry**, v. 34, n. 1, p. 49-60, 2003.

25. HUAT, B. B. K.; PRASAD, A.; ASADI, A.; KAZEMIAN, S. **Geotechnics of organic soils and peat**. Leida: Crc Press, 2014. 250 p.

26. CHIENG, H. I.; PRIYANTHA, N.; LIM, L. B. L. Effective adsorption of toxic brilliant green from aqueous solution using peat of Brunei Darussalam: isotherms, thermodynamics, kinetics and regeneration studies. **Royal Society of Chemistry Advances**, v. 5, n. 44, p. 34603-34615, 2015.

27. KRUMINS, J.; KLAVINS, M.; SEGLINS, V.; KAUP, E. Comparative Study of Peat Composition by using FT-IR Spectroscopy. **Materials Sciences and Applied Chemistry**, v. 26, p. 106-114, 2012.

28. HO, Y. S.; MCKAY G. Pseudo-second order model for sorption processes. **Process Biochemistry**, v. 34, n. 5, p. 451-465, 1999.

29. HO YS. The kinetics of sorption of divalent metal ions onto sphagnum moss peat. **Water Research**, v. 34, n. 3, p. 735-742, 2000.

30. HO, Y. S.; MCKAY, G. Sorption of copper(II) from aqueous solution by peat. **Water, Air and Soil Pollution**, v. 158, p. 77-97, 2004.

31. BULGARIU, L.; BULGARIU, D.; MACOVEANU, M. Adsorptive performances of alkaline treated peat for heavy metal removal. **Separation Science and Technology**, v. 46, n. 6, p. 1023-1033, 2011.

32. MCKAY, G.; PORTER, J. F. Equilibrium parameters for the sorption of copper, cadmium and zinc ions onto peat. **Journal of Chemical Technology and Biotechnology**, v. 69, n. 3, p. 309-320, 1997.

33. CHEN, B; HUI, C.W; MCKAY G. Film-pore diffusion modeling for the sorption of metal ions from aqueous effluents onto peat. **Water Research**, v. 35, n. 14, p. 3345-3356, 2001.

Uso das Substâncias Húmicas Extraídas de Vermicomposto na Amenização da Toxidez por Ferro em *Schinus terebinthifolius* Raddi, 1820 (Sapindales: Anacardiaceae Lindley, 1830)

Tamires Cruz dos Santos, Carlos Moacir Colodete, Sávio Bastos de Souza, Katherine Fraga Ruas, Juliano de Oliveira Barbirato, Juliéttty Angioletti Tesch, Vívian Ribeiro Pimentel, Alessandro Coutinho Ramos e Leonardo Barros Dobbss

1. Introdução

A crescente expansão do número de usinas no setor de mineração e beneficiamento de minério de ferro em áreas de restinga no litoral do Espírito Santo (ES)[1,2] é responsável pela emissão de poluentes atmosféricos que podem comprometer a sobrevivência de espécies vegetais em fragmentos próximos à fonte poluidora,[3] tal como a aroeira *S. terebinthifolius* Raddi.[4,5] Dentre os principais poluentes encontram-se o dióxido de enxofre (SO_2) e o pó de minério de ferro.[6] Quando suspensos na atmosfera, estes poluentes se depositam sobre a vegetação como chuva ácida e na forma de material sólido particulado de ferro (MSPFe). O MSPFe consiste na matéria subdividida em diminutas frações suficientemente pequenas para serem suspensas e carreadas pelo vento sob a forma de aerossol. O MSP fino ($MP_{2,5}$; 0-2,5 μm ∅), e o MSP grosso (MP_{10}; 2,5-10 μm ∅) são as frações usualmente responsáveis pelas alterações biológicas em organismos vivos.[7]

Nas plantas, a chuva ácida provoca excessivo acúmulo intracelular de H_3O^+ e outros íons, podendo levar à desestruturação da permeabilidade das membranas, aumento da acidez no estroma dos cloroplastos e desacoplamento no transporte de elétrons.[8] No solo, condiciona baixos valores de pH, tornando o ferro prontamente disponível às plantas, levando assim ao acúmulo de níveis tóxicos nos tecidos vegetais.[9]

O MSPFe afeta as plantas por meio de mecanismos físicos, ao perturbar o balanço de radiação, ao causar abrasão e aquecimento foliar e danificar o controle estomático;[10] além disso, potencializa o estresse oxidativo.[11]

Essas condições promovem a formação de espécies reativas de oxigênio (ERO), como peróxido de hidrogênio (H_2O_2), íons superóxido ($O2^{\bullet-}$) e radicais hidroxilas ($-\bullet OH$). Sendo assim, para evitar tais danos, as plantas ativam eficientes sistemas antioxidantes, como as enzimas peroxidase (POX, EC 1.11.1.7), catalase (CAT, EC 1.11.1.6) e peroxidase do ascorbato (APX, EC 1.11.1.11).[11]

Portanto, o efeito da chuva ácida associado à deposição do MSPFe provoca efeitos negativos nas comunidades vegetais.[3]

Para amenizar tais efeitos, recomenda-se o uso das substâncias húmicas (SH) extraídas de vermicomposto.[12,13] Essas substâncias conferem apreciável capacidade de formar complexos estáveis com cátions de elementos-traço. Em função dessa propriedade, as SH exercem importante papel na mobilidade e no transporte de íons metálicos no meio ambiente.[12]

O objetivo deste trabalho foi avaliar a capacidade das SH extraídas de vermicomposto de diminuir a toxidez causada pelo Fe e o efeito da interação SH-Fe sobre a atividade das enzimas antioxidantes, POX, EC 1.11.1.7, CAT, EC 1.11.1.6 e APX, EC 1.11.1.11, em plântulas de *S. terebinthifolius* Raddi.

2. Metodologia

2.1 Coleta das sementes e cultivo das plântulas *S. terebinthifolius* Raddi

A coleta das sementes de aroeira *S. terebinthifolius* Raddi[14,15] ocorreu na Aldeia Indígena Pau-Brasil, localizada no município de Aracruz, ES (há 80 km da capital Vitória). Em seguida, iniciou-se o processo da retirada das cascas e escarificação da semente. Após esse procedimento, as sementes foram secas e postas para germinar em bandejas plásticas em substrato contendo areia e vermiculita (proporção 1:1). As mudas permaneceram nas bandejas por duas semanas e logo após foram transferidas para os tratamentos. Durante todo o cultivo (15 dias), as mudas permaneceram sob condições de fotoperíodo e temperatura controlados (8 horas de luz e 27°C).

2.2 Extração das SH de vermicomposto

Os 200 g de vermicomposto obtidos comercialmente (Vitaplan®) foram secos ao ar e peneirados em malha de 2 mm. Optou-se por utilizar vermicomposto em virtude da comprovada estimulação de suas SH em diferentes espécies vegetais.[16]

A extração das SH foi realizada, conforme protocolo descrito,[17] com NaOH 0,5 mol L^{-1}, na razão solo:solvente de 1:10 (m/v), em atmosfera inerte de N$_2$. Após 24 h de agitação, a suspensão foi centrifugada e o resíduo insolúvel (humina) separado. O pH do sobrenadante foi ajustado para pH 3 com HCl 6 mol L^{-1} e imediatamente passado em uma coluna preenchida com uma resina XAD-8. O material adsorvido na coluna foi eluído com uma solução de NaOH 0,1 mol L^{-1}. O pH da solução eluída foi ajustado para 7 pela adição de algumas gotas de HCl 1 mol L^{-1}. Em seguida, as SH foram dialisadas contra água destilada em membranas com poros de 14 kDa e secas por liofilização (Liofilizador Interprise I – Terroni).

2.2.1 Experimento I: Ensaio de doses SH extraídas de vermicomposto em diferentes concentrações – avaliação do desenvolvimento inicial em S. terebinthifolius *Raddi*

Plântulas de *S. terebinthifolius* Raddi com o mesmo padrão de crescimento foram retiradas do substrato (areia + vermiculita) e suas raízes lavadas. Após essa etapa, foi montado um experimento em que se avaliaram as respostas das plântulas na presença de diferentes concentrações de SH extraídas de vermicomposto: 0,0 mM C L^{-1} (controle); 2,0 mM C L^{-1}; 4,0 mM C L^{-1}; 8,0 mM C L^{-1}; e 16,0 mM C L^{-1} + meio mínimo (CaCl$_2$ 2,0 mM L^{-1}). Para isso, utilizaram-se três vasos plásticos com capacidade de 1000 mL, contendo 20 plântulas em sistema hidropônico e aeradas (A-300 VigoAr®).

As plântulas foram mantidas por 15 dias nos tratamentos e coletadas para avaliação do número de raízes laterais emergidas (NRL). Após a análise de regressão foi determinada a melhor dose de SH, por meio da integração da curva de dose resposta.

2.2.2 Experimento II: Diferentes concentrações de Fe na forma (FeSO$_4$) com solução nutritiva de meio mínimo (CaCl$_2$ 2,0 mM L^{-1}) em S. terebinthifolius *Raddi*

Utilizaram-se três vasos plásticos em triplicata com capacidade de 1000 mL e com 20 plântulas de *S. terebinthifolius* Raddi em sistema hidropônico e aeradas (A-300 VigoAr®). As soluções continham as seguintes doses de ferro, na forma (FeSO$_4$): 0 µM L^{-1}; 100 µM L^{-1}; 250,0 µM L^{-1}; e 500 µM L^{-1} + meio mínimo (CaCl$_2$ 2,0 mM L^{-1}). Aos 15 dias de tratamento com plântulas de aroeira, foram coletadas para avaliação das áreas foliar e radicular (utilizando-se o programa Delta T scan [Delta-T *Devices, Cambridge, UK*]). Foi determinada a concentração de Fe que causava maior toxidade às plantas, porém, onde as mesmas ainda continuassem viáveis.

2.2.3 Experimento III: Ensaio de doses no uso combinado ou não de Fe-SH em S. terebinthifolius *Raddi*

Utilizaram-se três vasos plásticos com dez repetições com capacidade de 1000 mL e 20 plântulas *S. terebinthifolius* Raddi em sistema hidropônico e aeradas (A-300 VigoAr®). Foi utilizado solução nutritiva de Hoagland ½ força iônica,[18] composta pelos seguintes nutrientes: NaH_2PO_4 (0,56 mM L^{-1}); $MgSO_4$ (0,6 mM L^{-1}); NH_4NO_3 (0,9 mM L^{-1}); KCl (0,5 mM L^{-1}); KNO_3 (1,3 mM L^{-1}); e $Ca(NO_3)$ (2,53 mM L^{-1}). O uso da solução nutritiva, neste caso, deveu-se ao fato de as plântulas de aroeira terem se desenvolvido por mais tempo nos tratamentos (30 dias). Neste experimento foram utilizadas as concentrações recomendadas (de SH e Fe) obtidas nos experimentos anteriores (Experimento I e Experimento II) de dose resposta, totalizando quatro tratamentos (Tabela 1). As soluções foram trocadas a cada sete dias e seu volume completado diariamente, sendo o pH mantido em 4,50 ± 0,2 com a adição de HCl ou NaOH.

Tabela 1 Descrição dos tratamentos utilizados no cultivo hidropônico com *S. terebinthifolius* Raddi combinando Fe-SH. *Fonte:* Carlos Moacir Colodete.

Tratamento	Descrição
Controle	Meio mínimo ($CaCl_2$ 2,0 mM L^{-1})
Dose recomendada SH (Experimento I)	Meio mínimo ($CaCl_2$ 2,0 mM L^{-1}) + dose SH
Dose recomendada Fe (Experimento II)	Meio mínimo ($CaCl_2$ 2,0 mM L^{-1}) + dose Fe
Uso combinado das doses recomendadas Fe + SH (Experimento III)	Solução nutritiva Hoagland ½ iônica* + dose Fe + dose SH

*18

2.2.4 Determinação da atividade de enzimas antioxidantes

Os extratos enzimáticos foram obtidos pela maceração de aproximadamente 0,2 g de tecido foliar e radicular em N_2 líquido e adicionado 2 mL de meio de homogeneização, constituído de tampão fosfato de potássio 0,1 M, pH 6,8, ácido etilenodiaminotetracético (EDTA) 0,1 mM, fluoreto de fenilmetilsulfônico (PMSF) 1 mM e polivinilpolipirrolidona (PVPP) 1% (p/v).[19] O homogeneizado, depois de filtrado por meio de quatro camadas de gaze, foi centrifugado a 12.000 g por 15 min, a 4°C, e o sobrenadante utilizado como extrato enzimático bruto.

2.2.5 Determinação da atividade da catalase (CAT, EC 1.11.1.6)

A atividade da catalase foi determinada pela adição de 0,1 mL do extrato enzimático bruto a 2,9 mL de um meio de reação constituído de tampão de fosfato de potássio 50 mM, pH 7,0 e H_2O_2 12,5 mM.[20] O decréscimo na absorbância, no primeiro minuto de reação, foi medido a 240 nm a 25°C. A atividade enzimática foi calculada utilizando-se o coeficiente de extinção molar de 36 M^{-1} cm^{-1} e expressa em μmoles de peróxido de hidrogênio min^{-1} mg^{-1} proteína.[21]

2.2.6 Determinação da atividade da peroxidase (POX, EC 1.11.1.7)

Para ensaios de atividade peroxidásica foi utilizado borato de sódio 10 mM, pH 9,0, NaCl 0,125 M, PMSF 1 mM, na proporção de 1 g de peso fresco para 4 mL do tampão, que permaneceu em agitação em tubos de eppendorf por 3 h a 4°C. Em seguida, o material foi centrifugado a 10.000 x g, a 4°C, por 10 min. Posteriormente, o sobrenadante foi coletado e o precipitado descartado; ao sobrenadante foi adicionado polietilenoglicol 14% (PEG) e, em seguida, fosfato de potássio a 8,5% (K_2PO_4) para separação dos pigmentos. Após esta separação das fases, coletou-se a fase inferior.[22]

A atividade da peroxidase nos tecidos do sistema radicular e foliar foi determinada.[23] Alíquotas de 100 μL do extrato enzimático diluído 1:20, tanto de raiz quanto de folhas, foram adicionadas a 2,9 mL de uma mistura de reação constituída de tampão de fosfato de potássio 25 mM, pH 6,8, pirogalol 20 mM e H_2O_2 20 mM. O acréscimo na absorbância a 420 nm, à temperatura de 25°C, foi medido durante o primeiro minuto de reação pela produção de purpurogalina, sendo a atividade da POX determinada com base na inclinação da reta nos primeiros segundos após o início da reação. A atividade enzimática foi calculada utilizando-se o coeficiente de extinção molar de 2,47 mM^{-1} cm^{-1} e o resultado expresso em μmol min^{-1} mg^{-1} de proteína.

2.2.7 Determinação da atividade das peroxidase do ascorbato (APX, EC 1.11.1.11)

A atividade da peroxidase do ascorbato foi determinada[24] com modificações.[25] Alíquotas de 100 μL do extrato enzimático bruto de raiz e de 100 μL do extrato enzimático foliar diluído 1:5 foram adicionados a 2,9 mL de um meio de reação constituído de tampão de fosfato de potássio 50 mM, pH 6,0, ácido ascórbico 0,8 mM e H_2O_2 1 mM. O decréscimo na absorbância a 290 nm, à temperatura de 25°C, foi medido durante o primeiro minuto de reação, sendo a atividade da APX determinada com base na inclinação da reta nos primeiros segundos após o início da reação. A atividade enzimática foi calculada utilizando-se o coeficiente de extinção molar de 2,8 mM^{-1} cm^{-1},[24] e o resultado expresso em μmol min^{-1} mg^{-1} de proteína.

2.2.8 Delineamento experimental e análise estatística

Foi utilizado o delineamento experimental inteiramente casualizado. O teste de Kappa2 ($p < 0,05$) foi utilizado para avaliação da normalidade dos dados. Após a constatação de que os dados eram paramétricos, foi realizada análise de variância ANOVA, e as médias foram comparadas pelo teste de Tukey ($p < 0,05$) pelo programa SISVAR da Universidade Federal de Viçosa (UFV). Para a determinação da melhor dose de SH, foi realizada análise de regressão. A fim de melhor interpretar os dados, alguns resultados foram normalizados em relação ao controle e posteriormente estabelecidas as devidas comparações.

3. Resultados e Discussões

3.1 Ensaio de doses: Avaliação do desenvolvimento inicial de aroeira (*S. terebinthifolius* Raddi) em diferentes concentrações de SH

Um modelo polinomial de segunda ordem descreveu os efeitos das diferentes doses de SH sobre o NRL de plântulas de *S. terebinthifolius* Raddi (Figura 1A).

A dose ótima (ponto de inflexão da equação quadrática) encontrada para o NRL de plântulas de *S. terebinthifolius* Raddi para SH extraídas de vermicomposto foi de 8,57 mM C L^{-1} ($y = -0,259x^2 + 4,445x + 10,11$) ($R^2 = 0,96$) (DP = 4,05) (Experimento I) (Figura 1B). Tal dose encontrada é bem maior do que as frequentemente registradas em outros trabalhos. Por exemplo, testando SH extraídas de vermicomposto, encontrou-se a dose ótima média de 2,07 mM de C L^{-1} em plântulas de milho (*Zea mays*), por meio de NRL, após tratamento com as diferentes doses de SH.[26] Avaliando a relação entre o tamanho molecular de subfrações húmicas e suas respostas sobre o crescimento radicular em *Arabidopsis thaliana,* verificaram que a concentração média foi de 5,11 mM C L^{-1} para o estímulo dessa espécie vegetal.[27]

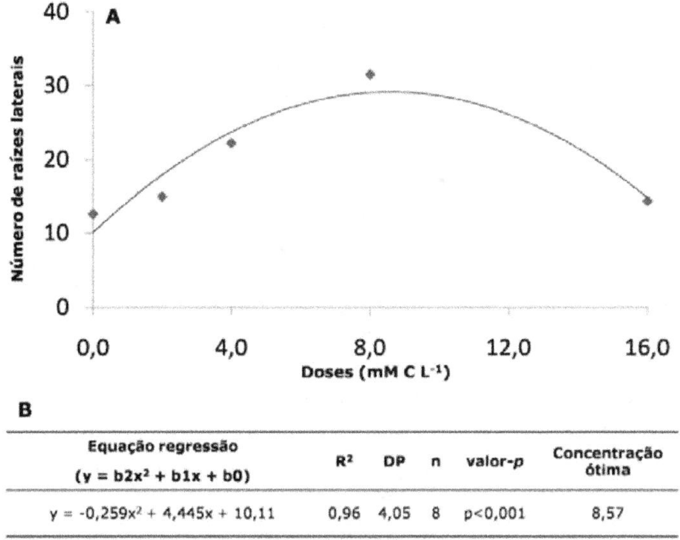

Figura 1   (A) Curva de dose-resposta para o número de raízes laterais (NRL) de plântulas de *S. terebinthifolius* Raddi. (B) Modelo de dose-resposta, coeficiente de correlação (R^2), ± desvio-padrão da regressão (DP), número de unidades que integram a amostra (n), nível de significância da regressão (valor-p) e ponto de inflexão (dose ótima) para o NRL após tratamento com as diferentes doses de SH extraídas de vermicomposto. Fonte: Leonardo Barros Dobbss.

3.2 Efeitos de diferentes concentrações de Fe em solução nutritiva sobre o crescimento de plântulas de aroeira *S. terebinthifolius* Raddi

As plântulas de *S. terebinthifolius* Raddi mostraram-se sensíveis às doses de ferro, tendo menor crescimento tanto nas raízes quanto na parte aérea, conforme demonstrado após a análise das áreas radicular e foliar (Figuras 2A e 2B). Já na menor dose de ferro, no período final da condução experimental, essa diferença já era significativa, havendo diminuição de aproximadamente 20% na área radicular (Figura 2A) em relação às plântulas controle. Com relação às demais doses, essa diferença foi ainda maior, variando entre 31,81 e 39,39% de decréscimo da área radicular em comparação com o tratamento controle nas doses de 100 µM L^{-1} e 500 µM L^{-1} de Fe, respectivamente (Figura 2A).

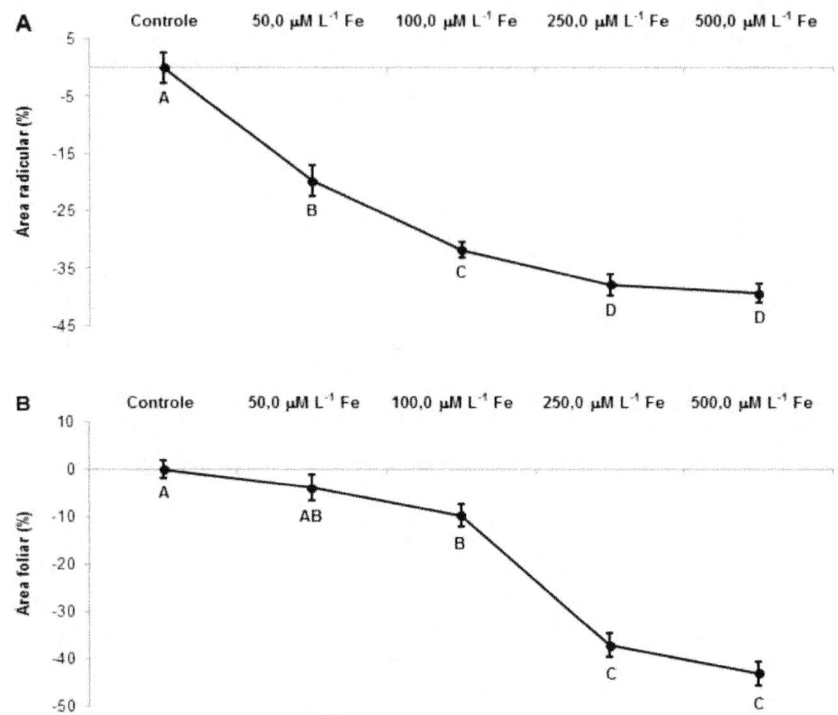

Figura 2   Efeito de diferentes doses de Fe sobre a área radicular (A) e foliar (B) em plântulas de *S. terebinthifolius* Raddi. Letras maiúsculas correspondem às diferenças significativas entre as médias pelo teste de Tukey ($p < 0,05$). Os dados foram normalizados em relação ao controle (controle = 0%) ± desvio-padrão (DP). *Fonte:* Leonardo Barros Dobbss.

Um elegante trabalho com diferentes doses de ferro na forma particulada associada ao baixo pH causavam danos ao crescimento vegetal, uma vez que nessas condições a absorção de Fe pelas raízes é aumentada e prejudica o crescimento inicial dos vegetais.[28]

De acordo com a Figura 2B, nas maiores doses de Fe puderam ser observadas diferenças significativas em relação ao controle também quanto à área foliar. Quando foi fornecida a dose de 100 µM Fe L⁻¹, o decréscimo da área foliar foi de 9,80% em relação ao controle, no entanto, efeitos mais expressivos foram observados na dose de 500 µM Fe L⁻¹, chegando até 43,13%, causando, porém, a posteríor morte das plântulas. Conforme pode ser observado nas Figuras 2ª e 2B, tanto para a área radicular quanto para a foliar, não existem diferenças significativas entre as doses de 250 e 500 µM Fe L⁻¹. No entanto, somente até a dose de 250 µM L⁻¹ Fe as plantas mantiveram-se vivas e viáveis até o final do experimento (Figuras 2A e 2B). A partir dessa constatação, tal dose foi escolhida como a ideal para ser utilizada nos testes comparativos em combinação ou não com a melhor dose de SH.

Para explicar os efeitos da possível diminuição da toxidez por ferro em plântulas de aroeira, não se deve apenas levar em conta o papel das SH sobre o crescimento vegetal (Figuras 1A e 1B), mas também na capacidade complexante das SH (Figuras 3A, 3B e 3C). Trabalhos com SH revelaram que são capazes de complexar e adsorver o Fe em doses mais altas, levando a crer que as SH possuem vários sítios de ligações para o ferro, corroborando os resultados obtidos neste trabalho.[29]

No presente trabalho, todas as plantas expostas ao ferro demonstraram sintomas típicos de intoxicação por ferro nas raízes, que apresentaram coloração castanho-escura e consistência quebradiça que provavelmente interferiram no crescimento das mesmas (Figura 3). O excesso de Fe pode causar vários sintomas visíveis nas plantas, como, por exemplo, descoloração de partes das folhas, deixando visíveis as nervuras (Figura 3C). Nas raízes, os sintomas são evidenciados por baixa quantidade de ramificação e coloração típica castanho-escura. Isso se deve à toxidez causada pelo ferro, que quando em excesso forma uma crosta de óxido de ferro (placa de ferro) sobre a raiz (Figura 3B), impedindo absorção de nutrientes e tornando-as mais enfraquecidas.

3.3 Ensaio Bioquímico: Atividade das Enzimas Antioxidantes

Os resultados para a atividade POX (Figura 4A) revelaram que o uso combinado de SH-Fe (250 μM Fe L^{-1} + 8,57 mM C L^{-1} SH) reduziu significativamente o estresse enzimático, em comparação com os demais tratamentos (Figura 4A). Para a atividade da CAT (Figura 4B) e APX (Figura 4C), houve redução significativa no uso combinado SH-Fe (250 μM Fe L^{-1} + 8,57 mM C L^{-1} SH) em relação aos tratamentos (8,57 mM C L^{-1} SH) (250 μM Fe L^{-1}). Entretanto, para CAT (Figura 4B) e APX (Figura 4C), não houve diferença significativa em comparação com os respectivos controles (Figuras 4B e 4C). De maneira geral, quando combinados SH-Fe (250 μM Fe L^{-1} + 8,57 mM C L^{-1} SH), houve redução significativa nas atividades das enzimas antioxidantes POX, CAT e APX (Figuras 4A, 4B e 4C). Possivelmente, quando SH foram combinadas ao Fe, houve estímulo na exsudação de ácidos orgânicos em plântulas de aroeira, o que auxiliou a capacidade de complexação do metal,[30] diminuindo, portanto, o efeito tóxico do Fe.

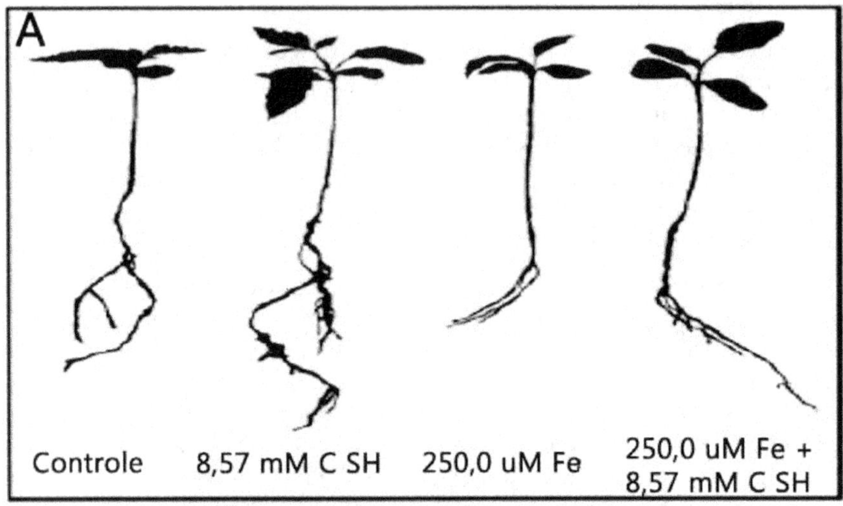

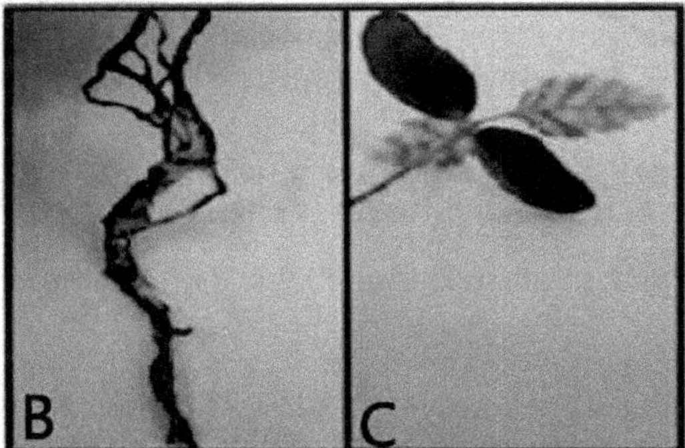

Figura 3   (A) Imagem representativa das plântulas de *S. terebinthifolius* Raddi (convertidas em preto e branco, 1 bit) crescidas nos diferentes tratamentos ao final do experimento. (B) Placa de ferro no tratamento de 250 μM Fe L^{-1}. (C) Sintoma típico de toxidez por ferro no tratamento de 250 μM Fe L^{-1}. *Fonte:* Tamires Cruz dos Santos.

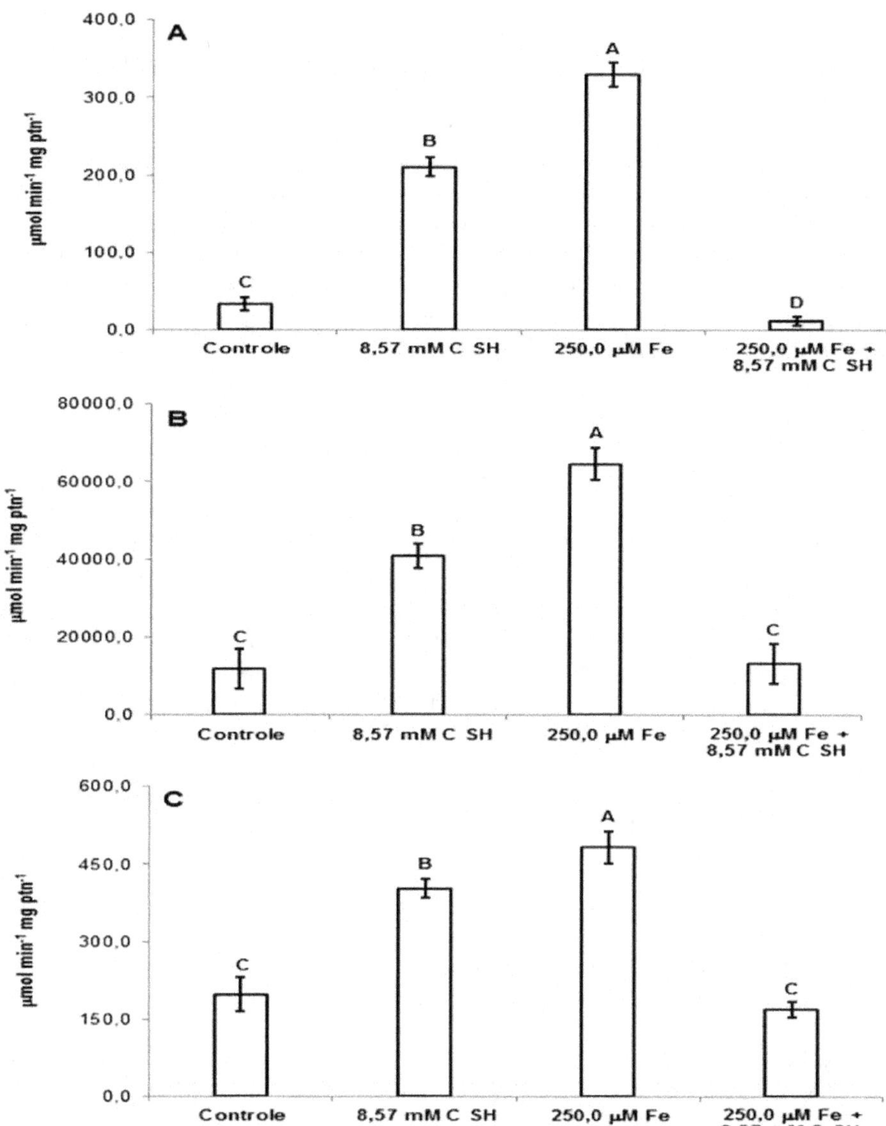

Figura 4 Efeito dos diferentes tratamentos, após ensaio de doses, sobre a atividade de enzimas do estresse oxidativo em plântulas de *S. terebinthifolius* Raddi. Em (A) Peroxidase (POX); (B) Catalase (CAT); e (C) Peroxidase do ascorbato (APX). Letras maiúsculas correspondem às diferenças significativas entre as médias pelo teste de Tukey (p < 0,05). Os valores são representados pelas médias ± (DP). *Fonte:* Leonardo Barros Dobbss.

4. Conclusões

A melhor dose de SH, por meio da integração da curva de dose-resposta, deu-se quando NRL foi de 8,57 mM C L^{-1} ($y = -0,259x^2 + 4,445x + 10,11$) ($R^2 = 0,96$) (DP = 4,05) (Experimento I). A dose de 250 μM L^{-1} de Fe foi a que causou maior dano ao crescimento sem que chegassem à morte (Experimento II). Quando fornecidos isoladamente Fe (250 M L^{-1}) e SH (8,57 mM C L^{-1}), aumentaram a atividade das enzimas POX, CAT e APX. O uso combinado Fe-SH (250 μM Fe L^{-1} + 8,57 mM C L^{-1} SH) reduziu o estresse para as enzimas antioxidantes CAT, POX e APX e o efeito tóxico do íon ferro em plântulas de aroeira *S. terebinthifolius* Raddi, por intermédio da recuperação do crescimento de raízes e da parte aérea.

Agradecimentos – À Fundação de Amparo à Pesquisa do Estado do Rio de Janeiro (FAPERJ) pela bolsa de Doutorado de Tamires Cruz dos Santos (Processo#E-26/201.233/15). À Fundação de Amparo à Pesquisa do Espírito Santo (FAPES) pelas bolsas de Doutorado de Carlos Moacir Colodete (Edital#01/2014/Processo#66242622/2014), Juliano de Oliveira Barbirato (Edital#20/2012/Processo#59430311/2012) e Juliéttty Angioletti Tesch. À Coordenação de Aperfeiçoamento de Pessoal de Nível Superior (CAPES) pelas bolsas de Doutorado de Katherine Fragas Ruas (Edital#01/2015), Sávio Bastos de Souza (Edital#2016/1) e Vívian Ribeiro Pimentel (Edital#01/2016). Este trabalho foi suportado pela FAPERJ (#E-26/110,0821/2014;#E-26/111,428/2014), Conselho Nacional de Desenvolvimento Científico e Tecnológico (CNPq) (#475436/2010-5;#312399/2013-8), FAPES (Processo#546879852011), CNPq (Processo#475436/2010/Processo#312399/2013/Processo#483518/2013) e Confederação da Agricultura e Pecuária do Brasil (CNA), Projeto Biomas (Subprojeto-21).

Referências Bibliográficas

1. MOMEN, B.; ANDERSON, P. D.; HOUPIS, J. L. J.; HELMS, J. A. Growth of ponderosa pine seedlings as affected by air pollution. **Atmospheric Environment**, v. 36, p. 1875-1882, 2002.

2. PEREIRA, E. G.; OLIVA, M. A.; KUKI, K.; CAMBRAIA, J. Photosynthetic changes and oxidative stress caused by iron ore dust deposition in the tropical CAM tree *Clusia hilariana*. **Trees**, v. 23, p. 277-285, 2009.

3. KUKI, K. N.; OLIVA, M. A.; PEREIRA, E. G.; COSTA, A. C.; CAMBRAIA, J. Effects of simulated deposition of acid mist and iron ore particulate matter on photosynthesis and the generation of oxidative stress in *Schinus terebinthifolius* Radii and Sophora tomentosa L. **Science Total Environment**, v. 403, p. 207-214, 2008.

4. OLIVEIRA, C. R. M.; OLIVA, M. A.; PEREIRA, E. G. Efeito do material particulado de ferro no teor de pigmentos de *Schinus terebinthifolius* Raddi. **Revista Brasileira de Biociências**, v. 5, n. 2, p. 681-683, 2007.

5. SANTOS, T. C.; OLIVEIRA, M. L. F.; ALEXANDRE, J. R.; SOUZA, S. B.; EUTRÓPIO, F. J.; RAMOS, A. C. Crescimento inicial de aroeira (*Schinus terebinthifolius* Raddi) e tomate transgênico AVP1OX (*Solanum lycopersicum* L.) sob diferentes níveis de ferro. **Nature Online**, v. 9, p. 152-156, 2011.

6. LOPES, A. S.; OLIVA, M. A.; MARTINEZ, C. A. Impacto das imissões de dióxido de enxofre e deposição de material particulado de ferro em espécies vegetais de restinga: avaliação ecofisiológica. In: ESPÍNDOLA, E. et al. (Ed.) **Ecotoxicologia**. São Carlos: RiMa, 2000. p. 53-71.

7. PRUSTY, B. A. K.; MISHRA, P. C.; AZEEZ, P. A. Dust accumulation and leaf pigment content in vegetation near the national highway at Sambalpur. **Ecotoxicology and Environmental Safety**, v. 60, p. 228-235, 2005.

8. VELIKOVA, V.; YARDANOV, I.; EDREVA, A. Oxidative stress and some antioxidant systems in acid rain-treated bean plants. **Plant Science**, v. 151, p. 59-66, 2000.

9. SILVA, M. A. S.; MAFRA, A. L.; ALBUQUERQUE, A.; ROSA, J. D.; BAYER, C.; MIELNICZUK, J. Propriedades físicas e teor de carbono orgânico de um Argissolo Vermelho sob distintos sistemas de uso e manejo. **Revista Brasileira de Ciência do Solo**, v. 30, p. 329-337, 2006.

10. GRANTZ, D. A.; GARNER, J. H. B.; JOHNSON, D. W. Ecological effects of particulate matter. **Environment International**, v. 29, n. 1, p. 213-239, 2003.

11. COLODETE, C. M.; RUAS, K. F.; BARBIRATO, J. O.; BARROSO, A. L. P.; DOBBS, L. B. Biochemistry characterization of proteins defense against oxidative stress in plants and their biosynthetic pathways of secondary metabolites. **Nature Online**, v. 13, n. 4, p. 195-204, 2015.

12. COLOMBO, S. M.; SANTOS, L. B. O.; MASINI, J. C.; ABATE, G. Propriedades ácido-base e de complexação de ácidos húmico e fúlvico isolados de vermicomposto. **Química Nova**, v. 30, p. 1261-1266, 2007.

13. JUNIOR, E. S.; ROCHA, J. C.; ZARA, L. F.; SANTOS, A. Substâncias húmicas aquáticas: Fracionamento molecular e caracterização de rearranjos internos após complexação com íons metálicos. **Química Nova**, v. 24, p. 339-344, 2001.

14. RADDI, G. Memorie di matematica e di fisica della Societt à italiana delle Scienze. **Journal Science Modena**, v. 8, n. 2, p. 399-400, 1820.

15. SILVA-LUZ, C. L.; PIRANI, J. R. Anacardiaceae. In: **Lista de Espécies da Flora do Brasil**. Jardim Botânico do Rio de Janeiro. Disponível em: <http://floradobrasil.jbrj.gov.br/jabot/floradobrasil/FB4401>. Acesso em: 06 jan. 2016.

16. AGUIAR, N. O.; OLIVARES, F. L.; NOVOTNY, E. H.; DOBBSS, L. B.; BALMORI, D. M.; SANTOS-JÚNIOR, L.G.; CHAGAS, J. G.; FAÇANHA, A. R.; CANELLAS, L. P. Bioactivity of humic acids isolated from vermicomposts at different maturation stages. **Plant Soil**, v. 362, n. 1, p. 161-174, 2013.

17. CANELLAS, L. P.; SANTOS, G. A. **Humosfera**: tratado preliminar sobre a química das substâncias húmicas. Campos dos Goytacazes: Editora da Universidade Federal do Norte Fluminense, 2005. 309 p.

18. HOAGLAND, D. R.; ARNON, D. I. **The water culture method for growing plants without soil**. Berkeley: Agricultural Experiment Station, 1951. 34 p.

19. PEIXOTO, P. H. P.; CAMBRAIA, J.; SANT'ANNA, R.; MOSQUIM, P. R.; MOREIRA, M. A. Aluminum effects on lipid peroxidation and on the activities of enzymes of oxidative metabolism in sorghum. **Revista Brasileira de Fisiologia Vegetal**, v. 11, p. 137-143, 1999.

20. HAVIR, E. A.; McHALE, N. A. Biochemical and developmental characterization of multiple forms of catalase in tobacco leaves. **Plant Physiology**, v. 84, p. 450-455, 1987.

21. ANDERSON, M. D.; PRASAD, T. K.; STEWART, C. R. Changes in isozyme profile of catalase, peroxidase, and glutathione reductase during acclimation to chilling in mesocotyls of maize seedlings. **Plant Physiology**, v. 109, p. 1247-1257, 1995.

22. LEON, A. M.; PALMA, J. M.; CORPAS, F. J.; ROMERO-PUERTAS, M., C; SANDALIO, L. M. Anti-oxidative enzymes in cultivars of pepper plants with different sensitivity to cadmium. **Physiology Biochemistry**, v. 40, p. 813-820, 2002.

23. KAR, M.; MISHRA, D. Catalase, peroxidase and polyphenoloxidase activities during rice leaf senescence. **Plant Physiology**, v. 57, p. 315-319, 1976.

24. NAKANO, Y.; ASADA, K. Hidrogen peroxide is sacavenged by ascorbate-specific peroxidase in spinach chloroplast. **Plant Cell Physiology**, v. 22, p. 867-880, 1981.

25. KOSHIBA, T. Cytosolic ascorbate peroxidase in seedlings and leaves of maize (*Zea mays*). **Plant Cell Physiology**, v. 34, p. 713-721, 1993.

26. DOBBSS, L., CANELLAS, L. P., OLIVARES, F. L. Bioactivity of chemically transformed humic matter from vermicompost on plant root growth. **Journal of Agricultural and Food Chemistry**, v. 58, n. 6, p. 3681-3688, 2010.

27. AGUIAR, N. O.; CANELLAS, L. P., DOBBSS, L. B., ZANDONADI, D. B. Distribuição de massa molecular e bioatividade de ácidos húmicos. **Revista Brasileira de Ciência do Solo**, v. 33, p. 1613-1623, 2009.

28. KUKI, K. N.; OLIVA, M. A.; COSTA, A. C. The Simulated Effects of Iron Dust and Acidity during the Early Stages of Establishment of Two Coastal Plant Species. **Water, Air and Soil Pollution**, v. 196, p. 287-295, 2009.

29. LAGLERA, L. M.; BATTAGLIA, G.; VAN-BERG, C. M. C. Effect of humic substances on the iron speciation in natural Waters by CLE/CSV. **Marine Chemistry**, v. 127, p. 134-143, 2011.

30. CANELLAS, L. P.; TEIXEIRA, L. R. L.; DOBBSS, L. B.; SILVA, C. A.; MEDICI, L. O.; ZANDONADI, D. B.; FAÇANHA, A. R. Humic acids crossinteractions with root and organic acids. **Annals of Applied Biology**, v. 153, p. 157-166, 2008.

Dinâmica de Carbono em Substâncias Húmicas em Sistema Conservacionista de Produção de Café

Bruno Henrique Martins, Cezar Francisco Araujo-Junior,
Mario Miyazawa e Karen Mayara Vieira

1. Introdução

Sistemas conservacionistas de produção englobam o uso de plantas de cobertura, cultivo mínimo, rotação e consórcio de culturas, atuando como ferramenta para o controle/supressão de plantas invasoras.[1] Portanto, sistemas conservacionistas de produção afetam níveis, distribuição e a qualidade do carbono (C) orgânico do solo.[2]

Diversos fatores (características edafoclimáticas, intensidade e frequência de práticas de manejo, aporte de material vegetal) podem afetar a dinâmica de estoque de C em sistemas agrícolas de produção, culminando em alterações nos potenciais de acúmulo e sequestro de C.[3]

As práticas de manejo de plantas invasoras, o espaçamento entre plantas e o local de amostragem na lavoura cafeeira determinam o conteúdo de C orgânico no solo, como demonstrado nos estudos realizados em diferentes regiões cafeeiras do Brasil.[1,4-12]

As substâncias húmicas (SH), principais constituintes da matéria orgânica do solo (MOS) e reservatórios de C com maior tempo de residência no solo, têm sido amplamente utilizadas como indicadores de qualidade do solo, uma vez que apresentam maior sensibilidade às práticas de manejo.[13] Ainda, alterações nas características das SH (tais como peculiaridades estruturais, distribuição e conteúdo de C) têm sido empregadas como parâmetros para avaliação de sistemas agrícolas de produção.[14]

O objetivo deste estudo foi avaliar a dinâmica de estoques de C de SH em um sistema conservacionista para produção de café. Nossa hipótese é de que diferentes plantas de cobertura/métodos de controle de plantas invasoras irão afetar o estoque de C em frações húmicas da MOS.

2. Metodologia

2.1 Delineamento Experimental

O estudo foi conduzido em campo instalado na Estação Experimental do Instituto Agronômico do Paraná (IAPAR), em Londrina (PR). O solo da área de estudo foi classificado como Latossolo Vermelho Distroférrico muito argiloso. As propriedades químicas e físicas do solo em quatro profundidades são apresentadas na Tabela 1.[1]

Tabela 1   Atributos químicos e físicos do solo. *Fonte:* Cezar Francisco Araujo-Junior; Bruno Henrique Martins.

Prof. (cm)	pH	P	Ca	K	Mg	COT[a]	Argila	Silte	Areia	ρ[b]
		mg dm⁻³	----- cmol$_c$ dm⁻³ -----			g dm⁻³	-------- dag kg⁻¹ -------			kg dm⁻³
0-10	4,9	48,34	4,99	0,32	2,84	29,98	78	16	6	0,91
10-20	4,4	11,79	2,85	0,20	1,46	19,44	80	14	6	1,00
20-30	4,3	28,59	2,51	0,31	1,15	18,41	80	14	5	1,08
30-40	4,2	7,87	2,22	0,23	0,91	15,36	81	14	5	1,13

[a]Carbono orgânico total; [b]densidade de solo.

O estudo foi realizado em lavoura cafeeira (*Coffea arabica* L.) implantada em 1978 utilizando a cultivar Mundo Novo IAC 379-19. Em 2008, o experimento foi delineado em blocos ao acaso com sete tratamentos em quatro replicatas, em esquema de parcela subdividida. Os métodos de controle de plantas invasoras e de manejo de plantas de cobertura nas entrelinhas da lavoura de café foram os tratamentos: (i) capina manual – HAWE; (ii) roçadora mecânica portátil – PMOW; (iii) herbicidas de pré (oxyfluorfen, 240 g L⁻¹) e pós (glyphosate, 360 g L⁻¹) emergência – HERB; (iv) planta de cobertura amendoim cavalo (*Arachis hypogeae*) – GMAY; (v) planta de cobertura mucuna anã (*Mucuna deeringiana*); (vi) sem capina nas entrelinhas – SCAP; (vii) controle (sem capina nas entrelinhas e linhas da lavoura) – CONT.

Para cada parcela (replicata), os tratamentos foram considerados o fator principal, e as profundidades de coleta de solos (0-10 cm; 10-20 cm; 20-30 cm; e 30-40 cm) foram consideradas o fator secundário.

Em setembro de 2013 foi realizada a poda dos cafeeiros, e a biomassa resultante foi triturada e mantida sobre a superfície do solo nas entrelinhas. Em março de 2014 e fevereiro de 2015, as amostras de solo foram coletadas com auxílio de enxadão tradicional no centro das entrelinhas da lavoura de café, a cerca de 1,75 m de distância da copa dos cafeeiros.

As amostras de solo coletadas (cerca de 1,0 kg para cada profundidade) foram acondicionadas em sacos plásticos, seguido de secagem sob temperatura ambiente, passagem por peneira malha de 2 mm e moagem em moinho de facas. Após o preparo, as amostras foram levadas ao laboratório para análise.

2.2 Extração de Substâncias Húmicas

As SH foram extraídas de acordo com metodologia proposta por Benites et al. (2003). Resumidamente, o método consistiu em extração com hidróxido de sódio (NaOH 0,1 mol L^{-1}), seguindo a proporção de 1:10 (massa:volume) entre amostra e solução. Via processo de centrifugação, o extrato alcalino (ácido húmico – AH, e fúlvico – AF) e o precipitado (humina – HU) foram separados. Considerando-se a diferença de solubilidade em diferentes condições de acidez, as frações de AH e AF foram obtidas pela adição de ácido sulfúrico (H$_2$SO$_4$ 20%) ao extrato alcalino. O precipitado de AH foi filtrado a vácuo em membrana de 0,45 ìm, sendo posteriormente lavado com volume mínimo de solução de NaOH 0,1 mol L^{-1} para balão volumétrico de 50 mL. O AF filtrado também foi coletado em balão volumétrico de mesmo volume.[15]

2.3 Determinação de Teor de C

O teor de C para as frações de SH foi determinado por oxidação via úmida com dicromato de potássio (K$_2$Cr$_2$O$_7$), de acordo com procedimento modificado de Walkley-Black (1934), conforme proposto por Benites et al. (2003).[15,16]

2.4 Cálculo de Estoques de C

Os estoques de C para as SH obtidas em cada profundidade foram calculados de acordo com Ellert e Bettany (1995)[17], como a seguir:

Estoque de C = Teor de C x Densidade do solo x Espessura da camada

Com as seguintes unidades: estoque de C (ton ha^{-1}), teor de C (g kg^{-1}), densidade de solo (g cm^{-3}) e espessura da camada (cm).

2.5 Análise Estatística

A Análise de Variância (ANOVA) foi realizada para cada profundidade no período entre 2014 e 2015, utilizando o software OriginPro 8.0 (OriginLab, Northampton, MA). Consideramos o nível de significância de 5% pelo teste de Tukey como diferenças significativas entre os anos considerados.

3. Resultados e Discussões

A Figura 1 ilustra a dinâmica de estoques de C para AH e HU, no período entre 2014 e 2015. Em geral, houve aumento médio de 39% em HU, enquanto AH decresceu cerca de 38% nas profundidades de 0-10 e 10-20 cm. O maior aumento médio de HU (54%) foi observado no tratamento PMOW.

O decréscimo nos estoques de C relacionado à fração de AH pode ser atribuído ao seu alto grau de polimerização e mineralização, propiciando alta tendência de perda de teor de C quando submetida a diferentes práticas de uso e manejo do solo.[18]

Os AH representam a parcela intermediária entre a estabilização de compostos pela interação com o material mineral (HU) e a ocorrência de ácidos orgânicos oxidados livres na solução do solo (AF).[19] Dessa maneira atuam como demarcador natural do processo de humificação e refletem tanto condições de gênese quanto de manejo do solo.[20]

Não observamos variações significativas para AF no intervalo considerado (não apresentado). A baixa massa molecular aparente apresentada (de 1.000 a 5.000 Daltons) permite a essa fração a maior permanência junto à solução do solo por períodos mais longos, mesmo quando submetida a situações adversas (variações de pH, concentrações salinas, práticas de manejo), sem que existam alterações significativas.[21]

Dessa maneira, a ausência de variações estatisticamente significativas nos estoque de C para o período considerado pode ser atribuída às características de maior mobilidade do AF, independentemente das plantas de cobertura e métodos de controle de plantas invasoras empregados.

Em 2015, ácidos húmicos (AH) e fúlvicos (AF) não apresentaram variações significativas entre as condições de manejo analisadas para cada profundidade estudada. Porém, a fração humina (HU) apresentou aumento médio de 54% na camada superficial (0-10 cm) para os métodos de controle mecânico (PMOW e HAWE) e cultural (SCAP, CONT, GMMA e GMAY) em relação às demais profundidades consideradas dos respectivos tratamentos (Figura 1c).

O material vegetal adicionado ao sistema de produção em 2014, via plantas invasoras, plantas de cobertura e/ou resíduos de poda, representa um aporte de C na forma de biomassa no sistema de produção[1], que serve como substrato para a comunidade microbiana do solo. A degradação da biomassa vegetal contribui para a incorporação de C ao solo na forma mais estável.

Estudos similares também observaram maiores estoques de C em áreas com maior diversidade de plantas, relacionando o acúmulo de C no solo com a interação entre parte aérea de plantas (espécies do tipo C_3 ou C_4), sistema radicular e microbiota do solo.[22,23]

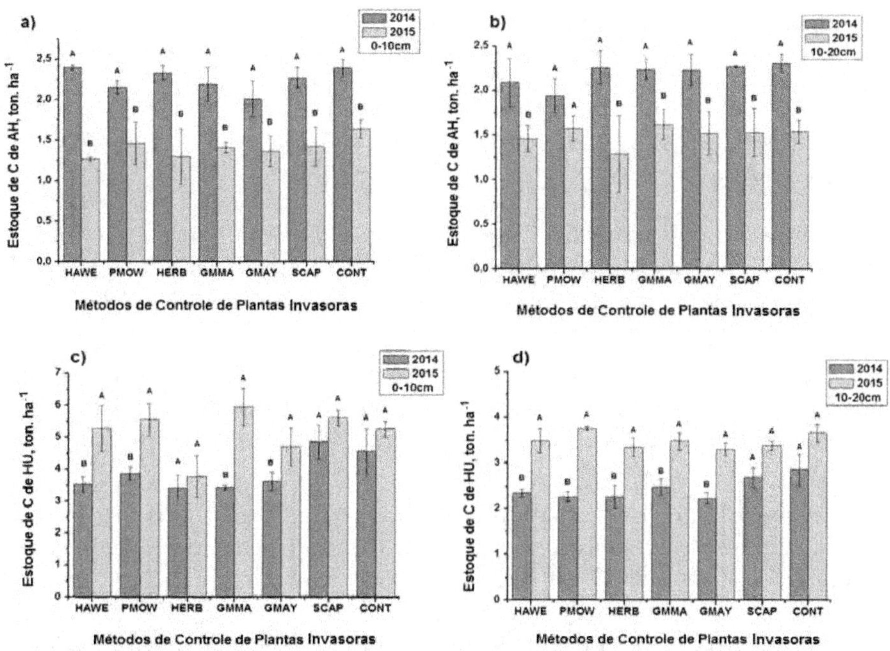

a) e b) Dinâmica de estoques de C para ácidos húmicos nas profundidades 0-10 e 10-20cm, respectivamente.
c) e d) Dinâmica de estoques de C para fração humina nas profundidades 0-10 e 10-20cm, respectivamente.
Valores seguidos da mesma letra não diferem entre si no intervalo 2014/2015 para
determinada planta de cobertura / método de controle de plantas daninhas (teste de Tukey, p <0,05).

Figura 1. Dinâmica de estoques de C (diferenças entre os anos de 2014 e 2015) para ácidos húmicos (AH) e humina (HU) extraídos de duas profundidades (0-10 e 10-20 cm) em Latossolo Vermelho muito argiloso sob sistema de produção conservacionista de café com variado controle de plantas invasoras e manejo de plantas de cobertura, em Londrina (PR). HAWE – capina manual; PMOW – roçadora mecânica portátil; HERB – herbicidas de pré (oxyfluorfen, 240 g L^{-1}) e pós (glyphosate, 360 g L^{-1}) emergência; GMAY – planta de cobertura amendoim cavalo (*Arachis hypogeae*); GMMA – planta de cobertura mucuna anã (*Mucuna deeringiana*); SCAP – sem capina nas entrelinhas; CONT – controle (sem capina nas entrelinhas e linhas da lavoura). *Fonte:* Bruno Henrique Martins.

Nossos resultados corroboram os dados apresentados por Cogo et al. (2013) ao analisarem os estoques de C em uma lavoura cafeeira sob diferentes métodos de controle de plantas invasoras. Cogo et al. (2013) observaram que o estoque de C no solo em áreas sob o uso de roçadora portátil foi similar à área de floresta nativa.[10]

Assim, o perfil de solo observado em campo experimental pode ser atribuído à alta incidência de estruturas recalcitrantes, provenientes de práticas de manejo (poda, roçada, cobertura vegetal) e precursoras de material humificado. De acordo com Serramiá et al. (2013), tais estruturas recalcitrantes são seletivamente preservadas após degradação microbiana, sendo incorporadas às SH, principalmente HU, dentro de um intervalo de tempo.[24]

4. Conclusões

Plantas de cobertura utilizadas com adubos verdes nas entrelinhas e métodos de controle de plantas invasoras afetaram os estoques de C do Latossolo Vermelho, especialmente AH e HU, nas profundidades de 0-10 e 10-20 cm no período de um ano, entre 2014 e 2015.

A roçagem de plantas invasoras, o uso de plantas de cobertura e o resíduo de poda do cafezal influenciaram o processo de humificação e consequente acúmulo de C na fração húmica (HU) da MOS no período de um ano.

Dentre os manejos de plantas invasoras testados, métodos mecânicos e culturais de controle, sobretudo o uso de roçadora mecânica, favorecem o aumento de estoque de C em substâncias húmicas.

Agradecimentos – Os autores gostariam de agradecer à Coordenação de Aperfeiçoamento de Pessoal de Nível Superior/Programa Nacional de Pós-Doutorado (CAPES/PNPD – Processo 20132419-40075010001P1) pela bolsa concedida ao primeiro autor; à Fundação de Apoio ao Desenvolvimento Científico e Tecnológico do Paraná – Fundação Araucária (Projeto Protocolo 42.265/2014 – Convênio 548/2014) pela bolsa de produtividade em pesquisa concedida ao segundo autor; e ao Consórcio Pesquisa Café (Código de Plano de Ação 0213.02.059.00.05) pelo financiamento do projeto *Qualidade do solo, fitossanitária e fisiológica de cafeeiros submetidos a diferentes manejos de plantas daninhas e coberturas*.

Referências Bibliográficas

1 MARTINS, B. H.; ARAUJO-JUNIOR, C. F.; MIYAZAWA, M.; VIEIRA, K. M.; MILORI, D. M. B. P. Soil organic matter quality and weed density in coffee plantation area submitted to weed control and cover crops management. **Soil Tillage Research**, v. 153, p. 169-174, 2015.

2 KÖGEL-KNABNER, I. The macromolecular organic composition of plant and microbial residues and inputs to soil organic matter. **Soil Biology and Biochemistry**, v. 34, p. 139-162, 2002.

3 CERRI, C. E. P.; GALDOS, M. V.; CARVALHO, J. L. N.; FEIGL, B. J.; CERRI, C. C. Quantifying soil carbon stocks and greenhouse gas fluxes in the sugarcane agrosystem: point of view. **Scientia Agricola**, v. 70, p. 361-368, 2013.

4 PAVAN, M. A.; VIEIRA, M. J.; ANDROCIOLI FILHO, A. Influência do manejo das plantas daninhas em lavoura cafeeira na capacidade de troca de cátions e cátions trocáveis em solo com cargas variáveis. **Arquivos de Biologia e Tecnologia**, v. 38, p. 305-311, 1995.

5 PAVAN, M. A.; CHAVES, J. C. D.; SIQUEIRA, R.; ANDROCIOLI FILHO, A.; COLOZZI FILHO, A.; BALOTA EL. High coffee population density to improve soil fertility of an Oxisol. **Pesquisa Agropecuária Brasileira**, v. 34, p. 459-465, 1999.

6 ALCÂNTARA, E. N.; FERREIRA, M. M. Efeito de métodos de controle de plantas daninhas na cultura do cafeeiro (Coffea arabica L.) sobre a qualidade física do solo. **Revista Brasileira de Ciência do Solo**, v. 24, n. 4, p. 711-721, 2000.

7 MOTTA, A. C. V.; NICK, J. A.; YORINORI, G. T.; SERRAT, B. M. Distribuição horizontal e vertical da fertilidade do solo e das raízes de cafeeiro (Coffea arabica L.) cultivar Catuaí. **Acta Scientiarum. Agronomy**, v. 28, p. 455-463, 2006.

8 RANGEL, O. J. P.; SILVA, C. A.; GUIMARÃES, P. T. G.; MELO, L. C. A.; OLIVEIRA JUNIOR, A. C. D. Carbono orgânico e nitrogênio total do solo e suas relações com os espaçamentos de plantio de cafeeiro. **Revista Brasileira de Ciência do Solo**, v. 32, p. 2051-2059, 2008.

9 ARAUJO-JUNIOR, C. F.; GUIMARÃES, P. T. G.; JUNIOR, M. D. S. D.; ALCÂNTARA, E. N.; MENDES, A. D. R. Alterações nos atributos químicos de um Latossolo pelo manejo de plantas invasoras em cafeeiros. **Revista Brasileira de Ciência do Solo**, v. 35, n. 6, p. 2207-2217, 2011.

10 COGO, F. G.; ARAUJO-JUNIOR, C. F.; ZINN, Y. L.; DIAS JUNIOR, M. S.; ALCÂNTARA, E. N.; GUIMARÃES, P. T. G. Estoques de carbono orgânico do solo em cafezais sob diferentes sistemas de controle de plantas invasoras. **Seminua: Ciências Agrárias**, v. 34, p. 1089-1098, 2013.

11 COELHO, M. S.; MENDONÇA, E. S.; LIMA, P. C.; GUIMARÃES, G. P.; CARDOSO, I. M. Qualidade da matéria orgânica de solos sob cultivo de café consorciado com adubos verdes. **Revista Brasileira de Ciência do Solo**, v. 37, p. 1576-1586, 2013.

12 SIQUEIRA, R. H. S.; FERREIRA, M. M.; ALCÂNTARA, E. N.; CARVALHO, R. D. S. Chemical attributes of an oxisol submitted to weed control in coffee. **Coffee Sciences**, v. 10, n. 2, p. 138-148, 2015.

13 ZECH, W.; SENESI, N.; GUGGENBERGER, G.; KAISER, K.; LEHMANN, J.; MIANO, T. M.; MITNER, A.; SCHROTH, G. Factors controlling humification and mineralization of soil organic matter in the tropics. **Geoderma**, v. 79, p. 117-161, 1997.

14 CANELLAS, L. P.; BUSATO, J. G.; DOBBSS, L. B.; BALDOTTO, M. A.; RUMJANEK, V. M.; OLIVARES, F. L. Soil organic matter and nutrient pools under long-term non-burning management of sugar cane. **European Journal of Soil Sciences**, v. 61, p. 375-383, 2010.

15 BENITES, V. M.; MADARI, B.; MACHADO, P. L. O. A. **Extração e fracionamento quantitativo de substâncias húmicas do solo:** um procedimento simplificado de baixo custo (Boletim de Pesquisa). Rio de Janeiro: Embrapa, 2003. 7 p.

16 WALKLEY, A.; BLACK, I. An examination of the Degtjareff method for determining soil organic matter, and a proposed modification of the chromic acid titration method. **Soil Sciences**, v. 37, p. 29-38, 1934.

17 ELLERT, B. H.; BETTANY, J. R. Calculation of organic matter and nutrients stored in soils under contrasting management regimes. **Canadian Journal of Soil Sciences**, v. 75, p. 529-538, 1995.

18 FONTANA, A.; PEREIRA, M. G.; LOSS, A.; CUNHA, T. J. F.; SALTON, J. C. Atributos de fertilidade e frações húmicas de um Latossolo Vermelho no Cerrado. **Pesquisa Agropecuária Brasileira**, v. 41, n. 5, p. 847-853, 2006.

19 STEVENSON, J. F. **Humus chemistry:** genesis, composition, reactions. New York: John Wiley, 1994. 496 p.

20 CANELLAS, L. P.; VELLOSO, A. C. X.; MARCIANO, C. R.; RAMALHO, J. F. G. P.; RUMJANEK, V. M.; REZENDE, C. E. SANTOS, G. A. Propriedades químicas de um cambissolo cultivado com cana-de-açúcar, com preservação de palhiço e adição de vinhaça por longo tempo. **Revista Brasileira de Ciência do Solo**, v. 27, p. 935-944, 2003.

21 CALVO, P.; NELSON, L.; KLOEPPER, J. W. Agricultural use of plant biostimulants. **Plant and Soil**, v. 383, p. 3-41, 2014.

22 LANGE, M.; EISENHAUER, N.; SIERRA, C. A.; BESSLER, H.; ENGELS, C.; GRIFFITHS, R. I.; MELLADO-VÁZQUEZ, P. G.; MALIK, A. A.; ROY, J.; SCHEU, S.; STEINBESS, S.; THOMSON, B. C.; TRUMBORE, S. E.; GLEIXNER, G. Plant diversity increases soil microbial activity and soil carbon storage. **Nature Communications**, v. 6, p. 6707-6715, 2015.

23 BARRETO, A. C.; FREIRE, M. B. G. S.; NACIF, P. G. S.; ARAÚJO, Q. R.; FREIRE, F. J.; INÁCIO, E. S. B. Fracionamento químico e físico do carbono orgânico total em um solo de mata submetido a diferentes usos. **Revista Brasileira de Ciência do Solo**, v. 32, n. 4, p. 1471-1478, 2008.

24 SERRAMIÁ, N.; SÁNCHEZ-MONEDERO, M. A.; ROIG, A.; CONTIN, M.; DE NOBILI, M. Changes in soil humic pools after soil application of two-phase olive mill waste compost. **Geoderma**, v. 192, p. 21-30, 2013.

Estequiometria O/C da Oxidação Biológica de Substâncias Húmicas Aquáticas

Irineu Bianchini Júnior e Marcela Bianchessi da Cunha-Santino

1. Introdução

As principais formas orgânicas presentes nos sedimentos dos ambientes aquáticos podem ser representadas pelos organismos vivos, detritos de origem animal e vegetal, polímeros naturais como os carboidratos e lipídios e substâncias húmicas (SH).[1] As SH aquáticas provêm da degradação da matéria orgânica dos solos adjacentes aos corpos d'água, representando, assim, uma das fontes alóctones dessas substâncias ou da decomposição da vegetação aquática (e.g. macrófitas e algas), constituindo a fonte autóctone.[2]

As SH são amorfas, com massa molecular variando de 2.000 a 300.000 g mol^{-1}. São constituídas por diversos grupos funcionais, como, por exemplo, carboxilas e carbonilas.[3] Os ácidos formadores das SH são os húmicos (AH) e fúlvicos (AF). Esses compostos apresentam diferenças em relação à aromaticidade, massa molecular e predomínio de grupos funcionais; dessa forma, vários modelos estruturais têm sido propostos.[4]

Em virtude da complexidade estrutural das moléculas, as SH, em geral, são bastante resistentes à decomposição.[5] A refratabilidade das SH em relação à degradação microbiana faz com que, nos ambientes aquáticos, sua mineralização (conversão biológica das SH em compostos inorgânicos, e.g. CO_2 e H_2O) dependa: i) da habilidade enzimática dos microrganismos heterotróficos[6]; ii) da proporção de frações reativas nas moléculas de SH; iii) da disponibilidade de oxigênio dissolvido no meio; iv) da temperatura.[7] A humificação e a mineralização das SH dependem das características predominantes do recurso, ou seja, da composição química e do tipo de estrutura vegetal.[8]

Em ambientes anaeróbios, os AH são utilizados como aceptores de elétrons por uma variedade de bactérias.[9,10] Em condições oxidantes, perdas de massa das SH também foram observadas.[7] A elucidação dos mecanismos de transformação e degradação biológica das SH é crucial para o entendimento da dinâmica global do carbono nos ambientes aquáticos.[3] Nesse contexto, este estudo teve por objetivo avaliar o consumo de oxigênio decorrente da mineralização aeróbia de AH e AF, assim como o carbono mineralizado nesse processo. Visou, também, verificar as diferenças entre as relações estequiométricas O/C das mineralizações aeróbias de ácidos fúlvicos (AF) e húmicos (AH), provenientes da decomposição de uma macrófita aquática (*Oxycaryum cubense*) e extraídos em diferentes tempos de humificação (10 e 60 dias).

2. Metodologia

2.1 Descrição da área de estudo

A lagoa do Infernão, situada a 21° 35' S e 47° 51' W, possui cerca de 1 km de comprimento e profundidade máxima de 4 m. Pertence ao sistema de lagoas marginais da planície de inundação do rio Mogi-Guaçu, situado na região central do Estado de São Paulo. É uma das 15 lagoas que recebem proteção oficial da Estação Ecológica de Jataí (21° 33' a 21° 37' S e 47° 45' a 47° a 51' W). Une-se ao rio apenas nos períodos de cheia e apresenta, atualmente, a totalidade de sua superfície ocupada por vegetação aquática. Sua região litorânea é dominada, em geral, por macrófitas.[11]

2.2 Descrição da macrófita *Oxycaryum cubense*

É uma Cyperaceae com ampla ocorrência na América tropical e na África.[12] No Brasil está amplamente distribuída, e.g., reservatórios do rio Tocantins, nos lagos do médio Amazonas, no Pantanal Mato-Grossense e em várias regiões do Estado de São Paulo.[13] É uma espécie perene que pode se encontrar fixa ao sedimento ou a um substrato flutuante. Na lagoa do Infernão, essa espécie predomina e forma um denso tapete flutuante.[14]

2.3 Experimentos de mineralização e modelagem matemática

Exemplares adultos da macrófitas aquática *Oxycaryum cubense* (Poepp. & Kunth) Palla foram coletados na região litorânea da lagoa do Infernão. Também foram coletadas amostras de água da lagoa em três profundidades distintas (superfície, meio e fundo), com auxílio de uma garrafa de *Van Dorn*. Após a coleta, em laboratório, as plantas foram limpas, secas (até massa constante) e adicionadas em câmaras de decomposição contendo água da lagoa previamente filtrada em lã de vidro (proporção: 10 g de planta seca por litro de água).

Após 10 e 60 dias de incubação, as SH a serem utilizadas nos experimentos de mineralização foram extraídas da fração dissolvida das câmaras de decomposição. Na sequência, os AH e AF foram isolados a partir dos procedimentos analíticos que se baseiam em diferenças de solubilidade em meio ácido e alcalino[15] e tiveram seus teores de carbono orgânico determinados em analisador específico (marca Shimadzu TOC analyser, modelo 5000A). As câmaras de mineralização foram preparadas adicionando cerca de 30 mg C (AF ou AH) por litro de amostra de água da lagoa (previamente filtrada). Após preparadas, as soluções foram aeradas até que a concentração de oxigênio dissolvido (OD) fosse próxima a de saturação (ca. 8,05 mg L^{-1}). Durante o experimento, os frascos foram mantidos a $21,0 \pm 0,6$°C. Durante 40 dias foram registradas, periodicamente, as concentrações de oxigênio dissolvido (OD) por polarografia (oxímetro marca YSI, modelo 58; precisão: 0,03 mg L^{-1}). Sempre que as concentrações de OD foram iguais ou menores que 2,0 mg L^{-1}, as soluções foram aeradas novamente.

Paralelamente, as concentrações de carbono mineralizado (CM) foram analisadas pela diferença do carbono orgânico dissolvido remanescente e o carbono orgânico inicial das câmaras de mineralização. Durante a mineralização aeróbia, admitiu-se que os consumos de OD corresponderam à formação de CO_2 decorrente da mineralização aeróbia dos AF e AH.[16] Os coeficientes de desoxigenação (k_d) e as quantidades máximas de oxigênio consumido (OC_{max}) foram obtidos dos ajustes cinéticos dos resultados experimentais de OD acumulado no tempo ao modelo matemático (1ª ordem) proposto por Peret & Bianchini Jr. (2004)[17]; Equação 5. Os ajustes cinéticos foram efetuados por regressões não lineares, calculadas por meio da utilização de algoritmo iterativo.[18]

Modelo para descrição da cinética de consumo de OD (Equações 1 a 5):

$$\frac{dL_t}{dt} = -k_d L_t \tag{1}$$

Rearranjando a Equação 1 e integrando resulta:

$$L_t = L_0 \times e^{-k_d t} \tag{2}$$

$$OC = L_0 - L_t \tag{3}$$

$$OC = L_0 - L_0 \times e^{-k_d t} \tag{4}$$

$$OC = OC\,\text{max} \times (1 - e^{-k_d t}) \tag{5}$$

em que: L_t = consumo de oxigênio no tempo t (mg L^{-1}); k_d = coeficiente de desoxigenação (d^{-1}); OC = oxigênio consumido (mg g^{-1} C); OC_{max} = consumo máximo de oxigênio (mg g^{-1} C); t = tempo (dia).

As diferenças entre os tratamentos foram avaliadas por ANOVA de medidas repetidas. As relações estequiométricas O/C foram calculadas por meio das relações entre as taxas diárias de oxigênio consumido (d[OC]/dt) e carbono mineralizado (d[CM]/dt).

3. Resultados e Discussões

As SH derivadas das macrófitas aquáticas são recursos heterogêneos,[19] constituídos por frações mais ou menos resistentes ao catabolismo microbiano. Durante a degradação aeróbia das SH, essas frações geraram demandas de OD de curto, médio e longo prazo, dependendo da refratabilidade de suas frações. Os consumos de OD foram similares aos registrados em estudo que avaliou a mineralização aeróbia de AH e AF derivados de *Oxycaryum cubense*, *Cabomba piauhyensis*, sedimento e matéria orgânica dissolvida (MOD) da lagoa do Infernão.[16]

Observou-se tendência mais acentuada de consumo de OD desde o início da mineralização até o 15º dia. Após esse período, observaram-se decréscimos graduais com tendência à estabilização nas fases finais. As cinéticas do consumo de OD, decorrentes das mineralizações aeróbias, são apresentadas na Figura 1A. Os valores dos consumos de OD dos AF e AH tiveram neutralizados os efeitos das mineralizações das amostras de água da lagoa do Infernão em que AF e AH foram adicionados (i.e. controle: câmaras de mineralização sem adição de AF ou AH).

Pela heterogeneidade dos AH e AF, os consumos registrados no início decorreram das oxidações das frações lábeis que, normalmente, geram demandas elevadas de oxigênio. De acordo com experimento enzimático de degradação de polímero[20], essas frações são compostas por agrupamentos alifáticos (e.g. C-O, C-H) que são mais fáceis de ser degradados. Nesse contexto, as reduções nos consumos de OD relacionaram-se às mineralizações das frações refratárias, compostas, por exemplo, por anéis aromáticos das moléculas de AF e AH, ligados por grupos -CHO- e -CN.

Os parâmetros OC_{max} e k_d do modelo matemático proposto para as descrições das mineralização aeróbias dos AH e AF (Equação 5) são apresentados na Tabela 1. Também estão elencados os parâmetros cinéticos obtidos de um estudo similar de mineralização de AF e AH originados de outros recursos orgânicos (matéria orgânica dissolvida, sedimento e *Cabomba piauhyensis*) da lagoa do Infernão.[16]

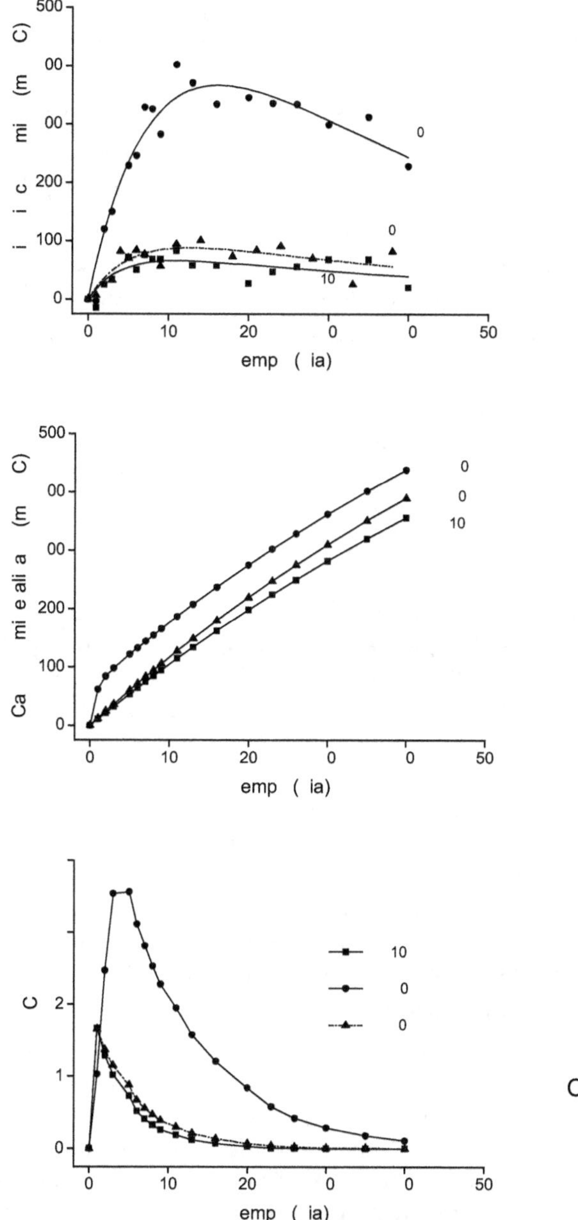

Figura 1   (A) Oxigênio consumido, (B) carbono mineralizado e (C) relações estequiométricas O/C durante a mineralização de AF e AH extraídos em diferentes tempos de humificação. Fonte: Irineu Bianchini Jr.

Tabela 1 Quantidade máxima de oxigênio consumido (OC_{max}) e coeficiente de desoxigenação (k_d) da mineralização aeróbia de AF e AH de diversas fontes da lagoa do Infernão. Os dias referem-se ao tempo de humificação. *Fonte:* Irineu Bianchini Jr.

Substrato	OC_{max} (mg g^{-1} C)	k_d (dia^{-1})
AF-10 (*Oxycaryum cubense*): 10 dias	83,7	0,24
AF-60 (*Oxycaryum cubense*): 60 dias	116,5	0,12
AH-60 (*Oxycaryum cubense*): 60 dias	565,7	0,19
AF-120 (*Oxycaryum cubense*): 120 dias[1]	484,8	0,28
AF sedimento[1]	1124,2	0,13
AF matéria orgânica dissolvida[1]	278,3	0,29
AF-120 (*Cabomba piauhyensis*): 120 dias[1]	567,4	0,12
AH sedimento[1]	142,1	0,25
AH-120 (*Oxycaryum cubense*): 120 dias[1]	141,1	0,17

1. Segundo Cunha-Santino e Bianchini Jr (2004).[16]

O consumo mais elevado de OD (ca. 5,6 vezes maior; p < 0,0001) foi observado na mineralização de AH-60 (OC_{max}: 565,7 mg g^{-1} C) em comparação com a de AF-10 (OC_{max}:83,7 mg g^{-1} C) e de AF-60 (OC_{max}:116,5 mg g^{-1} C; Tabela 1). Os k_d (Tabela 1) apresentaram a mesma ordem de grandeza (p = 0,756). Esses coeficientes aludem processos com tempo médio de meia-vida de quatro dias.

A análise dos consumos máximos de OD e k_d (Tabela 1) mostrou variação elevada dos valores de OC_{max} (de 83,7 a 1124,2 mg g^{-1} C), definindo uma amplitude de 13,4 vezes no consumo de OD e de 2,4 vezes para k_d (variação: 0,12 a 0,29 dia^{-1}). Independente dos substratos (AF ou AH), da origem do recurso e do tempo de humificação, as magnitudes das variações indicam que, basicamente, os parâmetros OC_{max} e k_d estão vinculados com as características moleculares das SH.

Independente do tipo de recurso (AF ou AH), os consumos de carbono apresentaram tendência de aumento durante todo o período experimental (Figura 1B). À medida que houve a mineralização aeróbia dos AF e AH, os valores de CM foram sendo incrementados. Esses resultados sugerem que os acúmulos iniciais de CM referem-se à degradação das frações lábeis e com o decorrer do tempo ocorreu predomínio gradual das frações refratárias, representados por compostos aromáticos de degradação mais lenta.[20]

As variações temporais dos coeficientes estequiométricos (O/C) ocorridas durante a mineralização aeróbia de AH e AF são apresentadas na Figura 1C. Verificou-se, na fase inicial, o predomínio de coeficientes estequiométricos com valores elevados. As relações estequiometrias O/C foram maiores para a mineralização de HA-60 (3,56), seguida da mineralização de AF (FA-10: 1,67; FA-60: 1,66). Assim, no início da mineralização, o consumo tendeu a ser elevado e, em seguida, observou-se redução gradual e contínua nos coeficientes estequiométricos (Figura 1C). Se tomada por referência a relação estequiométrica teórica (i.e., O/C = 2,66[21]), constata-se que, predominantemente, os valores experimentais obtidos foram menores. Esse fato decorre das reações competitivas entre a mineralização (catabolismo) e anabolismo (i.e. aquisição do carbono para manutenção e aumento da biomassa microbiana).

Experimentos de mineralização aeróbia de recursos diferentes das SH (cascas, galhos, folhas e serapilheira) apresentaram o mesmo padrão de variação temporal de O/C que os verificados (Figura 1C). Foram observados aumentos dos valores nas fases iniciais da mineralização seguidos de diminuições. [22,23]

As variações dos coeficientes estequiométricos provavelmente estiveram relacionadas com a oxidação de frações lábeis, apresentando relações O/C mais elevadas, e com a composição química dos AF e AH. Ressalta-se que a densidade e a diversidade microbiana da comunidade decompositora podem representar um fator direto na mineralização[24], alterando os coeficientes estequiométricos. Dessa forma, considerando que esses recursos sejam heterogêneos[25], presumiu-se que a oxidação da fração lábil predominou no início, produzindo demandas elevadas de OD. Estudos da composição química das substâncias húmicas mostram que o N faz parte da estrutura molecular[26]; assim, durante a mineralização aeróbia desses recursos, a nitrificação e outros processos de oxidação não diretamente relacionados com a mineralização do carbono também podem ter contribuído para o consumo de OD.

As diminuições nas taxas de consumo de OD e as mudanças na amplitude da estequiometria O/C relacionaram-se com a mineralização das frações refratárias dos AF e AH. Outros fatores, como a hidroxilação de compostos aromáticos orgânicos[27] e reações químicas e bioquímicas que formam peróxido de hidrogênio,[28] também podem afetar o balanço das relações estequiométricas.

4. Conclusões

Não houve diferenças significativas nos OC_{max} nas mineralizações aeróbias dos AF, independentemente do estágio de humificação (10 e 60 dias). Entretanto, as mineralizações entre os AF e AH foram significativamente diferentes. Embora essas substâncias apresentem caráter refratário, os coeficientes de desoxigenação obtidos permitiram concluir que as mineralizações aeróbias dos AF e AH interferem no balanço global de oxigênio da lagoa do Infernão. Essas interferências foram também verificadas nas relações O/C: a estequiometria O/C mostrou demanda acentuada de OD nos primeiros estágios da mineralização de AH e AF, caracterizando-se, sistemicamente, como processo de curto prazo que atua como fonte de carbono inorgânico para os ecossistemas aquáticos. Em relação ao tipo de substâncias húmica, a ciclagem dos AH tem potencial de interferir mais (ca. 5,6) no balanço de OD da lagoa do Infernão que a dos AF.

Agradecimentos – Os autores agradecem à FAPESP pelos auxílios à pesquisa (Processos n° 95/0119-8 e 2007/08602-9).

Referências Bibliográficas

1. REUTHER, R. Trace metal speciation in aquatic sediments: methods, benefits and limitations. In: MUDROCH, A., AZCUE, J.M., MUDROCH P. (Ed.). **Manual of bioassessment of aquatic sediment quality**. Boca Raton: Lewis Publishers; 1999. p. 1-54.

2. McKNIGHT, D. M.; ANDREWS, E. D.; SPAULDING, S. A.; AIKEN, G. R. Aquatic fulvic acids in algal-rich Antarctic ponds. **Limnology Oceanography**, v. 39, n. 8, p. 1972-1979, 1994.

3. GADEL, F.; BRUCHET, A. Application of pyrolysis-gas chromatography-mass spectrometry to the characterization of humic substances resulting from decay of aquatic plants in sediments and waters. **Water Research**,v. 21, n. 10, p. 1195-1206, 1987.

4. COOK, R. L.; LANGFORD, C. H. Structural characterization of a fulvic acid and a humic acid using solid-state ramp-CP-MAS 13C nuclear magnetic resonance. **Environmental Science Technology**, v. 32, n. 5, p. 719-725, 1998.

5. BRADY, N. C.; WEIL, R. R. **Elementos da natureza e propriedades dos solos**. Porto Alegre: Bookman, 2013. 716 p.

6. GRINHUT, T.; HERTKORN, N.; SCHMITT-KOPPLIN, P.; HADAR, Y.; CHEN Y. Mechanisms of humic acids degradation by white rot fungi explored using H NMR spectroscopy and FTICR mass spectrometry. **Environmental Science Technology**, v. 45, p. 2748-2754, 2011.

7. CUNHA-SANTINO, M. B.; BIANCHINI Jr., I. Humic substances cycling in a tropical oxbow lagoon (São Paulo, Brazil). **Organic Geochemistry**, v. 39, n. 2, p. 157-166, 2008.

8. ABAKUMOV, E.V.; CAJTHAML, T.; BRUS, J.; FROUZ J. Humus accumulation, humification, and humic acid composition in soils of two post-mining chronosequences after coal mining. **Journal of Soils Sediments**, v. 13, p. 491-500, 2012.

9. BRADLEY, P.M.; CHAPELLE, F.H.; LOVLEY, D.R. Humic acids as electron acceptors for anaerobic microbial oxidation of vinyl chloride and dichloroethene. **Applied Environmental Microbiology**, v. 64, n. 8, p. 3102-3105, 1998.

10. KAPPLER, A.; BENZ, M.; SCHINK, B.; BRUNE, A. Electron shuttling via humic acids in microbial iron(III) reduction in a freshwater sediment. **FEMS Microbioogyl Ecology**, p. 47, n. 1, p. 85-92, 2004.

11. MOZETO, A. A.; ESTEVES F. A. Ecologia de lagoas marginais. **Ciência Hoje**, v. 5, p. 73, 1986.

12. HOEHNE F.C. **Plantas Aquáticas**. São Paulo: Instituto de Botânica, 1979. 168 p.

13. POTT, V. P.; POTT A. **Plantas aquáticas do pantanal**. Brasília: Embrapa; 2000. 15 p.

14. CARLOS, Viviane Moschini. **Aspectos ecológicos da associação vegetal de *Scirpus cubensis* na Lagoa do Infernão - SP**. 1991. 132 f. Dissertação (Mestrado e, Ecologia e Recursos Naturais) – Departamento de Ciências Biológicas, Universidade Federal de São Carlos, São Carlos, 1991.

15. THURMAN E. M. **Organic geochemistry of natural waters**. Dordrecht: Martinus Nijhoff, 1985. 497 p.

16. CUNHA-SANTINO, M. B.; BIANCHINI Jr., I. Oxygen uptake during mineralization of humic substances from Infernão Lagoon (São Paulo, Brazil). **Brazilian Journal of Biology**, v. 64, n. 3, p. 583-590, 2004.

17. PERET, A. M.; BIANCHINI Jr. I. Stoichiometry of aerobic mineralization (O/C) of aquatic macrophytes leachate from a tropical lagoon (São Paulo - Brazil). **Hydrobiologia**, p. 528, n. 1-3, p. 167-178, 2004.

18. PRESS, W. H.; TEUKOLSKY, S. A.; VETTERLING, W. T.; FLANNERY, B. P. **Numerical recipes in C**: the art of scientific computing. New York: Cambridge University Press, 1993. 965 p.

19. CUNHA-SANTINO, M. B.; BIANCHINI Jr., I. Humic substance mineralisation from a tropical oxbow lake (São Paulo, Brazil). **Hydrobiologia**, v. 236, p. 34-44, 2002.

20. SHAH, A. A.; EGUCHI, T.; MAYUMI, D.; KATO, S.; SHINTANI, N.; KAMINI, N. R.; NAKAJIMA-KAMBLE, T. Degradation of aliphatic and aliphatic-aromatic co-polyesters by depolymerases from Roseateles depolymerans strain TB-87 and analysis of degradation products by LC-MS. **Polymer Degradation Stability**, v. 98, n. 12, p. 2722-2729, 2013.

21. DAVIS, M. L.; CORNWELL, D.A. **Introduction to Environmental Engineering**. Singapore: McGraw-Hill, 2008. 1056 p.

22. CUNHA-SANTINO, M. B.; BIANCHINI Jr., I. Estequiometria da decomposição aeróbia de galhos, cascas serapilheira e folhas. In: ESPÍNDOLA, E. L. G.; MAUAD, F. F.; SCHALCH, W.; ROCHA, O.; FELICIDADE, N.; RIETZLER A. C, eds. **Recursos hidroenergéticos**: usos, impactos e planejamento integrado. São Carlos: RiMa Editora, 2002. p. 43-56.

23. CUNHA-SANTINO, M. B.; PACOBAHYBA, L. D.; BIANCHINI Jr., I. Decomposition of aquatic macrophytes from Cantá stream (Roraima, Brazil): kinetics approach. **Acta Limnologica Brasiliensis**, v. 22, n. 2, p. 237-246, 2010.

24. PARK, H. J.; CHAE, N.; SUL, W. J.; LEE, B.Y.; LEE, Y. K.; KIM D. Temporal changes in soil bacterial diversity and humic substances degradation in subarctic tundra soil. **Soil Microbiology**, v. 69, n. 3, p. 668-675, 2015.

25. CHEN, H. L.; ZHOU, J.M.; XIAO, B.H. Characterization of dissolved organic matter derived from rice straw at different stages of decay. **Journal of Soils Sediments**, v. 10, p. 915-922, 2010.

26. SILVA, A. C.; HORÁK, I.; VIDAL-TORRADO, P.; CORTIZAS A. M.; RACEDO J. R.; CAMPOS. J. R. R. Turfeiras da Serra do Espinhaço Meridional - MG: II - influência da drenagem na composição elementar e substâncias húmicas. **Revista Brasileira de Ciências do Solo**, v. 33, n. 5, p. 1399-1408, 2009.

27. DAGLEY, S. Catabolism of aromatic compounds by microorganisms. **Advances in Microbiol Physiology**, v. 6, p. 1-46, 1971.

28. MOPPER, K.; ZIKA, R. G. Natural photosensitizes in sea water: riboflavin and its breakdown products. In: ZIKA, R. G.; COOPER, W. J. (Eds.). **Photochemistry of environmental aquatic systems**. Washington: American Chemical Society, 1987. p. 74-190.

Estudo de Tratamento de Solo com Resíduos da Cadeia Produtiva da Cana-de-Açúcar: Avaliação do Carbono e da Matéria Orgânica Empregando Técnicas Espectroscópicas

Camila Miranda Carvalho, Cleber Hilario dos Santos, Rodrigo M. Bega, José Eduardo Corá e Débora Marcondes Bastos Pereira Milori

1. Introdução

Dados recentes mostram que o Brasil é o maior produtor mundial de cana-de-açúcar e sua área de cultivo tem se expandido, principalmente em virtude da crescente demanda por etanol, um combustível limpo e renovável que se ajusta ao modelo de economia sustentável atualmente discutido e almejado pela sociedade. Esse potencial econômico tem sido acompanhado pela comunidade científica, a qual procura desenvolver numerosos estudos para melhorar a eficiência da produção e reduzir os impactos ambientais causados pela produção.[1]

Atualmente tem-se aplicado a cinza de bagaço de cana e torta de filtro no tratamento do solo, seguindo o exemplo da aplicação de vinhaça, ou vinhoto, empregado na lavoura como substituto de fertilizantes. Entretanto, não há muitos estudos a respeito dos efeitos dessa prática para a matéria orgânica do solo nem normatização do setor quanto ao uso no solo.[2]

Neste trabalho observaremos o impacto dos tratamentos para o estoque de C do solo, para a MOS e, em especial, as substâncias húmicas (SH), já que este compartimento tem a maior reserva de carbono orgânico total (COT). Porém, o compartimento estudado das SH será o ácido húmico (AH), em virtude da maior presença deste em solos agrícolas brasileiros em relação ao ácido fúlvico e porque a humina é a parte da MO que mais se complexa com metais, dificultando algumas análises em laboratório. Empregaram-se a espectroscopia de fluorescência UV-Visível para avaliar a humificação do AH; a fluorescência induzida por laser (FIL) para observar a MO como um todo; e a análise elementar para medir o C total do solo.

2. Metodologia

Solo classificado como Latossolo Vermelho-Amarelo com textura média.[3] Experimento com aplicação de CBC em cobertura na linha da cultura (Figura 1a); e outro com aplicação de torta de filtro na entrelinha da cultura (Figura 1b). Os experimentos passaram por cinco tratamentos e quatro repetições. Os tratamentos constituíram-se na aplicação de cinco doses de resíduos no solo (0, 5, 10, 20 e 40 t/ha). Após a colheita da cana foram coletadas amostras de solo nas profundidades de 0 a 10 cm e de 10 a 20 cm.

Figura 1   a) Aplicação de CBC em cobertura na linha de plantio da cana-de-açúcar. b) Detalhe da parcela que recebeu torta de filtro distribuída superficialmente na entrelinha da cultura. Fonte: a) Bega et al. (2013);[4] b) Tolfo et al. (2013).[5]

2.1 Preparação das amostras

Para as análises em laboratório, as amostras foram secas ao ar, destorroadas e passadas na peneira de 2 mm de abertura de malha, produzindo a terra fina seca ao ar (TFSA). Em seguida, parte dessas amostras passou por peneira de 60 mesh para extração química e outra parte do solo foi moída e passada em peneira (100 mesh). Dessas amostras com 100 mesh, cerca de 0,5 g foi submetido a 10 toneladas de pressão durante 2 minutos para formar pastilhas, resultantes da prensagem em moldes de aço (1 cm de diâmetro e 2 mm de espessura). Para cada amostra de solo foram preparadas duas pastilhas. A utilização de pastilhas de solo se deve à sua fácil manipulação em laboratório e à superfície plana das suas faces, ideal para a análise de FIL.

2.2   Extração das Substâncias Húmicas

O processo de extração e fracionamento químico das substâncias húmicas seguiu a metodologia recomendada pela Sociedade Internacional de Substâncias Húmicas (IHSS).[6]

2.3 Análise Elementar

A análise elementar é o método mais utilizado para a determinação da composição elementar do solo e das SH; baseia-se na detecção de quatro componentes (C, H, N e S). As determinações de C foram realizadas em duplicata, com 10 mg das amostras de TFSA passadas em peneira de 100 mesh. As medidas foram feitas em um analisador da marca Perkin Elmer, modelo 2400, pertencente à Embrapa Instrumentação.

2.4 Espectroscopia de Fluorescência Bidimensional UV-Vis

Os AH foram dissolvidos em uma solução de bicarbonato de sódio $(NaHCO_3)$ 0,05 mol L^{1} com concentração de 10 mg/L e pH igual a 8. Os espectros são obtidos no modo de varredura sincronizada segundo a metodologia de Kalbitz et al. (1999).[7] Mediu-se o espectro de varredura sincronizada de 300 nm a 520 nm, com filtro aberto, tomando por diferença constante de comprimento de onda 55 nm $(\Delta\lambda = \lambda_{em} - \lambda_{ex}.)$. O índice de humificação foi determinado a partir da razão entre as intensidades de fluorescência em 450 e 372,5 nm $(I_{450}/I_{372,5})$ para CBC e torta. As medidas foram feitas em um espectrômetro Perkin Elmer modelo LS-50B pertencente à Embrapa Instrumentação.

2.5 Espectroscopia de Fluorescência Induzida por Laser

O sistema FIL portátil desenvolvido pela Embrapa Instrumentação é composto por um laser de diodo (Coherent – Cube) emitindo em 405 nm (50 mW), um shutter ótico, um feixe de 7 fibras óticas numa ponteira de aço inoxidável – 6 fibras de iluminação ao redor e 1 fibra de leitura no centro (Ocean Optics), um miniespectrômetro de alta sensibilidade (US4000 – Ocean Optics) com intervalo de 194-894 nm e um notebook que controla o laser, o shutter e o tempo de aquisição.[8]

A fluorescência foi medida em pastilhas de solo para obtenção do índice de humificação da MOS H_{FIL}.[9] O índice H_{FIL} foi obtido por meio do cálculo da razão entre o valor da área sob o espectro de emissão de fluorescência com excitação em 405 nm (ACF) e o valor da porcentagem de carbono total

(CT) presente na amostra de solo inteiro $H_{FIL} = ACF/CT$

3. Resultados e Discussões

Na Tabela 1 temos o CT do solo medido por análise elementar nos tratamentos estudados.

Tabela 1 Carbono total (CT) nos tratamentos de CBC e torta de filtro.
Fonte: Camila Miranda Carvalho

CBC (Mg ha^{-1})	Profundidade (10^{-2} m)	CT (10^{-2} g kg^{-1})	Torta (Mg ha^{-1})	Profundidade (10^{-2} m)	CT (10^{-2} g kg^{-1})
0	0–10	1,6 ± 0,1 A	0	0–10	1,50 ± 0,09 A
	10–20	1,44 ± 0,03 a		10–20	1,50 ± 0,10 a
5	0–10	1,5 ± 0,1 A	5	0–10	1,47 ± 0,05 A
	10–20	1,63 ± 0,07 a		10–20	1,45 ± 0,06
10	0–10	1,7 ± 0,1 A	10	0–10	1,67 ± 0,08 A
	10–20	1,63 ± 0,03 b		10–20	1,42 ± 0,08 a
20	0–10	1,9 ± 0,3 A	20	0–10	1,48 ± 0,05 A
	10–20	1,8 ± 0,2 a		10–20	1,53 ± 0,04 a
40	0–10	2,4 ± 0,1 B	40	0–10	1,90 ± 0,02 B
	10–20	1,94 ± 0,05 b		10–20	1,58 ± 0,09 a

Médias seguidas pela mesma letra não diferem estatisticamente entre si pelo teste t-Student a 5% de probabilidade ($p < 0,05$).

Com base na Tabela 1, a dose de 40 Mg ha^{-1} em relação a 0 Mg ha^{-1} apresentou incorporação de C no solo nas profundidades estudadas. Utilizando a Equação 1 para a estimativa de estoque de C no solo:

$$E = 10 \times C \times d \times e \tag{1}$$

d é a densidade do solo[2] ($[d] = Mg\,m^{-3}$), C carbono total ($C = g\,Kg^{-1}$), e espessura ($[e] = m$) e E o estoque de carbono ($[E] = Mg\,ha^{-1}$).

O valor do estoque devido à incorporação de 40 Mg ha^{-1} é:

$$E^{40(0-20)} - E^{0(0-20)} = (0,013 \pm 0,002)\,Mg\,ha^{-1} \tag{2}$$

Por meio dessa estimativa encontramos que o solo nesse tratamento tem potencial de estoque de C. Fazendo esse mesmo cálculo para a torta de filtro na dose 40 Mg ha^{-1}, temos o estoque:

$$E^{40(0-20)} - E^{0(0-20)} = (0,007 \pm 0,002)\,Mg\,ha^{-1} \tag{3}$$

Nessa estimativa temos mais potencial de estoque de C no solo no tratamento de CBC do que na torta. Segundo Rocha (2013), a baixa relação C/N da torta produz alta taxa de decomposição, a maioria do C decomposto na torta pode ter sido emitido para a atmosfera, levando à baixa incorporação de C no solo em virtude da disposição do resíduo de torta no solo.[10]

3.1 Espectroscopia de Fluorescência Induzida por Laser para avaliação da humificação da MOS

A Figura 2 traz o índice H_{FIL} nos tratamentos.

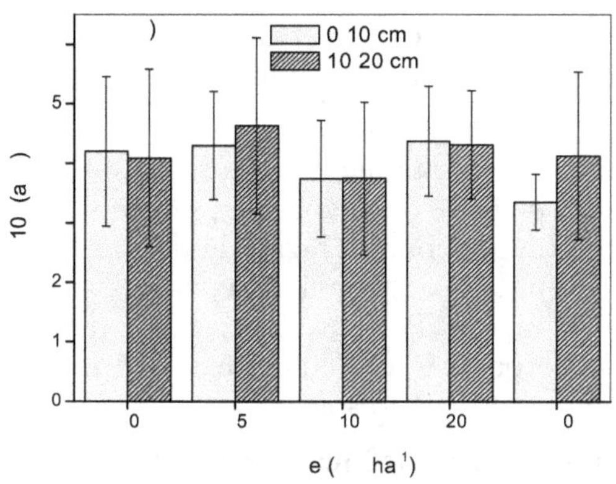

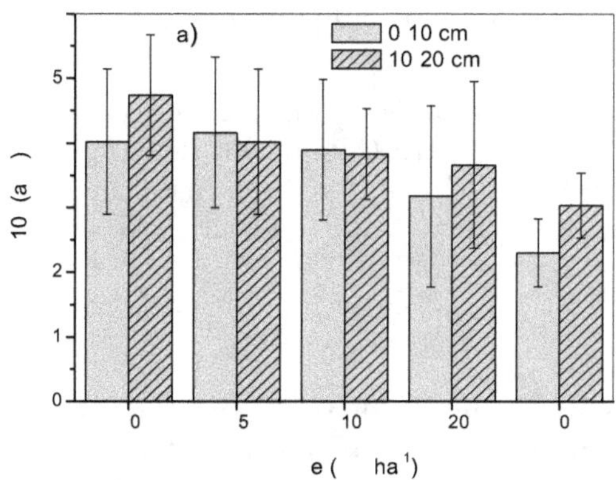

Figura 2   Grau de humificação H_{FIL} do solo sob tratamento de a) CBC e b) torta de filtro, em 0-10 e 10-20 cm. *Fonte:* Camila Miranda Carvalho.

Para a CBC tivemos diferença estatística com nível de significância de 0,5% segundo o teste Tukey, nas profundidades de solo com a dose de 0 e 40 Mg ha^{-1}. Observa-se que o índice de humificação H_{FIL} diminuiu de acordo com o aumento da CBC no solo. Campos[11] também reportou o índice H_{FIL} decaindo com a adição crescente de CBC em solos com diferentes texturas, com solos mais arenosos sofrendo maior mudança e argilosos menor. Bega,[12] estudando essas mesmas amostras, obteve um aumento de 18% na produtividade da cultura, porém, pelo fato de o coeficiente de variação (CV) ser muito alto, não pôde afirmar se houve aumento real da produtividade.

Os resultados de FIL apontam para duas conclusões: i) o C da CBC não foi incorporado pela MO, mas está presente no solo de forma a interferir e diminuir o sinal de FIL de acordo com a dose de CBC; ii) a CBC foi incorporada pela MO e estimulou o desenvolvimento da planta, aumentando o C fresco no solo e, consequentemente, diminuindo o sinal de fluorescência do solo medido pelo índice H_{FIL}.

Rocha,[10] estudando o tratamento de torta de filtro na dose 35 Mg ha^{-1} aplicada no sulco de plantio, observou que, em seis meses, 78,2% de C da torta foi degradada. Então, como a razão de decomposição da torta depende de temperatura, umidade e sazonalidade, espera-se que na superfície esta se decomponha mais rápido. Portanto, entende-se que, neste estudo, o solo apresentou baixa incorporação de C em virtude principalmente do tipo de disposição do resíduo da torta no solo.

3.2 Espectroscopia de Fluorescência UV-Vis do ácido húmico em solução para avaliação da humificação das substâncias húmicas

A Figura 3 apresenta o índice de humificação para os tratamentos estudados.

No tratamento de CBC não vemos variação direta do índice $I_{450}/I_{372,5}$ com as doses. Na torta de filtro (Figura 3b) de 0-10 cm, o índice apresenta aumento com a dose de 20 Mg ha^{-1} (31%), mas parece ser um valor atípico. Portanto, os resultados apontam que a humificação do AH do solo não sofre alteração com os tratamentos.

4. Conclusões

No experimento de um ano de tratamentos de solo com adição de CBC e torta de filtro, aplicado em cobertura na linha da cultura, obtivemos potencial de estoque de carbono na dose de 40 Mg ha^{-1}, com a CBC apresentando o dobro do estoque em relação à torta. Quanto à torta de filtro, possivelmente parte do C da torta foi perdida para a atmosfera, contabilizando emissão para o efeito estufa.

Para o C no solo, nossos resultados de FIL apontam para duas situações no tratamento de CBC para a MOS: i) esta não foi incorporada ou ii) houve incorporação e consequente melhora nas condições de crescimento da cultura, aumentando o C mais lábil do solo, o que foi observado pela diminuição do sinal de FIL. Quanto à fração do ácido húmico da MOS, não foi observada modificação do grau de humificação nos tratamentos, mesmo a torta sendo um produto rico em matéria orgânica.

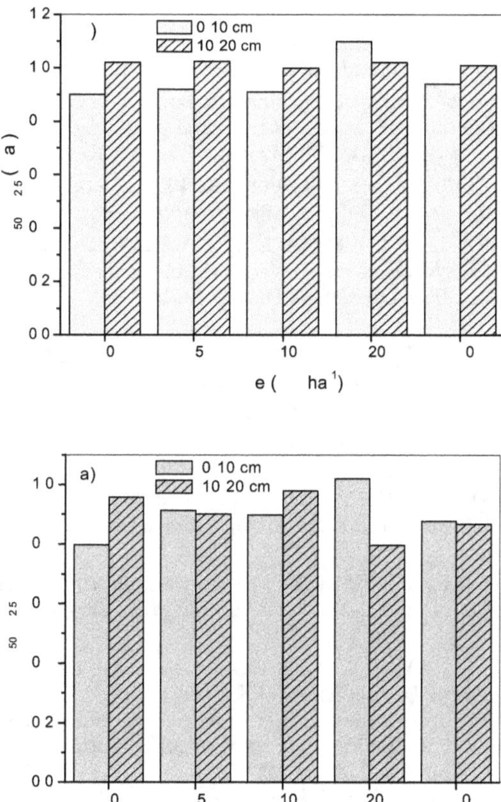

Figura 3 Índice $I_{450}/I_{372,5}$ do AH extraído do solo com tratamento de a) CBC e b) torta de filtro em diferentes doses. *Fonte:* Camila Miranda Carvalho.

Como os resultados de fertilidade do solo e a humificação do ácido húmico não se modificaram com os tratamentos, é possível que os tratamentos não tenham impactado a qualidade do solo neste estudo de um ano, porém, não foram observados efeitos negativos ao estoque de carbono e qualidade da matéria orgânica do solo sob tratamento de CBC e torta de filtro.

Agradecimentos – Os autores agradecem à Capes, CNPq, Fapesp, Cepof e Embrapa Instrumentação. Bolsista Capes – Nº Proc. BEX 14971/13-5.

Referências Bibliográficas

1 GALDOS, M. V.; CERRI, C. C.; CERRI ,C. E. P. Soil carbon stocks under burned and unburned sugarcane in Brazil. **Geoderma**, v. 153, n. 3-4, p. 347-352, 2009.

2 BEGA, Rodrigo Merighi. **Aplicação de cinza de bagaço de cana-de-açúcar em latossolo cultivado com cana-de-açúcar**. 2014. 68 f. Tese (Doutorado em Agronomia) – Faculdade de Ciências Agrárias e Veterinárias, Universidade Estadual Paulista, Jaboticabal, 2014.

3 EMPRESA BRASILEIRA DE PESQUISA AGROPECUÁRIA-EMBRAPA. **Sistema brasileiro de classificação de solos**. 3.ed. Brasília: Embrapa Solos, 2013. 353 p.

4 BEGA, R. M.; CORÁ, J. E.; TOLFO, A. L. T.; DA SILVA, L. J. L.; GATTI, J. H. Atributos químicos do solo em decorrência da aplicação de cinza de bagaço de cana-de-açúcar. In: CONGRESSO BRASILEIRO DE CIÊNCIA DO SOLO, 34., 2013, Florianópolis. **Anais...** Florianópolis: CBCS, 2013.

5.   TOLFO, A. L.; MUNHOZ, G. F. L. G. DA SILVA, J. L.; BEGA, R. M.; VIGNA, G. P.; CORÁ, J. E. Atributos químicos do solo em decorrência da aplicação de torta de filtro, gerada no processo de fabricação de açúcar e etanol. In: CONGRESSO BRASILEIRO DE CIÊNCIA DO SOLO, 34., 2013, Florianópolis. **Anais...** Florianópolis: CBCS, 2013.

6 SPARKS, D. L.; PAGE, A.L.; HELMKE, P.A.; LOEPPERT, R.H.; SOLTANPOUR, P.N.; TABATABAI, M.A.; JOHNSTIN, C.T.; SUMNER, M.E. **Methods of soil analysis**: chemical methods. Madison: Soil Science Society of America/American Society of Agronomy, 1996. v. 100

7 KALBITZ, K.; GEYER, W.; GEYER, S. Spectroscopic properties of dissolved humic substances - a reflection of land use history in a fen area. **Biogeochemistry**, v. 47, n. 2, p. 219-238, 1999.

8.   SANTOS, C. H.; ROMANO R. A.; NICOLODELLI, G.; CARVALHO, C. M.; VILLAS-BÔAS, P. R.; MARTIN-NETO, L.; MONTES, C. R.; MELFI, A. J.; MILORI, D. M. B. P. Performance evaluation of a portable lasser-induced fluorescence spectroscopy system for the assessment of the humification degree of the soil organic matter. **Jounal of Brazilian Chemical Society**, v. 26, n. 4, p. 775-783, 2015.

9 MILORI, D. M .B. P.; GALETI, H. V. A.; MARTIN-NETO, L.; DIECKOW, J.; GONZÁLEZ-PÉREZ, M.; BAYER, C.; SALTON, J. Organic matter study of whole soil samples using laser-induced fluorescense spectroscopy. **Soil Science Society American Journal**, v. 70, n. 1, p. 57-63, 2006.

10 ROCHA, Karine da. **Decomposição no solo da torta de filtro derida do processamento da cana-de-açúcar:** emissão de gases dos efeito estufa e aspectos microbiológicos. 2013. 99 f. Dissertação (Mestrado em Agronomia) – Escola Superior de Agricultura, Universidade de São Paulo, Piracicaba, 2013.

11 CAMPOS, Liliane Pereira. **Efeito da aplicação de cinza de bagaço de cana-de-açúcar nos atributos químicos, biológicos e nos compartimentos da matéria orgânica do solo**. 2014. 109 f. Tese (Doutorado em Agronomia) – Faculdade de Ciências Agrárias e Veteriná-rias, Universidade Estadual Paulista, Jaboticabal, 2014.

12 BEGA, R. M.; CORÁ, J. E.; TOLFO, A. L. T.; DA SILVA, RIBEIRO, O.; MUNHOZ GFLG. Parâmetros tecnológicos e produtividade de cana-de-açúcar em decorrência da aplicação de cinza de bagaço de cana-de-açúcar. In: CONGRESSO BRASILEIRO DE CIÊNCIA DO SOLO, 34., 2013, Florianópolis. **Anais...** Florianópolis: CBCS, 2013.

Influência de Vermicompostos de Origem Agroindustrial na Matéria Orgânica do Solo e na Produção de Manjericão

Lívia Botacini Favoretto Pigatin, Rut Naiara Rodrigues, Idowu Ademola Atoloye, Aurélio Vinicius Borsato e Maria Olímpia Oliveira Rezende

1. Introdução

1.1 Resíduos orgânicos e seu potencial agrícola

A geração de resíduos sólidos acontece em todo mundo, principalmente nos países mais desenvolvidos onde o consumo de insumos é mais elevado. Nas cidades brasileiras, o cenário não é diferente, e a produção de resíduos sólidos ocorre diariamente em quantidades e composições variáveis de acordo com seu nível de desenvolvimento econômico e social. Sendo assim, um importante desafio a ser enfrentado não só por cientistas, mas também pelos políticos, é assegurar o acesso e o uso sustentável dos recursos para o bem-estar do homem.Para assegurar a sustentabilidade e minimizar os impactos ambientais deve-se adotar importantes estratégias, tais como: eliminação do desperdício, uso racional dos recursos renováveis, busca de alternativas corretas para substituição ou minimização do uso de fontes não renováveis como aquelas derivadas do petróleo.

Segundo Goedert e Oliveira (2007), não se trata de interromper o crescimento, ms de eleger um caminho que garanta o desenvolvimento integrado e participativo da sociedade, considerando a base dos recursos naturais e seus ciclos de produção e regeneração. Particularmente, no que se refere às atividades agroindustriais, ainda segundo os mesmos autores, o crescimento da atividade agrícola e a conservação ambiental têm sido frequentemente considerados objetivos antagônicos. Embora a expansão da agricultura cause desequilíbrio em biomas naturais, um novo equilíbrio pode ser alcançado com o uso de práticas que respeitem a capacidade de recomposição desses recursos. Assim, a questão ambiental não deve ser necessariamente entendida dentro dessa contradição, mas, sim, dentro de um contexto que concilie as diversas vertentes do desenvolvimento sustentável. A agricultura deveria integrar perfeitamente as estratégias de manejo do solo e a busca da sustentabilidade.[1]

A reciclagem dos resíduos orgânicos gerados pelas atividades agrícolas, de pecuária e agroindustriais, para uso na própria agricultura, caracteriza-se como uma forma adequada de reaproveitamento desses resíduos, minimizando os impactos ambientais que seriam gerados por sua disposição final. Em virtude do elevado teor de carbono, hidrogênio e oxigênio que armazenam em suas moléculas constituintes, os resíduos orgânicos podem ser utilizados na fabricação de adubos orgânicos, na alimentação animal, como substrato para fermentações, cobertura do solo e matérias-primas para a agroindústria.

O aporte adequado desses materiais orgânicos no solo tem efeito condicionador, melhorando as características químicas (capacidade de troca de cátions, complexação de elementos tóxicos, etc.), físicas (estrutura, retenção de água, densidade, etc.) e biológicas desse solo (microfauna e microflora). Em adição, agrega-se valor a resíduos antes indesejáveis e agora transformados em insumos.

Segundo o MAPA:

Na agricultura orgânica não é permitido o uso de substâncias que coloquem em risco a saúde humana e o meio ambiente. Não são utilizados fertilizantes sintéticos solúveis, agrotóxicos e transgênicos. O Brasil, em função de possuir diferentes tipos de solo e clima, uma biodiversidade incrível aliada a uma grande diversidade cultural, é sem dúvida um dos países com maior potencial para o crescimento da produção orgânica.

Para ser considerado orgânico, o produto tem que ser produzido em um ambiente de produção orgânica, onde se utiliza como base do processo produtivo os princípios agroecológicos que contemplam o uso responsável do solo, da água, do ar e dos demais recursos naturais, respeitando as relações sociais e culturais.[2]

Neste trabalho, os resíduos orgânicos escolhidos foram o bagaço de laranja, a torta de filtro e o esterco bovino. Neste contexto, o adjetivo *orgânico* refere-se à estrutura química dos resíduos. Embora a definição do MAPA seja bastante generalista, não é possível atestar que os resíduos avaliados se enquadram na definição de orgânico (segundo o MAPA). Trata-se de uma reflexão químico-filosófica: quais resíduos obedeceriam aos critérios do MAPA? Pensando no esterco bovino, por exemplo, para que esse resíduo pudesse ser classificado como orgânico, deveria ser proveniente de uma vaca orgânica. O mesmo vale para a laranja e a cana-de-açúcar: toda a produção deveria ser orgânica (segundo o MAPA). Dessa forma, talvez não houvesse agricultura orgânica no nosso planeta!!! Assim, tomamos a liberdade de alcunhar de orgânicos os vermicompostos produzidos a partir desses resíduos, independentemente de sua origem.

1.2 Reciclagem de resíduos orgânicos: vermicompostagem

Como alternativa ao acúmulo de resíduos orgânicos, os processos de compostagem e vermicompostagem apresentam uma dinâmica ambientalmente econômica e vantajosa. A vermicompostagem é um processo resultante da ação das minhocas e da microflora que vive em seu trato digestivo, dos microrganismos do próprio meio, em ambiente úmido propício. As minhocas exercem função mecânica de triturar o material, e os microrganismos presentes naturalmente em seus intestinos são responsáveis pela ação bioquímica sobre o resíduo. As minhocas ingerem rapidamente a matéria orgânica fresca, transformando-a em um material de melhor qualidade que o composto gerado pelo método convencional de compostagem (pilhas ou leiras), rico em elementos essenciais para as plantas (nitrogênio, fósforo, magnésio, enxofre e potássio), o qual é denominado húmus de minhoca ou vermicomposto. De acordo com Dores-Silva et al. (2015), por sua ação transformadora, as minhocas podem ser denominadas de microbiorreatores.[3]

A maturidade ou humificação do composto está relacionada com o grau de estabilidade das propriedades físicas, químicas e biológicas do material de origem. A adição de um resíduo fresco ao solo pode provocar desequilíbrio em virtude da possível emissão de gases do efeito estufa por conta da atividade da microfauna para degradá-lo e diminuição da CTC do solo, entre outras consequências. Muitos testes têm sido propostos para avaliar a maturidade e estabilidade do material resultante da vermicompostagem, sendo necessário o uso de técnicas complementares para a compreensão desse processo.

1.3 Beneficiamento de resíduos agroindustriais

Para o pleno êxito do uso agrícola dos resíduos orgânicos, destaca-se a necessidade de pesquisas específicas para cada tipo de resíduo, solo e cultura, a fim de subsidiar futuras discussões públicas sobre a normatização do uso agrícola de resíduos orgânicos. Nesse contexto, fica evidente a necessidade de estabelecer uma norma regulamentar específica para as condições de clima e solos do Brasil, visando garantir que o uso dos resíduos orgânicos seja realmente benéfico e ambientalmente seguro, pois o uso sem critérios de resíduos orgânicos nos solos, com finalidade de produção agrícola, pode acarretar prejuízos ao sistema solo-planta-atmosfera.

A região administrativa central, na qual se encontra o município de São Carlos (SP), caracteriza-se por intensa atividade agropastoril, com destaque para a pecuária de confinamento e extensiva bovina e forte crescimento da produção da cana-de-açúcar, além da tradicional produção de laranja. Tais atividades geram resíduos orgânicos que podem ser aproveitados como matéria-prima para vermicompostagem, obtendo-se produtos finais com distintas características químicas e de fertilidade. Dessa forma, em virtude da grande disponibilidade, baixo custo e possibilidade de propor uma alternativa ambientalmente mais viável a alguns resíduos gerados na região de São Carlos, os resíduos orgânicos escolhidos para estudo foram: bagaço de laranja, torta de filtro e esterco bovino.

1.4 O manjericão (*Ocimum basilicum* L.)

As plantas aromáticas, além de fornecerem óleos voláteis ou essenciais, são também medicinais e estão presentes no cotidiano das pessoas. Essas plantas, ou as substâncias voláteis delas extraídas, têm sido usadas como flavorizantes, aromatizantes e terapêuticos nas indústrias alimentícias, farmacêutica e cosmética. Pesquisas indicam aumento regular no mercado de produtos naturais, apresentando a média anual de crescimento estimada em 22%, nos setores industriais de perfumaria, aromatizantes para produtos alimentícios, assim como em setores de processamento de óleos essenciais. Dados relativos à década de 1990 dão conta de que a produção mundial chegou a 45.000 t anuais, o que representa 700 milhões de dólares, sendo que, desse total, 35% é proveniente de espécies cultivadas. Estima-se que a produção brasileira de óleos essenciais corresponda a 13,15% da produção mundial, sendo responsável por uma receita de 45 milhões de dólares anuais.[4]

O manjericão (*Ocimum basilicum* L.) é empregado na indústria culinária, fitoterápica e na medicina tradicional, graças ao teor e composição de seu óleo essencial. É um subarbusto aromático, anual, ereto, muito ramificado, de 30-50 cm de altura, nativo da Ásia tropical e introduzido no Brasil pela colônia italiana. Possui folhas simples, membranáceas, com margens onduladas e nervuras salientes, de 4-7 cm de comprimento. Apresenta flores brancas, reunidas em racemos terminais curtos. Multiplica-se por sementes e estacas. É muito cultivado em quase todo o Brasil, em hortas domésticas para uso condimentar e medicinal, sendo inclusive comercializado na forma fresca em feiras e supermercados. Cultivos de folhagem arroxeada se destinam, principalmente, a uso ornamental. É uma erva aromática, restaurativa, que alivia espasmos, baixa a febre e melhora a digestão, além de ser efetiva contra infecções bacterianas e parasitas intestinais. Sua análise química revelou a presença de taninos, flavonoides, saponinas, cânfora e, no óleo essencial: timol, metilchavicol, linalol, eugenol, cineol e pireno.[5] As espeìcies mais conhecidas apresentam, como constituintes majoritaìrios em seu oìleo essencial, o metilchavicol, eugenol, linalol, 1,8-cineol[6], cinamato de metila[7], geraniol[8] e timol.[9]

No cultivo de plantas medicinais é recomendado o uso da adubação orgânica, uma vez que esta melhora as propriedades físicas e biológicas do solo, além de corrigir possíveis deficiências de macro e micronutrientes no solo. A cama de frango é uma excelente fonte de nutrientes, especialmente de nitrogênio, que quando manejados adequadamente podem suprir, parcial ou totalmente, o fertilizante químico. Além do benefício como fonte de nutrientes, seu uso adiciona matéria orgânica que melhora os atributos físicos do solo, aumenta a capacidade de retenção de água, reduz a erosão, melhora a aeração e cria um ambiente mais adequado ao desenvolvimento da flora microbiana do solo. Dessa forma, os resíduos orgânicos são considerados insumos de baixo custo e de alto retorno econômico para a agropecuária, além do retorno direto da atividade.[4]

A adubação orgânica tem grande importância no cultivo de hortaliças, plantas medicinais, aromáticas e condimentares, principalmente em solos de clima tropical, onde a necessidade de reposição de matéria orgânica é mais intensa.[10]

O manjericão é uma planta que responde satisfatoriamente à adubação nitrogenada, desenvolvendo-se muito bem quanto à produção de massa verde; um ponto a questionar e a verificar é o quanto essas adubações nitrogenadas interferem na produção quantitativa e qualitativa de óleo essencial. Talvez, essa relação possa ser marcante ao se atentar que determinadas plantas produzem muito mais princípios ativos (também óleo essencial) quando submetidas ao 'stress'; como exemplo, sabe-se que o teor de princípios ativos da babosa (*Aloe vera*) aumenta significativamente se a planta for submetida a um 'stress' hídrico cerca de um mês antes de sua colheita. É uma característica significante dessa xerófita, e certamente corresponde a uma estratégia de sobrevivência à hostilidade do ambiente.[11] Apesar da importância do manjericão no mercado, ainda são poucos os trabalhos sobre sua exigência nutricional.

O objetivo deste trabalho foi avaliar a influência de vermicompostos produzidos a partir de resíduos agroindustriais (casca de laranja, torta de filtro e esterco bovino) na matéria orgânica de um Latossolo Vermelho tipicamente arenoso na produção de manjericão (*Ocimum basilicum* L.).

2. Metodologia

O experimento foi conduzido em vasos, em casa de vegetação. Foi inteiramente randomizado em um planejamento fatorial de 3 x 3 x 3 (três tratamentos, três doses e três réplicas). Os tratamentos foram: vermicomposto de esterco bovino (EB); vermicomposto de casca de laranja + esterco bovino 2:1 m/m (BL+EB); e vermicomposto de torta de filtro + esterco bovino 3:1 m/m (TF+EB). Essas proporções foram definidas em função do material de origem e para manter uma relação C/N adequada para início do processo de vermicompostagem.

As doses de vermicomposto aplicadas no solo foram correspondentes a 15, 30 e 40 t ha[-1]. Foram montados três vasos sem aplicação de vermicomposto (Testemunha) e outros três vasos com aplicação de fertilizante mineral comercial (NPK 4:14:8). O Latossolo Vermelho utilizado no experimento foi inicialmente caracterizado quanto à composição granulométrica, ácidos húmicos (AH), pH, teor de carbono total e capacidade de troca catiônica (CTC).

Foi utilizado um genótipo de manjericão (*Ocimum basilicum* L.), que apresenta como característica formato da copa irregular, pétala branca e sépala verde. Foi conduzido um teste de germinação (*Germitest*) para verificar a qualidade do lote de sementes, em octuplicada, de acordo com a metodologia sugerida pelo Regras para Análise de Sementes do MAPA.[2]

O transplante para os vasos de 10,0 L foi feito quando as plantas atingiram 15,0 cm de altura, 60 dias após a semeadura. O espaçamento utilizado foi 60 cm entre linhas e 30 cm entre plantas (vasos). Os vasos foram acomodados em bancadas de madeira, e cada vaso recebeu a mesma luminosidade. As plantas foram irrigadas manualmente uma vez ao dia. Quando necessário, foi realizada a capina para eliminação de plantas indesejáveis. Foi necessário o uso de óleo da casca de laranja para controle de pragas.

As análises biométricas foram feitas medindo-se a altura das plantas a cada 15 dias. A medida foi feita da base do caule até o último par de folhas. Após 60 dias de cultivo, realizou-se a coleta da parte aérea das plantas; as colheitas aconteceram no início da manhã.[12] As folhas foram secas a 40°C até massa constante, em estufa com circulação de ar forçada, maceradas e pesadas para obtenção da biomassa.

Após a poda da parte aérea das plantas, os vasos continuaram montados e devidamente irrigados, mantendo-se as condições para que a planta rebrotasse. Quando completados 100 dias do transplante das mudas aos vasos, iniciou-se a coleta dos solos manejados para secagem, peneiramento e posteriores análises químicas e espectroscópicas. As determinações para AH e teor de carbono total foram feitas com o solo seco à temperatura ambiente e peneirado em peneira com abertura de malha de 0,5 mm. O teor de C total dos solos foi determinado por um equipamento TOC-VCPH Shimadzu acoplado a um módulo para amostras sólidas SSM5000A Shimadzu com detector de combustão. As amostras foram oxidadas a 900°C. A extração e purificação dos AH foi conduzida segundo metodologia sugerida pela Sociedade Internacional de Substâncias Húmicas (SISH). A caracterização dos AH foi feita por espectroscopia na região do infravermelho médio com transformada de Fourier (FTIR), e os espectros foram obtidos com base na metodologia sugerida por Stevenson (1994).[13] A partir dos espectros de FTIR foram calculados os índices de aromaticidade (IA) e hidrofobicidade (IH) dos ácidos húmicos (IA = 1660 cm ^{1}/2929 cm ^{1} e IH = 2927 cm ^{1}/1050 cm ^{1}).

3. Resultados e Discussões

Após duas semanas do transplante das mudas de manjericão para os vasos, as plantas referentes ao tratamento testemunha (sem adubação orgânica ou mineral) apresentaram menor crescimento com relação às demais, bem como amarelecimento das folhas (Figura 1). Esse amarelecimento ocorreu em virtude da deficiência nutricional do Latossolo sem adubação.

(a)   ( )

Figura 1. Manjericão (*Ocimum basilicum* L.) após 2 semanas do transplante das mudas aos vasos: (a) tratamento BL+EB 30 t ha ^{1} e (b) testemunha (sem adubação orgânica ou mineral). *Fonte:* Lívia Botacini Favoreto Pigatin.

A influência dos vermicompostos e das dosagens aplicadas no Latossolo Vermelho ficou evidente no crescimento do manjericão. O Latossolo Vermelho foi caracterizado quanto a sua granulometria como: "areia argilo pouco siltosa" (3,0% areia grossa, 28% areia média, 27% areia fina, 11% de silte, 31% argila). O solo é levemente ácido, 5,74 ± 0,04 (característico dos latossolos brasileiros), e a porcentagem de C e a CTC são baixas, (0,25% ± 0,03) e (0,005 ± 0,000) mmol$_c$ kg^{-1}.

A Tabela 1 apresenta os valores de altura das plantas para os diferentes tratamentos em Latossolo Vermelho durante os 60 dias de experimento em vasos.

Tabela 1 Altura (cm) do manjericão (*Ocimum basilicum* L.) para os diferentes tratamentos em Latossolo Vermelho em função do tempo de cultivo. *Fonte:* Lívia Botacini Favoretto Pigatin.

TRATAMENTOS	T0	T15	T30	T45	T60
BL+EB 15 t ha^{-1}	15,0a	30,0ac	38,0bc	46,0a	47,7b
	0,0	2,4	2,0	3,6	4,0
BL+EB 30 t ha^{-1}	15,0a	29,0abc	44,7ab	54,0a	57,0ab
	0,0	3,5	5,8	6,1	6,1
BL+EB 4,0 t ha^{-1}	15,0a	24,7bdc	33,5cd	47,0a	55,3ab
	0,0	1,5	3,5	4,0	2,5
TF+EB 15 t ha^{-1}	15,0a	31,8ab	49,0a	57,3a	61,3a
	0,0	3,0	2,0	3,5	4,9
TF+EB 30 t ha^{-1}	15,0a	31,0ab	49,3a	57,0a	61,0a
	0,0	1,0	1,5	3,6	1,7
TF+EB 40 t ha^{-1}	15,0a	24,7bdc	38,3bc	49,7a	59,3a
	0,0	3,8	7,8	9,9	3,1
EB 15 t ha^{-1}	15,0a	34,7a	48,3a	52,0a	54,3ab
	0,0	8,4	7,2	7,0	3,8
EB 30 t ha^{-1}	15,0a	27,7abc	42,0abc	53,3a	58,0ab
	0,0	2,5	5,3	7,8	11,5
EB 40 t ha^{-1}	15,0a	27,2bc	39,7abc	52,7a	57,7ab
	0,0	4,9	9,0	10,0	10,8
TESTEMUNHA	15,0a	23,3dc	26,0d	29,3b	34,0c
	0,0	2,5	3,0	5,5	5,6
NPK 4:14:8	15,0a	19,5d	32,3cd	47,0a	57,3ab
	0,0	3,3	0,6	2,0	2,3

BL+EB – Bagaço de laranja + esterco bovino; TF+EB – torta de filtros + esterco bovino; EB – esterco bovino. T0 – Primeiro dia de cultivo; T15 – após 15 dias de cultivo; T30 – após 30 dias de cultivo; T45 – após 45 dias de cultivo; T60 – após 60 dias de cultivo. a, b, c, d –Valores médios seguidos de seus desvios-padrão de três réplicas experimentais. Valores seguidos pela mesma letra em uma mesma coluna não são significativamente diferentes em $p < 0,05$ pelo Teste de Tukey.

Após 60 dias de cultivo (T_{60}), foi observado maior crescimento das plantas referentes à adubação com vermicomposto TF+EB, independente da dose aplicada. A altura no final do experimento, para as plantas referentes ao tratamento TF+EB, foi significativamente maior ($p \leq 0,05$) do que para os tratamentos BL+EB 15 t ha^{-1} e testemunha. Entretanto, o tratamento TF+EB não apresentou diferença significativa ($p \leq 0,05$) em relação aos demais tratamentos, BL+EB 30 e 40 t ha^{-1}, EB 15, 30 e 40 t ha^{-1} e NPK 4:14:8, os quais foram estatisticamente iguais ($p \leq 0,05$).

Todas as adubações selecionadas produziram plantas com alturas significativamente maiores ($p \leq 0,05$) que o tratamento testemunha. Entretanto, as plantas produzidas com adubação orgânica foram estatisticamente maiores que as produzidas com adubação mineral (NPK 4:14:8) para o atributo altura das plantas.

Apenas com o tratamento BL+EB se observou relação direta entre a altura das plantas e o incremento da dose de vermicomposto, Esses valores foram estatisticamente iguais e significativamente diferentes ($p \leq 0,05$) da altura atingida quando da aplicação da menor dose (15 t ha^{-1}). Estudos anteriores com *Ocimum basilicum*[14] não detectaram efeito das adubações orgânica e química sobre a altura das plantas medicinais. Entretanto, Costa et al. (2008) observaram aumento na altura das plantas com o incremento das doses de adubação, atingindo valor máximo de 67,3 cm com a aplicação de 8,0 kg m^{-2} de esterco bovino e 78,0 cm com a dose de 4,7 kg m^{-2} de esterco avícola, utilizando solo com 3,0% de matéria orgânica.[15]

Na Tabela 2 apresentam-se os valores de massa seca de folhas (MSF) para os diferentes tratamentos em Latossolo Vermelho, após 60 dias de experimento. Foi constatada maior MSF para as plantas referentes aos seguintes tratamentos: BL+EB 30 t ha^{-1}, EB 30 t ha^{-1} e TF+EB 30 e 40 t ha^{-1}. Esses tratamentos apresentaram valores de MSF estatisticamente iguais entre si e significativamente maiores que os tratamentos BL+EB 40 t ha^{-1} e testemunha. Não ficou evidente tendência de aumento ou diminuição da MSF com o aumento das doses de vermicomposto aplicadas nem diferença entre os vermicompostos aplicados. O que ficou claro é que todos os tratamentos referentes à adubação orgânica apresentam MSF significativamente maior ($p \leq 0,05$) quando comparados ao tratamento testemunha.

Tabela 2 Massa seca de folhas (MSF) de manjericão (*Ocimum basilicum* L.) para os diferentes tratamentos em Latossolo Vermelho após 60 dias de cultivo.
Fonte: Lívia Botacini Favoretto Pigatin

TRATAMENTOS	MSF (g)	TRATAMENTOS	MSF (g)
BL+EB 15 t ha^{-1}	17,84ab ± 2,35	EB 15 t ha^{-1}	16,13ab ± 1,52
BL+EB 30 t ha^{-1}	24,02a ± 6,50	EB 30 t ha^{-1}	23,24a ± 6,66
BL+EB 40 t ha^{-1}	11,27b ± 4,92	EB 40 t ha^{-1}	17,73ab ± 3,08
TF+EB 15 t ha^{-1}	15,12ab ± 1,55	TESTEMUNHA	0,80c ± 0,38
TF+EB 30 t ha^{-1}	19,76a ± 6,20	NPK 4:14:8	15,40ab ± 6,35
TF+EB 40 t ha^{-1}	20,92a ± 4,79	–	–

[BL+EB] Bagaço de laranja + esterco bovino; [TF+EB] torta de filtros + esterco bovino; [EB] esterco bovino. [a, b, c] Valores médios seguidos de seus desvios-padrão de três réplicas experimentais. Valores seguidos pela mesma letra em uma mesma coluna não são significativamente diferentes em $p \leq 0,05$ pelo Teste de Duncan.

Na Tabela 3 apresentam-se os teores de carbono dos solos (pós-cultivo) referentes aos diferentes tratamentos de adubação orgânica e os índices de hidrofobicidade e de aromaticidade dos ácidos húmicos extraídos. Houve incrementos nos teores de C para todos os tratamentos com relação aos tratamentos testemunha e mineral. Observou-se que os aumentos nos teores de carbono dos solos foram diretamente proporcionais aos aumentos das dosagens de vermicomposto aplicadas, exceto para o vermicomposto de esterco bovino puro ($p \leq 0,05$). Os vermicompostos provenientes das misturas de esterco bovino com cascas de laranja e com torta de filtro (BL+EB e TF+EB), em sua maior dosagem, proporcionaram os maiores incrementos de C ao solo, sendo estatisticamente iguais.

Para os solos com adição de vermicomposto BL+EB, foi possível observar aumento considerável no IA dos ácidos húmicos na dosagem intermediária (30 t ha^{-1}) e diminuição no IA na dosagem maior (40 t ha^{-1}) quando comparados à dosagem menor (15 t ha^{-1}) e ao tratamento testemunha. O tratamento BL+EB na dosagem intermediária proporcionou maior incorporação de estruturas aromáticas aos ácidos húmicos extraídos do solo.

Para os vermicompostos de EB e de TF+EB foi possível observar que o aumento na dosagem aplicada ao solo proporcionou diminuição no IA dos ácidos húmicos extraídos, exceto para o vermicomposto de BL+EB em sua dosagem intermediária (30 t ha^{-1}), o qual propiciou maior incorporação de estruturas aromáticas aos AHs.

A incorporação dos vermicompostos altera a estrutura dos AHs extraídos desses solos. Os índices IA e IH dos AHs do solo testemunha e do solo com adição de NPK foram muito similares; o mesmo não aconteceu com relação aos demais tratamentos.

Os ácidos húmicos representam a fração mais estabilizada da matéria orgânica. A constituição dos AHs depende de diversos fatores, tais como: material de origem, tipo de microrganismos presentes durante a humificação, condições climáticas, etc. Assim, não foi verificada relação direta entre quantidade de matéria orgânica e quantidade de ácidos húmicos e nem com a estrutura desses ácidos húmicos.

Tabela 3 Teor de C (%) dos solos pós-cultivo de manjericão (*Ocimum basilicum* L.) e índices de hidrofobicidade e de aromaticidade dos ácidos húmicos extraídos dos solos. *Fonte:* Lívia Botacini Favoretto Pigatin

TRATAMENTOS	C_{total} %	ÍNDICE DE HIDROFOBICIDADE	ÍNDICE DE AROMATICIDADE
BL+EB 15 t ha^{-1}	0,44d ± 0,04	1,19	1,66
BL+EB 30 t ha^{-1}	0,79b ± 0,13	0,22	2,40
BL+EB 40 t ha^{-1}	1,00a ± 0,08	1,25	1,08
TF+EB 15 t ha^{-1}	0,48d ± 0,05	1,01	1,74
TF+EB 30 t ha^{-1}	0,68bc ± 0,14	1,30	1,66
TF+EB 40 t ha^{-1}	1,03a ± 0,09	1,20	1,59
EB 15 t ha^{-1}	0,42de ± 0,08	0,98	1,63
EB 30 t ha^{-1}	0,58cd ± 0,08	1,20	1,58
EB 40 t ha^{-1}	0,67cb ± 0,13	1,54	1,44
TESTEMUNHA	0,27ef ± 0,05	1,08	1,60
NPK 4:14:8	0,25f ± 0,04	1,11	1,62

[BL+EB] Bagaço de laranja + esterco bovino; [TF+EB] torta de filtro + esterco bovino; [EB] esterco bovino.

[a, b, c, d, e, f] Valores médios seguidos de seus desvios-padrão de três réplicas experimentais. Valores seguidos pela mesma letra em uma mesma coluna não são significativamente diferentes em $p \leq 0,05$ pelo Teste de Duncan.

Vale ressaltar que as avaliações dos índices de aromaticidade e de hidrofobicidade não podem ser feitas apenas com base nos vermicompostos, pois o que foi avaliado foram os AHs extraídos do solo após a incorporação dos vermicompostos a esse solo.

4. Conclusões

Após 60 dias do transplante das mudas de manjericão aos vasos, observou-se influência positiva no crescimento e na produção de massa seca de folhas em virtude do aporte de matéria orgânica transformada ao solo, bem como aumento no teor de C do solo em função das doses de vermicomposto aplicadas (exceto para o vermicomposto de esterco bovino puro). Houve diminuição no índice de aromaticidade dos AHs extraídos do solo em função do aumento da dose aplicada, exceto para o vermicomposto de bagaço de laranja + esterco bovino (30 t h^{-1}), que proporcionou maior incorporação de estruturas aromáticas aos AHs extraídos. As doses 30 e 40 t ha^{-1} do vermicomposto de bagaço de laranja + esterco bovino e torta de filtro + esterco bovino apresentaram os melhores resultados com relação aos parâmetros avaliados. Em continuidade, pretende-se avaliar a qualidade do óleo essencial produzido pelo manjericão em função dos diferentes tratamentos.

A adubação orgânica aumentou consideravelmente a porcentagem de carbono no Latossolo Vermelho pós-cultivo: 1,03 ± 0,09, em comparação a 0,25 ± 0,04 alcançada com adubação mineral. Assim, pode-se afirmar que o melhor tratamento se deu quando empregada a adubação orgânica, independente do material de origem. Vale ressaltar que o produto mais importante de qualquer cultura é o solo, e este deve ser mantido fértil para sustentar a vida.

Agradecimentos – Os autores agradecem ao CNPq (Processo 306715/2013-9) e à FAPESP (Processo 2011/13294-7) pelo financiamento.

Referências Bibliográficas

1 GOEDERT, W. J.; OLIVEIRA, S. A. Fertilidade do solo e sustentabilidade da atividade agrícola. In: NOVAIS, R. F.; ALVAREZ V., V. H.; BARROS, N. F.; FONTES, R. L. F.; LORENZI, H.; MATOS, F. J. A. **Plantas medicinais no Brasil**: nativas e exóticas. Nova Odessa: Instituto Plantarum, 2002. 544 p.

2 **BRASIL**. Ministério da Agricultura, Pecuária e Abastecimento. **Regras para análise de sementes**. Brasília, DF: Mapa/ACS, 2009. 395 p.

3 DORES-SILVA, P. R.; LANDGRAF, M. D.; REZENDE, M. O. O. Chemical differentiation of domestic sewage sludge and cattle manure stabilized by microbioreators: study by pyrolysis coupled to gas chromatography coupled to mass spectroscopy. **Journal of Brazilian Chemical Society**, v. 26, n. 5, p. 860-868, 2015.

4 MORAIS, T. P. S. **Produção e composição do óleo essencial de manjericão (*ocimum basilicum* l.) sob doses de cama de frango**. 2006. 38 f. Dissertação (Mestrado em Agronomia) – Instituto de Ciências Agrárias, Universidade Federal de Uberlândia, Uberlândia, 2006.

5 LORENZI, H.; MATOS, F. J. A. **Plantas medicinais no Brasil**: nativas e exóticas. Nova Odessa: Instituto Plantarum, 2002. 544 p.

6. BARITAUX, O.; RICHARD, T. J.; DERBESY, M. Effects of drying and storage of herbs and spices on the essential oil: part l: Basil, *Ocimum basilicum* L. **Flavour and Fragance Journal**, v. 7, p. 267-271, 1992.

7. PEREZ, A. M. J.; VELASCO, N. A.; DURU, M. E. Composition of the essential oils of *Ocimum basilicum* var. glabratum and *Rosmarinus officinalis* from Turkey. **Journal of Essential Oil Research**, v. 7, n. 1, p. 73-75, 1995.

8 CHARLES, D. J.; SIMON, J. E. Comparison of extraction methods for the rapid determination of essential oil content and composition of basil. **Journal of the American Society for Horticultural Science**, v. 115, n. 3, p. 458-462, 1990.

9 NTEZURUBANZA, L.; SHEFFER, J. J. C.; LOOMAN, A. Composition of essential oil of *Ocimum kilimandscharicum* grown in Ruanda. **Planta Medica**, v. 50, n. 5, p. 385-388, 1984.

10 SWIFT, M. J.; WOOMER, P. Organic matter and the sustainability of agricultural sistems: definitions and measurement. In: MULUNGOY, K.; MERCKX, R. (Eds.). **Soil organic matter dynamics and sustainability of tropical agriculture**. Leuven: Wilei- Sayce, 1993. p.3-18.

11 BARRACA, Sérgio Antonio. **Manejo e produção de plantas medicinais e aromáticas**. 1999. 49 f. Graduação (Agronomia) – Departamento de Produção Vegetal, Escola Superior de Agricultura "Luíz de Queiroz", Universidade de São Paulo, Piracicaba, 1999.

12 CARVALHO FILHO, J. L. S.; BLANK, A. F.; ALVES, P. B.; EHLERT, P. A. D.; MELO, A. S.; CAVALCANTI, S. C. H.; ARRIGONI-BLANK, M. F.; SILVA-MANN, R. Influence of the harvesting time, temperature and drying period on basil (*Ocimum basilicum* L.) essential oil. **Revista Brasileira de Farmacognosia**, v. 16, n.4, p. 24-30, 2006.

13 STEVENSON, F. J. **Humus chemistry:** genesis, composition, reactions. 2. ed. New York: J. Wiley, 1994. 496 p.

14 BLANK, A. F.; FONTES, S. M.; OLIVEIRA, A. S.; MENDONÇA, SILVA-MANN, R.; ARRIGONI-BLANK, M. F. Produção de mudas, altura e intervalo de corte em melissa. **Horticultura Brasileira**, v. 23, n. 3, p. 780-784, 2005.

15 COSTA, L. C. B.; ROSAL, L. F.; PINTO, J. E. B. P.; BERTOLUCCI, S. K. V. Efeito da adubação química e orgânica na produção de biomassa e óleo essencial em capim-limão [(*Cymbopogon citratus* (DC.) Stapf.]. **Revista Brasileira de Plantas Medicinais**, v. 10, n. 1, p. 16-20, 2008.

Matéria Orgânica em Áreas Degradadas por Mineração de Estanho e Submetidas a Recuperação

Roberta Souto Carlos, Riviane Maria Albuquerque Donha, Denise de Lima Dias Delarica, Marcela Midori Yada, Suelen Cristina Nunes Alves, Wanderley José de Melo, Regina Marcia Longo, Admilson Írio Ribeiro e Gabriel Mauricio Peruca de Melo

1. Introdução

A extração mineral é uma atividade do setor primário extremamente importante para o desenvolvimento social e econômico do país. Envolve desde a extração e transformação de minérios até a industrialização do produto final, sendo a base da formação da cadeia produtiva. A mineração provoca degradação ambiental intensa, com grande potencial de mudança na paisagem. Essas alterações incidem na vegetação, que será suprimida na remoção do solo superficial, expondo o ambiente a processos erosivos, como também na alteração da qualidade dos recursos hídricos das áreas do entorno.[1] Além desses impactos, a atividade mineral pode implicar mudanças no uso do solo, transtornos ao tráfego urbano, depreciação de imóveis circunvizinhos e formação de áreas.[2,3]

1.1 Efeitos da atividade da mineração

No Brasil há diversas regiões ricas em minério, e grande parte dessas áreas está sob florestas. O emprego de atividades de mineração em larga escala, sem controle e mal planejadas, pode ter implicações ecológicas cruciais aos ecossistemas, com a destruição de bancos genéticos, degradação dos solos, alterações climáticas e nos ciclos hidrológicos.[4,5]

No ambiente haverá alterações independentemente do tipo de mineração utilizada, bem como das características do depósito mineral. Para a extração de cassiterita, por exemplo, utiliza-se um processo de lavra em superfície (céu aberto), com maior impacto no ambiente em relação ao método de subsuperfície. O tráfego de máquinas e equipamentos, as escavações, os depósitos de materiais estéreis e rejeitos, as estradas de acesso e a transformação do relevo original modificam drasticamente os atributos do solo da área de instalação do empreendimento.[4]

Pelos diversos efeitos prejudiciais, é primordial que, assim que concluída a extração, já se tenha um plano de recuperação de área, incluindo os estéreis e rejeitos como parte do processo de mineração, e que este contemple técnicas de gestão para mitigação dos impactos negativos ocasionados pela atividade.[6]

1.2   Recuperação de áreas degradadas por atividade de mineração

É grande o potencial de transformação da mineração em um ecossistema, sendo uma das atividades que causam alta degradação do solo, e é baixo o potencial de regeneração natural das áreas mineradoras. As áreas degradadas podem ser definidas como aquelas que recebem perturbações em sua integridade, sejam estas de natureza física, química ou biológica.[7] Essas transformações incidem na perda de grande parte de matéria orgânica e da biodiversidade natural, condições básicas para a sustentabilidade do sistema.[8]

A recuperação de área degradada pela mineração envolve a adoção de práticas que reestabeleçam as condições de equilíbrio ambiental pelo planejamento ou programa prévio de recuperação ambiental (PRAD), possibilitando o uso produtivo do local ou o restabelecimento da cobertura vegetal o mais próximo possível das condições originais. Em virtude das grandes transformações na paisagem que a atividade mineradora acarreta, a recuperação dessas áreas torna-se uma atividade complexa. Uma das práticas empregadas para tal é a revegetação.[9] Esse processo tem por objetivo proteger o solo e recompor suas características químicas, físicas e biológicas, permitindo o desenvolvimento da atividade biológica do solo e de espécies vegetais.

O maior desafio ao emprego dessa técnica está relacionado com a fertilidade do rejeito utilizado para preencher os espaços que foram gerados pela escavação. Geralmente, esse material vem de horizontes mais profundos do solo e, portanto, suas características físicas, biológicas e químicas diferem fortemente das características das camadas superiores.[10]

Desta forma, se faz necessária a utilização de corretivos, fertilizantes minerais e orgânicos e adubação verde, a fim de devolver as condições básicas para o estabelecimento e desenvolvimento de espécies vegetais.[4]

Ao adotar essas práticas, espera-se restabelecer uma paisagem o mais semelhante possível à anterior ou, então, com novos valores previamente estabelecidos no PRAD. Em qualquer caso, é interessante a utilização de mosaicos com ecossistemas estáveis e sustentáveis, envolvendo vários usos da terra.[11]

Os resultados das práticas de recuperação com técnicas de revegetação serão percebidos no longo prazo, sobretudo em áreas de mineração superficial.[2,5]

O aumento no teor de matéria orgânica, juntamente com outros fatores, como o desenvolvimento da fauna e a ciclagem de nutrientes, tem levado à utilização de plantas de cobertura como contribuição para a recuperação dessas áreas que foram degradadas.[12]

1.3 Matéria orgânica e substâncias húmicas

O manejo correto da matéria orgânica do solo (MOS) em regiões tropicais e subtropicais é essencial para a produtividade agrícola, atuando como reserva de nutrientes, condicionadora e benfeitora dos atributos do solo.[13] Em recuperação de áreas degradadas, o incremento da MOS se torna atributo importante no restabelecimento da estrutura como um todo, beneficiando o crescimento das plantas.[14]

Para a recuperação das áreas degradadas, é necessário restituir as taxas de ciclagem de nutrientes, bem como o acúmulo e a qualidade da MOS. O baixo teor de matéria orgânica em áreas degradadas decorre do processo de mineração, que envolve a remoção da cobertura vegetal original do solo, lavagem e separação do mineral objeto da operação.[2]

O reconhecimento de que a MOS possui capacidade de elevar a produção dos solos, principalmente sob clima tropical e subtropical, tem impulsionado o desenvolvimento de estudos direcionados ao entendimento da sua dinâmica, especificamente de suas frações estáveis, denominadas substâncias húmicas (SH).

As SH são produtos das reações químicas e biológicas dos resíduos vegetais e animais incorporados ao solo, envolvendo principalmente os microorganismos do solo[15], e representam 70% do carbono estável do mesmo.[16] Em razão de sua solubilidade relativa em meios alcalinos e ácidos, elas podem ser grosseiramente fracionadas em: ácidos fúlvicos, ácidos húmicos e humina[17], como exemplificado na Figura 1.

1.4 Qualidade do solo

Atividades de mineração provocam perdas na matéria orgânica do solo, a qual é de fundamental importância para a atuação da biota do solo; como resultado, ocorre redução na atividade microbiana do solo. O impacto ambiental sobre a área de exploração depende das características de geologia, vegetação e relevo do local, assim como do tipo de lavra e minério extraído.[18]

Para aferir a qualidade ambiental de áreas degradadas e de áreas em recuperação, é comum o uso de um conjunto de indicadores bioquímicos e microbiológicos do solo. Alguns desses indicadores, como a biomassa microbiana do solo (BMS), o quociente metabólico (qCO_2) e a atividade de enzimas ligadas aos ciclos do carbono, do nitrogênio, do fósforo e do enxofre, estão diretamente relacionados com a biologia do solo e respondem muito bem às mudanças de manejo no solo de áreas degradadas em recuperação. Esses atributos do solo exercem forte influência na capacidade produtiva do mesmo e demonstram os resultados das intervenções ocorridas ao longo do período de degradação e sua recuperação.[17,19]

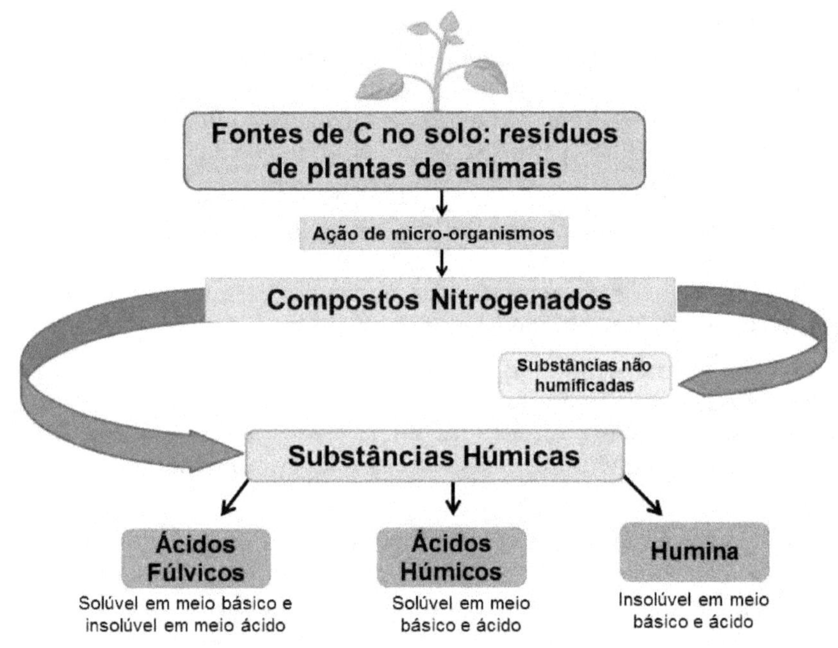

Figura 1. Processo de formação das substâncias húmicas.
Fonte: Denise de Lima Dias Delarica.

2. Metodologia

O estudo compreende a área denominada de mina Potosi, com 77,81 ha afetados pela mineração de cassiterita, localizada dentro da Floresta Nacional do Jamari (Flona do Jamari), no município de Itapuã do Oeste (RO). Com coordenadas geográficas de 09°00'00" e 09°30'00" latitude Sul, 62°44'05" e 63°16'54" longitude Oeste, o clima da região é tropical chuvoso (Aw) segundo a classificação de Köppen.

A exploração do minério estendeu-se de 1982 a 1988, e o PRAD teve inicio em 2011, com as medidas e inspeções indicadas na Figura 2.

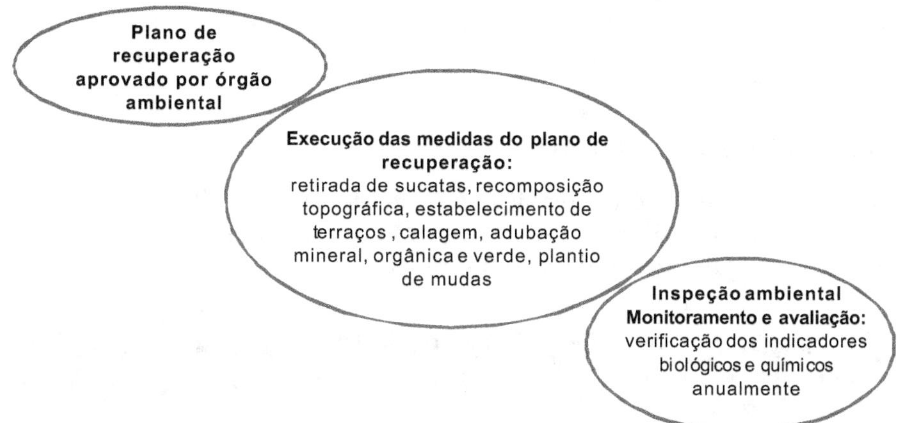

Figura 2 Aplicação do Plano de Recuperação de Áreas Degradadas (PRAD) nas áreas degradadas da Mina Potossi, de 2011 a 2014. *Fonte:* Riviane Maria Albuquerque Donha.

Os substratos existentes nas áreas degradadas são: rejeito seco (composto principalmente pela fração areia, material que foi retirado durante o processo de desmonte e decantação do minério localizado próximo à barragem de contenção de rejeitos); greisen, (material rochoso de origem metamórfica, constituído em sua maioria por quartzo, mica branca e topázio); rejeito capeado (composto por uma massa de elementos diferentes, oriunda do material produzido pela retirada do minério sem o retorno do estéril ou dos horizontes superficiais) e piso de lavra (resultante do processo de abertura de cavas para a extração do minério, processo que causa a exposição de encostas, do subsolo e da própria rocha).

Em virtude de fatores como o tipo de material, necessidade de vias de acesso, processo de abertura de cavas e do volume do minério explorado, as características dos rejeitos são diferentes das do solo original.[20]

Os tratamentos avaliados estão descritos conforme o tipo de substrato presente na área: RC1 (área 1, rejeito capeado), PL2 (área 2, piso de lavra), RC3 (área 3, rejeito capeado), GR4 (área 4, greisen), RS5 (área 5, rejeito seco), PL6 (área 6, piso de lavra), RS7 (área 7, rejeito seco), RS8 (área 8, rejeito seco), RS9 (área 9, rejeito seco), RC10 (área 10, rejeito capeado), RS11 (área 11, rejeito seco), PL12 (área 12, piso de lavra), CAP (área 13, capoeira) e MATA (área 14, mata nativa). Solos de área com mata nativa e capoeira foram coletados para comparação.

Foram avaliados os teores de carbono nas frações ácidos húmicos e ácidos fúlvicos, e os atributos químicos e bioquímicos (atividade enzimática, respiração basal, biomassa microbiana e quociente metabólico) de amostras coletadas em janeiro de 2014. As coletas foram feitas na camada de 0-20 cm com quatro amostras simples que foram homogeneizadas e formaram uma amostra composta.

3. Resultados e Discussões

Os teores de matéria orgânica variaram de 7,09 a 15,20 g dm^{-3} (Tabela 1). O aumento da MOS nas áreas degradadas tem proporcionado a criação de um novo equilíbrio no ecossistema (Figura 3).

Figura 3 Imagens da área em recuperação na mina Potosi, no ano de 2012, com aplicação de adubação química e, em 2014, com a utilização de adubação verde.
Fonte: Marcela Midori Yada.

Os atributos biológicos do solo apresentaram diferenças conforme o tipo de substrato existente na área em recuperação (Tabela 1). Nas áreas GR4 e RS7 houve maior estímulo à síntese e atividade, refletindo maior atividade biológica do solo, pois a atividade enzimática está diretamente relacionada com a biologia do solo, além de ser de fácil medição e responder rapidamente às mudanças do meio.[21]

Foram observados valores próximos aos teores de mata e capoeira na atividade de desidrogenases, no teor de MO, CBM e respiração basal na área degradada GR4, indicando que esse tratamento se encontra em estágio avançado de recuperação.

Na atividade da enzima celulase e na fração CAH, mais estável e de maior tempo de permanência no solo em relação ao CAF, foi o tratamento RS7 que apresentou comportamento semelhante à mata e capoeira. De acordo com Orlov (1998), o aumento no conteúdo de CAH pode ser indicador da melhoria da qualidade da matéria orgânica do solo ou do incremento da atividade biológica. Pode-se observar que as práticas utilizadas na recuperação dessas áreas degradadas, desde o preparo do solo até a calagem, contribuíram para a melhoria das mesmas, refletindo-se na atividade microbiana do solo.[22]

Tabela 1   Atributos biológicos, matéria orgânica do solo (MOS), carbono nas frações de ácidos húmicos (CAH) e ácidos fúlvicos (CAF) em áreas degradadas por mineração de cassiterita e submetidas a um programa de recuperação e áreas de Capoeira e Mata Nativa na mina Potosi em 2014. *Fonte*: Riviane Maria Albuquerque Donha.

Área	RB $mg\ CO_2\ kg^{-1}h^{-1}$	CBM $mg\ C\ kg^{-1}$	qCO_2 $mg\ CO_2kg^{-1}h^{-1}$	Desidrogenase $mg\ TFF\ kg^{-1}\ h^{1}$	Celulase $mg\ glicose\ kg^{-1}h^{1}$	CAH $—g\ kg^{-1}—$	CAF	MO g/dm^{-3}
RC1	110,92cd	369,37bc	0,39b	1,16b	14,44bcd	0,18c	0,28de	10,1f
PL2	139,10bc	164,16bc	1,18a	0,44c	10,69cd	0,38bc	0,23de	11,3e
RC3	95,78cd	360,57bc	0,20b	0,17c	22,83ab	0,14c	0,28de	9,60g
GR4	174,71ab	556,98b	0,37b	1,78a	21,13abc	0,61bc	0,56cd	15,2c
RS5	61,68de	214,00bc	0,18b	0,18c	16,66bc	0,09c	0,23de	7,20j
PL6	59,92de	175,89bc	0,37b	0,36c	23,69ab	0,12c	0,33cde	7,09j
RS7	58,40de	269,70bc	0,34b	0,25c	29,23a	0,19c	0,46cde	9,05h
RS8	26,71e	102,60c	0,28b	0,18c	4,57d	0,21c	0,19e	6,02l
RS9	33,93e	184,68bc	0,19b	0,26c	19,86abc	0,10c	0,22de	6,05l
RC10	58,95de	352,38bc	0,13b	0,23c	21,01abc	0,15c	0,66c	14,2d
RS11	31,02e	218,72bc	0,45b	0,26c	14,27bcd	0,11c	0,19e	7,30j
PL12	105,67cd	248,27bc	0,47b	0,25c	23,65ab	0,10c	0,13e	8,10i
CAP	201,65a	988,71a	0,20b	1,12b	13,73bcd	0,96b	1,46b	25,8a
MATA	227,82a	1047,23a	0,22b	1,26b	31,29a	1,85a	2,67a	24,7b

RB = respiração basal; CBM = carbono da biomassa microbiana; CAH = carbono da fração ácidos húmicos; CAF = carbono da fração ácidos fúlvicos; MO = matéria orgânica. Médias seguidas pela mesma letra não diferem entre si pelo Teste de Tukey a 5% de probabilidade.

Nas áreas em recuperação, de maneira geral, a quantidade de carbono da biomassa microbiana foi maior se comparado ao carbono liberado pela respiração basal. De acordo com Aquino et al. (2005), esse comportamento ocorre em virtude da maior oferta de C e energia utilizada pelos micro-organismos.[23]

Quanto ao quociente metabólico (qCO_2), a relação entre respiração basal e a biomassa microbiana do solo, a área PL2 apresentou valor mais elevado que as demais, consideradas mais estáveis ou mais próximas do estado de equilíbrio. Valor de qCO_2 elevado sugere condições de estresse ou qualquer tipo de perturbação no solo. Dessa maneira, a comunidade microbiana tem menor eficiência na conversão do C em biomassa, usando maior fração de C para o fornecimento de energia na manutenção da atividade celular.

O tratamento RS8, uma das áreas de rejeito seco, apresentou os menores valores para CAH, celulase, CBM e MO, indicando que o mesmo se encontra em estágio atrasado de recuperação. Nas demais variáveis, seu comportamento também evidenciou resultados baixos em relação às áreas de mata e capoeira.

As características químicas das áreas degradadas em recuperação são apresentadas na Tabela 2 e, de maneira geral, se destacam por solos ácidos com baixa fertilidade. A área em recuperação RC10 demonstrou as melhores condições de recuperação da fertilidade do solo em virtude do valor de pH (6,13), além de maior teor de fósforo (P), cálcio (Ca) e magnésio (Mg), e na porcentagem de saturação por bases (V%) em relação às demais áreas, apesar de apresentar teor baixo de potássio (K). É de se salientar, contudo, que, por se tratar de recuperação visando ao restabelecimento da mata nativa, o pH no final do processo deverá ser baixo, como o observado nas áreas de mata e capoeira, em função do teor elevado de MOS que deverá atingir.

Tabela 2. Características químicas de fertilidade em áreas degradadas por mineração de cassiterita e submetidas a um programa de recuperação: áreas de capoeira e mata nativa na mina Potosi em amostragem realizada no ano de 2014. *Fonte:* Riviane Maria Albuquerque Donha.

Área	pH	P-resina	K	Ca	Mg	H+Al	SB	CTC	V
		mg dm^{-3}			--------- mmolc dm^{-3} ---------				%
RC1	4,20bc	2,33d	0,40d	2,23efg	0,73d	26,3bc	38,1b	36,5bc	10,5fgh
PL2	5,16ab	2,00d	0,35d	6,23b	5,03b	12,0d	36,8b	37,5bc	42,4b
RC3	4,10bc	4,33cd	0,31d	2,66ef	0,80d	34,3b	34,6b	34,2bc	10,0fgh
GR4	4,26bc	5,00bcd	1,00a	4,40cd	2,80bcd	26,0bc	27,4bc	26,4cd	24,1def
RS5	4,76abc	1,66d	0,63abcd	5,96b	4,00b	10,6d	27,7bc	25,8cd	40,2bc
PL6	4,96ab	1,33d	0,43d	5,46bc	3,80bc	16,0cd	38,4b	37,0bc	34,7bcd
RS7	4,13bc	1,33d	0,63bcd	2,10efg	0,80d	33,3b	14,0c	14,7d	8,73gh
RS8	4,53abc	3,33d	0,60bcd	1,33fg	0,93d	10,6d	25,5bc	29,26bc	20,5defg
RS9	4,56abc	2,33d	0,30d	3,46de	1,36cd	21,0bcd	39,9b	41,3b	26,8cde
RC10	6,13a	21,6a	0,43d	17,83a	14,16a	11,6d	37,7b	34,4bc	71,6a
RS11	4,80abc	7,66bc	0,43d	2,56ef	1,13d	9,0d	37,7b	39,4bc	31,2bcd
PL12	4,16bc	1,00d	0,56cd	2,26ef	1,43cd	30,3b	39,4b	37,7bc	13,56efgh
CAP	3,20c	9,00b	0,96ab	0,93g	0,86d	172,3a	175,1a	175,10a	1,56h
MATA	3,73bc	2,66d	0,83abc	1,43fg	1,23d	31,0b	34,5b	34,5bc	12,16fgh

SB = soma de bases; CTC = capacidade de troca catiônica; V = saturação por bases. Médias seguidas pela mesma letra não diferem entre si pelo Teste de Tukey a 5% de probabilidade.

Em relação ao teor de K, elemento com alta mobilidade no solo, nas áreas degradadas foi observado baixo teor do nutriente em todos os tratamentos, e a área GR4 demonstrou o maior valor (1 mmolc dm^{-3}). Solos intemperizados e com baixo teor de matéria orgânica apresentam baixa fertilidade, o que se reflete em valores baixos de CTC no solo. No valor de CTC, em relação às áreas degradadas, a área RS9 apresentou valor mais alto (41,3 mmolc dm^{-3}) e a área RS7, o menor valor (14,7 mmolc dm^{-3}).

4. Conclusões

Os atributos químicos e bioquímicos dos solos avaliados podem ser usados para determinar o nível de recuperação das áreas degradadas em programa de recuperação.

As áreas ainda não atingiram os níveis de CBM, respiração basal, teor de MO e de suas frações ácidos fúlvicos e ácidos húmicos em relação à mata nativa e à capoeira, assim, é necessário dar prosseguimento ao plano de recuperação.

As áreas GR4 e RS7, em relação à atividade biológica do solo, e área RC10, em relação aos atributos químicos, apresentaram maior tendência evolutiva em comparação com as demais área em recuperação.

Agradecimentos – À CAPES, pela concessão das bolsas de mestrado e doutorado.

Referências Bibliográficas

1. MECHI, A.; SANCHES, D. L. Impactos ambientais da mineração no Estado de São Paulo. **Estudos Avançados**, v. 24, n. 68, p. 209-220, 2010.

2. YADA, Marcela Midori. **Atributos químicos e bioquímicos em solos degradados por mineração em ecossistema amazônico em recuperação**. 2011. 66 f. Dissertação (Mestrado em Agronomia) – Faculdade de Ciências Agrárias e Veterinárias, Universidade Estadual Paulista, Jaboticabal, 2011.

3. MARNIKA, E.; CHRISTODOULOU, E.; XENIDIS A. Sustainable development indicators for mining sites in protected areas: tool development, ranking and scoring of potential environmental impacts and assessment of management scenarios. **Journal of Cleaner Production**, v. 101, p. 59-70, 2015.

4. LONGO, R. M.; RIBEIRO, A. I.; MELO, W. J. Caracterização física e química de áreas mineradas pela extração de cassiterita. **Bragantia**, v. 64, p. 101-107, 2005.

5. MASTROGIANNI, A.; PAPATHEODOROUA, E. M.; MONOKROUSOS, N.; MENKISSOGLU-SPIROUDI, U.; STAMOU, G. P. Reclamation of lignite mine areas with Triticum aestivum: The dynamics of soil functions and microbial communities. **Applied Soil Ecology**, v. 80, p. 51-59, 2014.

6. BRASIL, MINISTÉRIO DE MINAS E ENERGIA. MME. **Proposta de metodologia para análise de passivos ambientais da atividade minerária**, de setembro de 2006. Projeto

BRA/01/039 - Apoio à Reestruturação do Setor Energético. Contrato nº 2006/001332. 117 p.

7. LAURENTINO, I. C.; SOUZA, S. C. Uma Análise do Plano de Recuperação de Área Degradada com Vegetação Mangue. **Revista Holos**, v. 3, p. 161-170, 2013.

8. MENDES FILHO, P. F. **Potencial de reabilitação do solo de uma área degradada, através da revegetação e do manejo microbiano**. 2004. 89 f. Tese (Doutorado em Agronomia) – Escola Superior de Agricultura Luiz de Queiroz, Universidade de São Paulo, Piracicaba, 2004.

9. JUWARKAR, A. A.; SINGH, S. K. Microbe-assisted phytoremediation approach for ecological restoration of zinc mine spoil dump. **Environmental Pollution**, v. 43, p. 236-250, 2010.

10. URBANOVA, M.; KOPECKY, J.; VALASKOVA, V.; SAGOVA-MARECKOVA, M.; ELHOTTOVA, D.; KYSELKOVA, M.; MOENNE-LOCCOZ, Y.; BALDRIAN, P. Development of bacterial community during spontaneous succession on spoil heaps after brown coal mining. **FEMS Microbiology Ecology**, v. 78, p. 59-69, 2011.

11. VYMAZAL, J. SKLENICKA P. Restoration of areas affected by mining. **Ecological Engineering**, v. 43, p. 1-4, 2012.

12. JOSA, R.; JORBA, M.; VALLEJO, V. R. Opencast mine restoration in a Mediterranean semiarid environment: Failure of some common practices. **Ecological Engineering**, v. 42, p. 183-191, 2012.

13. MEDEIROS, G. M.; CUNHA, T. J. F.; MENDES, A. M. S.; GAVA, C. A. T.; GIONGO, V.; CONCEIÇÃO, G. C. Alterações na distribuição das frações húmicas da matéria orgânica do solo em cultivo com adubação verde na região semiárida. In: **FERTBIO**. Maceió. 2012.

14. CAMPOS, F. S.; ALVES, M. C.; SOUZA, Z. M.; PEREIRA, G. T. Atributos físico-hídricos de um Latossolo após a aplicação de lodo de esgoto em área degradada do Cerrado. **Ciência Rural**, v. 41, n. 5, p. 796-803, 2011.

15. PRIMO, D. C.; MENEZES, R. S. C.; SILVA, T. O. Substâncias húmicas da matéria orgânica do solo: uma revisão de técnicas analíticas e estudos no nordeste brasileiro. **Scientia Plena**, v. 7, n. 5, p. 1-13, 2011.

16. PEREIRA, M. F. S.; JÚNIOR, J. N.; SÁ, J. R.; LINHARES, P. C. F.; NETO, F. B.; PINTO, J. R. S. Ciclagem de carbono do solo nos sistemas de plantio direto e convencional. **Agropecuária Científica no Semiárido**, v. 9, n. 2, p. 21-32, 2013.

17. MOREIRA, F. M. S. SIQUEIRA, J. O. **Microbiologia e bioquímica do solo**. Lavras: Editora UFLA, 2006. 729 p.

18. LONGO, R. M.; RIBEIRO, A. I.; MELO, W. J. Uso da adubação verde na recuperação de solos degradados por mineração na floresta amazônica. **Bragantia**, v. 70, p. 139-146, 2011.

19. MARCHINI, D. C.; LING, T. C.; ALVES, M. C.; CRESTANA, S.; SOUTO FILHO, S. N.; ARRUDA, O. G. Matéria orgânica, infiltração e imagens tomográficas de Latossolo em recuperação sob diferentes tipos de manejo. **Revista Brasileira de Engenharia Agrícola e Ambiental**, v. 19, n. 6, p. 74-580, 2015.

20. YADA, M.; MINGOTTE, F. L. C.; SILVA, E. F. L.; LONGO, R. M.; MELO, V. P.; MELO, W.J.; ARAÚJO, A. S. F. Atributos químicos em solos degradados por mineração em ecossistema amazônico em fase de recuperação-Serra da Onça. In: **FERTBIO**. Guarapari, 2010.

21. BALOTA, E. L.; COLOZZI FILHO, A.; ANDRADE, D. S.; DICK, R. P. Long-term tillage and crop rotation effects on microbial biomass and C and N mineralization in a Brazilian Oxisol. **Soil Tillage Research**, v. 77, p. 137-145, 2004.

22. ORLOV, D. S. Organic substances of russian soils. **European Journal of Soil Sciences**, v. 31, p. 946-953, 1998.

23. AQUINO, A. M.; ALMEIDA, D. L.; GUERRA, J. G. M.; DE-POLLI, H. Biomassa microbiana, colóide orgânico e nitrogênio inorgânico durante a vermicompostagem de diferentes substratos. **Pesquisa Agropecuária Brasileira**, v. 40, n. 11, p. 1087-1093, 2005.

24. KITAMURA, A. E.; ALVES, M. C.; SUZUKI, L. G. A. S.; GONZALEZ, A. P. Recuperação de um solo degradado com a aplicação de adubos verdes e lodo de esgoto. **Revista Brasileira de Ciência do Solo**, v. 32, p. 405-416, 2008.

25. ALVES, M. C.; SOUZA, Z. M. Recuperação de área degradada por construção dehidroelétrica com adubação verde e corretivo. **Revista Brasileira de Ciência do Solo**. v. 32, p. 2505-2516, 2008.

26. COSTA, S.; ZOCCHE, J. J. Fertilidade de solos construídos em áreas de mineração de carvão na região sul de Santa Catarina. **Revista Árvore**, v. 33, n. 4, p. 665-674, 2009.

Matéria Orgânica na Predição do P Disponível em Solos Sob Florestas de Minas Gerais

Laís Botelho de Lima, Carlos Alberto Silva, José Roberto S. Scolforo, Vinícius Augusto Morais, Sara Dantas Rosa e José Márcio de Mello

1. Introdução

O fósforo é um dos nutrientes que mais limitam o crescimento e a produtividade dos ecossistemas terrestres.[1] Nos solos de Minas Gerais, somente uma fração mínima do P total é prontamente disponível às culturas. Em alguns solos argilosos do estado, a capacidade máxima de adsorção de P supera 2.500 mg kg[1], com mínima dessorção do P retido na fase sólida.[2] A deficiência generalizada de P é comum no Brasil, como atestam os dados de trabalho seminal de Lopes e Cox (1977), que verificaram, para solos do bioma Cerrado, teores de P na faixa de 0,1 a 16,5 ppm, com 92% das amostras apresentando teores de P-Mehlich-1 inferiores a 2 mg dm[3], níveis distantes do considerado crítico.[3]

Na maioria dos solos do País, e em Minas Gerais não é diferente, o cultivo de plantas demanda o uso intensivo de P-fertilizante, em doses que equivalem às aplicadas de N e K, nutrientes em maiores teores no tecido vegetal em comparação ao P. Assim, principalmente para os solos argilosos, aplica-se P-fertilizante mais para atender ao dreno solo do que ao dreno planta.[4] Se a capacidade do solo de reter P não for corretamente avaliada, há o risco de se aplicar sub ou superdoses de fertilizantes, o que onera o custo da adubação e reduz o rendimento das culturas.[5] Por tudo isso, a modelagem do P disponível em ecossistemas naturais pode contribuir para a identificação dos fatores que mais afetam a disponibilidade do nutriente e, consequentemente, pode reduzir as já elevadas doses de P aplicadas em nossas lavouras.

A disponibilidade de P de solos sob vegetação natural reflete a magnitude dos processos de transferência do nutriente entre os compartimentos de P não lábil, lábil e ligado à solução.[4] A matéria orgânica e a argila, e os minerais a ela associados, regulam a magnitude desses fluxos entre os compartimentos de P. O teor de P total depende do teor de P na rocha de origem.[6] Com o avanço do grau de intemperização, o P liberado pela rocha de origem pode ser incorporado à biota, associar-se à matéria orgânica, ser adsorvido na superfície de minerais secundários da fração argila ou se tornar indisponível, por ligações secundárias ou em função do aumento da energia de ligação do P com a superfície adsorvente, constituindo-se, assim, P ocluso (não lábil), que não se encontra mais em equilíbrio, pelo menos no curto prazo, com o P lábil.[1,4,7] Em razão de nos estádios finais de desenvolvimento do solo predominar os compartimentos de P orgânico e ocluso[1,7], há a possibilidade de a disponibilidade de P aumentar com o maior armazenamento de matéria orgânica (MO) no solo, pelo fato de o P ligado às frações orgânicas ser mais lábil do que o associado aos coloides minerais.

Os solos mais ricos em argila possuem maior quantidade de P fixado, o que resulta em mais P ligado à fase sólida e menos P disponível na solução para as plantas.[2,4,8] Como a mineralogia tem efeito sobre o dreno solo para P, solos com mesmo teor de argila podem ter capacidades diferentes de adsorção do nutriente, no caso de solos com baixo teor de MO. A mineralogia da fração argila também regula a adsorção de P, de modo que mais P é retido em coloides de óxidos de Fe e de Al e caulinita prevalentes em solos mais intemperizados do que em solos com predominância de argila 2:1.[2,9] A matéria orgânica e os ligantes a ela associados diminuem a adsorção de P por bloquear sítios de fixação, permitir que mais P se associe às frações orgânicas, pelo bloqueio de cargas positivas e eliminação de sítios de retenção a alta energia de P em oxi-hidróxidos de Fe e de Al, protonação do húmus, com possibilidade de adsorção não específica de H_2PO_4 na matriz orgânica, solubilização por ácidos orgânicos de fosfatos pouco solúveis, complexação de Fe e Al, o que impede esses íons de precipitar o H_2PO_4, controle do grau de cristalinização de óxidos de Al, o que afeta a adsorção de fosfato, e pelo aumento do P associado à matriz orgânica e à biota do solo.[10-12]

Na modelagem de atributos de solo, são utilizadas equações de regressão múltiplas, aqui denominadas de funções de pedotransferência (FPTs), muitas delas já disponíveis para solos tropicais, mas em número restrito para os solos brasileiros.[13] Essas funções já foram aplicadas com sucesso para se estimar o P disponível em solos do Irã, sendo o teor de C o principal preditor da disponibilidade de P às plantas.[14] No Brasil, já foram geradas FPTs para se estimar o P remanescente (Prem), com uso do pH em solução de NaF, soma de bases e Al trocável como variáveis preditoras.[15,16] O fato de o P remanescente já ter sido sujeito à modelagem para nossas condições de solo indica que há potencial de o P disponível ser também estimado por FPTs. A disponibilização de FPTs visando à estimativa do P disponível, além de propiciar aferição mais rápida de P para as plantas, pode auxiliar na definição mais acurada da dose de P-fertilizante e identificar, em solos, os fatores que regulam o P disponível, com posterior manejo desses atributos, visando ao uso mais eficiente de P-fertilizante pelas plantas.

Os fragmentos florestais de Minas Gerais abrigam biomas e fitofisionomias que diferem bastante quanto ao estoque de MO no solo. Em áreas de maior altitude, os estoques de MO são elevados, em virtude da menor temperatura e atividade de decompositores e maior aporte de C ao solo pelas plantas. É bastante provável que a maior presença de compostos orgânicos no solo amenize os processos de retenção de P em coloides minerais, de modo que pode haver mais P disponível em solos mais ricos em MO, se a disponibilidade de ligantes orgânicos for suficiente para competir e evitar a retenção de P nos minerais associados à argila.

Objetivou-se, aqui, gerar função de pedotransferência para se estimar a disponibilidade de P em fragmentos de cerrado e de floresta ombrófila de Minas Gerais, em solos com ampla variabilidade nos teores de MO e argila.

2. Metodologia

A modelagem dos teores de P extraído pela solução de Mehlich-1 foi feita em função da análise de 95 amostras de solos, que foram coletadas em três fragmentos florestais localizados em Baependi, Bocaiuva e Jequitaí, todos municípios de Minas Gerais. O bioma/fitofisionomia prevalente nos fragmentos foi o de cerrado *sensu stricto* (Bocaiúva e Jequitaí) e floresta ombrófila (Baependi). As principais características desses fragmentos florestais, como fitofisionomia, tipo de solo, longitude, latitude, altitude, precipitação e temperatura, são apresentadas na Tabela 1.

A restrição no número de fragmentos florestais para gerar as FPTs para P disponível se deve ao fato de nos demais fragmentos avaliados em MG, independentemente das camadas de solo e unidades amostrais avaliadas, os teores de P terem se igualado em níveis mínimos, em geral, inferiores a 0,5 mg dm ^{3}. Desse modo, principalmente nas camadas de solo abaixo de 20 cm, houve mudanças acentuadas nos teores de argila, MO, na CTC a pH 7, mas os teores de P-M1 não foram modificados, inviabilizando o uso de parte do banco dados.

Em Minas Gerais, predominam solos com deficiência de P disponível às plantas e a adubação fosfatada é prática que, necessariamente, tem de ser realizada nas lavouras. Os três fragmentos escolhidos foram os únicos que apresentaram amplitude de variação do P disponível em função de mudanças nos módulos de suas variáveis preditoras, e essas variações nos teores de P-M1 foram suficientes para que os dados de P-M1 fossem processados e submetidos à rotina de modelagem, com posterior geração de FPTs. Predominam nos fragmentos florestais escolhidos a classe dos latossolos. As amostras de solo foram coletadas em trincheiras (0,5 x 1 x 1 m), nas camadas de 0-10, 10-20, 20-40, 40-60 e 60-100 cm. Foram definidas 19 parcelas amostrais para o estudo de modelagem, pertencentes aos três fragmentos florestais cujas características principais são apresentadas na Tabela 1.

Tabela 1 Localização, fitofisionomia, altitude e atributos climáticos dos fragmentos florestais amostrados em Minas Gerais, para geração de funções de pedotransferência para P disponível em solo. *Fonte:* Morais, 2012[17]; Calazan, 2014[18].

Atributo	Baependi	Bocaiúva	Jequitaí
Fitofisionomia	Floresta Ombrófila	CSS	CSS
Solo	Latossolo	Latossolo	Latossolo
Longitude média	1492882	1645393	1570832
Latitude média	1074431	1621473	1632039
Altitude média (m)	1751	861	583
Precipitação (mm)	1702	1355	1205
Temperatura média (°C)	14	23	23

CSS: Cerrado *Sensu Stricto*.

As amostras foram processadas no Laboratório de Fertilidade do Solo da Universidade Federal de Lavras, onde foram determinados os teores de fósforo disponível em solução de Mehlich-1 (P), MO, capacidade de troca de cátions a pH 7,00 (CTC) e argila, seguindo-se protocolos analíticos descritos em Silva et al. (2009).[19]

Para estudar os fatores condicionantes e preditores do P-M1, foram utilizados os teores MO e argila, a CTC a pH 7 e a profundidade média da camada de solo amostrada. Os dados foram submetidos à análise de regressão múltipla, utilizando-se o método *Stepwise*, por meio do software R.[20] A seleção do modelo múltiplo foi realizada com base nos menores valores da média do erro (ME) e da raiz quadrada do erro médio (RMSE), grau de significância dos coeficientes das equações matemáticas (p < 0,05) e maiores valores do coeficiente de determinação (R²).

São apresentadas a seguir as equações para cálculo da média dos resíduos (ME) (1) e raiz quadrada do erro médio (RMSE) (2), para o cálculo de parâmetros pertinentes à avaliação da acurácia das FPTs em estimar o P disponível em solo, de acordo com McBratney et al. (2011).[21]

$$\mathrm{ME} = \frac{1}{n} \sum_{i=1}^{n} (\hat{y}i - y_i) \tag{1}$$

$$\mathrm{RMSE} = \sqrt{\frac{1}{n} \sum_{i=1}^{n} (\hat{y}i - y_i)^{\wedge}2} \tag{2}$$

em que: $\hat{y}i$ e y_i são os teores de P estimados e observados, respectivamente.

Os atributos de fertilidade utilizados nas FPTs foram analisados por meio de técnica de estatística descritiva pertinente às variáveis preditoras do P-M1 (Tabela 2).

Tabela 2 Estatística descritiva relativa aos teores de P-Mehlich (variável dependente) e das variáveis preditoras da disponibilidade do nutriente, utilizadas na geração das funções de pedotransferência, considerando-se n = 95. *Fonte:* Laís Botelho de Lima; Carlos Alberto Silva; José Roberto S. Scolforo; Vinícius Augusto Morais; Sara Dantas Rosa; José Márcio de Mello.

Atributo	Mínimo	Mediana	Máximo	Média	Desvio-padrão
P-Mehlich-1 (mg dm^{-3})	0,3	1,1	6,2	1,5	1,1
Matéria orgânica (%)	0,1	3,0	15,0	3,8	3,3
CTC a pH 7 (cmol$_c$ dm^{-3})	14	29	86	44,3	27,5
Argila (%)	1,9	11,2	58,8	13,6	10,1
Profundidade média da camada de solo (cm)	5	30	80	35,7	27,1

CTC: capacidade de troca de cátions a pH 7,00; *n*: número de amostras de solo utilizadas na modelagem dos teores de P disponível.

3. Resultados e Discussões

Os teores de P-M1 variaram entre 0,3 e 6,2 mg dm^3, com média de 1,5 mg dm^3 (Tabela 2), quando foram consideradas as parcelas dos três fragmentos florestais e a coleta de solo até 1 m de profundidade. A estatística descritiva dos teores de P-M1 em cada fragmento florestal é apresentada na Tabela 3. Há menos P disponível no subsolo em relação às camadas superficiais, independentemente do fragmento florestal avaliado. Em geral, a distribuição vertical dos teores de P-M1 segue a tendência de distribuição no perfil do solo do carbono.[17] Considerando a distribuição vertical dos teores de P no perfil de solo, o modelo matemático que melhor se ajustou ao conjunto de dados de cada um dos três fragmentos foi o do tipo potência, dado que: PM1-Baependi = 6,5403x^{0,328}, r^2 = 0,96; PM1-Bocaiúva = 2,3603X^{0,217}, r^2 = 0,90 e PM1-Jequitaí = 1,9374X^{0,324}, r^2 = 0,97, em que PM1 é o teor de P extraído pela solução de Mehlich-1 e X é a profundidade média (cm) da camada de solo. Há, assim, maior disponibilidade de P na camada superficial e forte redução nos teores de P à medida que se aprofunda no perfil do solo. No fragmento de floresta ombrófila, a redução do teor de P-M1 da camada mais superficial (0-10 cm) em relação à mais profunda (60-100 cm) é de 62%; no cerrado de Bocaiúva, é de 43%; e, no cerrado de Jequitaí, o P reduz-se em 56%. Os maiores teores de P-M1 observados nas camadas superficiais do solo se devem, muito provavelmente, ao maior teor de matéria orgânica e à maior CTC a pH 7.

Em áreas de florestas, é comum haver forte acúmulo de MO na camada de 0-10 cm, dado ser essa a camada em que há maior aporte e deposição da serapilheira. Com o aumento da MO, há acréscimo na densidade de cargas negativas nos coloides do solo, de modo que tanto a CTC quanto a MO contribuem para a menor fixação de P e aumento do P disponível.[11,22] Segundo Borggaard et al. (1990), a MO afeta indiretamente a adsorção de fosfato, por impedir a cristalinização de óxidos de Al. Nos solos mais intemperizados, é maior a presença de minerais secundários com cargas variáveis; esses minerais têm caráter anfótero, pois podem desenvolver em suas superfícies tanto cargas positivas quanto negativas.[12] As cargas positivas podem predominar nas condições de solos ácidos e pobres em MO, o que contribui para que mais P seja retido nos minerais do solo.[9,22] Por isso, o aumento da CTC pode implicar mais P disponível no solo.

Independentemente da camada de solo avaliada, há mais P disponível nas parcelas de floresta ombrófila, seguidas pelas de solo sob cerrado (Bocaiúva e Jequitaí). Na área de floresta mais densa (Baependi), os teores de P na camada de 0-10 cm são cerca de 2,5 a 3,3 vezes maiores do que os determinados para os fragmentos de cerrado (Tabela 3). Os coeficientes de variação calculados por profundidade de solo ficaram entre 12,2 e 61,7%, com maior variabilidade de teores de P nas parcelas de floresta ombrófila. Qualquer que seja o solo, sua textura ou fragmento amostrado, os teores de PM1, de acordo com a classificação de Minas Gerais, são baixos ou muito baixos, portanto, distantes do menor nível crítico de P (8 mg dm^{-3}) estabelecido para solos mineiros.[23]

Há, mesmo nos solos com maior acúmulo de MO na camada de 0-10 cm, deficiência de P às plantas, de modo que o cultivo das áreas avaliadas requer pesadas aplicações de P-fertilizante. Nos fragmentos de cerrado, a deficiência de P é generalizada, similar à verificada para áreas de cerrado do Centro-Oeste do Brasil[3], tanto no subsolo quanto nas camadas superficiais. Mais recentemente, o amplo banco de dados apresentado em estudo de Skorupa et al. (2012) demonstra a reduzida disponibilidade e a deficiência generalizada de P em solos de Minas Gerais.[22] Esse padrão de distribuição de P no perfil de solos mineiros indica que, em subsolo, além do teor alto de Al^{3+}, da baixa disponibilidade de cátions básicos e do pH reduzido, a forte restrição no suprimento de P às plantas é outro fator limitante a ser corrigido, visando ao pleno crescimento de raízes.

Tabela 3 Estatística descritiva relativa aos teores (mg dm^{-3}) de P-Mehlich em função do fragmento florestal e da camada de solo amostrada, considerando-se n = 95. *Fonte:* Laís Botelho de Lima; Carlos Alberto Silva; José Roberto S. Scolforo; Vinícius Augusto Morais; Sara Dantas Rosa; José Márcio de Mello.

Profundidade do solo (cm)	Parâmetro estatístico				
	Média	Desvio-padrão	Coeficiente de variação (%)	Máximo	Mínimo
Bocaiúva (Cerrado *sensu stricto*)					
0-10	1,56	0,24	15,5	2,0	1,42
10-20	1,42	0,32	22,3	1,71	0,84
20-40	1,23	0,15	12,2	1,42	1,13
40-60	0,94	0,15	16,0	1,13	0,84
60-100	0,89	0,12	13,3	1,13	0,84
Baependi (floresta ombrófila)					
0-10	3,96	1,41	35,7	6,16	2,00
10-20	2,48	0,93	37,6	3,84	1,13
20-40	2,20	1,23	56,2	4,48	0,84
40-60	1,98	1,16	58,3	4,16	0,56
60-100	1,47	0,91	61,7	3,21	0,56
Jequitaí (Cerrado *senso strictu*)					
0-10	1,18	0,28	24,2	1,71	0,84
10-20	0,81	0,19	23,8	1,13	0,67
20-40	0,61	0,11	18,3	0,84	0,56
40-60	0,51	0,11	22,3	0,56	0,28
60-100	0,51	0,11	22,3	0,56	0,28

Nos solos de fragmentos florestais de Minas Gerais, é grande a possibilidade de estimar com acurácia os teores de P disponíveis para as plantas, considerando-se a CTC, MO e argila (Tabela 4). De fato, para o estudo de modelagem do P, foram considerados somente os teores (0,3 a 6,2 mg dm^{-3}) relativos às camadas de solo de 0-10 e 10-20 cm de profundidade, dado que, em subsolo, os teores de P são baixos, em geral inferiores a 1 mg dm^{-3}, nível que sinaliza forte limitação nutricional de P às plantas. A geração de FPTs para P é relevante, dado que não há, para os solos de Minas Gerais, equações que poderiam ser utilizadas na predição do P disponível. As FPTs geradas têm baixo resíduo (RMSE e ME) e, no caso da que tem MO e CTC como preditoras do P, a equação matemática gerada é capaz de explicar até 78% da variação nos teores do nutriente nos solos de fragmentos florestais (Figura 1).

No Brasil, FPTs já foram geradas para P remanescente.[15,16] Para a adsorção de P, há ampla revisão e FPTs descritas em Minasny e Hartemink (2011).[13] Com isso, abre-se a possibilidade de que o P em solo prontamente disponível seja estimado para outros solos e condições de cultivo brasileiras. O fato de a MO e a CTC regularem os teores de P-M1 indica que essas variáveis têm de ser corretamente manejadas nas lavouras do país, para que a eficiência de uso pelas plantas de P-fertilizante seja máxima. Dentre os modelos testados, o que utiliza a CTC a pH 7 e a MO é o que prediz o P disponível com maior acurácia, explicando cerca de 78% da variação de disponibilidade em solo de P. O uso da MO como preditora eficaz do P disponível em solo foi verificado também por Seilsepour et al. (2008), para solos do Irã.[14] Em área cultivadas, solos que armazenam mais MO possuem mais P disponível, com mostram os dados de Pavan et al. (1999), uma vez que o aumento da densidade de plantio de cafeeiro de 1.000 para 7.100 plantas ha^{-1} elevou o teor de C no solo e a disponibilidade de P em 10 vezes.[24] Segundo Pavinato et al. (2009), em relação aos cultivos com revolvimento do solo, a adoção do sistema de plantio direto pode aumentar a disponibilidade de P de cinco a sete vezes na camada superficial (0-5 cm), com possibilidade de redução da dose de P-fertilizante.[25]

Os mecanismos de ação da MO e de suas frações sobre a retenção e disponibilidade de P em solo incluem: competição por sítios de adsorção, aumento do P orgânico de maior labilidade, aumento da densidade de cargas negativas na superfície dos coloides, complexação de metais que precipitam o fosfato e dissolução de óxidos de Fe e Al que fixam o nutriente; além disso, retenção de P na biota do solo, complexação de P por C dissolvido na solução do solo e interferência no grau de cristalinização de minerais de oxi-hidróxidos de Fe e de Al.[10-12] Os solos mais ricos em P no estado são os coletados nas áreas de floresta ombrófila, onde o acúmulo de MO e, por conseguinte, a CTC são elevados, principalmente nas camadas superficiais de solo e nas parcelas de altitude maior que 1200 m.[26]

Tabela 4 Funções de pedotransferência (FPT) para se estimar o fósforo disponível em solos de fragmentos florestais de Minas Gerais. *Fonte:* Laís Botelho de Lima; Carlos Alberto Silva; José Roberto S. Scolforo; Vinícius Augusto Morais; Sara Dantas Rosa; José Márcio de Mello.

Preditor	FPT
A (MO e CTC)	$P = 0,29551 + (0,17879 \times MO) + (0,03965 \times CTC)$, $R^2 = 0,78$
B (MO)	$P = 0,43902 + (0,28321 \times MO) - R^2 = 0,75$
C (CTC e argila)	$P = 0,428318 + (0,089724 \times CTC) + (-0,0030085 \times argila) - R^2 = 0,71$

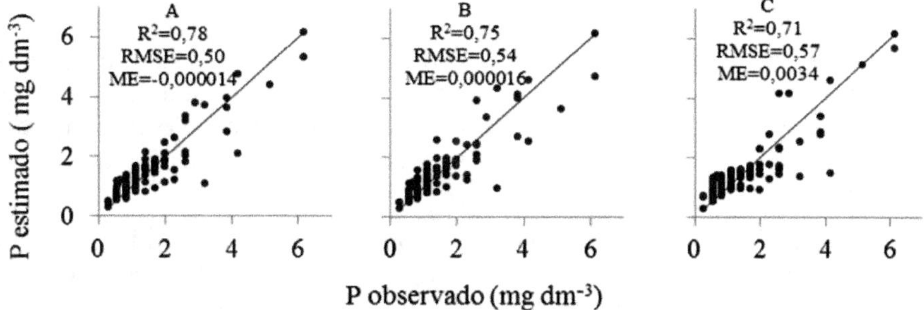

Figura 1. Relação entre os teores de P-Mehlich-1 determinados em laboratórios e teores de P estimados pelas funções de pedotransferência, considerando como preditores do P disponível em solos de Minas Gerais as seguintes variáveis: A: capacidade de troca de cátions+matéria orgânica; B: matéria orgânica+argila; C: capacidade de troca de cátions+argila; R²: coeficiente de determinação; RMSE: raiz do erro médio quadrado; ME: média dos resíduos. *Fonte:* Laís Botelho de Lima; Carlos Alberto Silva; José Roberto S. Scolforo; Vinícius Augusto Morais; Sara Dantas Rosa; José Márcio de Mello.

Os dados obtidos neste estudo são relevantes, pois dão respaldo ao fato de que, em áreas cultivadas, o manejo conservacionista do solo afeta de modo positivo a disponibilidade de P. É fato que o aumento do P disponível ocorre nas camadas superficiais de solo, mesmo assim, é preciso considerar que o uso da terra e o manejo do solo que priorizam a produção e manejo da palhada, o não revolvimento do solo e o uso intensivo e conservacionista do solo em sistemas de plantio direto e de integração lavoura-pecuária-floresta, com aumento concomitante da MO, podem implicar uso mais eficiente de P-fertilizante em nossas lavouras. Neste estudo, a argila não se caracterizou como uma variável importante na predição do P-M1; provavelmente, isso tem relação com o fato de que a argila sozinha não é uma variável que pode ser elencada para esse tipo de estudo, sendo interessante que, além dela, sejam inseridos nas FPTs atributos associados à mineralogia do solo. É provável também que a argila seja um preditor mais eficaz da adsorção de fosfato, mas não de P disponível, nos nossos solos. O fato de somente parte da variabilidade dos teores de P-M1 ter sido explicada nos modelos gerados abre a discussão de que outros fatores precisam ser elencados como variáveis nos modelos de predição, notadamente o P associado à biota do solo, aos minerais e à MO, bem como a natureza química das frações orgânicas prevalentes em nossos solos.

4. Conclusões

Os teores de fósforo disponível variaram de 0,8 a 6,2 mg dm^{-3}, sendo constatada limitação severa do nutriente nas camadas de solo abaixo de 20 cm e maiores teores nas camadas de solo mais superficiais e com maior teor de matéria orgânica, principalmente nas parcelas de fragmentos de floresta ombrófila.

Independentemente do fragmento florestal e da profundidade e características do solo, predominam, na paisagem de Minas Gerais, solos com teores de P-Mehlich-1 baixos ou muito baixos, o que implica necessidade frequente de reposição adequada de P-fertilizante às plantas cultivadas nesses ambientes.

Na modelagem dos teores de fósforo disponíveis em solo, as variáveis que permitiram menor erro na predição foram a matéria orgânica e a capacidade de troca de cátions a pH 7.

A função de pedotransferência que permite estimar o P disponível com maior acurácia é a descrita a seguir: P(Mehlich-1) = 0,29551+ (0,17879xMO)+(0,03965xCTC). Esse modelo matemático permitiu explicar 78% da variação nos teores de P-Mehlich 1 de solos de fragmentos de floresta ombrófila e de cerrado *sensu stricto* de Minas Gerais.

Agradecimentos – Aos coordenadores do Inventário Florestal de Minas Gerais, à FAPEMIG (Processo CAG - APQ-00291-11) e à CAPES, pela concessão de bolsas de Doutorado e apoio à pesquisa. Ao CNPq, pela concessão de bolsas e custeio da pesquisa (processo 308592/2011-5). À equipe de alunos e estagiários do DCF/LEMAF e aos profissionais que contribuíram para coleta de amostras de solo e geração dos dados.

Referências Bibliográficas

1 YANG, X.; POST, W. M.; THORNTON, P. E.; JAIN A. The distribution of soil phosphorus for global biogeochemical modeling. **Biogeosciences**, v. 10, p. 2525-2537, 2013.

s2 PEREIRA, M. F. S.; JÚNIOR, J. N.; SÁ, J. R.; LINHARES, P. C. F.; NETO, F. B.; PINTO, J. R. S. Ciclagem de carbono do solo nos sistemas de plantio direto e convencional. **Agropecuária Científica no Semiárido,**. v. 9, n. 2, p. 21-32, 2013.

3 LOPES, A. S.; COX, F. R. A survey of the fertility status of surface sois under "Cerrado" vegetation in Brazil. **Soil Science Society of American Journal**, v. 41, p. 742-747, 1977.

4 NOVAIS, R. F.; SMYTH, T. J. **Fósforo em solo e planta em condições tropicais**. Viçosa: Editora da Universidade Federal de Viçosa, 1999. 399 p.

5 NOVAIS, R. F.; ALVAREZ V.; V. H.; BARROS, N. F.; FONTES, R. L. F.; CANTARUTTI, R. B.; NEVES, J. C. **Fertilidade dos solos**. Viçosa: Sociedade Brasileira de Ciência do Solo, 2007. 1017 p.

6 GRAY, J.; MURPHY, B. Parent material and world soil distribution. In: WORLD CONGRESS OF SOIL SCIENCE, 17., 2002, Bangkok. **Anais...** Bangkok: Sociedade Brasileira de Ciência do Solo, 2002.

7 WALKER, T.; SYERS, J. The fate of phosphorus during pedogenesis. **Geoderma**, v. 15, p. 1-19, 1976.

8 SOUZA, R. F.; FAQUIN, V.; TORRES, P. R. F.; BALIZA, D. P. Calagem e adubação orgânica: influência na adsorção de fósforo em solos. **Revista Brasielira de Ciência do Solo**, v. 30, p. 975-983, 2006.

9 MARCHI, G.; GUILHERME, L. R. G.; CHANG, A. C.; CURI, N.; GUERREIRO MC. Changes in isoelectric point as affected anion adsorption on two Brazilian Oxisols. **Communications in Soil Science and Plant Analysis**, v. 37, n. 9/10, p. 1357-1366, 2006.

10 GOEDERT, W. J.; OLIVEIRA, S. A. Fertilidade do solo e sustentabilidade da atividade agrícola. In: NOVAIS, R. F.; ALVAREZ V., V. H.; BARROS, N. F.; FONTES, R. L. F.; LORENZI, H.; MATOS, F. J. A. (Ed.). **Plantas medicinais no Brasil**: nativas e exóticas. Nova Odessa, 2007. 1017 p.

11 GUPPY, C. N.; MENZIES, N. W.; MOODY, P. W.; BLAMEY, F. P. C. Competitive sorption reactions between phosphorus and organic matter in soil: a review. **Australian Journal of Soil Research**, v. 43, p. 189-202, 2005.

12 BORGGAARD, O. K.; JORGENSEN, S. S.; MOBERG, J. P.; RABEN-LANGE, B. Influence of organic matter on phosphate adsorption by aluminium and iron oxides in sandy soils. **European Journal of Soil Science**, v. 41, n. 3, p. 443-449, 1990.

13 MINASNY, B.; HARTEMINK, A. E. Predicting soil properties in the tropics. **Earth-Science Revision**, v. 106, p. 52-62, 2011.

14 SEILSEPOUR, M.; RASHIDI, M.; KHABBAZ, B. G. Prediction of soil available phosphorus based on soil organic carbono. **American Journal of Agricultural and Environmental Sciences**, v. 4, n. 2, p. 189-193, 2008.

15 CAGLIARI, J.; VERONEZ, M. R.; ALVES, M. E. Remaining phosphorus estimated by pedotransfer function. **Revista Brasileira de Ciência do Solo**, v. 35, p. 203-212, 2011.

16 ALVES, M. E.; LAVORENTI, A. Remaining phosphorus estimate through multiple regression analysis. **Pedosphere**, v. 16, p. 566-571, 2006.

17 MORAIS, Vinícius Augusto. **Modelagem e espacialização do estoque de carbono de cerrado *sensu stricto* em Minas Gerais.** 2012. 125 f. Dissertação (Mestrado em Ciências Florestais) – Universidade Federal de Lavras, Lavras, 2012.

18 CALAZANS, Silas de Oliveira Lavarini. **Nitrogênio do solo sob vegetação nativa em Minas Gerais: teores, estoques e modelagem.** 2014. 67 f. Dissertação (Mestrado em Agronomia) – Universidade Federal de Lavras, Lavras, 2014.

19 SILVA, F.C. (ed.). **Manual de analises químicas de solos, plantas e fertilizantes.** Brasília: Embrapa Informação Tecnológica, 2009. 627 p.

20 R DEVELOPMENT CORE TEAM. R: **A language and environment for statistical computing.** Vienna: Foundation for Statistical Computing, 2008. Disponível em: <http://www.R-project.org>. Acesso em: 22 out. 2011.

21 MCBRATNEY, A. B.; MINASNY, B.; TRANTER G. Necessary meta-data for pedotransfer functions. **Geoderma**, v. 160, p. 627-629, 2011.

22 EBERHARDT, D. N.; VENDRAME, P. R. S.; BECQUER, T.; GUIMARÃES, M. F. Influência da granulometria e da mineralogia sobre a retenção do fósforo em Latossolos sob pastagem de cerrado. **Revista Brasileira de Ciência do Solo**, v. 32, n. 3, p. 1009-1016, 2008.

23 COMISSÃO DE FERTILIDADE DO SOLO DO ESTADO DE MINAS GERAIS – CFSEMG. **Recomendações para o uso de corretivos e fertilizantes em Minas Gerais.** Viçosa: CFSEMG, 1999. 359 p.

24 PAVAN, M. A.; CHAVES, J. C. D.; SIQUEIRA, R.; ANDROCIOLI FILHO, A.; COLOZZI FILHO, A.; BALOTA, E. L. High coffee population density to improve soil fertility of an Oxisol. **Pesquisa Agropecuária Brasileira**, v. 34, p. 459-465, 1999.

25 PAVINATO, P. S.; MERLIN, A.; ROSOLEM, C. A. Phosphorus fractions in Brazilian Cerrado soils as affected by tillage. **Soil Tillage Research**, v. 105, p. 149-155, 2009.

26 SKORUPA, A. L. A.; GUILHERME, L. R. G.; CURI, N.; SILVA, C. P. C.; SCOLFRO, J. R. S.; MARQUES, J. J. G. S. M. Propriedades de solos sob vegetação nativa em Minas Gerais: distribuição por fitofisionimia, hidrografia e variabilidade espacial. **Revista Brasileira de Ciência do Solo**, v. 36, p. 11-22, 2012.

Substâncias Húmicas do Solo em Agroflorestas no Nordeste Brasileiro

Bruna de Freitas Iwata, Luiz Fernando Carvalho Leite,
Mirian Cristina Gomes Costa e Deborah Pinheiro Dick

PARTE I

1. Introdução

1.1   Sistemas agroflorestais: definição e funções

Os Sistemas Agroflorestais (SAFs) são modelos de manejo agrícola baseados na utilização integradora de diferentes tratos culturais, consorciados ou não com pastoreio animal, associados obrigatoriamente à presença de indivíduos de caráter lenhoso, preferencialmente remanescente nativo daquela área. Além disso, as práticas adotadas nesses sistemas baseiam-se no conservacionismo e na mínima introdução de insumos externos no agroecossistema. Deste modo, os SAFs representam a multifuncionalidade que um agroecossistema pode exercer, assemelhando-se ao papel e serviços de uma área de mata nativa.[1]

Os SAFs exercem variadas funções para o ambiente, que ultrapassam os serviços dentro dos agroecossistemas de produção agrícola; promovem, portanto, funções ecológicas ao meio. As agroflorestas possuem elevado potencial de produção alimentícia, principalmente pela sua variedade de produtos cultivados e pela amplitude temporal de uso. A fenologia variada das espécies cultivadas proporciona produção durante todo o ano, garantindo retorno financeiro e atividade biológica no local. Assim, o modo multicultural permite otimização do uso da área, sem haver esgotamento do solo. Logo, em uma mesma área são produzidas culturas anuais e perenes, além de favorecer simultaneamente a produção de espécies forrageiras e de espécies com função de recuperação da qualidade do ambiente, caracterizando-se como sistema misto de produção (Figura 1).

Associada à função de incremento produtivo dos SAFs, está a função ecológica. Considerados sistemas integrados, as agroflorestas aumentam significativamente a biodiversidade e, por consequência, melhoram as relações intra e interespécies. Graças à diversidade de indivíduos e estruturas de raízes e copas, auxiliam nos processos de manutenção e infiltração da água no ambiente. Além disso, os fatores de microclima também são modificados, visto que ocorre o amortecimento do impacto da gota de chuva, pela interceptação da copa, o tamponamento das variações térmicas e aumento dos processos de infiltração no perfil do solo, além de contribuir diretamente na manutenção ou aumento da macro e microdiversidade biológica do local.

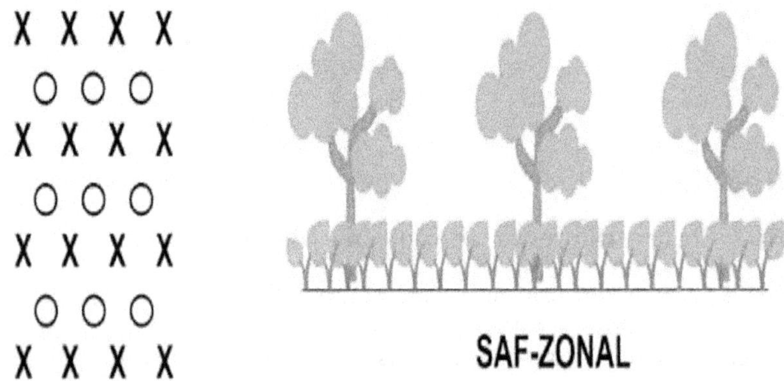

Figura 1   Estrutura mista de um manejo agroflorestal.
Fonte: Bruna de Freitas Iwata.

A presença de componentes florestais arbóreos, adicionados à diversidade de espécies, propicia a deposição contínua de resíduos vegetais, o que facilita a manutenção e o aumento dos teores de matéria orgânica do solo (MOS),[2,3] afetando diretamente os atributos físicos,[4] químicos e biológicos.[5–7] Em última análise, os SAFs proporcionam benefícios ambientais, como a conservação da biodiversidade, o sequestro de carbono e a melhoria no controle de qualidade da água.[8–10]

Neste sentido, os SAFs têm sido apontados como importante estratégia para a recuperação e manutenção da qualidade do solo, por promoverem a diversidade e incrementarem os conteúdos de MOS. Destaca-se o potencial desse tipo de sistema na estabilização da MOS, pelo maior equilíbrio do ambiente, vinculado ao baixo nível de mobilização física do solo, não utilização de práticas de revolvimento, significativo incremento de variada biomassa, presença de exsudados radiculares provenientes dos indivíduos arbóreos, contribuindo com a constituição das substâncias húmicas produzidas.[11]

Apesar de a região Amazônica ser ainda a responsável pela maior difusão das agroflorestas em terras cultiváveis, diante dos benefícios verificados, os SAFs têm sido apontados como alternativa viável para as demais regiões brasileiras. Diante disso, neste capítulo, serão abordados dois experimentos de uso do manejo agroflorestal no Nordeste brasileiro, sob o domínio dos biomas Cerrado e Caatinga.

1.2 Substâncias húmicas da MOS sob agrofloresta no cerrado

Os SAFs têm sido amplamente promovidos como sistemas de produção agrícola sustentáveis, principalmente para regiões subdesenvolvidas, onde o uso de insumos externos é inviável. Esses sistemas apresentam inúmeras vantagens que contribuem para o estabelecimento de modelos de produção mais estáveis e que podem amenizar as adversidades advindas da agropecuária. Esses sistemas proporcionam maior cobertura do solo, favorecem a preservação da fauna e da flora, promovem a ciclagem de nutrientes a partir da ação de sistemas radiculares diversos e tem como fundamental característica o aumento do aporte de MOS.[12]

A MOS, ou, mais precisamente, seu conteúdo de carbono (C) ou nitrogênio (N), é considerada um dos principais indicadores de sua qualidade, o que se deve, primeiramente, à sua sensibilidade em relação às práticas de manejo do solo, sobretudo nas regiões tropicais, e, segundo, à sua interação com praticamente todos os processos que ocorrem no solo.[13]

Compartimentos diferenciados da matéria orgânica são responsáveis por sua alta sensibilidade. Em uma escala crescente de sensibilidade tem-se: biomassa microbiana do solo, com menor tempo de ciclagem, bastante variável e sensível, considerada como compartimento ativo na dinâmica da MOS[14] e caracterizada também como componente do compartimento lábil da MOS; em seguida, a matéria orgânica leve (MOL), compartimento considerado com sensibilidade intermediária; e em última escala de sensibilidade têm-se as substâncias húmicas (SH), como as mais recalcitrantes, abundantes e quimicamente ativas.[15,16]

O estudo da dinâmica da MOS em SAFs tem mostrado a eficiência desse manejo em conservar seus diversos compartimentos e promover maior aporte de MOS.[17] No Brasil, a maioria dos estudos tem se concentrado na região da Amazônia, e nas demais regiões em menor escala, abordando a fertilidade dos solos por meio da aferição de indicadores físicos químicos e biológicos, comparativamente a outras práticas de manejo.[12,18,19] Nesse contexto, objetivou-se aqui avaliar os impactos da adoção de SAFs em comparação com a Agricultura de Corte e Queima (ACQ), sob os compartimentos de maior estabilidade da MOS às transformações promovidas pelo manejo do solo em áreas do Cerrado, no norte do estado do Piauí.

2. Metodologia

2.1 Os SAFS da Vereda dos Anacletos (Esperantina, PI)

2.1.1 Localização e manejo

Os SAFs estudados no cerrado nordestino estão localizados no município de Esperantina (03º 54' 07" S e 42º 14' 02" W, altitude 59 metros), na
mesorregião do Norte Piauiense e na microrregião do Baixo Parnaíba Piauiense
sob domínio do cerrado, na região norte do estado do Piauí (Figura 2). A
precipitação pluvial média anual é de 1.500 mm, as temperaturas médias
anuais variam de 26 a 34ºC, e o solo das áreas em estudo é classificado como
Argissolo Vermelho-Amarelo. A região é caracterizada por apresentar formação vegetal predominante de transição entre cerrado e floresta secundária mista, possuindo extensas áreas com babaçuais.

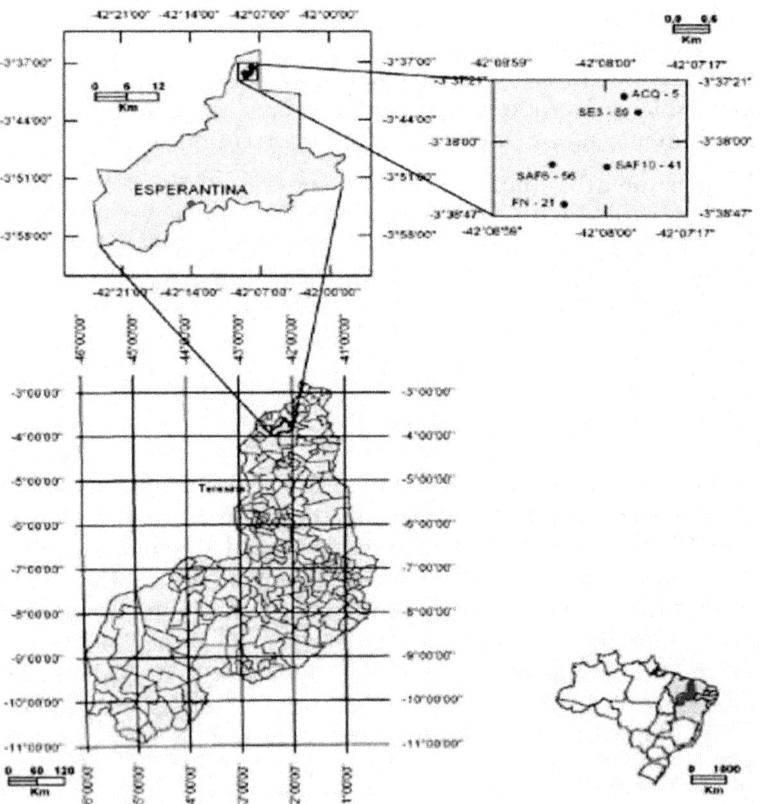

Figura 2 Localização dos Sistemas Agroflorestais no Cerrado piauiense. *Fonte:* autor.

As áreas de estudo foram selecionadas por adotarem os SAFs como sistema de manejo na produção agrícola familiar. O início do cultivo ocorreu por volta da década de 1940, após a remoção da Floresta Nativa do Cerrado (FNC) e subsequente cultivo de culturas anuais, principalmente milho e feijão, calcadas na prática de corte e queima. Em 1997, em uma experiência piloto, uma das áreas teve seu manejo modificado, adotando-se o Sistema Agroflorestal.

Foram estudados os seguintes sistemas: agroflorestal com seis anos de adoção **(SAF6)**; agroflorestal com nove anos de adoção **(SAF9)**; agroflorestal com treze anos **(SAF13)**; corte e queima **(ACQ)** com seis anos de cultivo contínuo e monoculturas de ciclo anual; e floresta nativa de cerrado **(FNC)** (Figura 3). As espécies existentes em cada área estudada estão identificadas na Tabela 1.

Figura 3 Sistemas de manejo diferentes sob sazonalidade em áreas do cerrado piauiense: FNC – floresta nativa de cerrado; SAF13 – sistema agroflorestal com 13 anos de adoção; SAF 6 – sistema agroflorestal com 6 anos de adoção; SAF 9 – sistema agroflorestal com 9 anos de adoção; e ACQ – agricultura de corte e queima. *Fonte:* Iwata, 2012.

Figura 3 (*continuação*)

Tabela 1 Descrição de espécies presentes em cada sistema de manejo: FNC – floresta nativa de cerrado; SAF13 – sistema agroflorestal com 13 anos de adoção; SAF 6 – sistema agroflorestal com 6 anos de adoção; SAF 9 – sistema agroflorestal com 9 anos de adoção; e ACQ – agricultura de corte e queima. *Fonte:* Dados obtidos *in loco* por meio de entrevista com os proprietários das áreas.

Sistemas	Culturas / Espécies presentes
SAF 13 anos	Milho (*Zea may L.*), abóbora (*Curcubita pepo L.*), fava (*Phaseolus lunatus L.*), mandioca (*Manihot esculeta Crantz.*), batata-doce (*Ipomoea batatas (L.) Lam.*) e algodão (*Goossypium herbaceum L.*) associadas à acerola (*Malpighia glabra L.*), mamão (*Carica papaya L.*), goiaba (*Psidium guajava L.*), banana (*Musa paradisiaca L.*), caju (*Anacardium occidentale L.*), manga (*Mangifera indica L.*), pinha (*Annona squamosa L.*), pitomba (*Talisia esculenta Raldlk.*), mamona (*Ricinus communis L*), urucum (*Bixa orellana L.*), gergelim (*Sesamum indicum L.*), pau-d'arco (*Tabebuia sp*), babaçu (*Attalea speciosa Mart. ex Spreng.*), gonçalo-alves (*Astromiun fraxinifolium Schott*), tamboril (*Enterolobium sp*), jatobá (*Hymenaea sp*), aroeira (*Myracrodruon urundeuva Allemão*), mufumbo (*Combretum sp*) e unha-de-gato (*Mimosa sp*).
SAF 9 anos	Milho (*Zea may L.*) e algodão (*Goossypium herbaceum L.*) associados a caju (*Anacardium occidentale L.*), banana (*Musa paradisiaca L.*), amendoim (*Arachis sylvestri*), pinha *(Annona squamosa L.*), mamona (Ricinus communis L.), associados com as espécies florestais como jatobá (*Hymenaea sp*), jurubeba (*Solanum sp*), pau-d'arco amarelo (*Tabebuia serratifolia*), carnaúba (*Copernicia prunifera Mill.*) e mandacaru (*Cereus jamacaru DC.*). O arranjo espacial das espécies arbóreas nativas e frutíferas é inteiramente aleatório. A espécie *Anacardium occidentale L.* (caju) predomina sobre as frutíferas com cerca de trinta plantas.
SAF 6 anos	Milho (*Zea may L.*) e mandioca (*Manihot esculeta Crantz.*) associadas às espécies como o mamão (Carica papaya L.), caju (*Anacardium occidentale L.*), melancia (*Citrullus vulgaris Schrad.*), maxixe (*Cucumis anguria L.*) e banana (*Musa paradisiaca L.*). As espécies frutíferas são distribuídas de forma aleatória na área, sendo a maior proporção representada pelo caju (*Anacardium occidentale L.*): cerca de dez plantas.
ACQ	Arroz e milho(*Zea may L.*).
FNC	Vegetação de floresta semidecídua preservada, onde são observadas espécies de cerrado e caatinga.

No SAF6, a prática do corte e queima da vegetação foi utilizada até o ano de 2003. A partir de 2004, após a regeneração natural da vegetação, o manejo foi realizado apenas com o roço no final da estação seca, deixando o material vegetal sobre o solo. O segundo roço foi realizado no período chuvoso, para garantir o crescimento das espécies agrícolas. E assim seguiu-se o manejo da área. Com relação ao SAF 9, até 2001, a área era mantida com agricultura de corte e queima. Em 2002, essa prática foi substituída pelo roço da vegetação secundária, excluindo-se algumas espécies arbóreas. O material vegetal proveniente do manejo foi utilizado como cobertura do solo. O segundo roço foi efetuado no período chuvoso para permitir o crescimento das espécies agrícolas. Além disso, foi adicionado ao solo palha de carnaúba como cobertura.

Na área com SAF13, em 1997, o manejo convencional utilizando o corte e queima foi substituído por manejo com base ecológica. O material vegetal decorrente do roço, antes queimado, passou a servir de cobertura do solo. A partir disso, ao longo do tempo foram introduzidas espécies frutíferas e, paralelamente, permitiu-se a regeneração natural de plantas pioneiras, nas quais foram realizadas podas periódicas. Também, foram adicionados ao solo esterco de caprinos e todos os resíduos orgânicos decorrentes do consumo da família. A área de ACQ é mantida sob constantes queimas com intervalos de um ano de pousio. Ocorre nessa área o cultivo de arroz e milho.

Nos SAFs, as espécies arbóreas e frutíferas são distribuídas de forma aleatória, com maior densidade da espécie caju (cerca de quarenta por hectare), e mamona, banana e manga em menor proporção.

3. Resultados e Discussão

3.1 O Estudo

O estudo foi realizado em dois períodos distintos, em outubro de 2009, considerado período seco da região, e em março de 2010, período chuvoso (Figura 4). Em cada sistema foram abertas 5 (cinco) minitrincheiras e coletadas 4 (quatro) amostras simples para formar uma amostra composta, nas profundidades de 0-5 cm, 5-10 cm, 10-20 cm e 20-40 cm. As amostras foram acondicionadas em sacos plásticos, que foram identificados e encaminhados ao Laboratório de Solos da Embrapa Meio Norte.

Em todas as amostras coletadas foram efetuadas análises de carbono orgânico total (COT), carbono da biomassa microbiana (CBM) e carbono das substâncias húmicas: frações de ácidos fúlvicos (FAF), ácidos húmicos (FAH) e huminas (FHUM).

3.2 Sequestro de carbono

Os estoques de C do solo foram superiores ($p < 0,05$) no SAF13 nas quatro profundidades em relação aos demais sistemas (Tabela 2), concordando com estudo realizado por Nair et al. (2008), que constataram maior capacidade de estocar C também em quatro diferentes profundidades de solos sob SAFs no oeste africano.[9] Maia et al. (2007) observaram resultados semelhantes em solos sob SAFs no semiárido cearense.[19] O sistema agroecológico induz o aumento dos níveis de carbono orgânico do solo, em virtude do maior aporte de resíduos que o sistema vem recebendo ao longo dos anos.[18]

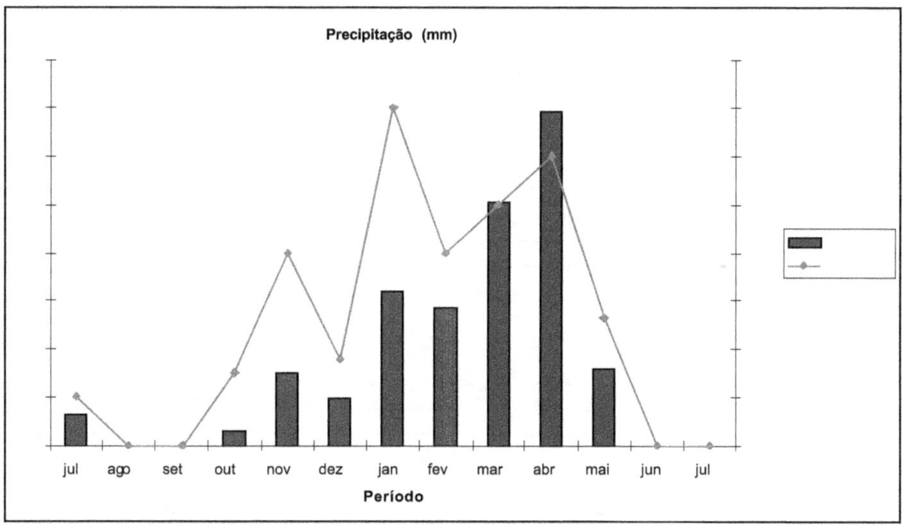

Figura 4   Precipitação pluvial referente ao segundo semestre de 2009 e primeiro semestre de 2010, no município de Esperantina (PI). *Fonte:* autor.

A maior capacidade de estoque de C observada no SAF13, SAF com maior tempo de adoção, está de acordo com Ferreira et al. (2009), que também verificaram maior estoque de C no SAF estruturalmente mais estabilizado.[20] Valores intermediários foram observados na FNC e no SAF6, seguidos pelo SAF9 (Tabela 2). A variação dos estoques de COT foi similar aos resultados obtidos por Silva (2006) ao estudar diferentes SAFs no município de Paraty (RJ).[21]

Os menores estoques de C foram observados no solo sob ACQ, também possivelmente explicados pela perda de carbono ocorrida em virtude da prática da queima. Os baixos estoques observados na área sob ACQ são disponibilizados na forma de cinzas e carvão vegetal.[22] A diminuição dos estoques de MOS pode antecipar menor resiliência dos ecossistemas e resultar em comprometimento da capacidade produtiva e menor oferta de serviços ambientais.[23]

Tabela 2 Estoques de carbono em um Argissolo Vermelho Amarelo sob sistemas agroflorestais e agricultura de corte e queima no cerrado piauiense. *Fonte:* Iwata, 2010.

Sistemas	Estoque C mg ha⁻¹	
	0-5 cm	
	seco	chuva
FNC	8,98 d	10,45b
SAF13	19,20 a	18,44a
SAF6	11,49 c	14,13 ab
SAF9	12,47 bc	9,76 c
ACQ	15,70 ab	3,50 d
	5-10 cm	
	seco	chuva
FNC	5,76 c	11,29 b
SAF13	16,36 a	17,73 a
SAF6	8,22 b	7,88 c
SAF9	7,91 bc	7,59 c
ACQ	6,15 c	3,32 d
	10-20 cm	
	seco	chuva
FNC	18,48 b	21,24 b
SAF13	25,92 a	33,09 a
SAF6	11,25 cd	12,86 c
SAF9	8,82 d	5,39 d
ACQ	8,24 d	3,62 d
	20-40 cm	
	seco	chuva
FNC	30,75 b	38,90 b
SAF13	36,38 ab	58,84 a
SAF6	26,21 c	26,15 c
SAF9	12,53 d	9,22 d
ACQ	7,44 e	2,00 e

*Médias seguidas da mesma letra minúscula, nas colunas, dentro de cada camada de solo, não diferem entre si pelo teste de Tukey em nível de 5% de probabilidade. Médias seguidas da mesma letra maiúscula na linha, dentro de cada sistema de manejo, não diferem entre si pelo Teste de Tukey em nível de 5% de probabilidade. (FNC): floresta nativa de cerrado; (SAF6): sistema agroflorestal com seis anos de adoção; (SAF9): sistema agroflorestal com nove anos de adoção; (SAF13): sistema agroflorestal com treze anos de adoção; e (ACQ): agricultura de corte e queima com seis anos de cultivo contínuo com monoculturas de ciclo anual.

Houve efeito significativo ($p < 0,05$) das profundidades sob os estoques de C nos diferentes sistemas de manejo. Na FNC, no SAF13, SAF6 e SAF 9, os maiores estoques de C foram observados na camada de 20-40 cm (Tabela 2). O aumento da profundidade exerceu efeito positivo no aumento dos estoques de C nos sistemas. Na camada de 0-5 cm e 5-10 cm, observaram-se os menores estoques de C, que foram maiores nas camadas mais profundas (10-20 cm e 20-40 cm). Esses resultados estão em consonância com os obtidos por Pegarro et al. (2010), que identificaram os maiores estoques de C nas camadas mais profundas do solo e decréscimo nas camadas mais superficiais.[24]

Na profundidade de 0-5 cm, os SAFs evidenciaram eficiência na diminuição da emissão de C-CO$_2$ e potencialização do sequestro de C-CO$_2$ (Figura 5). No SAF13 ocorreu o sequestro do C-CO$_2$ nas quatro profundidades. Os SAFs são apontados como estratégia no sequestro de C-CO$_2$[25] com base no efeito que a inserção de componentes arbóreos promove no aumento do sequestro de C acima e abaixo do solo.[25-27]

No SAF6 e SAF9 observou-se sequestro de C-CO$_2$ somente na profundidade de 0-5 cm. Segundo Albhrecht et al. (2003), o sequestro de C em solos sob SAF depende de características específicas do SAF, tais como estrutura, função, espécies presentes, manejo. Isto pode explicar a diferente eficiência no sequestro de C entre o SAF com 13 anos de adoção e os SAFs com 6 e 9 anos de adoção.[28] Houve maior taxa de sequestro na camada de 20-40 cm; isto é corroborado pela ausência do efeito de perturbações físicas do solo e pela menor exposição da matéria orgânica aos processos microbianos, que implicam perdas de CO$_2$ para a atmosfera.[29]

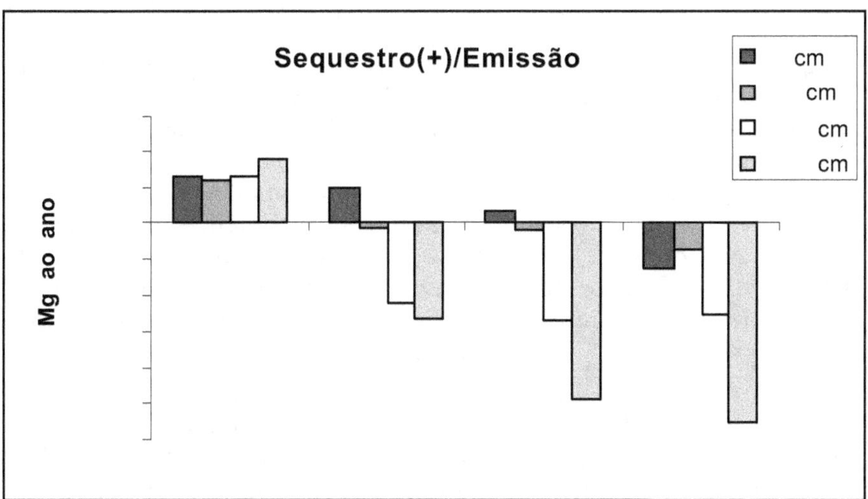

Figura 5 Taxa de sequestro (+)/emissão (–) de C-CO2 em Mg ha[1] ano em um Argissolo Vermelho-Amarelo sob sistema agroflorestal e agricultura de corte e queima (ACQ) no cerrado piauiense. FNC: floresta nativa de cerrado; SAF6: sistema agroflorestal com seis anos de adoção; SAF9: sistema agroflorestal com nove anos de adoção; SAF13: sistema agroflorestal com treze anos de adoção; e ACQ: agricultura de corte e queima com seis anos de cultivo contínuo com monoculturas de ciclo anual. *Fonte:* Iwata, 2012.

3.3 Substâncias húmicas da MOS sob SAFS do cerrado

Reporta-se que a quantidade de substâncias húmicas depende do equilíbrio dos processos químicos, bioquímicos e biológicos do solo. Foi observada diferença no teor das frações químicas da matéria orgânica sob os diferentes sistemas de uso do Argissolo Vermelho-Amarelo, além de interação significativa (p < 0,05) entre os períodos, profundidades e sistemas de todas as variáveis (FAF, FAH, FHUM), como apresentado na Tabela 3.

Para a FAF, foram observados maiores valores de C orgânico no solo sob SAF13, com maior tempo de adoção (Tabela 3), indicando maior incorporação dos resíduos orgânicos, bem como maior mobilidade dessa fração. Possivelmente, os detritos, ao serem adicionados ao solo desse sistema de uso, sofrem rápida ação de humificação, diminuindo a quantidade de carbono facilmente degradável (aminoácidos, polissacarídeos, etc.) ou prontamente oxidável e, consequentemente, levando a aumento na quantidade de substâncias húmicas recalcitrantes.[30]

Diante da maior exposição do solo sob prática de corte e queima, expondo mais a MOS ao ataque dos microrganismos, e perdas por intemperismo, verificaram-se teores consistentemente superiores de C orgânico da FAH no solo sob o SAF9 e ACQ, diferindo do SAF13 e SAF 6 com base ecológica, nos quais há menor influência externa sob o manejo do solo (Tabela 3). A elevada adição de resíduos culturais nos SAFs e na FNC contribuiu para esse comportamento. Além disso, esses resíduos apresentam lenta decomposição, favorecendo o processo de humificação em detrimento do processo de mineralização. Com isso, há possibilidade de proteção química das substâncias húmicas, decorrente de sua interação com a fração mineral do solo. Observaram-se os menores teores de C do FAH no solo sob ACQ , fato que tem relação direta com o menor pH nesse solo.

Apesar de serem considerados de baixa mobilidade na região dos cerrados, nesses sistemas identificaram-se teores de FAH ao longo de todo o perfil. No SAF13, pelo maior tempo de adoção, a maior presença de raízes possibilitou distribuição mais uniforme de FAH nas camadas de 5-10 cm e 10-20 cm (Tabela 3).

Para os sistemas SAF9, SAF6 e ACQ houve maiores teores de C do FAH em relação ao FAF nas profundidades de 0-5 cm e 5-10 cm, tanto no período seco quanto no chuvoso, denotando maior solubilidade dessa fração no solo (PINHEIRO et al., 2004) e rápida mineralização dos compostos orgânicos.[31]

Quanto à FHUM, os maiores teores de C orgânico encontrados evidenciam que esta é a fração mais abundante (Tabela 3). O maior teor de FHUM foi observado no sistema SAF13, quando comparado com as demais frações. Isto pode ser explicado pelo fato de o material orgânico depositado no solo ser menos degradado, em virtude de sua constituição química recalcitrante.[32] Os sistemas de uso do solo, de forma geral, propiciaram a presença de considerável quantidade de FHUM, resultando em maior aporte de nutrientes no solo pela disponibilidade de carbono orgânico para a microbiota, para reações de formação de compostos recalcitrantes e melhor estruturação física do solo.[33]

A FHUM teve seus teores alterados em virtude da sazonalidade, apresentando menores teores no período chuvoso. Este fato pode se relacionar diretamente com as perdas de material recalcitrante por conta da ação da chuva.

Tabela 3 Valores das frações de ácidos fúlvicos (FAF), de ácidos húmicos (FAH) e de humina (FHUM) em Argissolo Vermelho-Amarelo sob sistema agroflorestal no cerrado piauiense. *Fonte:* Leite et al. (2014).[11]

Sistemas	FAF		FAH		FHUM	
			$g\ kg^{-1}$			
	0-5 cm					
	seco	chuva	seco	chuva	seco	chuva
FNC	0,24 b	0,15 b	0,42 ab	0,28 b	1,16 b	1,70 a
SAF13	0,45 a	0,26 a	0,19 b	0,18 c	1,89 a	0,94 b
SAF6	0,04 d	0,23 a	0,49 a	0,43 a	1,12 b	0,50 c
SAF9	0,15 c	0,20 ab	0,55 a	0,13 d	1,06 b	0,43 c
ACQ	0,29 b	0,14 b	0,50 a	0,17 cd	1,36 ab	0,49 c
	5-10 cm					
	seco	chuva	seco	chuva	seco	chuva
FNC	0,09 d	0,06 b	0,12 c	0,29 c	0,74 b	1,11 a
SAF13	0,25 b	0,08 b	0,14 c	0,41 b	1,51 a	0,67 b
SAF6	0,67 a	0,11 ab	0,39 ab	0,54 a	0,85 b	0,34 c
SAF9	0,13cd	0,11 ab	0,33 b	0,29 c	0,91 b	0,24 c
ACQ	0,20 b	0,19 a	0,56 a	0,16 d	0,86 b	0,49 bc
	10-20cm					
	seco	chuva	seco	chuva	seco	chuva
FNC	0,39 b	0,10 ab	0,26 bc	0,40 b	0,94 a	0,91 a
SAF13	0,03 c	0,05 b	0,49 a	0,23 c	0,90 a	1,00 a
SAF6	0,61 a	0,08 b	0,14 c	0,53 a	0,71 bc	0,17 c
SAF9	0,14bc	0,30 a	0,28 bc	0,36 bc	0,78 ab	0,34 b
ACQ	0,10bc	0,11 ab	0,34 ab	0,41 b	0,67 c	0,18 c
	20-40cm					
	seco	chuva	seco	chuva	seco	chuva
FNC	0,14ab	0,06 b	0,28 b	0,30 b	0,82 a	0,72 a
SAF13	0,02 c	0,11 b	0,43 a	0,38 ab	0,79 a	0,68 a
SAF6	0,17 a	0,05 b	0,30 b	0,31 ab	0,43 c	0,11 c
SAF9	0,14ab	0,49 a	0,27 b	0,18 c	0,78 ab	0,35 b
ACQ	0,14ab	0,07 b	0,17 c	0,49 a	0,49 bc	0,18 c

*Médias seguidas da mesma letra minúscula, nas colunas, dentro de cada sistema de manejo do solo, não diferem entre si pelo teste de Tukey. Médias seguidas da mesma letra maiúscula, nas linhas, dentro de cada camada, não diferem entre si pelo teste de Tukey em nível de 5% de probabilidade. FNC: floresta nativa de cerrado; SAF6: sistema agroflorestal com seis anos de adoção; SAF9: sistema agroflorestal com nove anos de adoção; SAF13: sistema agroflorestal com treze anos de adoção; e ACQ: agricultura de corte e queima com seis anos de cultivo contínuo com monoculturas de ciclo anual.

No solo sob ACQ, os resíduos vegetais que ainda resistem sobre o solo são pobres em lignina, precursor químico da humina, ácidos húmicos e outros compostos recalcitrantes (SANTOS; CAMARGO, 1999), o que explica o baixo teor desses compostos nesse sistema. Assim, solos sob ACQ apresentam matéria orgânica menos recalcitrante e, portanto, são mais sensíveis às variações climáticas, químicas e microbiológicas que resultem em maior velocidade de degradação da MOS.[30]

A partir dos dados obtidos pelo fracionamento químico das substâncias húmicas, foram calculados os valores das relações extrato alcalino (EA), entre extrato alcalino (EA) e humina (EA/FHUM) e índice de humificação (IH) (Tabela 4). Houve interação significativa (p < 0,05) entre as profundidades e sistemas. E também para o IH (índice de humificação) por meio do COT e CH obtidos (Tabela 4).

A relação extrato AE/FHUM foi superior na profundidade de 0-5 cm (p > 0,05) do solo sob ACQ, seguido pelo SAF6 e SAF9 (Tabela 4). Na profundidade de 5-10 cm os maiores Esta relação indica a iluviação de matéria orgânica ou carbono orgânico no solo, contudo, a matéria orgânica nos sistemas ACQ, SAF6 e SAF9 tende a ser mais solúvel. As menores relações de EA/FHUM foram observadas no SAF13 e FNC, em todas as profundidades, indicando maior recalcitrância da matéria orgânica do solo nesses sistemas.[32]

Os teores de COT dos sistemas têm em sua constituição maior parte humificada. Nos sistemas SAF13 e FNC, houve maior humificação (CH) do carbono orgânico total do solo, indicando menos perdas de carbono e maior recalcitrância da MOS. Os maiores índices de humificação ocorreram, em ordem decrescente, no SAF13, SAF6 e SAF9; foram intermediários no solo sob FNC; e os menores IHs foram observados no solo sob ACQ, exceto na camada de 20-40 cm.

Segundo Silva e Mendonça (2007), as substâncias húmicas correspondem entre 85 e 90% da MOS, logo, exceto pelo SAF6 na profundidade de 0-5 cm, os SAF13, SAF9 e FNC enquadram-se nessa proporção. Contudo, no solo sob ACQ, o índice de humificação atendeu apenas à profundidade de 20-40 cm, com 101,62% de IH; este fato denota maiores perdas das frações húmicas e iluviação da MOS.[21]

Tabela 4 Extrato alcalino (EA), relação entre o extrato alcalino (EA) e humina (EA/FHUM) e índice de humificação (IH) em Argissolo Vermelho-Amarelo sob sistema agroflorestal no cerrado piauiense. *Fonte:* Leite et al. (2014).[11]

Sistemas	EA		EA/HUM		IH	
	------g kg $^{-1}$------				%	
	0-5 cm					
	seco	chuva	seco	chuva	seco	chuva
FNC	0,67ab	0,43 ab	0,59 b	0,25 d	143,11 b	186,92a
SAF13	0,64ab	0,45 ab	0,35 d	0,63 c	235,60 a	121,42b
SAF6	0,53 b	0,66 a	0,49 cd	1,42 a	120,32 b	76,26 c
SAF9	0,70 a	0,33 b	0,67 a	0,80 bc	124,62 b	64,68 c
ACQ	0,79 a	0,31 c	0,60 a	0,72 bc	168,51 ab	67,70 c
	5-10 cm					
	seco	chuva	seco	chuva	seco	chuva
FNC	0,21 b	0,36 c	0,30 bc	0,32 c	85,14 b	119,92a
SAF13	0,39ab	0,50 ab	0,27 c	0,87 b	177,70 a	78,30 b
SAF6	1,07 a	0,65 a	1,26 a	1,99 a	156,82 ab	50,47bc
SAF9	0,46ab	0,40 b	0,51 ab	1,79 a	108,41 ab	38,85 c
ACQ	0,77ab	0,35 c	0,88 ab	0,77 b	114,61 ab	72,64bc
	10-20 cm					
	seco	chuva	seco	chuva	seco	chuva
FNC	0,66ab	0,50 b	0,65 b	0,54 cd	135,68 a	104,59a
SAF13	0,53 b	0,28 c	0,59 b	0,28 d	105,06 a	106,53a
SAF6	0,75 a	0,62 a	1,05 a	3,59 ab	135,30 a	32,90 c
SAF9	0,42 c	0,66 a	0,54 b	2,41 b	98,63 a	74,71ab
ACQ	0,44 c	0,52 ab	0,67ab	3,01 ab	83,93 a	46,00bc
	20-40 cm					
	seco	chuva	seco	chuva	seco	chuva
FNC	0,43ab	0,36 c	0,53 c	0,55 c	99,77 ab	80,96 a
SAF13	0,46 a	0,49 b	0,62 b	0,77 c	85,61 ab	81,84 a
SAF6	0,47 a	0,36 c	1,14 a	4,24 a	64,52 b	20,84 b
SAF9	0,41ab	0,68 a	0,52 c	1,99 b	103,04 a	91,87 a
ACQ	0,32 b	0,56 ab	0,65 b	3,03 ab	71,56 ab	101,62a

*Médias seguidas da mesma letra minúscula, nas colunas, dentro de cada sistema de manejo do solo, não diferem entre si pelo teste de Tukey. Médias seguidas da mesma letra maiúscula, nas linhas, dentro de cada camada, não diferem entre si pelo teste de Tukey em nível de 5% de probabilidade. FNC: floresta nativa de cerrado; SAF6: sistema agroflorestal com seis anos de adoção; SAF9: sistema agroflorestal com nove anos de adoção; SAF13: sistema agroflorestal com treze anos de adoção; e ACQ: agricultura de corte e queima com seis anos de cultivo contínuo com monoculturas de ciclo anual.

4. Conclusões

Os sistemas agroflorestais em Argissolo Vermelho-Amarelo promoveram o aumento dos compartimentos estáveis da matéria orgânica e das taxas de sequestro de C e a diminuição da emissão de $C\text{-}CO_2$, portanto, os SAFs promovem o aumento da qualidade do solo, por meio da conservação da matéria orgânica e seus compartimentos, assim como acréscimo da taxa de sequestro e estoque de C do solo.

PARTE II

Substâncias Húmicas da MOS sob Agrofloresta no Semiárido Brasileiro

Os SAFs têm sido apontados como eficiente estratégia de aporte e manutenção da MOS, sobretudo para regiões com condições climáticas que contribuem para a perda desse material, como ocorre no semiárido brasileiro.[11,17,34] No entanto, os processos de transformação e humificação da MOS ainda são pouco compreendidos, principalmente quando ocorrem em sistemas de manejo estruturalmente diversificados e complexos, como os SAFs.

Muitos trabalhos ressaltam que o entendimento dos processos de humificação da MOS ainda é limitado, principalmente para regiões tropicais, com destaque para a região semiárida do Nordeste brasileiro. A grande maioria das pesquisas relacionadas aos processos da humificação está concentrada nas regiões de clima temperado. As substâncias húmicas (SH) são as frações da MOS mais estáveis, de maior recalcitrância, abundantes e ativas quimicamente.[15,16]

A alta estabilidade química das SH é atribuída à estrutura quimicamente complexa e às interações com minerais de argila e com cátions metálicos. Assim, compreender a dinâmica da MOS na estabilização de seus compartimentos e processos nela envolvidos, como potencial de humificação e o papel de estocar ou sequestrar carbono, é fundamental para verificar a eficiência da adoção de sistemas de manejo.

Associada à caracterização das substâncias húmicas, outro estudo tem sido considerado fundamental para o entendimento do processo de transformação da MOS: a determinação isotópica do carbono. Considerando que em estudos anteriores foi demonstrado que os valores de d13C (‰) da MOS se assemelham aos valores isotópicos da vegetação presente,[35] a comparação dos teores de d13C (‰) da MOS, acompanhada do processo de humificação, poderia contribuir para o entendimento das rotas de transformação do carbono do solo, principalmente em ambiente com incremento variado de resíduos orgânicos. No entanto, o estudo da dinâmica da matéria orgânica em regiões tropicais utilizando essa abordagem ainda é incomum.

Assim, neste estudo foram testadas as seguintes hipóteses: 1) a utilização do fogo sobre o solo no sistema de preparo com queima diminui o potencial de estabilização da MOS; 2) a adição conjugada dos resíduos da poda da gliricidia, da bagana da carnaúba e do biocomposto promove maior humificação da MOS. Nesse contexto, neste trabalho, o objetivo foi quantificar as frações químicas e o grau de humificação da MOS presente em aleias manejadas com e sem fogo e com resíduos orgânicos em SAF no semiárido.

2. Metodologia

2.1 O SAF Cajueiro do Boi (Bela Cruz, CE)

2.1.1 Localização e manejo

O estudo foi realizado em Bela Cruz (CE), na localização geográfica de 3°00'39,29"S/40°13'30,38"W, altitude de 50 m (Figura 1). A área experimental localiza-se em zona transicional com característica fitoecológica do Complexo Vegetacional da zona litorânea, ainda inserido no bioma Caatinga. Geologicamente, a região é denominada de Complexo Nordestino (RADAM, 1980) e apresenta relevo suave ondulado e solos da classe Argissolo Vermelho Amarelo (horizonte B textural presente).

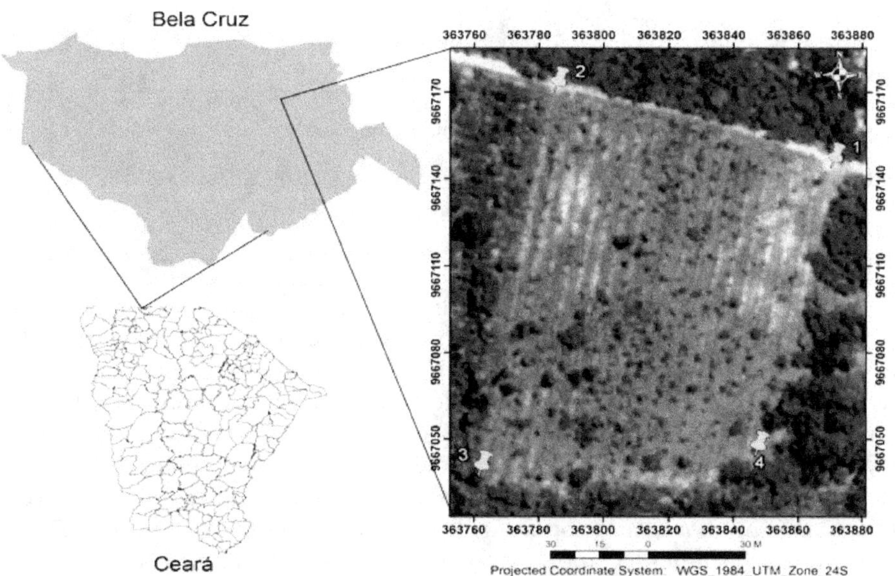

Figura 1 Localização da área de estudo: Fazenda Cajueiro do Boi, Bela Cruz (CE). *Fonte:* Iwata (2015).[36]

O clima da região é caracterizado como tropical quente semiárido (BSw'h'), segundo Köppen,[37] com chuvas de fevereiro a maio; a precipitação pluvial média anual é de 1.096,9 mm e as temperaturas médias variam de 18° a 30°C. No período de realização do estudo, entre os meses de abril e junho, verificaram-se médias térmicas de 31°C e taxas de precipitação de 4,0 mm/dia (Figura 2).

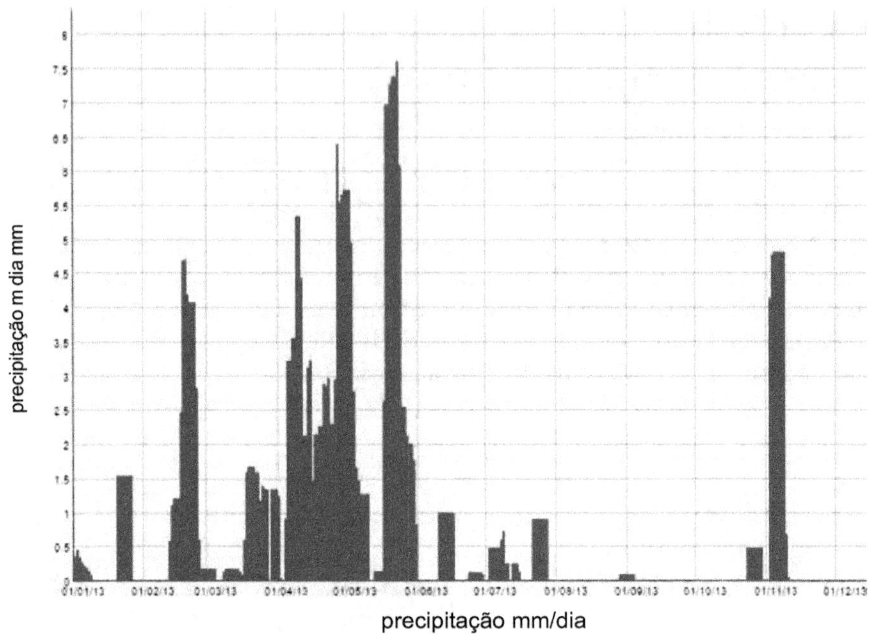

Figura 2 Precipitação média mensal no município de Bela Cruz (CE) no ano de 2013. *Fonte*: Agritempo, 2014.

Em 1992, a área passou a ser utilizada para agricultura itinerante, e foi realizado, nesse ano, o desmate e queima da área. Somente no ano de 2007, o Sistema Agroflorestal (SAF) foi instalado. Inicialmente, a vegetação arbórea lenhosa foi raleada e mantida uma densidade de 200 árvores por hectare, cujas principais espécies são: cipó-vermelho (*Davilla rugosa*), sambaíba (*Curatella americana*), copaíba (*Copaiba cerensis*), acende-candeia (*Plathymenia reticulata*), amargoso (*Aspidosperma polyneuron*), capim papua perene (*Ichnanthus candicans*) e o capim-agreste (*Diectomis fastigiata*). O material resultante do raleamento, após o aproveitamento da madeira útil, foi separado em garranchos e galhos mais finos e amontoados em cordões vegetais, com dimensões de 0,4 m de largura e 25,0 m de comprimento, com espaçamento de 3,0 m.

A área total do SAF Cajueiro é de aproximadamente um hectare (110 m x 90 m), e o modelo adotado foi o das aleias, considerando a distribuição faxinal das espécies. As espécies componentes dessas aleias são: o caju (*Anacardium occidental)*, como principal componente lenhoso, a leguminosa gliricídia (*Gliricidia sepium)* e a cultura de interesse alimentar, o milho (*Zea mays*). O arranjo e a disposição das espécies estão esquematicamente apresentados na Figura 3. Quanto ao manejo adotado, duas práticas diferenciam as aleias: o uso do fogo e a adição de diferentes resíduos orgânicos [material da poda das leguminosas, biocomposto (folhas de caju, esterco bovino e bagana de carnaúba) e bagana de carnaúba]. Essas práticas de manejo diferenciam os tratamentos que serão avaliados no presente estudo.

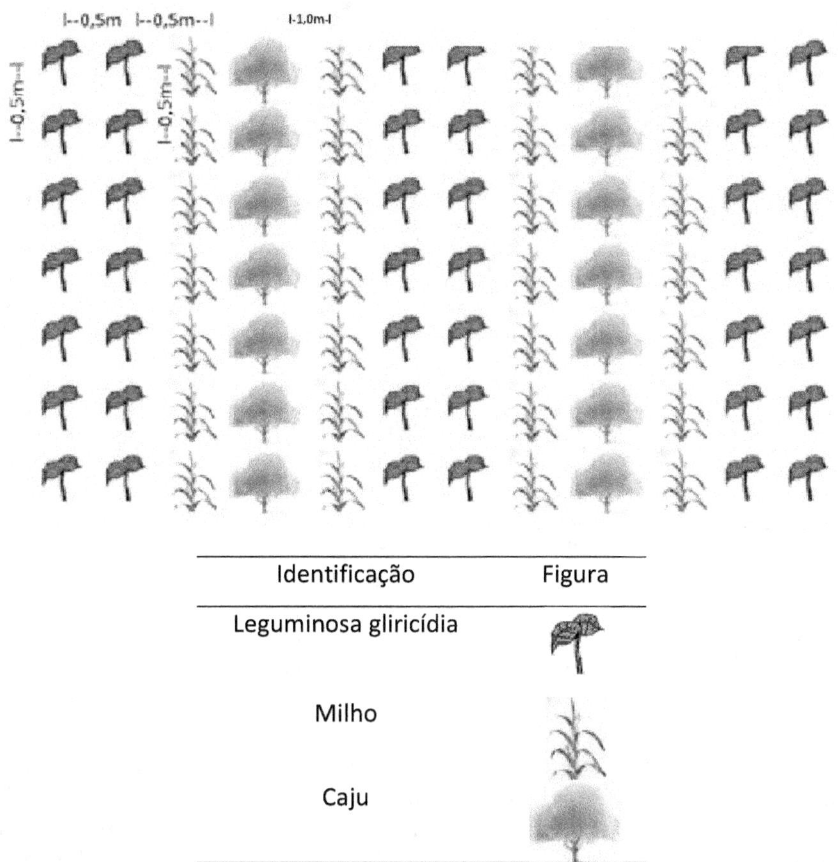

Identificação	Figura
Leguminosa gliricídia	
Milho	
Caju	

Figura 3 Arranjo e espaçamentos das espécies nas aleias. *Fonte:* Iwata (2015).[36]

2.1.2 O estudo

O delineamento experimental é por meio de parcelas subsubdivididas, sendo um fatorial 2 x 4 x 3, com quatro repetições. Nas parcelas principais foi estudado o fator queima (Queima e Não Queima) no preparo do solo; nas subparcelas foi estudada a adição de diferentes resíduos orgânicos (poda da leguminosa gliricídia; poda da leguminosa gliricídia e bagana de carnaúba; poda da leguminosa gliricídia e biocomposto; poda da leguminosa gliricídia, bagana de carnaúba e biocomposto); e nas subsubparcelas foram estudas as profundidades de coleta de solo (0-10, 10-20 e 20-40 cm). Na Figura 4 é apresentada a disposição espacial dos diferentes manejos (parcelas e subparcelas) adotados na área experimental.

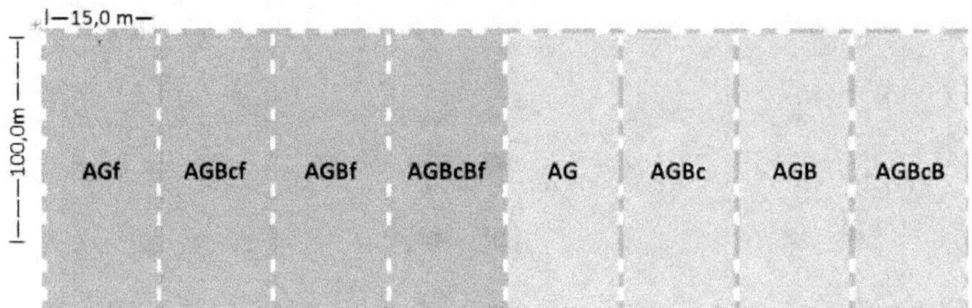

Parcelas	Com queima	Sem queima
	AGf	AG
Subparcelas	AGBcf	AGBc
	AGBf	AGB
	AGBcBf	AGBcB

Figura 4 Arranjo espacial das aleias no SAF Cajueiro (A – aleia, f – fogo, G – resíduo da poda da gliricídia, Bc – biocomposto, B – bagana da carnaúba). *Fonte*: Bruna de Freitas Iwata.

A poda da gliricídia é realizada anualmente, antes do plantio do milho. Com o uso de um facão, a biomassa da parte aérea (folhas e galhos finos) é cortada em pedaços com cerca de 10 a 20 cm de comprimento para facilitar sua distribuição sobre o solo das parcelas. Quanto à utilização da bagana de carnaúba, a aplicação é equivalente a 16.000 kg ha^{-1} por toda a área das parcelas em que esse resíduo é avaliado. Já o biocomposto é aplicado na cova do milho na proporção de 0,116 kg cova^{-1}, correspondente a 2.320 kg ha^{-1}.

Os resíduos orgânicos a serem utilizados no manejo do SAF no período referente ao ano de 2013 foram coletados e analisados para caracterização química e física. Para a realização das análises de carbono do solo, foram coletadas, em cada aleia, amostras de solo nas camadas de 0-10, 10-20 e 20-40 cm, em quatro repetições. O material foi acondicionado em sacos plásticos identificados e analisado no Laboratório de Manejo e Conservação do Solo e da Água e no Laboratório de Física do Solo, ambos pertencentes ao Departamento de Ciências do Solo, da Universidade Federal do Ceará. A partir disso, foi realizado o fracionamento de substâncias húmicas segundo o método sugerido pela International Humic Substances Society (IHSS).[38]

3. Metodologia

3.1 Substâncias húmicas em solos sob SAFS do semiárido brasileiro

A utilização do fogo no preparo da área teve efeito sobre os teores de C das frações húmicas da MOS, resultando em maiores teores quando não foi realizada a queima (Tabela 2). Essa resposta foi mais evidente para o carbono na fração humina. Embora transcorridos seis anos desde o uso do fogo no preparo das aleias, ainda são observados efeitos dessa prática. Ainda que ocorra decomposição direta da MOS, seguida por *input* de C decorrente dessa decomposição, a combustão dos resíduos orgânicos, a rápida mineralização da MOS e a perda direta de C durante a queima podem levar à redução dos teores de C das frações mais estabilizadas. Isso ocorre pelo fato de que há indução da perda da MOS em decomposição antes mesmo de sua estabilização, bem como por um *output* de C já humificado, considerando principalmente períodos de médio e longo prazos.

No entanto, as informações sobre os efeitos do uso do fogo na quantidade da MOS ainda geram conflitos, com relatos tanto do seu aumento[39,40] quanto da sua diminuição.[11,41] Neste estudo ocorreu redução das frações húmicas nas aleias manejadas com fogo em relação àquelas sem fogo, principalmente nas frações FHUM e FAF, contrariando a ideia da formação de estruturas mais recalcitrantes a partir de compostos orgânicos mais lábeis pela ação do fogo. No entanto, é válido ressaltar que a formação desses componentes recalcitrantes depende da intensidade e duração do fogo[42,43] e também das condições ambientais.[44]

Em relação aos compartimentos húmicos, foi observado, mesmo nas aleias manejadas com fogo, predomínio do C da FHUM (Tabela 1). O aumento dessa fração nas aleias manejadas com fogo pode ser atribuído a esse manejo, visto que o uso do fogo pode alterar também a distribuição dos compartimentos húmicos da MOS, ocasionando aumento da concentração de humina em detrimento de FAH e de FAF.[45]

Tabela 1 Carbono das frações químicas: fração de ácido fúlvico (FAF), de ácido húmico (FAH) e de humina (FHUM)) da matéria orgânica em Argissolo em sistema agroflorestal manejado com e sem uso do fogo e com resíduos orgânicos no semiárido. *Fonte:* Iwata (2015).[36]

Aleias	FHUM		FAF		FAH	
			g/kg			
	Com fogo	Sem fogo	Com fogo	Sem fogo	Com fogo	Sem fogo
0-10 cm						
AG	15,52bB	17,61aA	6,60bB	7,34cA	2,30aA	1,40cB
AGBio	12,21cB	17,32aA	5,02cB	7,12cA	1,93cA	1,97bA
AGBag	12,45cB	15,59bA	8,28aA	8,23bA	1,33dB	2,42aA
AGBioBag	16,72aB	17,10aA	6,59bB	9,43aA	1,90bA	1,25cB
10-20 cm						
AG	11,50bB	15,72bA	5,27cB	7,29bA	1,80bA	1,53cB
AGBio	11,89bB	16,49aA	6,40bB	9,22aA	1,62bB	2,11bA
AGBag	11,50bB	16,48aA	8,91aA	7,28bB	2,30aA	2,11bA
AGBioBag	13,80aB	16,21aA	6,72bB	9,31aA	2,10aB	2,91aA
20-40 cm						
AG	11,39cB	14,20cA	7,40aA	6,20dB	1,22cB	1,60cA
AGBio	11,59cB	16,90bA	7,51aB	7,34cA	1,81bA	1,46cB
AGBag	12,51bB	16,89bA	6,09bB	8,32bA	1,80bB	3,11aA
AGBioBag	16,20aB	18,82aA	7,22aB	9,28aA	2,51aA	2,55bA

Letras minúsculas comparam médias em resposta aos resíduos orgânicos dentro de cada profundidade. Letras maiúsculas comparam médias em resposta aos fatores de tratamento com fogo e sem fogo dentro de cada resíduo orgânico. *A: Aleia; Gli: Gliricidia solteira; Bio: Biocomposto; Bag: Bagana; Biocomposto: composto por folhas de caju, esterco caprino e bagana de carnaúba.

A adição de resíduos orgânicos diversificados também promoveu diferenças entre as frações húmicas da MOS (Tabela 1). No tratamento AGBioBag, que representa a combinação dos resíduos de gliricidia, bagana de carnaúba e biocomposto, verificou-se a ocorrência das maiores concentrações do C da FHUM e da FAF em todas as profundidades mediante ausência do fogo, exceto nas camadas de 0-20 e 20-40 cm, nas quais os maiores teores de FAF ocorreram associados aos resíduos AGBag e AG com uso fogo.

A ocorrência de processo eficiente de estabilização da MOS, neste estudo, pode ser inferida pelos altos teores de C da FHUM. Diversos trabalhos têm mostrado que em solos de regiões tropicais há predomínio do carbono dessa fração em relação às outras.[46,47] As huminas são substâncias desenvolvidas e resistentes à degradação microbiana, estão fortemente combinadas à fração mineral do solo, principalmente em solos oxídicos.[32,48] A alta concentração do C na fração humina pode implicar maior expressão das propriedades da fração coloidal da matéria orgânica, como: aumento da umidade e agregação do solo e maior retenção de cátions.[49]

Os elevados valores de C-HUM podem estar relacionados ao tamanho das moléculas e ao maior grau de estabilidade que se relacionam com as características dos resíduos orgânicos utilizados neste estudo. O uso conjugado de resíduos com diferentes características estruturais pode auxiliar no equilíbrio da conservação da MOS, assim como na aceleração da decomposição e estabilização desta. A gliricidia possui baixa relação C/N, e seus baixos teores de polifenóis e lignina[50] facilitam o processo de quebra e decomposição, enquanto a bagana de carnaúba tem em sua composição complexa mistura de ésteres de ácidos e hidroácidos componentes da cera que limita a desidratação e hidratação da palha, consequentemente protegendo-a contra a quebra e decomposição[51] . Adiciona-se a isso o elevado teor de lignina (12%) presente (GOMES et al., 2009) e grupamentos químicos que contribuem diretamente para a resistência da bagana à decomposição.

Os elevados teores de C da FAF verificados nas aleias AGBioBag e AGBag , com e sem fogo, podem indicar maior incorporação dos resíduos orgânicos, bem como maior mobilidade dessa fração, denotando maior solubilidade dessa fração no solo.[52] Possivelmente, os resíduos, ao serem adicionados ao solo desse sistema de uso, sofrem rápida ação de humificação, diminuindo a quantidade de carbono facilmente degradável (aminoácidos, polissacarídeos, etc.) ou prontamente oxidável.[30]

Elevadas concentrações do C da FAF também indicam maior exposição da MOS ao ataque dos microrganismos e rápida mineralização dos compostos orgânicos[31], além de maior capacidade reativa dentre as frações húmicas do solo. Portanto, essas constatações sobre o C-FAF indicam a presença de MOS de alta qualidade química com elevado potencial de liberação de nutrientes.

Menores teores do C-FAH podem ter relação com as condições ambientais locais, conforme explicado por Ebeling et al. (2013). Esses autores, ao estudarem o fracionamento húmico da MOS, observaram que em condições térmicas amenas há predisposição à formação da fração húmica das substâncias húmicas. Assim, considerando as condições ambientais do semiárido nas quais o SAF estudado se enquadra, as médias térmicas caracteristicamente elevadas podem explicar as menores concentrações do C-FAH.[53]

Na Tabela 2 observa-se que maiores valores de extrato alcalino (EA) ocorreram no manejo com resíduos orgânicos conjugados de AGBag e AGBioBag, com e sem fogo, nas camadas mais superficiais (0-10 e 10-20 cm), denotando também capacidade de conservação, por essas aleias, de frações menos estáveis. Quanto à relação EA/FHUM, também ocorreram maiores valores nas aleias AGBag e AGBioBag. Segundo Benites et al. (2005), essa relação pode referenciar a ocorrência de processos pedogenéticos, resultando em zonas de movimentação ou acúmulo de carbono. Para a relação EA/FHUM ocorreram muitas variações quanto ao preparo com ou sem fogo.[54]

Tabela 2 Extrato alcalino (EA) e relação extrato alcalino e humificação (EA/FHUM) da matéria orgânica de Argissolo em sistema agroflorestal manejado com e sem fogo e com resíduos orgânicos no semiárido. *Fonte:* Iwata (2015).[36]

Aleias	EA		EA/FHUM	
	0-10 cm			
	Com fogo	Sem fogo	Com fogo	Sem fogo
AG	8,61bA	8,73cA	0,63bA	0,49cB
AGBio	6,93cB	9,08bA	0,56cA	0,52cA
AGBag	9,60aB	10,64aA	0,77aA	0,68aB
AGBioBag	8,52bB	10,68aA	0,51cB	0,62bA
	10 – 20 cm			
	Com fogo	Sem fogo	Com fogo	Sem fogo
AG	7,11cB	8,83dA	0,61bA	0,56cB
AGBio	8,01bB	11,32bA	0,67bA	0,68bA
AGBag	11,19aA	9,90cB	0,97aA	0,60bB
AGBioBag	8,82bB	12,22aA	0,63bB	0,75aA
	20-40 cm			
	Com fogo	Sem fogo	Com fogo	Sem fogo
AG	8,63cA	7,81cB	0,75aA	0,54bB
AGBio	9,30bA	8,81bB	0,80aA	0,52bB
AGBag	7,89dB	11,43aA	0,62bA	0,67aA
AGBioBag	10,05aB	11,80aA	0,62bA	0,62aA

Letras minúsculas comparam médias em resposta aos resíduos orgânicos dentro de cada profundidade. Letras maiúsculas comparam médias em resposta aos fatores de tratamento com fogo e sem fogo dentro de cada resíduo orgânico. *A: Aleia; Gli: Gliricidia solteira; Bio: Biocomposto; Bag: Bagana; Biocomposto: composto por folhas de caju, esterco caprino e bagana de carnaúba.

Conforme observado na Tabela 3, os maiores índices de humificação ocorreram nas aleias AGBioBag, com ou sem o uso do fogo no preparo do solo, nas três profundidades. Isso reforça o entendimento da eficiência da combinação de resíduos diferenciados estruturalmente na estabilização da MOS. Na Tabela 3 também é destacado o efeito do fogo na humificação da MOS, ocorrendo melhores índices (93%) nas aleias manejadas sem a queima. Neste sentido, nas aleias AGBioBag, por apresentar, predominante, maiores taxas de IH , há maior recalcitrância e estabilização do carbono do solo.[11]

Tabela 3 Índice de humificação da matéria orgânica em Argissolo em sistema agroflorestal manejado com e sem fogo e com resíduos orgânicos no semiárido. *Fonte:* Iwata (2015).[36]

Aléias	IH (%)					
	0-10 cm		10-20 cm		20-40 cm	
	Com fogo	Sem fogo	Com fogo	Sem fogo	Com fogo	Sem fogo
AG	74,59bB	79,59bA	59,72cB	72,27cA	60,82bB	73,04cA
AGBio	61,57cB	91,82aA	60,87cB	87,85aA	65,08bB	90,57aA
AGBag	79,39abB	90,87aA	66,72bB	85,97bA	64,65bB	84,27bA
AGBioBag	84,98aB	93,46aA	83,21aA	83,36bA	74,64aB	90,18aA

Letras minúsculas comparam médias em resposta aos resíduos orgânicos dentro de cada profundidade. Letras maiúsculas comparam médias em resposta aos fatores de tratamento com fogo e sem fogo dentro de cada resíduo orgânico. *A: Aleia; Gli: Gliricidia solteira; Bio: Biocomposto; Bag: Bagana; Biocomposto: composto por folhas de caju, esterco caprino e bagana de carnaúba.

As diferenças entre teores de C das frações húmicas observadas nas aleias predispõem o efeito que os resíduos orgânicos manejados no sistema exercem sobre a dinâmica da MOS.

4. Conclusões

O manejo combinado de resíduos orgânicos no sistema agroflorestal torna o sistema mais eficiente na conservação dos teores de C, principalmente na fração FHUM, tanto em SAFs sob o bioma cerrado quanto sob a caatinga. O manejo estratificado e biodiverisificado das agroflorestas contribui para a manutenção das frações mais recalcitrantes do solo, assim como para o processo de humificação da MOS, mesmo sob as condições edafoclimáticas de cerrado e caatinga. A eficiência do manejo agroflorestal na manutenção da qualidade do solo, conservando diferentes frações de MOS, pode ser verificada tanto em regiões que já o utiliza historicamente, Amazônia, como no Nordeste brasileiro.

Agradecimentos – À Universidade Federal do Piaui, à Universidade Federal do Ceará, à Embrapa Meio Norte e à Capes, pelo apoio logístico, e ao professor João Ambrósio Araújo Filho (*in memorian*), por todas as contribuições dadas às pesquisas envolvidas neste trabalho.

Referências Bibliográficas

1 IWATA, B. F.; LEITE, L. F. C.; ARAÚJO, A. S. F.; NUNES, L. A. P. L.; GEHRING, C.; CAMPOS, L. P. Sistemas agroflorestais e seus efeitos sobre os atributos químicos em Argissolo Vermelho-Amarelo do Cerrado piauiense. **Revista Brasileira de Engenharia Agrícola e Ambiental**, v. 16, p. 730-738, 2012.

2 OELBERMANN, M.; VORONEY, R. P.; THEVATHASAN, N. V.; GORDON, A. M.; KASS, D. C. L.; SCHLONVOIGT AM. Soil carbon dynamics and residue stabilization in a Costa Rican and southern Canadian alley cropping system. **Agroforest Systems**, v. 68, p. 27-36, 2006.

3 SMILEY, G. L.; KROSCHEL, J. Temporal change in carbon stocks of cocoa-gliricidia agroforests in Central Sulawesi, Indonesia. **Agroforest Systems**, v. 73, p. 219-231, 2008.

4 SAHA, J. K.; SINGH, A. B.; GANHESHAMURTY, A. N.; KUNDU, S.; BISWAS, A. K. Sulfur accumulation in vertsoil due to continuous gypsum application for six years and it effect on yield and biochemical constituents of soybean (Glicynne max L. Merrill). **Journal of Plant Nutrition and Soil Science**, v. 164, p. 317-320, 2001.

5 DELABIE, J. H. C.; JAHYNY, B.; NASCIMENTO, I. C.; MARIANO, S. F.; LACAU, S.; CAMPIOLO S. Contribution of cocoa plantations to the conservation of native ants (Insecta: Hymenoptera: Formicidae) with a special emphasis on the Atlantic forest fauna of southern Bahia, Brazil. **Biodiversity and Conservation**, v. 16, p. 2359-2384, 2007.

6 HUERTA, E.; RODRIGUEZ-OLAN, J.; EVIA-CASTILLO, I.; MONTEJOMENESES, E.; CRUZ-MONDRAGON, M.; GARCIA-HERNANDEZ, R.; URIBE, S. Earthworms and soil properties in Tabasco Mexico. **European Journal of Soil Biology**, v. 43, p. 190-195, 2007.

7 NORGROVE, L.; CSUZDI, C.; FORZI, F.; CANET, M.; GOUNES, J. Shifts in soil faunal community structure in shaded cacao agroforests and consequences for ecosystem function in Central Africa. **Tropical Ecology**, v. 50, p. 71-78, 2009.

8 MCNEELY, J. A.; SCHROTH, G. Agroforestry and biodiversity conservation - tradiotional practices, presents dynamics, and the lessons for the future. **Biodiversity and Conservation**, v. 15, p. 549-554, 2006.

9 NAIR, P. K. R. Agroecosystem management in the 21st century: it is time for a paradigm shift. **Journal of Tropical Agriculture**, v. 46, p. 1-12, 2008.

10 REITSMA, R.; PARRISH, J. D.; MCLARNEY, W. The role of cacao plantations in maintaining forest avian diversity in southeastern Costa Rica. **Agroforest Systems**, v. 53, p. 185-193, 2001.

11 LEITE, L. F. C; IWATA, B. F; ARAUJO, A. S. F. Soil organic matter pools in a tropical savanna under agroforestry system in Northeastern Brazil. **Revista Árvore**, v. 38, p. 711-723, 2014.

12 SCHROTH, G.; D'ANGELO, S. A.; TEIXEIRA, W. G.; HAAG, D.; LIEBEREI, R. Conversion of secondary Forest into agroforestry and monoculture plantations in Amazônia: consequences for biomass, litter and soil carbon stocks after 7 years. **Forest Ecology and Management**, v. 163, p. 131-150, 2002.

13 MAIA, S.M.F; XAVIER FAS. Frações de nitrogênio em Luvissolo sob sistemas agroflorestais e convencional no semi-árido cearense. **Revista Brasileira de Ciência do Solo**, v. 32, p. 381-392, 2008.

14 GAMA-RODRIGUES, A. C.; BARROS, N. F.; COMERFORD, N.B. Biomass and nutrient cycling in pure and mixed stands of native tree species in southeastern Bahia. **Revista Brasileira de Ciência do Solo**, v. 31, p. 287-298, 2007.

15 JANDL, G.; LEINWEBER, P.; SCHULTEN HR. Origin and fate of soil lipids in a Phaeozem under rye and maize monoculture in Central Germany. **Biology and Fertility of Soils**, v. 43, 2007.

16 FERNANDEZ, I.; CABANEIRO, A.; CARBALLAS, T. Organic matter changes immediately after a wildfire in an Atlantic forest soil and comparison with laboratory soil heating. **Soil, Biology and Biochemistry**, v. 29, p. 1-11, 1997.

17 MORENO, G.; OBRADOR, J. J.; GARCÍA A. Impact of evergreen oaks on soil fertility and crop production in intercropped dehesas. **Agriculture Ecossystems Enrivonment**, v. 119, p. 270-280, 2007.

18 BARRETO, A. C; LIMA, F. H. S. Características químicas e físicas de um solo sob floresta, sistema agroflorestal e pastagem no sul da Bahia. **Caatinga**, v. 19, n. 4, p. 415-425, 2006.

19 MAIA, S. M. F.; XAVIER, F. A. S.; OLIVEIRA, T. S.; MENDONÇA, E. S.; ARAÚJO FILHO, J. A. Organic carbon pools in Luvisol under agroforestry and conventional farming systems in the semi-arid region of Ceará - Brasil. **Agroforest Systems**, v. 71, p. 127-138, 2007.

20 FERREIRA, D. F. Sisvar: um programa para análises e ensino de estatística. **Revista Symposium**, v. 6, p. 36-41, 2008

21 SILVA, I. R.; MENDONÇA E. S. Matéria orgânica do solo. In: NOVAIS, R.F.; ALVAREZ V., V.H.; BARROS, N.F.; FONTES, R.L.F.; CANTARUTTI, R.B.; NEVES J. C.L. (Eds.) **Fertilidade do solo**. Viçosa: Sociedade Brasileira de Ciência do Solo, 2007. p. 275-374.

22 SOMMER, R. **Water and nutrient balance in deep soils under shifting cultivation with and without burning in the Eastern Amazon.** 200, 240 f. PhD thesis – Göttingen, Cuvillier, 2000.

23 CARDOSO, E. L.; SILVA, M. L. N.; SILVA, C. A.; CURI, N.; FREITAS, D. A. F. Estoques de carbono e nitrogênio em solo sob florestas nativas e pastagens no bioma Pantanal. **Pesquisa Agropecuária Brasileira**, v. 45, n. 9, p. 1028-1035, 2010.

24 PEGARRO, R. F. Estoques de carbono e nitrogênio em frações da matéria orgânica de solos cultivados com eucalipto nos sistemas convencional e fertirrigado. **Ciência Rural**,v. 40, n. 2, 2010.

25 NAIR, P. K. R.; KUMAR, B. M.; NAIR, V. D. Agroforestry as a strategy for carbon sequestration. **Journal of Plant Nutrition Soil Science**, v. 172, p. 10-23, 2009.

26 PALM, C.; TOMICH, T.; VAN NOORDWIJK, M.; VOSTI, S., ALEGRE, J., GOCKOWSKI, J.; VERCHOT L. Mitigating GHG emissions in the humid tropics: case studies from the Alternatives to Slash-andBurn Program (ASB). **Environment, Development and Sustainability**, v. 6, p. 145-162, 2004.

27 HAILE, S.G., NAIR, P. K. R; NAIR, V. D. Carbon storage of different soil-size fractions in Florida silvopastoral systems. **Journal of Environmental Quality**, v. 37, p. 1789-1797, 2008.

28 ALBRECHT, A; KANDJI, S.T. Carbon sequestration in tropical agroforestry systems. **Agriculture, Ecosystems and Environment**, v. 99, p. 15-27, 2003.

29 ZINN, Y. L. Chnages in soil organic carbon stocks under agriculture in Brazil. **Soil Tillage Research**, v. 84, p. 28-40, 2005.

30 MARTINS, E. L.; CORINGA, J. E. S.; WEBER, O. L. S. Carbono orgânico nas frações granulométricas e substâncias húmicas de um Latossolo Vermelho-Amarelo distrófico LVAd sob diferentes agrossistemas. **Acta Amazonica**, v. 39, p. 655-660, 2009.

31 CUNHA, T. J. F.; MADARI, B. E.; BENITES, V. M.; CANELLAS, L. P.; NOVOTNY, E. H.; MOUTTA, R. O.; TROMPOWSKY, P. M.; SANTOS, G. A. Fracionamento químico da matéria orgânica e características de ácidos húmicos de solos com horizonte a antrópico da amazônia (Terra Preta). **Acta Amazonica**, v. 37, n. 1, p. 91- 98, 2007.

32 STEVENSON, J. F. **Humus chemistry**: genesis, composition, reactions. New York: John Wiley, 1994. 496 p.

33 LOSS, A.; RIBEIRO, E. C.; PEREIRA, M. G.; COSTA EM. Atributos físicos e químicos do solo em sistemas de consórcio e sucessão de lavoura, pastagem e silvipastoril em Santa Teresa. **Bioscience Journal**, v. 30, n. 5, p. 1347-1357, 2014.

34 OLIVEIRA, Tânia Carvalho de. **Caracterização, índices técnicos e indicadores de viabilidade financeira de consórcios agroflorestais**. 2009. 83 f. Dissertação (Mestrado em Produção Vegetal) – Universidade Federal do Acre, Rio Branco, 2009.

35 VICTORIA, R. L.; FERNANDES, F.; MARTINELLI, L. A.; PICCOLO, M. C.; CAMARGO, P. B.; TRUMBORE, S. Past vegetation changes in the brazilian Pantanal arboreal-grass Savanna ecotone by using carbon isotopes in the soil organic matter. **Global Change Biology**, v. 1, p. 101-108, 1995.

36 IWATA, B. de F. **Adição de resíduos orgânicos em um argissolo sob Sistema agroflorestal no semiárido cearense**. 2015. 92 f. Tese (Doutorado em Ciências Agrárias) – Departamento de Ciências do Solo, Universidade Federal do Ceará, Fortaleza, 2015.

37 **Instituto de Pesquisas Estratégicas do Ceará** – IPECE. Disponível em: http://www.ceara.gov.br/?secretaria=IPECE&endereco=http://www.ipece.ce.gov.br/. Acesso em: 10 ago. 2012.

38 SPARKS, D. L.; PAGE, A.L.; HELMKE, P.A.; LOEPPERT, R.H.; SOLTANPOUR, P.N.; TABATABAI, M.A.; JOHNSTIN, C.T.; SUMNER, M.E. **Methods of soil analysis**: chemical methods. Madison: Soil Science Society of America/American Society of Agronomy, 1996. v. 100.

39 BRYE, K. R. Soil physiochemical changes following 12 years of annual burning in a humidsubtropical tallgrass prairie: A hypothesis. **Acta Oecologia**, v. 30, p. 407-413, 2006.

40 POTES, M. L.; DICK, D. P.; DALMOLIN, R. S. D.; KNICKER, H.; ROSA, A. S. Matéria orgânica em Neossolos de altitude: Influência da queima da pastagem e do tipo de vegetação na sua composição e teor. **Revista Brasileira de Ciência do Solo**, v. 34, p. 23-32, 2010.

41 De La ROSA, J. M.; GONZÁLEZ-PÉREZ, J. A.; GONZÁLEZ-VÁZQUEZ, R.; KNICKER, H.; LÓPEZ-CAPEL, E.; MANNING, D. A. C.; GONZÁLEZ-VILA, F. J. Use of pyrolysis/GC-MS combined with thermal analysis to monitor C and N changes in soil organic matter from a Mediterranean fire affected forest. **Catena**, v. 74, p. 296-303, 2008.

42 GONZÁLEZ PÉREZ, M.; MARTIN-NETO, L.; SAAB, S. C.; NOVOTNY, E. H.; MILORI, D. M. B. P.; BAGNATO, V. S.; COLNAGO, L. A.; MELO, W. J.; KNICKER, H. Characterization of humic acids from a Brazilian Oxisol under different tillage systems by EPR, 13C NMR, FTIR and fluorescence spectroscopy. **Geoderma**, v. 118, p. 181-190, 2008.

43 SANTÍN, C.; KNICKER, H.; FERNÁNDEZ, S.; MENÉNDEZ-DUARTE, R.; ÁLVAREZ MA. Wildfires influence on soil organic matter in an Atlantic mountainous region (NW of Spain). **Catena**, v. 74, p. 286-295, 2008.

44 CERTINI, G. Effects of fire on properties of forest soils: A review. **Oecologia**, v. 143, p. 1-10, 2005.

45 KNICKER, H.; GONZÁLEZ-VILA, F.J.; POLVILLO, O.; GONZÁLEZ, J. A.; ALMENDROS G. Wildfire induced alterations of the chemical composition of humic material in a Dystric Xerochrept under a Mediterranean pine forest (Pinus pinaster Aiton). **Soil Biology and Biochemistry**, v. 37, p. 701-718, 2005.

46 IWATA, Bruna de Freitas. **Adição de resíduos orgânicos em um argissolo sob Sistema agroflorestal no semiárido cearense**. 2015. 92 f. Tese (Doutorado em Ciências) – Departamento de Ciências do Solo, Universidade Federal do Ceará, Fortaleza, 2015.

47 CONTEH, A.; BLAIR, G. J. The distribution and relative losses of soil organic carbon fractions in aggregate size fractions from cracking clay soils (vertisols) under cotton production. **Australian Journal of Soil Research**, v. 36, p. 257-271, 1998.

48 ASSIS, C. P.; JUCKSCH, I.; MENDONÇA, E. S.; NEVES, J. C. L. Carbono e nitrogênio em agregados de Latossolo submetido a diferentes sistemas de uso e manejo. **Pesquisa Agropecuária Brasileira**, v. 41, n. 10, p. 1541-1550, 2006.

49 SPARKS, D. **Environmental soil chemistry**. San Diego: Academic Press, 1995. 352 p.

50 SOUZA, W. J. O.; MELO, W. J. Matéria orgânica de um Latossolo submetido a diferentes sistemas de produção de milho. **Revista Brasileira de Ciência do Solo**, v. 27, p. 1113-1122, 2003.

51 ALVES, R. N.; MENEZES, R. S. C.; SALCEDO, I. H.; PEREIRA, W. E. Relação entre qualidade e liberação de N por plantas do semiárido usadas como adubo verde. **Revista Brasileira de Engenharia Agrícola e Ambiental**, v. 15, n. 11, p. 1107-1114, 2011.

52 VILLALOBOS-HERNÁNDEZ, J. R.; MÜLLER-GOYMANN, C. C. Novel nanoparticulate carrier system based on carnauba wax and decyl oleate for the dispersion of inorganic sunscreens in aqueous media. **European Journal Pharmaceutics Biopharmaceutics**, v. 60, p. 113-22, 2005.

53 PINHEIRO, E. F. M.; PEREIRA, M. G.; ANJOS, L. H. C. Aggregate distribution and soil organic matter under different tillage systems for vegetable crops in a Red Latosol from Brazil. **Soil Tillage Research**, v. 30, p. 1-6, 2004.

53 EBELING, A. G.; ANJOS, L. H. C.; PEREIRA, M. G.; VALLADARES, G. S.; PÉREZ, D. V. Substâncias húmicas e suas relações com o grau de subsidência em Organossolos de diferentes ambientes de formação no Brasil. **Revista Ciência Agronômica**, v. 44, n. 2, p; 225-233. 2013.

54 BENITES, V. M; MENDONÇA, E. S.; SCHAEFER, C. E. G. R.; NOVOTNY, E. H.; REIS, E. L.; KER, J. C. Properties of black soil humic acids from high altitude rocky complexes in Brazil. **Geoderma**, v. 127, n. 1/2, p. 104-113, 2005.

Substâncias Húmicas Derivadas da Decomposição (*in situ* e *in vitro*) de Macrófitas Aquáticas

Irineu Bianchini Jr., Flávia Bottino, Brayan P. de Souza e Marcela Bianchessi da Cunha-Santino

1. Introdução

Nos ecossistemas aquáticos tropicais lênticos, as macrófitas podem suscitar aportes significativos de carbono orgânico detrital (teor médio de carbono: 39%).[1] Após a senectude dessas plantas, grande parte desse elemento (fração lábil e/ou solúvel) encontra-se prontamente disponível para a atividade heterotrófica, ou é acumulada nos sedimentos na forma de carbono orgânico particulado (COP), em virtude da recalcitrância. O processamento biótico e/ou abiótico do carbono refratário ocorre no longo prazo, direciona o rearranjo das moléculas orgânicas, formando compostos estáveis, tais como as substâncias húmicas (SH). Nesse caso, as relações C:N:P dos tecidos das plantas, a quantidade de material estrutural (celulose, lignina e hemicelulose), a origem do detrito, bem como os fatores ambientais (e.g. temperatura, disponibilidade de nutrientes e de oxigênio) e a ação da microbiota influenciam as cinéticas de formação e mineralização das SH derivadas de macrófitas aquáticas.[2]

As interações das SH aquáticas com o meio e com a biota dependem de sua origem e concentração,[3] acarretando diversos efeitos positivos e negativos para os ecossistemas.[4] Em virtude da ubiquidade e da ampla variedade de precursores orgânicos das SH,[5] estudos têm evidenciado que suas fontes e fatores ambientais podem influenciar os rendimentos de formação e consumo das SH. Sendo assim, o controle de variáveis que interferem na formação e mineralização das SH (por meio de experimentos *in vitro*) permite compreender os efeitos de fatores específicos sobre a dinâmica desses compostos. Por outro lado, os experimentos *in vitro* excluem a sinergia dos processos que ocorrem *in situ*. Este estudo teve por objetivo comparar as cinéticas de formação e mineralização de SH, provenientes da decomposição (*in situ* e *in vitro*) de uma macrófita aquática (*Pistia stratiotes*).

2. Metodologia

2.1 Locais de amostragem

Pistia stratiotes L. é uma espécie de planta aquática livre e flutuante, podendo ser fixa em águas rasas.[6] Denominada popularmente de alface-d'água, tem capacidade despoluidora e é indicadora de ambientes eutróficos.[6] Essa planta é uma das principais colonizadoras do reservatório de Barra Bonita, SP (22° 29¢-22° 32¢ S e 48° 29¢-48° 34¢ W),[7] e do reservatório de Vigário, RJ (22° 40' 18" S e 43° 52' 78" O).[8] Barra Bonita é um reservatório de usos múltiplos, classificado como politrófico (mesotrófico a hipereutrófico),[9] e é muito importante para o estado de São Paulo. Já o reservatório de Vigário, também considerado eutrófico, é responsável por 96% do abastecimento de água da população metropolitana do Rio de Janeiro.[8]

2.2 Experimentos de decomposição, extrações de substâncias húmicas e modelagem matemática

As SH foram obtidas de detritos particulados de *P. stratiotes* coletadas nos reservatórios: Barra Bonita e Vigário. Nos dois reservatórios, exemplares adultos dessa macrófita foram coletados manualmente, lavados com água corrente e secos em estufa (40°C), até massa constante.

As plantas colhidas no reservatório do Vigário foram submetidas à decomposição *in situ*, em *litter bags*, contendo cada um ca. 20 g de planta seca. Os *litter bags* foram incubados a 2,5 m de profundidade, durante 4 meses. Em dias predeterminados (10, 20, 30, 60, 90, 120), três *litter bags* foram removidos e as massas remanescentes foram quantificadas por gravimetria. As macrófitas do reservatório de Barra Bonita foram submetidas a incubação *in vitro*. Antes da incubação, a fração solúvel dos fragmentos vegetais foi removida por extração aquosa a frio.[10] As frações particuladas foram incubadas em câmaras de decomposição contento água do reservatório e submetidas a anaerobiose. Em dias previamente definidos (10, 20, 30, 60, 90, 120), as massas remanescentes foram determinadas.

As extrações de SH foram realizadas de acordo com as propriedades de dissolução em diferentes classes de pH.[11] Para tanto, foram feitas sucessivas extrações com solução de hidróxido de sódio (0,5 mol L^{-1}); para cada 1 g do detrito remanescente de cada dia amostral foram adicionados 60 ml de NaOH. Esse processo foi repetido até que a solução de NaOH não apresentasse cor (i.e., absorbância ? 0,1; ë: 450 nm). As misturas foram alocadas em mesa agitadora (1 h por dia), e o sobrenadante (SH) foi separado do material particulado, por centrifugação (2.517 g; 25 min). Em seguida, as SH foram fracionadas em ácidos húmicos (AH) e ácidos fúlvicos (AF), por decréscimo do pH (ca. 2,0) e centrifugação (2.517 g; 25 min). Após ajustar o pH (AH: 8,0; AF: 5,0), as concentrações de carbono orgânico dos AH e AF foram determinadas por combustão controlada e detecção no infravermelho (Shimadzu modelo TOC-L).

Os rendimentos e os coeficientes de formação e consumo dos AH, AF e carbono orgânico não húmico (NH) foram obtidos a partir de ajustes dos dados experimentais a um modelo cinético de 1ª ordem (Equações 1 a 3). O modelo pressupõe que os detritos das plantas possuam uma fração reativa, precursora de SH (AH + AF), e uma fração não húmica, que é diretamente mineralizada. Os dados foram também comparados por análise não paramétrica (Kruskall-Wallis), seguido do teste de Dunn.

$$\frac{C}{} = - \quad C \; - \; H\,H \tag{1}$$

$$\frac{AH}{} = \quad {}_{AH}\,C \; - \; {}_{AH}\,AH \tag{2}$$

$$\frac{AF}{} = \quad {}_{AF}\,C \; - \; {}_{AF}\,AF \tag{3}$$

em que: RCOP = carbono orgânico particulado reativo (%); k_R = coeficiente global de transformação de RCOP (mineralização + formações de ácido húmico e de ácido fúlvico) (d^{-1}); NH = carbono não húmico (%); k_{NH} = coeficiente de mineralização do NH (d^{-1}); AH = ácido húmico (%); k_{AH} = coeficiente de mineralização do AH (d^{-1}); AF = ácido fúlvico (%); k_{AF} = coeficiente de mineralização do AF (d^{-1}); Y_{AH} e Y_{AF} = coeficientes de rendimento de AH e AF, respectivamente.

O tempo de meia-vida $(t_{1/2})$ das frações RPOC, NH, AH e AF foi calculado por meio da Equação 4:

$$t_{1/2} = \frac{\ln(0,5)}{} \tag{4}$$

em que: k = coeficientes das reações $(k_R, k_{AH}, k_{AF}, k_{NH})$.

3. Resultados e Discussão

A partir das perdas de massa das incubações *in situ*, verificou-se que 67,3% do COP é constituído por material refratário;[2] no experimento realizado *in vitro*, o rendimento dessa fração foi 60%.[12] A partir desses valores foram estimados os rendimentos da fração reativa (que inclui as SH) e do material não húmico. Os rendimentos das frações reativas (RCOP) foram predominantes e semelhantes para os detritos decompostos *in situ* e *in vitro* (Tabela 1). Os resultados dos ajustes cinéticos sugerem que as frações RCOP e NH derivem, basicamente, da composição do recurso. Independente da condição experimental, as oxidações de RCOP foram mais rápidas (de 2 a 3 ordens de grandeza) que as mineralizações do material não húmico (NH). De acordo com os valores de k_{NH}, a mineralização do NH ocorrida *in situ* foi 2,2 vezes mais rápida que a verificada em condição controlada (Tabela 1). Nesse caso, deve-se ressaltar que, em laboratório, a degradação ocorreu em meio anaeróbio e, no campo, outros fatores podem ter contribuído para que houvesse maior consumo dessa fração (e.g., atividade biológica, maior disponibilidade de aceptores de elétrons).

Tabela 1 Parâmetros derivados do ajuste do modelo cinético de formação e mineralização de substâncias húmicas. RCOP: carbono orgânico particulado reativo; k_R: coeficiente de reação global (mineralização + formação de ácido húmico e ácido fúlvico); NH: fração não húmica; k_{NH}: coeficiente de mineralização da fração não húmica; AH: ácido húmico; k_{AH}: coeficiente de mineralização do ácido húmico; AF: ácido fúlvico; k_{AF}: coeficiente de mineralização do ácido fúlvico; E: erro derivado do ajuste cinético; $t_{1/2}$: tempo de meia-vida. *Fonte:* Flávia Bottino.

Local de ocorrência / Parâmetros do modelo cinético	Reservatório de Barra Bonita (experimento *in vitro*)	Reservatório do Vigário (experimento *in situ*)
RCOP (%)	56,2	58,6
k_R (d^{-1})	0,1 (E = 0,05)	0,44 (E = 0,19)
$t_{1/2}$ (d)	6,9	1,6
NH (%)	43,8	41,44
k_{NH} (d^{-1})	0,0072 (E = 0,04)	0,016 (E=0,004)
$t_{1/2}$	96,3	43,32
AH (%)	1,2	2,81
k_{AH} (d^{-1})	0	0,03 (E = 0,006)
$t_{1/2}$ (d)	-	23,1
AF	7,7	18
k_{AF} (d^{-1})	0,003 (E = 0,002)	0,03 (E = 0,01)
$t_{1/2}$ (d)	231	23,1

Os diferentes processos a que os detritos foram submetidos (i.e., condições naturais ou controladas) alteraram a quantidade de carbono oxidado no curto período, sendo que na degradação *in situ* houve menor consumo (ca. 1,3 vez; Figura 1). Essa rota de mineralização do RCOP foi estabilizada após, aproximadamente, 2 semanas para os detritos provenientes das duas condições de incubação. A fração reativa do COP constituiu-se em um recurso prontamente disponível, ou seja, susceptível à rápida mineralização (ca. 1 dia; Figura 1). As características químicas do carbono de *P. stratiotes* (baixa aromaticidade e polaridade, elevado teor de nitrogênio) [13] podem induzir o rápido consumo dessa fração.

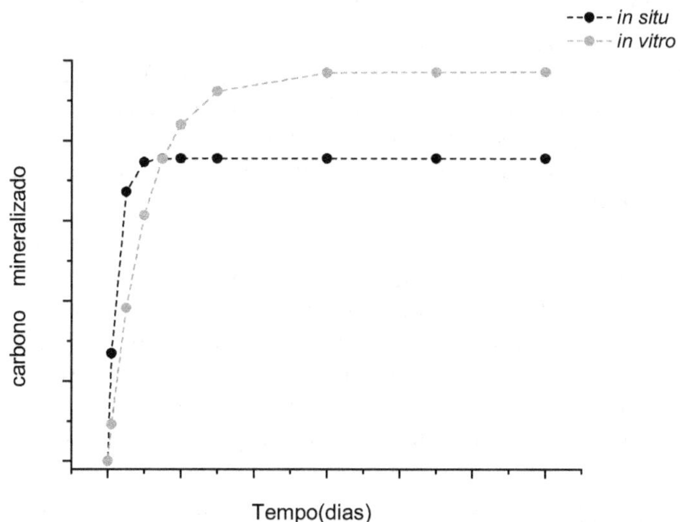

Figura 1 Variação temporal de carbono orgânico reativo (RCOP) mineralizado derivado dos detritos de *Pistia stratiotes* decompostos *in situ* e *in vitro*.
Fonte: Flávia Bottino.

O RCOP é formado por carboidratos e fenóis derivados de detritos previamente decompostos e pode ser consumido no curto prazo ou sintetizar SH.[14] Os processos de mineralização do RCOP e de formação de SH a partir dessa fração são concorrentes, sendo que este último provém da mudança qualitativa do detrito. À medida que a decomposição ocorre, a matéria orgânica torna-se mais aromática, em virtude de processos biogeoquímicos, diminuindo o consumo desse recurso pela comunidade microbiana.[15]

No curto prazo, as interações de fatores bióticos e abióticos no processo de decomposição *in situ* favoreceram a formação de SH (AH + AF) (p < 0,05). Após 30 dias, a mineralização da SH foi o processo predominante, gerando tempos de meia-vida de 23 dias para AF e AH (Tabela 1). As SH derivadas dos detritos provenientes da decomposição *in vitro* apresentaram maior resistência à degradação, acumulando-se no meio (k_{AH} = 0 dia^{-1}) ou sendo consumidos no longo prazo (AF: $t_{1/2}$ = 231 dias).

A formação de AH ocorreu, principalmente, no curto prazo (ca. 10 dias). De acordo com a variação temporal dos teores de AH, a interação da comunidade microbiana do reservatório do Vigário permitiu a rápida mineralização desses compostos, indicando que podem atuar como aceptores ou doadores de elétrons,[16] com baixa tendência de acúmulo no sedimento desse ecossistema (baixos tempos de meia vida). Além disso, a disponibilidade de aceptores finais de elétrons no meio natural pode favorecer a formação de AH[17], gerando maiores rendimentos dessa fração *in situ*.

Em ambas as condições experimentais, os AF foram predominantes (de 7 a 9 vezes maior que os AH) (Figura 2). Os AF tendem a predominar nas SH aquáticas[18] em virtude, principalmente, das reações limitadas de condensação e da presença de oxi-hidróxidos.[19] Em adição, muitos autores[20] consideram que os AF sejam precursores dos AH e, dessa forma, predominem no conjunto das SH.

Os detritos incubados *in situ* portaram teores menores de AF no longo prazo (Figura 2), uma vez que a mineralização dessa fração foi, aproximadamente, uma ordem de grandeza maior nessa condição ($k_{AF} = 0,03$ dia^{-1}; Tabela 1). Por ser um composto de baixa massa molecular, os AF podem tanto sofrer mudanças qualitativas de suas moléculas, sendo convertidos em compostos mais estáveis ou até mesmo em AH, quanto ser processados bioticamente, agindo como importante aceptor final de elétrons na respiração microbiana.[21]

O material não húmico constituiu a menor fração do COP (ca. 40%); o NH compôs a fração insolúvel tanto em condições alcalinas como ácidas. Essa descrição corresponde à humina das extrações de SH provenientes de amostras de solo; que, nesse caso, se constitui em fração com baixa capacidade de reação, formada por hidrocarbonetos, proteínas, ceras e cadeias longas de ácidos graxos.[22,23] Essas características indicam que a humina é um material recalcitrante, o qual tem por destino final a acumulação no solo, ou sedimento dos ecossistemas aquáticos.[23] Contudo, sabe-se que a lignina é um dos compostos formadores da humina[11] e, por ser material biológico, pode levar à formação de SH (no longo prazo) ou mesmo atuar como doador de elétrons em reações de redução em consórcios microbianos.[24]

O ajuste cinético do COP derivado da decomposição *in situ* de *P. stratiotes* sugere que o material não húmico é um recurso tão importante quanto as SH para a atividade heterotrófica. Nessas condições, o NH e as frações das SH foram quase totalmente mineralizadas após 90 dias. Esses resultados são particularmente importantes para reservatórios tropicais eutrofizados, pois *P. stratiotes* é abundante nesses ambientes e seu detrito constitui-se num recurso muito disponível para a atividade microbiana, permitindo a rápida circulação do carbono. Dependendo da forma pela qual ocorre a adução dos detritos de *P. stratiotes*, essa circulação rápida do carbono pode gerar demandas bentônicas expressivas de oxigênio.[25]

(a)

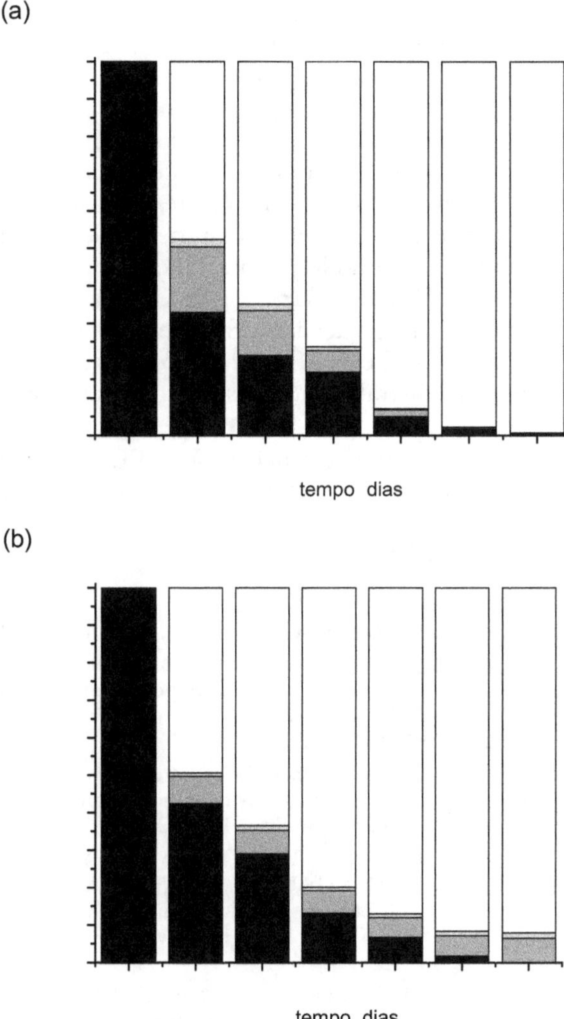

Figura 2 Variação temporal dos teores, em base de carbono, de NH (fração não húmica), AF (ácido fúlvico), AH (ácido húmico) e CM (carbono mineralizado) derivados de *Pistia stratiotes* submetida à degradação *in situ* (a) e *in vitro* (b). Preto: NH; cinza: AF; cinza-claro: AH; branco: CM. *Fonte:* Brayan P. de Souza.

4. Conclusões

Os detritos processados em condições controladas foram mais suscep-tíveis à mineralização, indicando que, em anaerobiose, o COP constitui-se em importante recurso energético. A formação de substâncias húmicas foi favorecida nos detritos provenientes da decomposição *in situ*. No longo prazo, a mineralização predominou sobre a humificação em ambas as condições experimentais. A procedência do detrito não influenciou profundamente os rendimentos de formação das SH. Os processos que ocorreram *in situ* (e.g., foto-oxidação, colonização por macroinvertebrados, sazonalidade) favoreceram mudanças qualitativas dos detritos. No reservatório do Vigário, as frações AH, AF e NH foram quase totalmente mineralizadas após 120 dias, indicando que esse ambiente atua no longo prazo como um sumidouro de carbono orgânico. No reservatório de Barra Bonita, os fatores que controlam a cinética de formação e mineralização das SH precisam ser testados. Porém, os resultados indicam que os AH e os AF tendem ao acúmulo no sedimento onde, predominantemente, a mineralização dessas substâncias ocorre.

Agradecimentos – Os autores agradecem à FAPESP pelo auxílio e bolsas concedidos (Processos nº: 2011/16990-4; 2012/21829-0 e 2013/03989-3).

Referências Bibliográficas

1 CUNHA-SANTINO, M. B.; BIANCHINI, Jr., I. The release pathways of carbon from detritus of aquatic macrophytes. **Oecologia Brasiliensis**, v. 21, n. 1, p. 20-29, 2008.

2 SOUZA, Brayan Pétrick de. **Formação e mineralização de substâncias húmicas da decomposição de macrófitas aquáticas em reservatórios tropicais com diferentes graus de trofia**. 2015. 104 f. Dissertação (Mestrado em Ecologia e Recursos Naturais) – Universidade Federal de São Carlos, São Carlos, 2015.

3 BÄHRS, H.; STEINBERG, C. E. W. Impact of two different humic substances on selected coccal green algae and cyanobacteria-changes in growth and photosynthetic performance. **Environmental Sciences Pollution Research**, v. 19, n. 2, p. 335-346, 2012.

4 STEINBERG, C. E. W.; KAMARA, S.; PROKHOTSKAYA, V. Y.; MANUSADZIANAS, L.; KARASYOVA, T. A.; TIMOFEYEV, M. A.; PAUL, A.; MEINELT, T.; FARJALLA, V. F.; MATSUO, A. Y. O.; BURNISON, B. K.; MENZEL, R. Dissolved humic substances - Ecological driving forces from the individual to the ecosystem level? **Freshwater Biology**, v. 51, n. 7, p. 1189-1210, 2006.

5 PICOLLO, A.; COZZOLINO, A.; CONTE, P.; SPACCINI, R. Polimerization of humic substances by an enzyme-catalyzed oxidative coupling. **Naturwissenschaften**, v. 87, p. 391-394, 2000.

6 POTT, V. P.; POTT A. **Plantas aquáticas do pantanal**. Brasília: Embrapa; 2000. 15 p.

7 CARVALHO, F. T.; GALLO, M. L. B. T.; VELINI E. D.; MARTINS, D. Plantas aquáticas e nível de infestação das espécies presentes no reservatório de Barra Bonita, no Rio Tietê. **Planta Daninha**, v. 21, p. 15-19, 2003.

8 DOMINGUES, Fernando Dias. **Estequiometria de macrófitas aquáticas flutuantes do reservatório de Vigário – RJ**. 2013. 88 f. Dissertação (Mestrado em Ciências Biológicas) – Instituto de Biociências, Universidade Federal do Estado do Rio de Janeiro, Rio de Janeiro, 2013.

9 Companhia de Tecnologia de Saneamento Ambiental (CETESB). **Relatório de qualidade das águas interiores do Estado de São Paulo**. Disponível em: www.cetesb.gov.br/agua/rios/publicacoes.asp. Acesso em: ago. 2013.

10 M?LLER, J.; MILLER, M.; KJ?LLER, A. Fungal-bacterial interaction on beech leaves: influence on decomposition and dissolved organic carbon quality. **Soil Biology Biochemistry**, v. 31, n. 3, p. 367-374, 1999.

11 STEVENSON, F.J. **Humus chemistry:** genesis, composition, reactions. New York: Wiley, 1994. 496 p.

12 BOTTINO, F.; CUNHA-SANTINO, M. B.; BIANCHINI Jr., I. Decomposition of Particulate Organic Carbon from Aquatic Macrophytes Under Different Nutrient. **Aquatic Geochemistry**, v. 22, n. 1, p. 17-33, 2016.

13 QU, X., XIE, L., LIN, Y., BAI, Y., ZHU, Y., XIE, F., GIESY, J., WU, F. (2013). Quantitative and qualitative characteristics of dissolved organis matter from eight dominant macrophyte in lake Dianchi, China. **Environmental Sciences Pollution Research**. v. 20, p. 7413-7423, 2013.

14 RICE, D. The detritus nitrogen problem: new observations and perspectives from organic geochemistry. **Marine Ecology Progress Series**, v. 9, p. 153-162, 1982.

15 DETHIER, M. N.; BROWN, A. S.; BURGESS, S.; EISENLORD, M. E.; GALLOWAY, A. W. E.; LOWE, A. T.; O'NEIL, C. M.; RAYMOND, W. W.; SOSIK, E. A.; DUGGINS, D. O. Degrading detritus: Changes in food quality of aging kelp tissue varies with species. **Journal of Experimental Marine Biology and Ecology**, v. 460, p. 72-79, 2014.

16 KLÜPFEL, L.; PIEPENBROCK, A.; KAPPLER, A.; SANDER, M. Humic substances as fully regenerable electron acceptors in recurrently anoxic environments. **Nature Geosciences**, v. 7, p. 195-200, 2014.

17 ASSUNÇÃO, Argos Willian de Almeida. **Cinética e variação molecular de substâncias húmicas formadas da lixiviação de macrófitas aquáticas**. 2015. 255 f. Tese (Doutorado em Ecologia e Recursos Naturais) – Universidade Federal de São Carlos, São Carlos, 2015.

18 HOU, D.; HE, J., LÜ, C.; WANG, W.; ZHANG, F. Spatial distributions of humic substances and evaluation of sediment organic index on Lake Dalinouer, China. **Journal of Geochemistry**, v.1, p. 1-13, 2014.

19 HESSEN, D. O.; TRANVIK, L. J. **Aquatic humic substances. Ecology and biochemistry**. Heidelberg: Springer-Verlag, 1998. 346 p.

20 SCAPINI, D. C. M.; HUGO, V. C.; TERESA, V. B.; FERNANDEZ, A. C. Comparison of marine and river water humic substances in a Patagonian environment (Argentina). **Aquatic Sciences**, v. 72, n. 1, p. 1-12, 2010.

21 HUBER, S. A.; BALZ, A.; ABERT, M.; PRONK, W. Characterisation of aquatic humic and non-humic matter with size-exclusion chromatography – organic carbon detection - organic nitrogen detection (LC-OCD-OND). **Water Research**, v. 45, n. 2, p. 879-885, 2011.

22 CHANG, R. R.; MYLOTTE, R.; HAYES, M. H. B.; MCINERNEY, R.; TZOU, Y. M. A. A comparison of the compositional differences between humic fractions isolated by the IHSS and exhaustive extraction procedures. **Naturwissenschaften**, v. 101, n. 3, p. 197-209, 2014.

23 SONG, G.; HAYES, M. H. B.; NOVOTNY, E. H.; SIMPSON, A. J. Isolation and fractionation of soil humin using alkaline urea and dimethyl sulphoxide plus sulphuric acid. **Naturwissenschaften**, v. 98, n. 1, p. 7-13, 2011.

24 ZHANG, D., ZHANQ, C., XIAO, Z., KATAYAMA, A. Humin as an electron donor for enhancement of multiple microbial reduction reactions with different redox potentials in a consortium. **Journal of Biosciences and Bioengineering**, v. 119, n. 2, p. 188-194, 2015.

25 BIANCHINI Jr., I., CUNHA-SANTINO, M. B.; PANHOTA, R. S. Oxygen uptake from aquatic macrophyte decomposition from Piraju Reservoir (Piraju, SP, Brazil). **Brazilian Journal of Biology**, v. 71, n. 1, p. 27-35, 2011.

Previsão Teórica de Estruturas do Ácido Fúlvico: $^{M2}+$ pelo Método Semiempírico PM6

Alexandre Carvalho Bertoli, Jerusa S. Garcia, Marcello G. Trevisan,
}Matheus P. Freitas e Teodorico C. Ramalho

1. Introdução

A coordenação dos ácidos fúlvicos com os íons metálicos permite uma grande variedade de arranjos, bem como a criação de inúmeras possibilidades para a formação de matrizes supramoleculares por meio de interações intermoleculares. Uma abordagem para este problema é o uso da química computacional, que pode auxiliar na proposição das estruturas formadas. No entanto, os cálculos que envolvem compostos de coordenação podem se tornar difíceis, pois várias geometrias para os complexos são possíveis e, muitas vezes, o número elevado de átomos no sistema pode restringir o cálculo.[1]

Uma alternativa é a utilização de métodos semiempíricos, uma vez que simplificações e a substituição de alguns termos são computacionalmente muito mais baratos que os *ab initio*. Eficientemente, os métodos semiempíricos podem ser usados em sistemas com centenas ou até milhares de átomos, sem maiores problemas.[2] O método semiempírico PM6, apresentado pelo grupo de pesquisa de Stewart, está parametrizado para a maior parte dos metais de transição, carrega as funções dos métodos anteriores (AM1, PM3, etc.), apresenta diversas melhorias sobre os membros mais antigos da família semiempírica e é boa opção para realizar os cálculos das moléculas de interesse biológico.[3]

Para tanto, a modelagem molecular e a otimização de possíveis estruturas dos complexos formados podem servir de estruturas-modelo para a reação entre o ácido fúlvico e os íons metálicos. Além de ser possível compreender as interações entre os íons metálicos e os ácidos fúlvicos, o mesmo é particularmente importante para auxiliar nos estudos de transporte e biodisponibilidade de nutrientes para as plantas.

Diante do exposto, o objetivo deste trabalho foi investigar os efeitos estruturais e termodinâmicos da coordenação dos íons metálicos Zn^{2+}, Cu^{2+} e Fe^{2+} com o ácido fúlvico. Para isso, optamos por utilizar, como modelo, o ácido fúlvico proveniente do Suwannee River, localizado na Florida, EUA

(Figura 1), que é baseado em evidências experimentais (propriedades espectroscópicas e eletroquímicas)[4,5] e já foi estudado teoricamente para

complexos metálicos.[6]

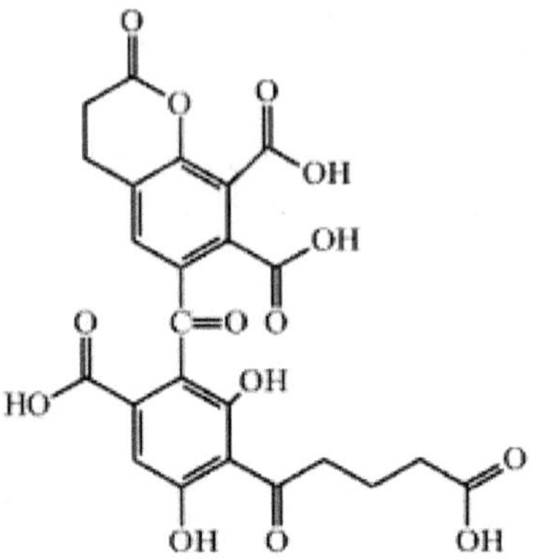

Figura 1   Modelo de ácido fúlvico do Suwannee River. Fonte: Ramalho et al. (2007)[6], adaptado de Avere et al. (1994)[4] e Nantisis e Carper (1998)[5]

2. Metodologia

2.1   Detalhes computacionais

Para a modelagem e otimização de possíveis estruturas de complexos formados a partir da relação fulvato-metal, utilizou-se o programa Gaussian 09W.[7] As previsões das estruturas moleculares do fulvato livre e dos complexos fulvato:Zn^{2+}, fulvato:Cu^{2+} e fulvato:Fe^{2+} foram realizadas utilizando o método semiempírico PM6[3], que está parametrizado para a maior parte dos metais de transição. Todos os cálculos foram realizados considerando-se as moléculas livres no vácuo, bem como em solução, considerando o solvente água implicitamente por meio do modelo contínuo polarizável (PCM).[8]

2.2 Estudos termodinâmicos

O estudo termodinâmico visa promover discussão teórica dos complexos, com o intuito de obter os parâmetros que determinam suas propriedades químicas. Para tanto, foram obtidos os valores de energia absoluta ($\ddot{A}H^0$) dos complexos, nas diferentes relações fulvato-metal, usando o ciclo termodinâmico da Figura 2. O $\ddot{A}H_{(aq.)}$ de um complexo no ciclo termodinâmico foi calculado pela Equação 1.[9]

$$\Delta H_{(aq)} = \Delta H_{(g)} + \left[\Delta H_{(solv)}(M - Fulvato)^{n-} - \left(\Delta H_{(solv)}M^{2+} + \Delta H_{(solv)}Fulvato\right)\right] \quad (1)$$

Foi realizado o cálculo de energia relativa ($\Delta\Delta H^0_{(aquoso)}$) para identificar o complexo mais estável em relação ao mesmo metal e mesma estequiometria. O $\Delta\Delta H^0_{(aquoso)}$ foi determinado pela diferença entre a variação de energia de um complexo de maior energia (ΔH^0_2) e o complexo de menor energia (ΔH^0_1), conforme a Equação 2.

$$\Delta\Delta H^0_{(aq)} = \Delta H^0_2 - \Delta H^0_1$$

$$(2)$$

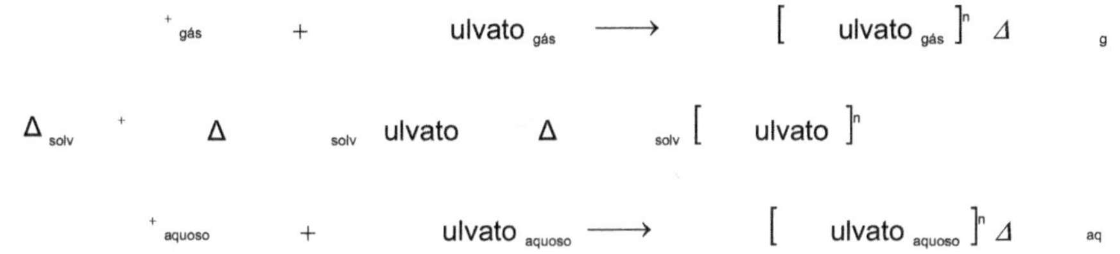

gás   +   ulvato gás   ⟶   [ulvato gás]ⁿ Δ   g

Δ solv   +   Δ   solv ulvato   Δ   solv [ulvato]ⁿ

aquoso   +   ulvato aquoso   ⟶   [ulvato aquoso]ⁿ Δ   aq

Figura 2   Ciclo termodinâmico. Fonte: Adaptado de Bertoli et al. (2015).[9]

3. Resultados e Discussões

3.1   Estruturas e estabilidade termodinâmica

Para os cálculos, apesar das diversas possibilidades de confôrmeros, escolheu-se o grupo ftalato como sítio de ligação, uma vez que estudos anteriores sugerem ser o local preferido para a complexação.[6] Portanto, considerou-se o ftalato presente na estrutura do fulvato (Fulv^{2-}) totalmente desprotonado, coordenado ao cátion metálico. Diferentes condições fulvato:metal (Figuras 3 e 4) foram levadas em consideração: 1:1 (uma molécula de fulvato para um cátion metálico) e 2:1 (duas moléculas de fulvato para um cátion metálico). O método de cálculo utilizado para as otimizações foi o semiempírico (PM6), que utiliza alguns parâmetros obtidos a partir de dados experimentais.[3] Nas Figuras 3 e 4 são apresentados, respectivamente, os complexos mais estáveis de fulvato:zinco, fulvato:cobre e fulvato:ferro nas diferentes relações estequiométricas, após a otimização.

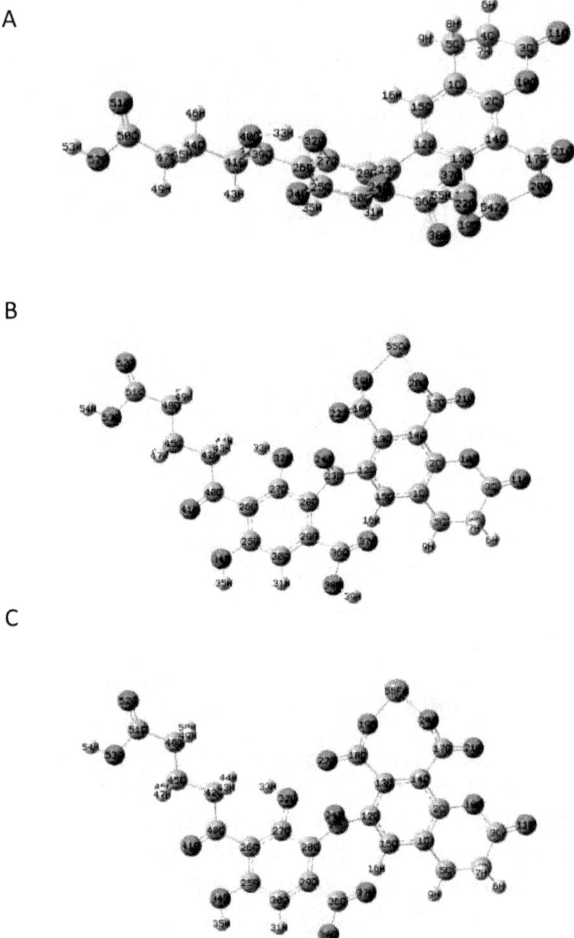

Figura 3 Formas de complexação mais estáveis na fase gasosa obtidas por otimização em PM6: (A) [Zn(Fulv)]; (B) [Cu(Fulv)]; e (C) [Fe(Fulv)].
Fonte: Alexandre Carvalho Bertoli.

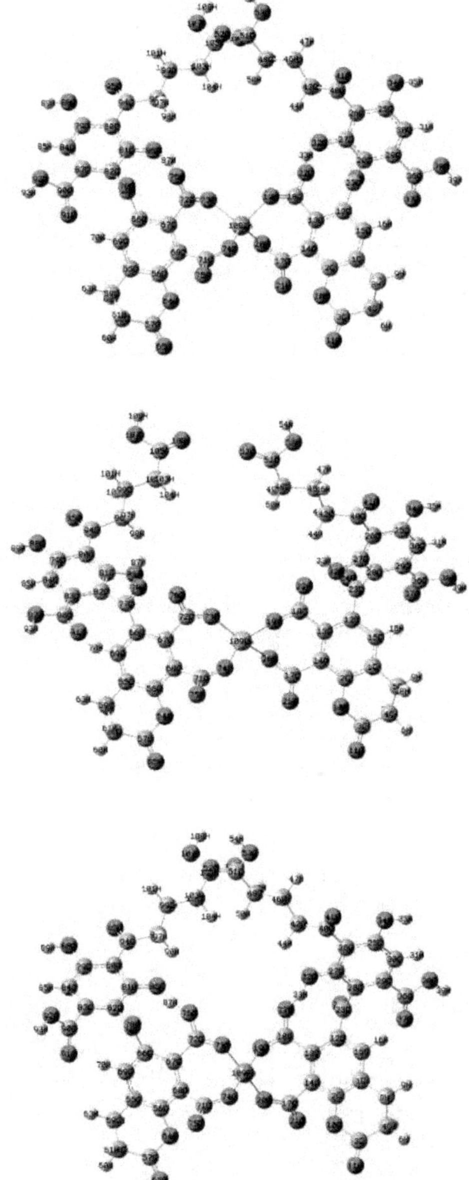

Figura 4 Formas de complexação mais estáveis na fase gasosa obtidas por otimização em PM6: (A) [Zn(Fulv)$_2$]$^{2-}$; (B) [Cu(Fulv)$_2$]$^{2-}$; e (C) [Fe(Fulv)$_2$]$^{2-}$.
Fonte: Alexandre Carvalho Bertoli.

Os resultados energéticos para os complexos nas diferentes condições estudadas, 1:1 e 2:1, estão disponíveis na Tabela 1. As energias calculadas para as reações de formação dos complexos foram dadas em ΔH^0.

Tabela 1 Valores de entalpia ??(kcal mol^{-1}) para as reações de formação dos complexos ($\Delta\Delta H^0_{(aquoso)}$) entre fulvato (Fulv) e os metais Zn^{2+}, Cu^{2+} e Fe^{2+}. Estruturas otimizadas pelo método semiempírico (PM6). *Fonte*: Alexandre Carvalho Bertoli.

Modelos	$\Delta\Delta H^0_{(aq.)}$	Modelos	$\Delta\Delta H^0_{(aq.)}$
[Zn(Fulv)]	0,00	$[Zn(Fulv)_2]^{2-}$	0,00
[Cu(Fulv)]	67,75	$[Cu(Fulv)_2]^{2-}$	8,70
[Fe(Fulv)]	92,46	$[Fe(Fulv)_2]^{2-}$	21,31

De acordo com os resultados apresentados na Tabela 1, a ordem de estabilidade termodinâmica em ambas as relações foi Zn > Cu > Fe. O complexo [Zn(Fulv)] é 67,75 e 92,46 kcal mol^{-1} mais estável que os complexos de Cu^{2+} e Fe^{2+}, respectivamente. A diferença de energia é atenuada para 8,70 kcal mol^{-1} para o complexo de Cu^{2+} e 21,31 kcal mol^{-1} para Fe^{2+} na relação 2:1.

A princípio, a estabilidade dos complexos formados por íons M^{2+} pode estar relacionada com a série de Irving-Williams[10], que apresenta as estabilidades relativas, como conseqüência da combinação dos efeitos eletrostáticos e das energias de estabilização do campo ligante (EECL). O aumento da estabilidade está relacionado com os raios iônicos, entretanto, para os íons Fe^{2+} (d^6) e Cu^{2+} (d^9), há aumento acentuado do valor de K_f com ligantes de campo forte. Esses íons experimentam estabilização adicional proporcional às EECL.[11]

Em relação ao Zn^{2+}, o íon metálico apresenta configuração $3d^{10}$, camada fechada, não possui energia de estabilização do campo ligante[12] e, normalmente, seus complexos são muito lábeis, o que pode justificar sua maior estabilidade perante os outros complexos.

Os comprimentos de ligação Zn-O variaram de 1,90 a 2,18 Å. Esses valores são semelhantes às distâncias de ligação Zn-O de complexos formados entre o Zn e grupos ftalatos (1,95 e 2,48 Å) estudados por difração de raios X, conforme relatado por Chen et al. (2013).[13] As distâncias de ligação Cu-O variaram de 1,90 a 2,02 Å e estão próximas as observadas por Zhang et al. (2000)[14] e Baca et al. (2006)[15] por meio da difração de raios X (1,93 a 199 Å).

Em relação aos complexos de Fe^{2+}, os comprimentos de ligação Fe-O alternaram de 1,73 a 1,89 Å. Essas distâncias de ligação são menores às encontradas por Van Schaik et al. (2008)[16] (1,98 a 2,10 Å), que avaliaram a interação de Fe com o ácido fúlvico (padrão IHSS-1S102F) por meio da Espectroscopia de Estrutura Fina de Absorção de Raios X Estendida (EXAFS).

4. Conclusões

Dentre as relações propostas, os resultados de $\ddot{A}H^{0}_{(aq.)}$ sugerem que os complexos de zinco podem ser formados preferencialmente e a ordem de estabilidade foi Zn > Cu > Fe. Para a estequiometria 1:1, as estruturas tiveram geometrias semelhantes, com exceção do composto [Zn(Fulv)]. Já as estruturas mais estáveis dos complexos de zinco e cobre da relação 2:1 formaram um tetraedro distorcido, enquanto o complexo $[Fe(Fulv)_{2}]^{2-}$ apresentou a geometria quadrado planar. Os complexos metálicos formados com um ligante fisiologicamente relevante como o ácido fúlvico revelou diversidade estrutural nas espécies investigadas.

Agradecimentos – À Coordenação de Aperfeiçoamento de Pessoal de Nível Superior (CAPES) pela concessão da bolsa de estudos; ao Laboratório de Análise e Caracterização de Fármacos (LACFar), pertencente ao Instituto de Química da Universidade Federal de Alfenas (UNIFAL-MG); à Fundação de Amparo à Pesquisa do Estado de Minas Gerais (FAPEMIG).

Referências Bibliográficas

1 HOOPS, S. C.; ANDERSON, K. W.; MERZ, K. M. Force field design for metalloproteins. **Journal of American Chemical Society**, v. 113, p. 8262-8270, 1991.

2 GONÇALVES, P. F. B.; LIVOTTO, P. R. Optimization of molecular cavities in the PCM of neutral molecules using charge dependent atomic radii: applications to the semi-empirical AM1 and MNDO/PM3 methods. **Chemical Physics Letters**, v. 304, p. 438-444, 1999.

3 STEWART, J. J. P. Optimization of parameters for semiempirical methods V: Modification of NDDO approximations and application to 70 elements. **Journal of Molecular Modeling**, v. 13, p. 1173-1213, 2007.

4 AVERETT, R. C.; LEENHEER, J. A.; MCKNIGHT, D. M.; THORN, K. A. **Humic substances in the Suwannee River, Georgia; interactions, properties, and proposed structures**. Denver: U.S. Geological Survey, 1994. 233 p.

5 NANTSIS, E. A.; CARPER, W. R. Molecular structure of divalent metal ion-fulvic acid complexes. **Journal of Molecular Structure**, v. 423, p. 203-212, 1998.

6 RAMALHO, T. C.; CUNHA, E. F. F., ALENCASTRO, R. B.; ESPÍNDOLA, A. Differential Complexation between Zn^{2+} and Cd^{2+} with Fulvic Acid: A Computational Chemistry Study. **Water, Air and Soil Pollution**, v. 183, p. 467-472, 2007.

7 FRISCH, M. J.; TRUCKS, G. W.; SCHLEGEL, H. B.; SCUSERIA, G. E., ROBB, M. A., CHEESEMAN, J. R. **Gaussian 09**, Revision B.01. Gaussian, Inc.,, Wallingford CT. 2010.

8 TOMASI, J.; MENNUCCI, B.; CAMMI R. Quantum mechanical continuum solvation models. **Chemical Reviews**, v. 105, p. 2999-3093, 2005.

9 BERTOLI, A. C.; CARVALHO, R.; FREITAS, M. P.; RAMALHO, T. C.; MANCINI, D. T.; OLIVEIRA, M. C.; VARENNES, A.; DIAS, A. Structural determination of Cu and Fe-Citrate complexes: theoretical investigation and analysis by ESI-MS. **Journal of Inorganic Biochemistry**, v. 144, p. 31-37, 2015.

10 IRVING, H.; WILLIAMS, R. J. P. The stability of transition-metal complexes. **Journal of Chemical Society**, v. 637, p. 3192-3210, 1953.

11 SHRIVER, D. F., ATKINS, P. W. **Química inorgânica**. Porto Alegre: Bookman, 2008. 848 p.

12 BOCK, C. W.; MARKHAM, G. D.; KATZ, A. K.; GLUSKER, J. P. The Arrangement of first- and second-shell water molecules around metal ions: effects of charge and size. **Theoretical Chemisty Accounts**, v. 115, p. 100-112, 2006.

13 CHEN, Q.-L.; CHEN, H.-B.; Zhou Z-H. Solid and solution evidences on the temperature effect of N-chelated zinc phthalates. **Journal of Molecular Structure**, v. 1035, p. 198-202, 2013.

14 ZHANG, Y.; LI, J.; SU, Q.; WANG, Q.; WU, X. Synthesis, structure and spectroscopic properties of an o-phthalate-bridged copper (II) chain complex. **Journal of Molecular Structure**, v. 516, p. 231-236, 2000.

15 BACA, S. G.; REETZ, M. T.; GODDARD, R.; FILIPPOVA, I. G.; SIMONOV, Y. A.; GDANIEC, M.; GERBELEU, N. Coordination polymers constructed from o-phthalic acid and diamines: Syntheses and crystal structures of the phthalate-imidazole complexes $\{[Cu(Pht)(Im)_2] \cdot 1.5H_2O\}n$ and $[Co(Pht)(Im)_2]n$ and their application in oxidation catalysis. **Polyhedron**, v. 25, p. 1215-1222, 2000.

16 VAN SCHAIK, J. W. J.; PERSSON, I.; KLEJA, D. B.; GUSTAFSSON, J. P. EXAFS Study on the reactions between Iron and fulvic acid in acid aqueous solutions. **Environmental Sciences Technology**, v. 42, p. 2367-2373, 2008.

Utilização de Diferentes Tipos de Matéria Orgânica Natural na Síntese de Compósitos Magnéticos Aplicáveis na Remediação de Cromo de Efluentes da Indústria de Curtimento de Couro

Graziele da Costa Cunha, Daiane Requião de Souza, Jany Hellen Ferreira de Jesus, Bruna Thaysa de Jesus Santos, Dayana da Silva Araújo e Luciane Pimenta Cruz Romão

1. Introdução

Atualmente, um dos grandes desafios da tecnologia ambiental é o tratamento de águas residuais, em consequência do crescimento exponencial do setor industrial, o qual tem ocasionado aumento nas agressões ao meio ambiente. Segundo Al-Zoubi et al. (2015), apenas cerca de 10% das águas residuais produzidas no mundo são tratadas, o restante é descartado em corpos de água que são utilizados para abastecimento público.[1]

Dentre as diversas classes de poluentes destacam-se os metais pesados, que são importantes contaminantes de águas residuais, por serem agressivos ao meio ambiente em virtude da toxicidade, bioacumulação, biomagnificação e por serem mais difícil de armazenar e tratar de forma sistemática, econômica e ambientalmente adequada.[2,3] Assim, a poluição ambiental por metais pesados tornou-se um perigo ecotoxicológico de interesse global.

O cromo é o segundo mais abundante poluente de recursos hídricos, estando classificado pela Agência Internacional para Pesquisa sobre Câncer (IARC) na lista de prioridade de poluentes tóxicos. Os compostos de cromo são cancerígenos e mutagênicos, mesmo quando presentes em concentrações muito baixas em água.[4,5]

As águas residuais produzidas pela indústria de curtimento de couro é uma fonte em potencial de íons cromo, pelo fato de o metal ser utilizado em uma das etapas do processamento do couro. Mas diversas outras indústrias também geram efluentes com altas concentrações de cromo, como, por exemplo, pigmentos, fertilizantes, refinaria de petróleo, galvanoplastia, cimento, indústrias fotográficas, dentre outras.[6,7]

Os efluentes da indústria de curtimento de couro apresentam maior concentração de Cr(III) do que de Cr(VI). Os compostos de cromo trivalente são muito menos tóxicos que os de cromo hexavalente,[8] porém, o Cr(III) pode ser prontamente oxidado a Cr(VI) quando as condições típicas de oxidação estão presentes. E quando sua concentração for superior a um nível crítico, o Cr(III) torna-se tóxico, podendo causar perturbação estrutural mais siginificativa na membrana do eritrócito do que o Cr(VI), além de alterar a permeabilidade da membrana biológica, afetando a função dos receptores, canais iônicos, enzimas e danos ao DNA.[8-10]

Ainda, pesquisas recentes sugerem que a cloração da água oxida Cr(III) a Cr(VI) em questão de horas.[11] No entanto, a quantidade de trabalhos propondo o tratamento de efluente contendo Cr(III) é significativamente menor quando comparado aos que abordam Cr(VI), e muito deles, em vez de propor a remoção da espécie hexavalente, investigam apenas formas de provocar sua redução à espécie trivalente.

Assim, propor técnicas capazes de remover todas as formas de cromo presentes nos efluentes industriais é de suma importância para minimizar o impacto ambiental do referido setor. Ademais, a resolução CONAMA nº 430/2011 define as concentrações-limite de lançamento de efluentes, forçando as indústrias a acrescentar ou aperfeiçoar seus processos de tratamento, o que tem incentivado a busca por técnicas mais eficientes, ecoamigáveis e economicamente viáveis.

Várias técnicas de tratamento de efluente industrial têm sido desenvolvidas com êxito, tais como precipitação química, processo biológico e adsorção.[12-16] Dentre essas, a adsorção com base na separação magnética é considerada superior em comparação às outras abordagens, por sua elevada eficiência, custo e simples processo de operação.[17]

A grande vantagem dessa técnica está no fato de ela separar com muito mais facilidade os adsorventes a partir da água poluída. Por serem magnéticos, a separação é realizada aplicando um campo magnético simples, consequentemente, sua incorporação pela indústria não exige alterações físicas e estruturais, logo, não altera a rotina do setor nem aumenta os custos operacionais. [18]

Ademais, após separação magnética, os compostos adsorvidos podem ser facilmente removidos e reutilizados pela própria indústria, ou se tornarem matéria-prima para outro setor, e as partículas magnéticas recuperadas podem ser reutilizadas. Após alcançada a máxima capacidade adsortiva, um tratamento térmico pode ser realizado para obtenção da ferrita de cobalto codopada com cromo. Segundo Vadivel et al. (2014), Koseoglu et al. (2012) e Birajdar et al. (2012), a inserção de um segundo metal na estrutura da ferrita de cobalto poderá alterar suas propriedades magnéticas e elétricas e se obter, a partir de um residuo, outro material de grande interesse tecnológico.[18-20]

Vários estudos têm sido publicados sobre o uso de diversos tipos de nanopartículas magnéticas para a remoção de contaminantes orgânicos[21,22] e inorgânicos.[23-25]

Segundo *Kara* et al. (2015), para fazer uso total da tecnologia de adsorção magnética, os suportes magnéticos devem apresentar forte resposta magnética e grupos funcionais capazes de interagir com os poluentes, e não apresentar toxicidade.[25]

Com o intuito de melhorar as propriedades dos adsorventes magnéticos tem-se pesquisado a síntese de compósitos, nos quais os núcleos magnéticos são associados a compostos ricos em grupos funcionais, com o intuito de favorecer a adsorção de diferentes categorias de poluentes.[25]

Dentre os diferentes núcleos magnéticos empregados, destaca-se a ferrita de cobalto, por apresentar excelentes propriedades magnéticas, estabilidade química e biocampatibilidade.[26,27] Vários pesquisadores avaliaram diferentes compósitos de ferrita para remoção de diferentes categorias de poluentes.[27-31]

A matéria orgânica (MO) existente em solos, turfas, sedimentos e águas naturais tem se destacado como um sistema complexo de várias substâncias, as quais apresentam alta concentração de grupos funcionais distintos, tais como carboxilas, hidroxilas fenólicas e carbonilas, que conferem a esses compostos excelente capacidade de adsorção e complexação.[32,33]

Dentre as classes de MO destacam-se a humina e a matéria orgânica natural aquática (MON). A primeira consiste na fração insolúvel de solos, como solos de turfa. Ela tem sido bastante investigada como adsorvente para a remoção de diferentes categorias de poluentes por suas características especiais, tais como alta concentração de grupos funcionais, principalmente grupos oxigenados, biodegradabilidade, biocompatibilidade e renovabilidade.[32-34] Assim, a produção de um compósito unindo a excelente capacidade adsortiva da humina com as propriedades magnéticas da ferrita mostra-se como uma alternativa promissora para a remediação de águas residuais.

Já a MON apresenta excepcional capacidade complexante, capaz de ancorar diversas espécies metálicas e aumentar sua individualidade. Segundo Cunha et al. (2014), a matéria orgânica natural (MON) presente nos corpos d'água apresenta-se como uma estratégia ecoamigável e tecnologicamente viável na síntese de nanoestruturas, em substituição às rotas tradicionais, que empregam reagentes tóxicos e de elevado custo. Ademais, a inserção da MON na estrutura da ferrita pode atuar como centro de adsorção para as espécies de cromo, pela alta concentração de grupos funcionais.[33]

Assim, este trabalho teve por objetivo sintetizar compósitos com propriedades magnéticas utilizando diferentes classes de matéria orgânica e, em paralelo, avaliar o potencial dos materiais obtidos na remediação de águas residuais da indústria de curtimento de couro.

2. Metodologia

2.1 Coleta

2.1.1 Coleta da turfa e obtenção da humina

A amostra de turfa foi coletada a uma profundidade entre 10-20 cm da superfície do solo da turfeira de Santo Amaro das Brotas (SE), localizada a 36 km da capital do estado, Aracaju (S 10° 48' 56.2"; W 36° 58' 46.6") (Figura 1). A turfa foi seca ao ar, triturada com o auxílio de almofariz e pistilo e peneirada a 9 mesh para a remoção dos galhos e raízes. Posteriormente, foi peneirada a 48 mesh para obtenção de partículas mais uniformes. A humina foi extraída segundo procedimento recomendado pela Sociedade Internacional de Substâncias Húmicas (IHSS).

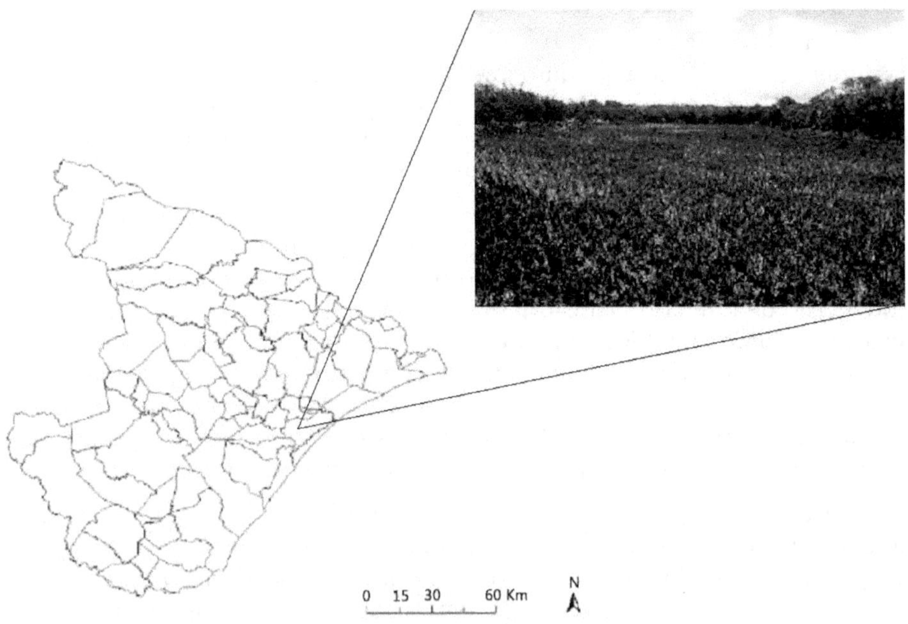

Figura 1 Localização do município de Santo Amaro das Brotas no mapa do Estado de Sergipe e foto local da turfeira. *Fonte:* Luciane Pimenta Cruz Romão.

2.1.2 Coleta da água rica em MON

A água rica em MON usada na síntese foi coletada na Cachoeira do Cipó, Itabaiana, (SE), sendo transportada ao laboratório em vasos de polietileno, previamente descontaminados, sob refrigeração, à temperatura de aproximadamente 4°C.

2.1.3 Coleta de águas residuais da indústria de curtimento de couro

Os efluentes foram coletados no Curtume Souza Ltda., localizado no município de Campo do Brito (SE). Após a coleta, os efluentes foram transportados para o laboratório em recipientes de polietileno, à temperatura ambiente, e foram mantidos por um período de aproximadamente três meses sem que fossem observadas modificações em suas propriedades. A concentração de cromo total foi determinada por Espectrometria de Absorção Atômica com Chama (FAAS).

2.2 Síntese dos compósitos

2.2.1 Síntese do compósito de humina e ferrita de cobalto

Para a síntese do compósito de humina e ferrita de cobalto, nomeado de HF1, empregaram-se 3,125 g de humina seca em 50 mL da solução de $Fe(NO_3)_3 \cdot 9H_2O$ (100 mmol) e $Co(NO_3)_2 \cdot 6H_2O$ (50 mmol); o pH do meio foi ajustado a 9,0. O sistema foi mantido sob agitação por 30 min. Em seguida, o gel obtido foi aquecido até 100°C para eliminação de água e obtenção do xerogel. Esse material foi então homogeneizado e seco em estufa a 60°C. Enquanto a amostra, nomeada de HF2, foi preparada mantendo constantes os parâmetros de síntese descritos anteriormente, dobrando apenas a concentração de íons ferro e cobalto.

2.2.2 Síntese da ferrita de cobalto usando água rica em MON

A síntese da ferrita de cobalto foi realizada utilizando-se 50 mL da solução de $Fe(NO_3)_3 \cdot 9H_2O$ (100 mmol) e $Co(NO_3)_2 \cdot 6H_2O$ (50 mmol) e 50 mL de água rica em matéria orgânica com pH do meio ajustado a 9,0. O sistema foi mantido sob agitação por 30 min. Em seguida, o gel obtido foi aquecido até 100°C para eliminação de água e obtenção do xerogel. O material foi então homogeneizado e seco em estufa a 60°C e nomeado de MON-F.

2.3 Caracterização

2.3.1 Difratometria de raio X

As medidas de difração por raios X foram realizadas em difratômetro da Rigaku Ultima+RINT 2000/PC, à temperatura ambiente, no modo de varredura contínua, usando radiação Ká do Cu. Para algumas amostras foi empregada a radiação Ká do Co, operando no regime 40 kV/40 mA, num intervalo de 10º a 80º com velocidade de varredura de 1º/min.

A análise qualitativa das fases presentes nas amostras foi realizada empregando-se o banco de dados ICSD (Inorganic Crystal Structure Database).

2.3.2 Espectroscopia de Absorção na Região do Infravermelho (FTIR)

Os espectros de FTIR das amostras foram obtidos em pastilhas de KBr (amostra: KBr; relação de 1:100) (Varian 640 IR). As amostras foram previamente secas sob vácuo e o espectro varrido de 4000 e 400 cm^{-1}, utilizando-se resolução de 4 cm^{-1}, aquisição de 32 scans por amostra, e empregando-se o espectro do ar como *background*.

2.4 Ensaios de Adsorção

2.4.1 Influência do pH

Nos testes para avaliar a influência do pH da solução inicial na remoção de cromo variou-se o pH de 2,0 a 9,0. Os ensaios foram realizados em frascos âmbar com 0,10 g dos compósitos e 10,0 mL do efluente. O experimento foi conduzido sob temperatura de 25 ± 0,2°C e agitação constante a 150 rpm por 60 min. Após esse intervalo, os adsorventes foram separados da solução com o auxílio de um ímã de neodímio. Em seguida, a concentração de cromo total foi quantificada por FAAS. Uma solução controle foi preparada, sem o material adsorvente, e todos os experimentos foram executados em triplicata.

Os resultados foram expressos em porcentagem de remoção, calculados usando a seguinte expressão:

$$\% \text{ remoção} = [(C_i - C_f)/C_i \times 100]$$

em que: C_i e C_f são concentrações iniciais e finais, respectivamente, do cromo total.

2.4.2 Cinética química

Os ensaios foram realizados em frascos âmbar com 0,10 g dos compósitos e 10,0 mL do efluente, com pH da solução inicial ajustado de acordo com o resultado do item 2.4.1., ou seja, com o pH que apresentou a maior porcentagem de remoção. O experimento foi conduzido sob temperatura de 25 ± 0,2°C e agitação constante a 150 rpm. As amostras foram retiradas em intervalos de tempo preestabelecidos, distribuídos em 600 min.

Após os intervalos de tempo, os adsorventes foram separados com a aproximação de um campo magnético simples. Em seguida, a concentração de cromo total foi determinada por EASS. Uma solução controle foi preparada, sem o material adsorvente, e todos os experimentos foram executados em triplicata.

2.4.3 Determinação da concentração de cromo total

A concentração do cromo total foi determinada por Espectrometria de Absorção Atômica com chama, usando o espectrômetro da Shimadzu, Modelo AA 7000.

3. Resultados e Discussões

3.1 Difratometria de Raio X (DRX)

A Figura 2 apresenta o difratograma das amostras HF1 e HF2; pode-se visualizar a presença da ferrita de cobalto para as duas amostras, porém, é notória, também, uma fase espúria, a qual está associada à presença de cloreto de sódio. A participação dessa fase está vinculada à utilização de hidróxido de sódio nas etapas de obtenção da humina, já que foi detectada também na humina *in natura*. Mas a presença da fase espúria não compromete a obtenção da ferrita, visto que o composto é solúvel e pode ser removido por lavagem simples usando água destilada.

Na Figura 2b pode-se visualizar que os materiais obtidos (HF1 e HF2) sofrem forte influência do campo magnético, evidenciando a obtenção de material com propriedades magnéticas, apesar da presença do cloreto de sódio como fase espúria.

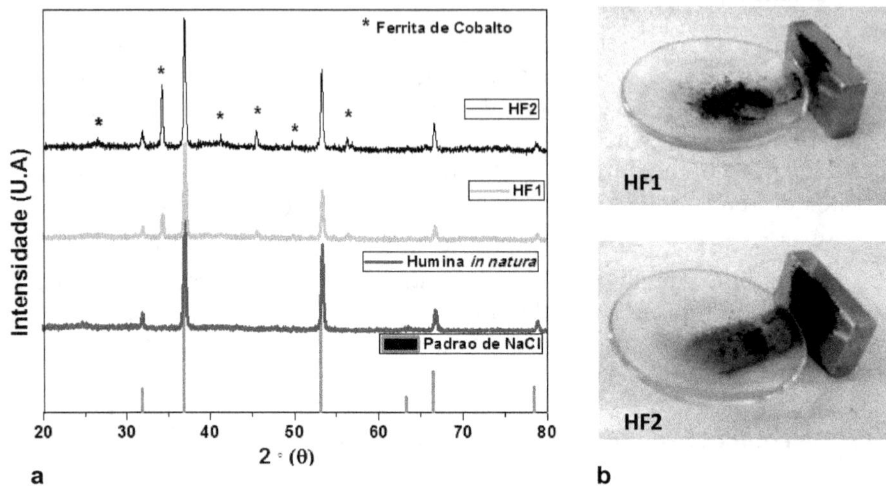

Figura 2 (a) Padrões de difração de raios X dos pós dos compósitos HF1 e HF2 e *in natura*. Comparação com o padrão ICSD n° 74712 (ferrita de cobalto) e n° 32879 (cloreto de sódio). Condições: pH da solução precursora 9,0 e (b) compósito sintetizado sob influência de campo magnético. *Fonte:* Daiane Requião de Souza.

A Figura 3a apresenta o difratograma da MON-F; verifica-se que a posição de todos os picos de difração para a amostra está em concordância com os dados de difração do padrão da ferrita de cobalto, obtidos na base de dados ICSD, confirmando que se conseguiu a fase desejada. A ausência de outros picos evidencia que a utilização da água rica em MON atua como espécie gelificante e é uma alternativa promissora para síntese de materiais, dado que a utilização da água rica em MON não inseriu quantidades significativas de impurezas no material.

A presente síntese possibilitou a obtenção da ferrita de cobalto sem a necessidade de tratamento térmico, garantindo, assim, que a MON se encontre dispersa na estrutura da ferrita, o que pode ser constatado pela linha de base ruidosa do difratograma da ferrita. A presença da MON proporcionará propriedades diferenciadas ao material quando comparadas às ferritas obtidas pelos processos convencionais. Ademais, a síntese usando água rica em MON torna-se uma alternativa econômica e ambientalmente viável quando comparada à rota convencional, a qual exige tratamento térmico a elevadas temperaturas para obtenção da fase desejada, e muitas vezes se empregam reagentes de elevado custo e tóxicos.

Na Figura 3b pode-se visualizar que a amostra MON-F sofre forte influência do campo magnético, apesar da presença da matéria orgânica em sua estrutura, evidenciando a obtenção do material com propriedades magnéticas.

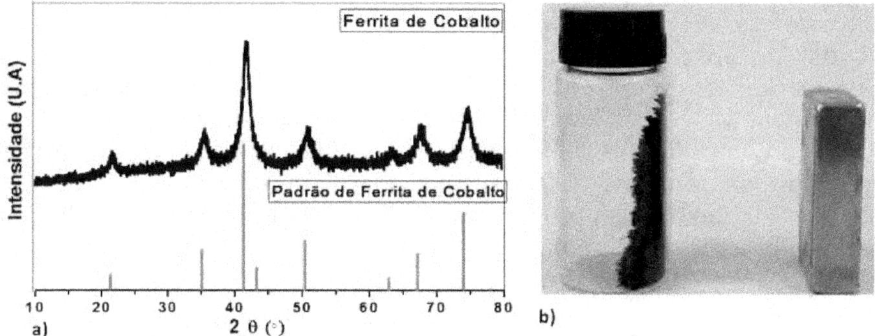

Figura 3   (a) Padrão de difração de raios X dos pós MON-F. Comparação com o padrão ICSD nº 74712 (ferrita de cobalto). Condições: pH da solução precursora 9,0 e (b) ferrita de cobalto sintetizada sob influência de campo magnético. *Fonte:* Graziele da Costa Cunha.

3.2   Espectroscopia de Absorção na Região do Infravermelho (FTIR)

O espectro de infravermelho é uma importante ferramenta para sondar os diferentes fenômenos que ocorrem nas estruturas de materiais. Essa técnica fornece informação sobre a posição de íons no cristal e os modos vibracionais do cristal.

Na Figura 4a pode-se visualizar os espectros de FTIR do compósito HF1, HF2 e da humina *in natura*, os quais evidenciam a presença de bandas típicas de grupos orgânicos. Bandas de absorção em 2923-2848 cm^{-1} de estiramentos C-H de carbono alifático, sendo confirmados pelas bandas em 1442 e 1385 cm^{-1}, já as bandas de absorção em torno de 1614-1600 cm^{-1} são atribuídas ao estiramento da ligação C=C de grupos aromáticos e à vibração de grupos carboxilatos. Bandas estas presentes na humina *in natura*, as quais também podem ser visualizadas com menor intensidade nas amostras HF1 e HF2. Enquanto a compreendida na região de 441 cm^{-1}, de baixa frequência, corresponde ao estiramento Fe-O da ferrita de cobalto.[35,36] Além disso, a presença da referida banda infere que os íons ferro encontram-se ligados ao oxigênio, formando uma estrutura octaédrica.[37,38] Assim, os presentes resultados confirmam a interação dos grupos funcionais da humina com a ferrita de cobalto.

Na Figura 4b observa-se o espectro da MON-F. Segundo Avazpour et al. (2015) e Kumari et al. (2014), as ferritas podem apresentar bandas em torno de 500-600 cm[-1], as quais são atribuídas aos complexos tetraédricos, enquanto as bandas localizadas em 400-450 cm[-1] são atribuídas aos complexos octaédricos. De acordo com a Figura 4b, pode-se inferir que os íons ferro encontram-se ligados ao oxigênio, formando uma estrutura tetraédrica. A banda em 596 cm[-1] é característica do estiramento da ligação Fe-O.[35,36] Bandas de absorção fortes e largas em 3400 cm[-1] são atribuídas aos estiramentos de grupos O-H de álcoois e fenóis, em ligação de hidrogênio presente na MON. Já a banda identificada na região de 1632 cm[-1] está associada à presença de carboxilatos típicos da MON. Resultados esses corroborados com os difratogramas, os quais evidenciaram a inserção da MON na estrutura da ferrita, que proporcionará propriedades e aplicações diferenciadas ao material em estudo.

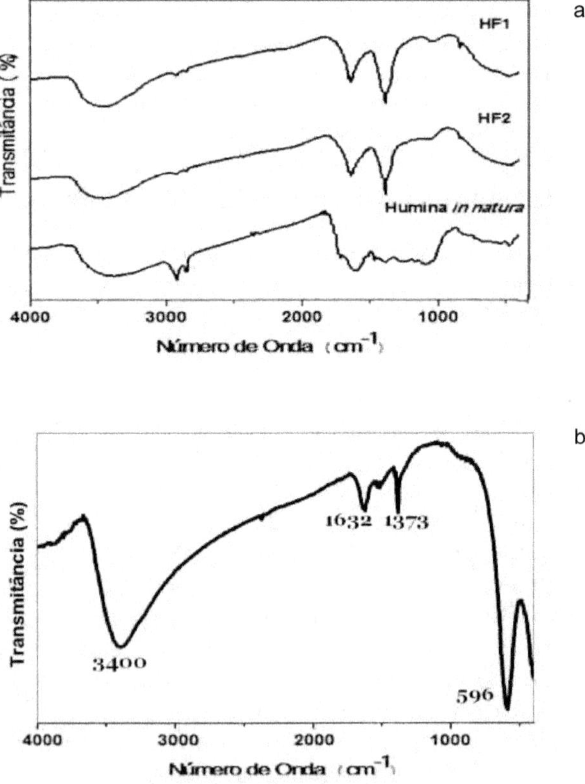

Figura 4 Espectroscopia de absorção no infravermelho a) dos pós do compósito HF1 e HF2 e da humina *in natura* de cobalto e b) MON-F. Condições: pH da solução precursora 9,0. *Fonte:* Dayana da Silva Araújo.

3.3 Ensaios de Adsorção

3.3.1 Influência do pH do efluente

O pH da solução aquosa é um importante parâmetro que controla os processos de adsorção de metais, pela química de superfície do adsorvente e pelo fato de as formas dos íons dissolvidos serem fortemente dependentes do valor do pH.

Os principais grupos funcionais presentes na MON são as carboxilas e as hidroxilas fenólicas. Conforme Tan (2003), esses dois grupos controlam o comportamento eletroquímico e, principalmente, as reações de adsorção, troca catiônica, complexação e quelação, os quais são significativamente dependentes do pH.[37]

Na Figura 5a observa-se aumento significativo da capacidade adsortiva da amostra MON-F na remediação de cromo presente no efluente da indústria de curtimento, com o aumento do pH. Esse comportamento está associado a dois fatores. O primeiro é que com pH > 4,0 observa-se a desprotonação dos grupos carboxilas da MON, contribuindo para o aumento de cargas negativas na superfície do material. Paralelamente, a elevação do pH (4,0-6,5) favorece o aumento da concentração das espécies de cromo carregadas positivamente, o qual resulta no aumento da atração eletrostática entre esses íons carregados positivamente e a superfície da ferrita. Já em valores maiores de pH, todas as espécies de cromo encontram-se na forma de $Cr(OH)_3$, ou seja, não estão disponíveis para interagir com a superfície do adsorvente. Porém, nesses valores de pH é percebido aumento na remoção das espécies de cromo. Só que o fenômeno observado não está associado apenas à adsorção, mas em parte à precipitação do cromo na forma de hidróxido. A dependência do pH da solução aquosa na adsorção de cromo também é constatada por outros pesquisadores.[38-40]

Com base nos estudos de Kara et al. (2015), propõe-se neste trabalho o possível mecanismo da adsorção de cromo pela amostra MON-F (Figura 6) por atração eletrostática entre os grupos carboxilatos e as espécies de cromo na forma mono e bivalentes, que são predominantes na faixa de pH 4,0-6,5.[25]

Ademais, a ferrita mostrou-se um adsorvente em potencial para a adsorção das espécies de cromo presentes no efluente de curtume, uma vez que a capacidade adsortiva máxima ocorreu no pH 6,0 (99,5%), valor próximo do pH do efluente (5,5-6,0), não havendo a necessidade de alterar o pH do meio, o que torna o processo econômica e tecnologicamente mais viável.

O estudo da influência do pH (Figura 5b) evidenciou que a maior eficiência de remoção das espécies de cromo ocorreu no pH próximo a 5,0 (pH do efluente) para as HF1 e HF2, porém, para a humina *in natura*, o melhor valor foi o pH 9,0. Contudo, esse resultado deverá ser desconsiderado, dado que no referido pH há dois processos atuando na remoção: a precipitação dos íons cromo na forma de hidróxido e adsorção. Logo, pode-se inferir que em pH 5,0 está a condição mais favorável para a remoção de íons cromo, característica de grande importância, uma vez que o processo se torna mais atrativo econômica e ambientalmente por não ser necessária alteração do valor de pH do efluente, reduzindo os custos operacionais.

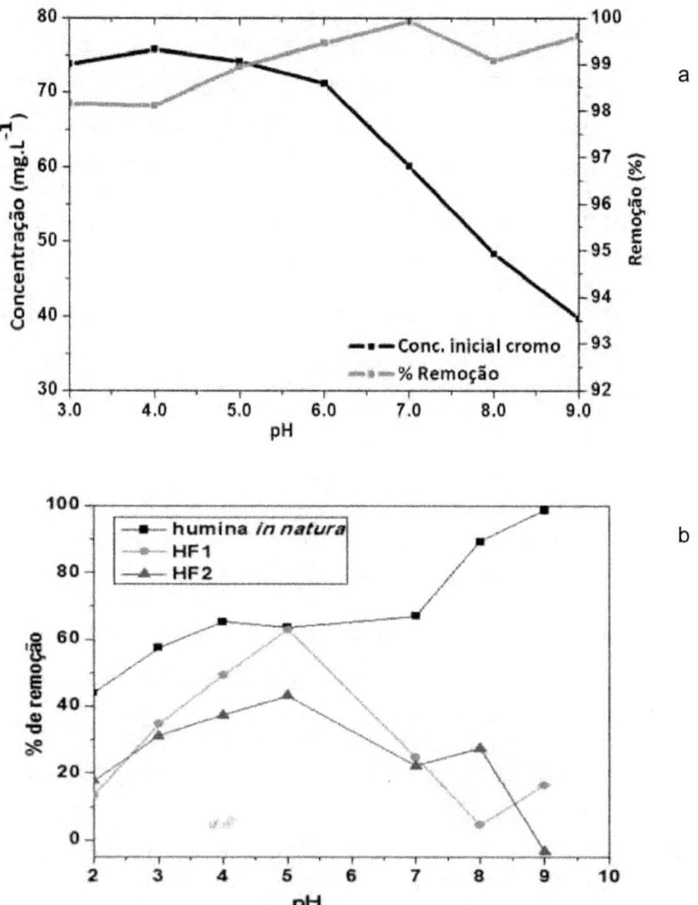

Figura 5 Estudo da influência do pH do efluente na capacidade adsortiva de a) MON-F e b) HF1, HF2 e humina *in natura*. Condições: 100 mg do adsorvente, 10 mL do efluente e tempo de agitação de 60 min. *Fonte:* Bruna Thaysa de Jesus Santos.

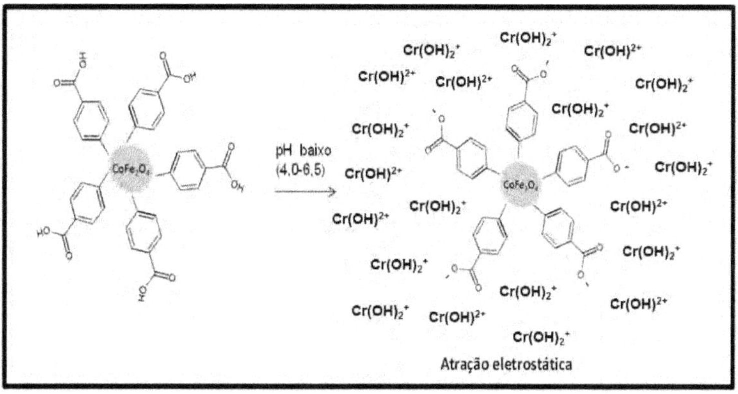

Figura 6   Ilustração do provável mecanismo de remoção das espécies de cromo presentes nas águas residuais da indústria de curtimento de couro por ferrita de cobalto sintetizada utilizando água rica em MON. *Fonte:* Adaptado de [25]

Ainda na Figura 5b, pode-se observar que a capacidade adsortiva da humina *in natura* e do compósito HF1 apresentou os mesmos valores no pH 5,0. Porém, a utilização de um adsorvente com propriedades magnéticas é tecnologicamente mais atrativo, pelo fato de a separação do adsorvente da solução aquosa ser realizada por meio da aproximação de um campo magnético, fazendo com que as indústrias não necessitem de mudança estrutural na implementação do projeto de tratamento de suas águas residuais.

3.3.2 Estudo cinético

O efeito do tempo de contato na adsorção da MON-F pelas espécies de cromo no efluente da indústria de curtimento de couro foi avaliado em pH 6,0, uma vez que, nessas condições, a adsorção apresentou valores máximos (Figura 5a). A ferrita apresentou taxa de adsorção bastante rápida, com uma remoção de 98,5% nos primeiros cinco minutos, atingindo 100% de remoção em 30 minutos (Figura 7), o que torna esse material excepcional para tratamento de águas residuais contaminadas com espécies de cromo. Quanto mais rapidamente forem removidos os poluentes, menores serão os danos ambientas. Ademais, a capacidade de adsorção foi de 7,12 mg.g⁻¹ no final de 30 minutos. Esse valor é significativamente próximo aos reportados utilizando-se carvões ativados como adsorventes, evidenciando o grande potencial da ferrita sintetizada, a qual foi obtida empregando uma rota em consonância com os preceitos de responsabilidade ambiental. Segundo Douben (2003), apesar da eficiencia dos carvões ativados, deve-se buscar substitutos para estes, pelo fato de os processos envolvidos na obtenção dos carvões abranger queima da matéria orgânica, gerando subprodutos muitas vezes mais tóxicos que os contamimantes que se propõem remover. Assim, o presente material é forte candidato a substituir os carvões ativados pelas suas caracteristicas e propriedades supracitadas.[41]

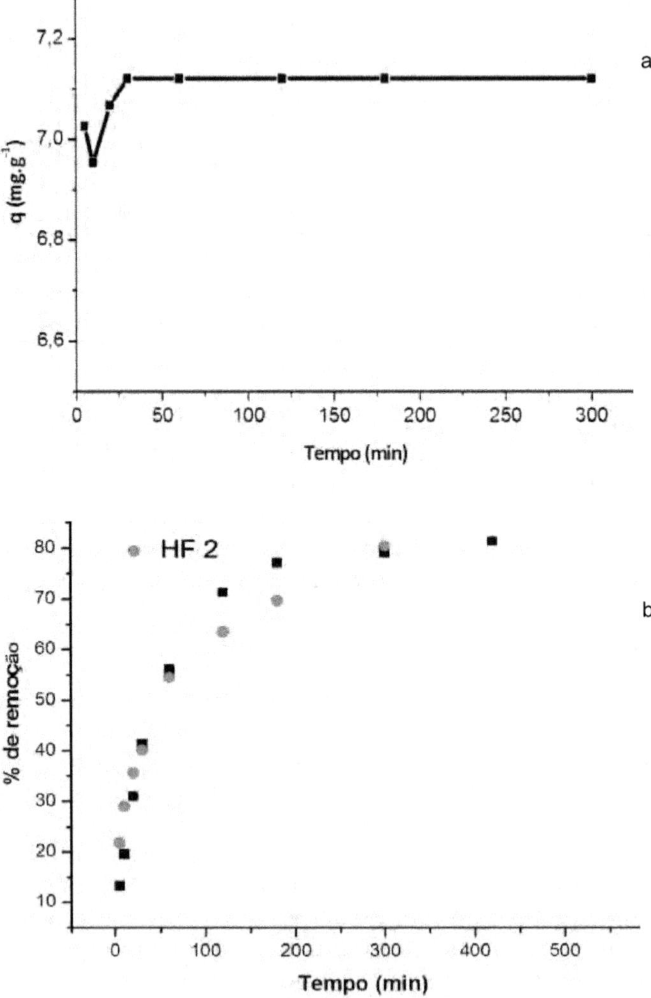

Figura 7. Curva cinética da adsorção de espécies de cromo presentes no efluente da indústria de curtimento de couro utilizando a ferrita de cobalto sintetizada com água rica em MON. Condições: 100 mg do adsorvente, 10 mL do efluente e tempo de agitação de 60 min. *Fonte:* Jany Hellen Ferreira de Jesus.

O efeito do tempo de contato na adsorção dos compositos HF1 e HF2 pelas espécies de cromo no efluente da indústria de curtimento de couro foi avaliado no pH 5,0, por nessas condições a adsorção ter apresentado valores máximos (Figura 7b). O compósito HF1 apresentou taxa de adsorção lenta e capacidade adsortiva menor que 80%, quando comparado com MON-F sintetizada com água rica em MON (Figura 7b).

É possível verificar que o compósito HF2 apresentou menor capacidade absortiva (~53%) quando comparado a HF1 (~80%), no tempo de equilíbrio (Figura 7b). O resultado encontrado pode estar associado à maior concentração de íons ferro na HF2, que pode ter favorecido aumento na concentração de cargas positivas na superfície do material. De acordo com o diagrama de especiação do cromo em pH próximo a 5,0, as principais espécies de cromo presentes na solução aquosa são íons $CrOH^+$ e $CrOH^{+2}$; logo, a presença de cargas positivas na superfície afeta significativamente a adsorção, dado que atração eletrostática é o principal mecanismo que descreve a adsorção de metais.

4. Conclusões

Os materiais mostraram-se eficientes para a remediação das espécies de cromo presentes nas águas residuais da indústria de curtimento de couro, sendo que o adsorvente MON-F apresentou melhor desempenho quando comparado aos materiais HF1 e HF2. Assim, este trabalho evidencia o grande potencial da síntese de adsorventes com propriedades magnéticas utilizando diferentes tipos de matéria orgânica na remediação ambiental.

Agradecimentos – CAPES, FAPITEC/SE, CNPq.

Referências Bibliográficas

1. AL-ZOUBI, H.; IBRAHIM, K. A.; ABU-SBEIH, K. A. Removal of heavy metals from wastewater by economical polymeric collectors using dissolved air flotation process. **Journal of Water Process Engineering**, n. 8, p. 19-27, 2015.

2. PANDIKUMAR, A.; RAMARAJ, R. Photocatalytic reduction of hexavalent chromium at gold nanoparticles modified titania nanotubes. **Materials Chemistry and Physics**, v. 141, p. 629-635, 2013.

3. CUNHA, G. C.; GOVEIA, D.; ROMÃO, L.P.; OLIVEIRA, L.C. Effect of the competition of Cu (II) and Ni (II) on the kinetic and thermodynamic stabilities of Cr (III)-organic ligand complexes using competitive ligand exchange (EDTA). **Journal of Environmental Management**, v. 154, p. 259-265, 2015.

4. ARAÚJO, B. R.; REIS, J. O. M.; REZENDE, E. I. P.; MANGRICH, A. S.; WISNIEWSKI JÚNIOR, A.; DICK, D. P.; ROMÃO, L. P. C. Application of termite nest for adsorption of Cr (VI). **Journal of Environmental Management**, v. 129, p. 216-223, 2013.

5. BALLAV, N.; CHOI, H. J.; MISHRA, S. B., MAITY, A. Synthesis, characterization of Fe_3O_4@glycine doped polypyrrole magnetic nanocomposites and their potential performance to remove toxic Cr (VI). **Journal of Industrial and Engineering Chemistry**, v. 20, n. 6, p. 4085-4093, 2014.

6. MALAMIS, S.; KATSOU, E.; CHAZILIAS, D.; LOIZIDOU, M. Investigation of Cr (III) removal from wastewater with the use of MBR combined with low-cost additives. **Journal of Membrane Science**, v. 333, p. 12-19, 2009.

7. EL-SHERIF, I. Y.; TOLANI, S.; OFOSU, K.; MOHAMED, O. A.; WANEKAYA, A. K. Polymeric nanofibers for the removal of Cr (III) from tannery wastewater. **Journal of Environmental Management**, v. 129, p. 410-413, 2013.

8. SUWALSKY, M.; CASTRO, R.; VILLENA, F.; SOTOMAYOR, C. P. Cr(III) exerts stronger structural effects than Cr (VI) on the human erythrocyte membrane and molecular models. **Journal of Inorganic Biochemistry**, v. 102, p. 842-849, 2008.

9. PAN, J.; JIANG J.; XU, R. Removal of Cr(VI) from aqueous solutions by Na_2SO_3/$FeSO_4$ combined with peanut straw biochar. **Chemosphere**, v. 101, p. 71-76, 2014.

10. PAN, J.; JIANG J.; XU, R. Adsorption of Cr (III) from acidic solutions by crop straw derived biochars. **Journal of Environmental Sciences**, v. 25, p. 1957-196, 2013.

11. LINDSAY, D. R.; FARLEY, K. J.; CARBONARO, R. F. Oxidation of Cr (III) to Cr (VI) during chlorination of drinking water. **Journal Environmental Monitoring**, v. 14, p. 1789-1797, 2012.

12. IFTIKHAR, A. R.; BHATTI, H. N.; HANIF, M. A.; NADEEM, R. Kinetic and thermodynamic aspects of Cu (II) and Cr (III) removal from aqueous solutions using rose waste biomass. **Journal of Hazardous Materials**, v. 161, p. 941-947, 2009.

13. MARTÍNEZ-DELGADILLO, S. A.; MOLLINEDO-PONCE, H.; MENDOZA-ESCAMILLA, V.; BARRERA-DÍAZ, C. Residence time distribution and back-mixing in a tubular electrochemical reactor operated with different inlet flow velocities, to remove Cr (VI) from wastewater. **Chemical Engineering Journal**, v. 165, n. 3, p. 776-783, 2010.

14. TAHA, A. A.; WU, Y.; WANG, H.; LI, F. Preparation and application of functionalized cellulose acetate/silica composite nanofibrous membrane via electrospinning for Cr (VI) ion removal from aqueous solution. **Journal Environmental Management**, v. 112, p. 10-16, 2012.

15. FABBRICINO, M.; NAVIGLIO, B.; TORTORA, G.; D'ANTONIO, L. An environmental friendly cycle for Cr (III) removal and recovery from tannery wastewater. **Journal Environmental Management**, v. 117, p. 1-6, 2013.

16. ZHAO, X.; WANG, W.; ZHANG, Y.; WU, S.; LI, F.; LIU, J. P. Synthesis and characterization of gadolinium doped cobalt ferrite nanoparticles with enhanced adsorption capability for Congo Red. **Chemical Engineering Journal**, v. 250, p. 164-174, 2014.

17. LAN, S.; GUO, N.; LIU, L.; WU, X.; LI, L.; GAN, S. Facile preparation of hierarchicalhollow structure gamma alumina and a study of its adsorption capacity. **Applied Surface Science**, v. 283, p. 1032-1040, 2013.

18. VADIVEL, M.; BABU, R. R.; SETHURAMAN, K.; RAMAMURTHI, K.; ARIVANANDHAN, M. Synthesis, structural, dielectric, magnetic and optical properties of Cr substituted $CoFe_2O_4$ nanoparticles by co-precipitation method. **Journal of Magnetism and Magnetic Materials**, v. 362, p. 122-129, 2014.

19. KÖSEOĐLU, Y.; OLEIWI, M. I. O.; YILGIN, R.; KOÇBAY, A. N. Effect of chromium addition on the structural, morphological and magnetic properties of nano-crystalline cobalt ferrite system. **Ceramics International**, v. 38, p. 6671-6676, 2012.

20. BIRAJDAR, A. A.; SHIRSATH, S. E.; KADAM, R. H.; PATANGE, S. M.; MANE, D. R.; SHITRE, A. R. Frequency and temperature dependent electrical properties of $Ni_{0.7}Zn_{0.3}Cr_xFe_{2x}O_4$ (0?x?0.5), **Ceramics International**, v. 38, p. 2963-2970, 2012.

21. WANG, L.; LI, J.; WANG, Y.; ZHAO, L.; JIANG, Q. Adsorption capability for Congo red on nanocrystalline MFe_2O_4 (M = Mn, Fe, Co, Ni) spinel ferrites. **Chemical Engineering Journal**, v. 181, p. 72-79, 2012.

22. WANG, L.; LI, J.; WANG, Y.; ZHAO, L. Preparation of nanocrystalline $Fe_{3?x}La_xO_4$ ferrite and their adsorption capability for Congo red. **Journal of Hazardous Materials**, v. 196, p. 342-349, 2011.

23. TU, Y.; YOU, C.; CHANG, C.; WANG, S.; CHAN, T. Arsenate adsorption from water using a novel fabricated copper ferrite. **Chemical Engineering Journal**, v. 198, p. 440-448, 2012.

24. AHALYA, K.; SURIYANARAYANAN, N.; RANJITHKUMAR, V. Effect of cobalt substitution on structural and magnetic properties and chromium adsorption of manganese ferrite nano particles. **Journal of Magnetism and Magnetic Materials**, v. 372, p. 208-213, 2014.

25. KARA, A.; DEMIRBEL, E.; TEKIN, N.; OSMAN, B.; BESRILI, N. Magnetic vinylphenyl boronic acid microparticles for Cr (VI) adsorption: Kinetic, isotherm and thermodynamic studies. **Journal of Hazardous Materials**, v. 286, p. 612-623, 2015.

26. YUWEI, C.; JIANLONG, W. Preparation and characterization of magnetic chitosan nanoparticles and its application for Cu (II) removal. **Chemical Engineering Journal**, v. 168, p. 286-292, 2011.

27. YANG, Z. G.; TANG, L.; LEI, X.; ZENG, G.; CAI, Y.; WEI, X.; ZHOU, Y.; LI, S.; FANG, Y.; ZHANG, Y. Cd (II) removal from aqueous solution by adsorption on á-ketoglutaric acid-modified magnetic chitosan. **Applied Surface Science**, v. 292, p. 710-716, 2014.

28. WANG, J.; XU, W.; CHEN, L.; HUANG, X.; LIU, J. Preparation and evaluation of magnetic nanoparticles impregnated chitosan beads for arsenic removal from water. **Chemical Engineering Journal**, v. 251, p. 25-34, 2014.

29. TAN, L.; WANG, J.; LIU, Q.; SUN, Y.; ZHANG, H.; WANG, H.; JING, X.; LIU, J.; SONG, D. Facile preparation of oxine functionalized magnetic Fe_3O_4 particles for enhanced uranium (VI) adsorption. **Colloids and Surfaces A: Physicochemical and Engineering Aspects**, v. 466, p. 85-91, 2015.

30. CHEN, D.; LI, W.; WU, Y.; ZHU, Q.; LU, Z.; DU, Q. Preparation and characterization of chitosan/montmorillonite magnetic microspheres and its application for the removal of Cr (VI). **Chemical Engineering Journal**, v. 221, p. 8-15, 2013.

31. REDDY, D. H. K.; LEE, S. Application of magnetic chitosan composites for the removal of toxic metal and dyes from aqueous solutions. **Advances in Colloid and Interface Science**, v. 201-202, p. 68-93, 2013.

32. ŠÆIBAN, M.; KLAŠNJA, M.; ŠKRBIÆ, B. Adsorption of copper ions from water by modified agricultural by-products. **Desalination**, v. 229, p. 170-180, 2008.

33. CUNHA, G. C.; ROMÃO, L. P. C.; SANTOS, M. C.; ARAÚJO, B. R.; NAVICKIENE, S.; PÁDUA, V. L. Adsorption of trihalomethanes by humin: Batch and fixed bed column studies. **Bioresource Technology**, v. 101, n. 10, p. 3345-3354, 2010.

34. CERQUEIRA, S. C. A.; ROMÃO, L. P. C.; LUCAS, S. C. O.; FRAGA, L. E.; SIMÕES, M. L.; HAMMER, P.; LEAD, J. R.; MANGONI, A. P.; MANGRICH, A. S. Spectroscopic characterization of the reduction and removal of chromium (VI) by tropical peat and humin. **Fuel**, v. 91, n. 1, p. 141-146, 2012.

35. AVAZPOUR, L.; ZANDIKHAJED, M. A.; TOROGHINEJAD, M. R.; SHOKROLLAHI, H. Synthesis of single-phase cobalt ferrite nanoparticles via a novel EDTA/EG precursor-based route and their magnetic properties. **Journal of Alloys and Compounds**, v. 637, p. 497-503, 2015.

36. KUMARI, N.; KUMAR, V.; SINGH, S. K. Synthesis, structural and dielectric properties of Cr^{3+} substituted Fe_3O_4 nano-particles. **Ceramics International**, v. 40, p. 12199-12205, 2014.

37. Tan, K. H. Humic matter in soil and the environment: principles and controversies. **CRC Press**; 2003. 495 p.

38. MALEKI, A.; HAYATI, B.; NAGHIZADEH, M.; JOO, S. W. Adsorption of hexavalent chromium by metal organic frameworks from aqueous solution. **Journal of Industrial and Engineering Chemistry**, v. 28, p. 211-216, 2015.

39. ZHOU, J. Effective removal of hexavalent chromium from aqueous solutions by adsorption on mesoporous carbon microspheres. **Journal of colloid and interface science**, v. 462, p. 200-207, 2016.

40. MA, Y.; LIU, W. J.; ZHANG, N.; JIANG, H.; SHENG, G. P. Polyethylenimine modified biochar adsorbent for hexavalent chromium removal from the aqueous solution. **Bioresource Technology**, v. 169, p. 403-408, 2014.

41. DOUBEN, P. **PAHs**: An ecotoxicological perspective. New York: John Wiley & Sons, 2003. 392 p.

Efeito do Biocarvão Associado ou Não a Composto Orgânico ou Ureia sobre a População Microbiana em Espodossolo

Júlia Gallon Barcelos, Caroline Cândida Martins, Luciana Aparecida Rodrigues, Ellen C. T Matos, Manuela de Oliveira Bento, Fábio L. Olivares

1. Introdução

No Norte Fluminense, as áreas de restinga da Baixada Campista são caracterizadas pelos Espodossolos.[1] Estes solos apresentam grandes restrições ao cultivo das plantas em virtude de sua textura arenosa (cerca de 95% de areia), baixa CTC, soma de bases e teor de matéria orgânica. Os cultivos nesses solos requerem altas adubações, notadamente nitrogênio e potássio, que apresentam grandes perdas, onerando o manejo da adubação. Recomenda-se, então, a aplicação de matéria orgânica nesses solos para melhorar suas condições químicas, físicas e biológicas, podendo ser fornecida na forma de composto orgânico ou adubo verde.[2]

O composto orgânico pode fornecer até 97% da CTC do solo e complexar elementos tóxicos como o Al, além de imobilizar temporariamente o P na biomassa, o que diminui a ocorrência de P não lábil. Por aumentar a diversidade de espécies microbianas, diminui a chance de ocorrência de doenças em virtude da competição, antibiose, parasitismo ou predação e indução sistêmica de resistência do hospedeiro e funciona como um estimulante fito-hormonal, resultando em plantas mais equilibradas.[2] Micro-organismos do solo podem ser considerados como bons indicadores da qualidade do solo, por sua capacidade de responder rapidamente a mudanças advindas de alteração no manejo ou uso da terra e, complementarmente, pelo fato de que a atividade microbiana reflete a influência conjunta de todos os fatores que regulam a degradação da matéria orgânica e a transformação dos nutrientes.[3]

As interações microbianas no solo são importantes para os diferentes processos microbiológicos e bioquímicos e proporcionam aumento na produção de alimentos, além da conservação da qualidade ambiental.[4] Podemos citar as interações entre bactérias comensais e fungos micorrízicos envolvidos na sinalização e colonização micorrízica de raízes de plantas[5] ou as bactérias promotoras de crescimento vegetal, também conhecidas como PGPB (Plant Growth Promoting Bacteria), estas capazes de promover o crescimento das plantas por meio de diferentes mecanismos[6,7] de fundamental importância no sistema solo-planta. Algumas práticas de cultivo, como, por exemplo, adubação ou remoção de elementos pelas culturas, tipo de manejo (plantio convencional ou direto, sistema orgânico ou convencional), entre outros, podem influenciar beneficamente ou não essas interações microbianas no solo.[8]

O biocarvão, também conhecido como biochar, vem sendo testado para aplicação no solo com vistas ao aumento da fertilidade. Em termos técnicos, o biocarvão é produzido pela chamada decomposição térmica do material orgânico (biomassa como madeira, cama de frango, esterco ou folhas, etc.) sob baixas pressões parciais de oxigênio (O_2), podendo ser a baixas temperaturas ($<700°C$)[9], sendo a pirólise lenta, rápida (flash) e ultrarrápida (PUR) que utiliza altas temperaturas e dispositivos que permitem altas velocidades de aquecimento a curto tempo de residência (poucos segundos).[10]

A qualidade central do biocarvão, para ser atraente como condicionador do solo, é sua estrutura altamente porosa, responsável por retenção de água, além de aumentar a superfície específica e, por consequência, a CTC do solo.[11] Segundo Barrow (2012)[12], a estrutura interna complexa do biocarvão fornece um nicho adaptativo potencialmente valioso para os microorganismos e para produções subsequentes de biofilmes. Assim, a adição do biocarvão ao solo pode melhorar as propriedades químicas e físicas de solos e modificar a densidade populacional e a atividade de micro-organismos.[13] Essas modificações nos atributos do solo podem ser uma ferramenta importante na recuperação dos Espodossolos localizados no Norte Fluminense, que apresentam grandes restrições ao cultivo das plantas e que atualmente vêm sendo utilizados para o cultivo do coco. Com isso, realizou-se um experimento objetivando avaliar o potencial do biocarvão e do composto orgânico associado à adubação ou não de nitrogênio sobre o crescimento de micro-organismos em Espodossolo.

2. Metodologia

O delineamento experimental foi feito a partir de blocos casualizados (3 blocos) em esquema fatorial 2 x 2 x 2: ausência e presença de biocarvão x ausência e presença de composto orgânico x ausência e presença da adubação nitrogenada (ureia), que foi de 116,45 mg dm^{-3} de N.

O experimento foi realizado em casa de vegetação e constou de três fases. Fase 1: incubação de 3,2 dm^{-3} do solo (a 50% da capacidade de campo) já com os tratamentos, por 20 dias, em sacolas plásticas fechadas e com renovação do ar a cada sete dias. Após esse período, foram coletadas amostras de 10 g do solo para avaliação microbiológica e o restante do solo foi colocado em vasos, onde foram cultivadas plantas de mucuna (fase 2).

As sementes de mucuna foram semeadas em copo plástico descartável e, após a germinação, foram transferidas para os vasos (duas plântulas por vaso), irrigadas diariamente e cortadas aos 40 dias após o transplantio. Na ocasião do corte da mucuna, foram coletadas novas amostras do solo dos vasos (10 g) a cerca de 5 cm de profundidade para nova avaliação microbiológica.

Metade da biomassa fresca das plantas de mucuna foi picada e depositada sobre o solo dos vasos, que foram cobertos com sacolas plásticas perfuradas para evitar a perda do material vegetal. Os vasos receberam 150 ml de água a cada sete dias, durante cinco meses, quando foram coletadas novas amostras de solo para avaliação microbiológica (fase 3).

O solo do experimento foi coletado da profundidade de 5 a 30 cm em um coqueiral implantado há dez anos em área de restinga, sendo classificado como Espodossolo[1] e como Gleyic Entic Podzols, segundo classificação da FAO,[14] com textura arenosa (95% de areia). A análise química encontra-se na Tabela 1.

Tabela 1 Caracterização química do solo utilizado na instalação do experimento (metodologia de acordo com Silva, 2009[15]). *Fonte:* Carolina Cândida Martins.

pH^1	5,40
P^2 (mg dm^{-3})	9,00
K^2 (mg dm^{-3})	29,00
Ca^3 (cmol$_c$ dm^{-3})	1,50
Mg^3 (cmol$_c$ dm^{-3})	0,40
Al^3 (cmol$_c$ dm^{-3})	0,10
$H + Al^4$ (cmol$_c$ dm^{-3})	3,3
Na^2 (cmol$_c$ dm^{-3})	0,08
SB (cmol$_c$ dm^{-3})	2,10
T (cmol$_c$ dm^{-3})	5,4
t (cmol$_c$ dm^{-3})	2,2
C (%)	1,10
m (%)	5,00
V (%)	35,00
MO^5 (g dm^{-3})	19,1
Fe^2 (mg dm^{-3})	7,00
Cu^2 (mg dm^{-3})	0,2
Zn^2 (mg dm^{-3})	1,90
Mn^2 (mg.dm^{-3})	1,40
B (mg.dm^{-3})	0,48

[1]pH em água; [2]Mehlich (H_2SO_4 0,0125 mol L^{-1} + HCl 0,05 mol L^{-1}), KCl 1 mol L^{-1}, [4]acetato de cálcio pH 7, [5]dicromato de potássio/colorimétrico.

O biocarvão foi produzido pela empresa SPPT, localizada em Mogi-Mirim (SP), a partir da pirólise de cama de aviário, a uma temperatura de 700°C.[16] Foi utilizado 1% do volume do solo do vaso no tratamento com biocarvão. As características químicas do biocarvão estão descritas na Tabela 2.

O composto orgânico foi produzido a partir de coco triturado e compostado com esterco bovino, sendo utilizados 10% do volume total do solo dos vasos no tratamento com composto.

Tabela 2 Caracterização química do biocarvão e do composto orgânico utilizado no experimento (metodologia de acordo com Malavolta et al., 1997[17]). *Fonte:* Carolina Cândida Martins.

	Unidade	Biocarvão*	Composto orgânico*
pH[1]		8,9	6,4
Umidade	%		41,6
N	g kg⁻¹	42,91	12,3
P_2O_5	g kg⁻¹	27,62	2,6
K_2O	g kg⁻¹	62,32	5,9
Ca	g kg⁻¹	6,7	5,4
Mg	g kg⁻¹	9,04	2,1
S	g kg⁻¹	5,20	
C	g kg⁻¹	331,20	824
Fe	mg kg⁻¹	1621	2816
Cu	mg kg⁻¹	636	19
Zn	mg kg⁻¹	588	50
Mn	mg kg⁻¹	588	92

[1]pH em água; *digestão total.

Na avaliação microbiológica foram estimadas as populações de fungos e as bactérias totais capazes de formar colônias em meio sólido Nutrient Broth (NB), com adição de ágar. As unidades formadoras de colônias (expressas em UFC/mL) foram obtidas a partir de diluição seriada (10^{-5} a 10^{-7}) de 1 g das amostras de solos dos diferentes tratamentos, seguidas de plaqueamento de 100 μL das suspensões no meio sólido. As placas foram incubadas em estufa a 30°C por 7 dias para a estimativa da densidade populacional dos micro-organismos. Os valores obtidos para unidades formadoras de colônia foram transformados em $\log_{10}$ de (x + 1). Após uma semana de incubação na estufa (30°C), 5 mL do meio semissólido JNFB-malato isento de N, de acordo com Döbereiner et al. (1995), foram inoculados na parte central dos vidros de penicilina (vol. 16 mL); em seguida, foram analisados quanto à presença ou não de película aerotáxica que se forma na parte superior do recipiente e depois convertidos em números populacionais por meio da tabela de McCrady.[18,19]

3. Resultados e Discussões

Para os fungos totais, as estimativas populacionais ficaram abaixo do limite de detecção para diluição utilizada após o período de incubação (fase 1) (Figura 1A) para os tratamentos sem N, independente da aplicação do composto ou do biocarvão. A aplicação de N proporcionou incremento da densidade populacional de fungos, sendo maior com a aplicação do biocarvão.

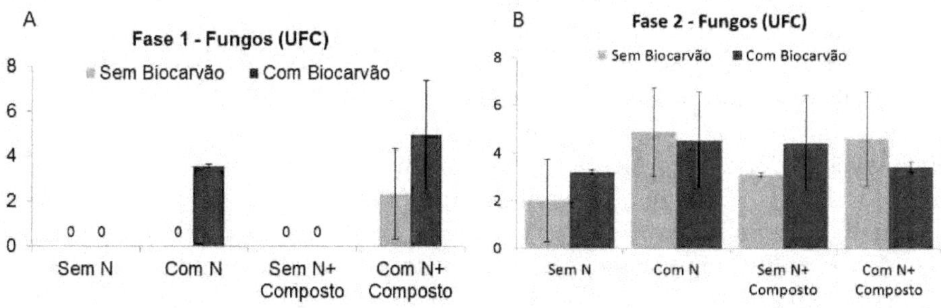

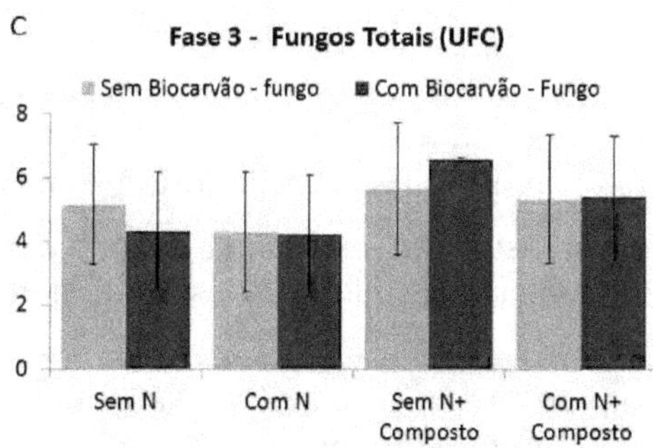

Figura 1   Fungos totais em solo submetido à aplicação ou não de biocarvão, composto orgânico e N, na fase 1 aos 20 dias de incubação no solo (A), na fase 2 após cultivo de mucuna (B) e na fase 3 após decomposição da mucuna (C). Dados transformados em log (x + 1). *Fonte:* Caroline Cândida Martins.

Após o cultivo (fase 2) e a decomposição da mucuna (fase 3), para todos os tratamentos foi possível quantificar as populações de fungos totais (Figuras 1B e 1D), porém não houve diferenças significativas nas populações entre os tratamentos. Neste caso, a aplicação ou não do N não influenciou significativamente os resultados. A densidade populacional dos fungos no curso das fases 1 a 3 demonstrou ser crescente, sugerindo a recuperação da atividade microbiana do solo. Os resultados obtidos na fase 1 indicam a importância do biocarvão em proporcionar rápido incremento nas colônias dos fungos no solo.

De acordo com Atkinson et al. (2010), os diferentes grupos de fungos presentes no solo vão ter resposta distinta na presença do biocarvão, sendo benéficos a alguns grupos e maléficos a outros. É importante ressaltar que a composição do biocarvão, a quantidade e os diferentes tipos de solo proporcionarão diferentes respostas para a microbiota presente no solo.[20,21]

Para bactérias totais, números populacionais puderam ser obtidos para todos os tratamentos na fase 1, exceto para o sem aplicação do composto e na ausência de N e de biocarvão (Figura 2A). Na fase 2, em todos os tratamentos foi possível quantificar as bactérias, porém, não ocorreu diferença significativa entre eles (Figura 2B). Na fase 3 (Figura 2C), a presença do composto orgânico proporcionou maiores estimativas populacionais de bactérias totais, exceto para o tratamento com N e sem biocarvão, cujo valor médio não diferiu do controle e dos tratamentos sem composto. Prayogo et al. (2014) observaram que a quantidade de biomassa bacteriana foi aumentada pela aplicação de biocarvão no solo. Além disso, as concentrações de biocarvão influenciam a composição da comunidade microbiana, no entanto, o efeito do biocarvão foi menor do que o efeito do tempo na formação da estrutura da comunidade.[22] No presente experimento, a ausência das populações detectáveis de bactérias na fase 1, no tratamento controle (sem N, sem composto e sem biocarvão), indicou baixa atividade microbiana do solo e a necessidade de entrada de incremento de matéria orgânica no sistema, para dar subsídios ao crescimento da população microbiana. A entrada de N do composto ou do biocarvão foi importante nesse processo.

Nas três fases do ensaio foi verificada a presença de populações de bactérias diazotróficas utilizadoras de malato, sem diferença significativa entre os tratamentos.

De acordo com Atkinson et al. (2010), o biocarvão geralmente tem pouco N inorgânico, o que pode favorecer as bactérias diazotróficas, sendo uma vantagem competitiva para a colonização da grande área superficial do biocarvão, o que não correspondeu ao presente trabalho.[23] Resultados semelhantes foram obtidos por Noyce et al (2015) avaliando as respostas microbianas do solo após dois anos da aplicação do biocarvão em floresta temperada.[24] Os autores concluíram que a adição de 5 Mg ha^{-1} de biocarvão não foi nem benéfica nem tóxica para os micro-organismos do solo em uma floresta de folhosas sob solos ácidos, sugerindo que o biocarvão pode ser aplicado no solo sem que isso afete negativamente a comunidade microbiana.[24]

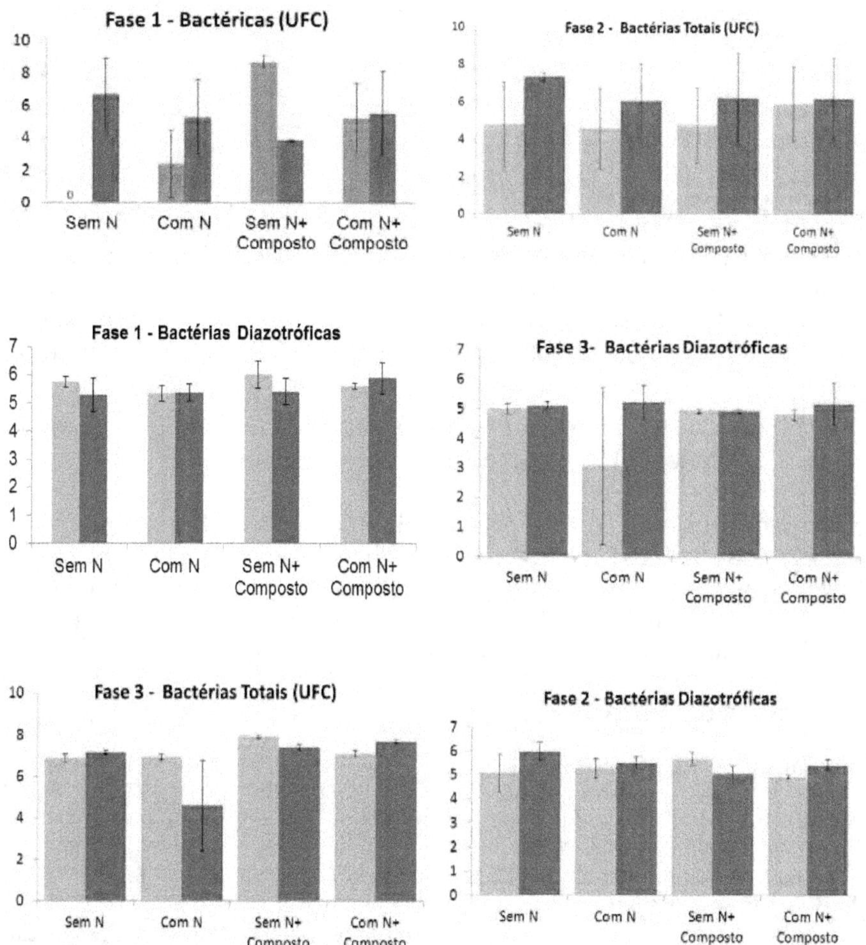

Figura 2　Micro-organismos em solo submetido a aplicação ou não de biocarvão, composto orgânico e N em três épocas de avaliação (fases 1 a 3). Bactérias totais na fase 1 aos 20 dias de incubação no solo (A), na fase 2 após cultivo da mucuna (B) e na fase 3 após decomposição da mucuna (C) e bactérias diazotróficas na fase 1 aos 20 dias de incubação no solo (D), na fase 2 após cultivo da mucuna (E) e na fase 3 após decomposição da mucuna (F) (UFC = unidade formadora de colônia). Dados transformados em log (x+1). *Fonte:* Caroline Cândida Martins.

Quillian et al. (2013), estudando o efeito do biocarvão em bactérias diazotróficas, comentam sobre a importância de estudos em campo de longo prazo com diferentes doses de biocarvão para determinar a influência dessas aplicações nos organismos fixadores de N e para o fornecimento de dados que possam auxiliar nas decisões de gestão agronômicas e estratégias de mitigação das mudanças climáticas. No presente experimento, os efeitos mais evidentes da aplicação do biocarvão no solo ocorreram para os fungos e bactérias totais na ausência de composto orgânico e nas fases iniciais da sua aplicação, indicando a importância do biocarvão em solo com baixos teores de matéria orgânica.[25]

4. Conclusões

O biocarvão apresentou efeito positivo sobre as densidades populacionais de fungos aos 20 dias após sua aplicação no solo. A aplicação do composto aumentou a densidade populacional das bactérias totais somente após o cultivo da mucuna. A aplicação do composto, do N ou do biocarvão não influenciou a dinâmica populacional das bactérias diazotróficas.

O biocarvão não promoveu efeitos negativos sobre a população de fungos totais, bactérias totais e bactérias diazotróficas no solo.

Agradecimentos – À FAPERJ, pelo auxilio financeiro do Projeto APQ1, Processo E26/110.834/2013. À UENF, pelas bolsas de pós-graduação aos alunos: Processos CCT/PPGCN nº 030/2013. Ao Professor Claudio Roberto Fonseca Sousa Soares, da Universidade Federal de Santa Catarina (UFSC), por ceder o biocarvão para os experimentos.

Referências Bibliográficas

1. CARVALHO FILHO, A.; LUMBRERAS, J. F.; WITTERN, K. P.; LEMOS, A. L.; SANTOS, R. D.; CALDERANO FILHO, B.; CALDERANO, S. B.; OLIVEIRA, R. P.; AGLIO, M. L. D.; SOUZA, J. S.; CHAFFIN, C. E. **Mapa de reconhecimento de Baixa Intensidade dos Solos do Estado do Rio de Janeiro**. Rio de Janeiro: Embrapa Solos, 2003. 245 p.

2. FREIRE, L. R. **Manual de calagem e adubação do Estado do Rio de Janeiro**. Brasília: Universidade Rural; 2013. 430 p.

3. CHAER, G. M.; GAIAD, S.; SANTOS, A. B. GROCHOSKI, R. Caracterização microbiológica do solo. Parte IV: A biologia dos solos. In: PRADO, R. B.; FIDALGO, E. C. C.; BONNET, A. (Eds.). **Monitoramento da revegetação do COMPERJ**. Brasília: Embrapa, 2014. p. 159-173.

4. LEITE, L. F. C.; ARAÚJO, A. S. F. **Ecologia Microbiana do Solo**. Teresina: Embrapa Meio-Norte, 2007. 24 p.

5. WARNOCK, D. D.; LEHMANN, J.; KUYPER, T. W.; RILLIG, M. C. Mycorrhizal responses to biochar in soil – concepts and mechanisms. **Plant and Soil**, v. 300, n. 1, p. 9-20, 2007.

6. BARRETTI, P. B.; ROMEIRO, R. S.; MIZUBUTI, E. S. G.; SOUZA, J. T. Seleção de bactérias endofíticas de tomateiro como potenciais agentes de biocontrole e de promoção de crescimento. **Ciência e Agrotecnologia**, v. 33, p. 2038-2044, 2009.

7. GLICK, B. R. Plant Growth-Promoting Bacteria: Mechanisms and Application. **Scientifica**, v. 2012, p. 1-15, 2012.

8. ARAÚJO, A. S. F.; MONTEIRO, R. T. R. Indicadores biológicos da qualidade do solo. **Bioscience Journal**, v. 23, n. 3, p. 66-75, 2007.

9. PRINS, M. J.; PTASINSKI, K. J.; JANSSEN, F. J. J. G. Torrefaction of wood. Weight loss kinetics. **Journal of Analytical and Applied Pyrolysis**, v. 77, p. 28-34, 2006.

10. LUENGO, C. A.; FEFFI, F. E. F.; BEZZON, G. Pirólise e torrefação de biomassa. In: CORTEZ, L. A. B.; LORA, E. E. S.; GÓMEZ, E. O. (Eds.). **Biomassa para energia**. Campinas: Editora da Universidade de Campinas, 2008. p. 333-351.

11. GLASER, B.; LEHMAN, J.; ZECH, W. Ameliorating physical and chemical properties of highly weathered soils in the tropics with charcoal – a review. **Biology and Fertility of Soils**, v. 35, p. 219-230, 2002.

12. BARROW, C. J. Biochar: Potential for countrering land degradation and for improving agriculture. **Applied Geography**, v. 34, p. 21-28, 2012.

13. JINDO, K.; SÁNCHEZ-MONEDERO, M. A.; HERNÁNDEZ, T.; GARCÍA, C.; FURUKAWA, T.; MATSUMOTO, K. Biochar influences the microbial community structure during manure composting with agricultural wastes. **Science of Total Environment**, v. 416, p. 476-481, 2012.

14. GARDI, C.; ANGELINI, M.; BARCELÓ, S.; COMERMA, J.; CRUZ GAISTARDO, C.; ENCINA ROJAS, A.; JONES, A.; KRASILNIKOV, P.; MENDONÇA SANTOS BREFIN, M.L.; MONTANARELLA, L.; MUÑIZ UGARTE, O.; SCHAD, P.; VARA RODRÍGUEZ, M.I.; VARGAS, R. **Atlas de Suelos de América Latina y el Caribe**. Luxembourg: Oficina de Publicaciones de la Unión Europea, 2014. 176 p.

15. Silva, F. C. **Manual de análises químicas de solos, plantas e fertilizantes**. Brasília: Embrapa, 2009. 20 p.

16. PESQUISAS TECNOLÓGICAS LTDA (SPPT – SP). Disponível em: http://www.sppt.com.br/. Acesso em: 10 jan. 2016.

17. MALAVOLTA, E.; VITTI, G. C.; OLIVEIRA, S. A. **Avaliação do estado nutricional das plantas: princípios e aplicações**. Piracicaba: POTAFOS, 1997. 319 p.

18. ABELHO, M. **Manual de monitorização microbiológica ambiental**.; 2010. 60 p. Disponível em: http://www.esac.pt/Abelho/Monitor_ambiental/ManualMonitorizacao.pdf. Acesso em: 10 jan. 2016.

19. DÖBEREINER, J.; BALDANI, V. L. D.; BALDANI, J. I. **Como isolar e identificar bactérias diazotróficas de plantas não-leguminosas**. Seropédica: Embrapa Agrobiologia, 1995. 60 p.

20. ABUJABHAH, I. S.; BOUND, S. A.; DOYLE, E. B. J. P. Effects of biochar and compost amendments on soil physico-chemical properties and the total community within a temperate agricultural soil. **Applied Soil Ecology**, v. 98, p. 243-253, 2016.

21. KOOKANA, R. S.; SARMAH, A. K.; VAN ZWIETEN, L.; KRULL, E.; SINGH, B. Chapter three – biochar apllication to soil: agronomic and environmental benefits and unintended consequences. **Advances in Agronomy**, v. 112, p. 103-143, 2011.

22. PRAYOGO, C.; JONES, J. E.; BAEYEN, J.; BENDING, G. D. Impact of biochar on mineralisation of C and N from, soil and willow litter and its relationship with microbial community biomass and structure. **Biology and Fertility of Soils**, v. 50, n. 4, p. 695-702, 2014.

23. AKTINSON, C. J.; FITZGERALD, J. D.; HIPPS, N. A. Potential mechanisms for achieving agricultural benefits from biochar application to temperate soils: a review. **Plant and Soil**, v. 37, n. 1, p. 1-18, 2010.

24. NOYCE, G. L.; BASILIKO, N; FULTHORPE, R.; SACKETT, T E.; THOMAS SC. Soil microbial responses over 2 years following biochar addition to a north temperate forest. **Biology and Fertility of Soils**, v. 51, n. 6, p. 649-659, 2015.

25. QUILLIAM, R. S.; DELUCA, T. H.; JONES, D. L. Biochar application reduces nodulation but increases nitrogenase activity in clover. **Plant and Soil** v. 366, n. 1, p. 83-92, 2013.